学习资源展示

U0377697

课堂案例：用长方体制作简约床头柜 所在页：35页
学习目标：学习使用"长方体"工具制作各种形状的长方体，并用移动复制功能复制长方体

课堂案例：用球体制作项链 所在页：37页
学习目标：学习球体的创建方法，并用"间隔工具"沿路径线排列球体

课堂案例：用圆柱体制作圆桌 所在页：40页
学习目标：学习圆柱体的创建方法，并用"对齐"命令对齐圆柱体

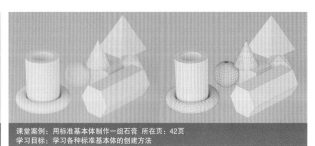

课堂案例：用标准基本体制作一组石膏 所在页：42页
学习目标：学习各种标准基本体的创建方法

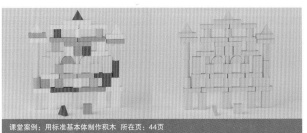

课堂案例：用标准基本体制作积木 所在页：44页
学习目标：学习各种标准基本体的创建方法

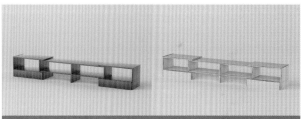

课堂案例：用切角长方体制作电视柜 所在页：45页
学习目标：学习切角长方体的创建方法，并用"镜像"工具镜像切角长方体

课堂案例：用切角圆柱体制作简约茶几 所在页：47页
学习目标：学习切角圆柱体的创建方法，并用切角长方体和管状体创建支架

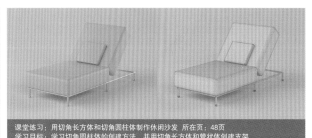

课堂练习：用切角长方体和切角圆柱体制作休闲沙发 所在页：48页
学习目标：学习切角圆柱体的创建方法，并用切角长方体和管状体创建支架

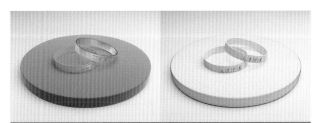

课堂案例：用图形合并制作戒指 所在页：49页
学习目标：学习"图形合并"工具的使用方法，并用文本在戒指上创建凸出的文字效果

课堂案例：用布尔运算制作保龄球 所在页：53页
学习目标：学习"布尔"工具的使用方法，并学习如何将多个对象塌陷为一个整体

课堂案例：用放样制作旋转花瓶 所在页：54页
学习目标：学习"放样"工具的使用方法，并学习如何调节放样的形状

课堂案例：用样条线制作罗马柱 所在页：56页
学习目标：学习样条线的用法，并学习用修改器将样条线转换为三维模型

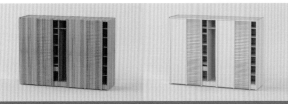

课后习题：衣柜 所在页：59页
练习目标：练习长方体、圆柱体的创建方法，并练习移动复制功能的使用方法

课后习题：单人沙发 所在页：60页
练习目标：练习切角长方体和切角圆柱体的创建方法

课后习题：时尚台灯 所在页：60页
练习目标：练习样条线的绘制方法，并用"车削"修改器将样条线转换为三维模型

课堂案例：用晶格修改器制作水晶吊灯 所在页：77页
学习目标：学习"晶格"修改器的使用方法

课堂案例：用车削修改器制作鱼缸 所在页：71页
学习目标：学习"车削"修改器的使用方法

课堂案例：用倒角修改器制作牌匾 所在页：68页
学习目标：学习"倒角"修改器的使用方法，并用"挤出"修改器挤出文本

课堂案例：用置换与噪波修改器制作海面 所在页：74页
学习目标：学习"置换"修改器与"噪波"修改器的使用方法

课堂案例：用多边形建模制作垃圾桶 所在页：88页
学习目标：学习顶点的调节方法以及"连接"工具、"挤出"工具的用法

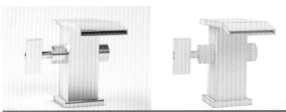

课堂案例：用多边形建模制作水龙头 所在页：92页
学习目标：学习"插入"工具、"倒角"工具、"挤出"工具和"切角"工具的用法

课堂案例：用多边形建模制作床头柜 所在页：95页
学习目标：学习布尔运算、"切角"工具和"挤出"工具的用法

课堂案例：用多边形建模制作座椅　所在页：99页
学习目标：样条线建模、多边形建模

课堂练习：用多边形建模制作简约圆桌　所在页：102页
学习目标：练习"倒角"工具的用法以及旋转复制方法

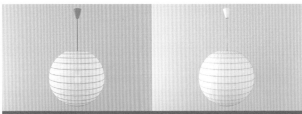

课堂练习：用多边形建模制作球形吊灯　所在页：102页
学习目标：练习"利用所选内容创建图形"工具的用法

课堂练习：用多边形建模制作喷泉　所在页：102页
学习目标：练习"挤出"工具、"分离"工具、"插入"工具和"切角"工具的用法

课堂案例：用建模工具制作矮柜　所在页：103页
学习目标：学习"建模工具"选项卡的用法

课堂案例：用网格建模制作不锈钢餐叉　所在页：106页
学习目标：学习网格建模的流程与方法

课堂练习：用建模工具制作保温瓶　所在页：105页
学习目标：学习"建模工具"选项卡的用法

课后习题：简约沙发　所在页：116页
练习目标：练习多边形建模方法

课后习题：书架　所在页：115页
练习目标：练习"多边形建模"的方法

课后习题：欧式台灯　所在页：115页
练习目标：练习"车削"修改器的用法

课堂案例：用NURBS建模制作抱枕　所在页：114页
学习目标：学习NURBS曲面的创建方法

课后习题：圆床　所在页：115页
练习目标：练习多边形建模方法、FFD 3×3×3修改器、"弯曲"修改器

课堂案例：用目标灯光制作射灯　所在页：121页
学习目标：学习如何用目标灯光模拟射灯照明

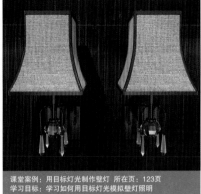

课堂案例：用目标灯光制作壁灯　所在页：123页
学习目标：学习如何用目标灯光模拟壁灯照明

课堂案例：用自由灯光制作台灯　所在页：124页
学习目标：学习如何用自由灯光模拟台灯照明

课堂案例：用目标聚光灯光制作台灯　所在页：128页
学习目标：学习如何用目标聚光灯模拟台灯照明

课堂案例：用目标平行光制作阴影场景　所在页：130页
学习目标：学习如何用目标平行光制作物体的阴影

课堂案例：用目标平行光制作卧室日光效果　所在页：131页
学习目标：学习如何用目标平行光模拟日光效果

课堂案例：用泛光制作烛光　所在页：133页
学习目标：学习泛光的用法

课堂案例：用mr Area Omni制作荧光管　所在页：136页
学习目标：学习mr Area Omni的用法

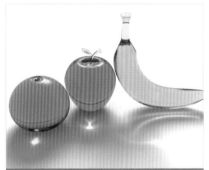

课堂案例：用mr Area Spot 制作焦散特效　所在页：137页
学习目标：学习mr Area Spot 的用法

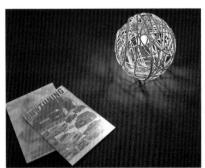

课堂案例：用VRay灯光制作灯泡照明　所在页：141页
学习目标：学习如何用VRay球体灯光模拟灯泡照明

课堂案例：用VRay灯光制作卧室灯光　所在页：142页
学习目标：学习如何用VRay灯光模拟屏幕照明

课堂案例：用VRay灯光制作台灯灯光　所在页：144页
学习目标：学习如何用VRay灯光模拟台灯灯光

课堂案例：用VRay灯光制作客厅灯光　所在页：146页
学习目标：学习如何用VRay灯光模拟室内灯光

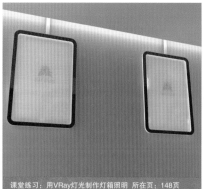

课堂练习：用VRay灯光制作灯箱照明　所在页：148页
学习目标：练习如何用VRay灯光模拟灯箱照明

课堂练习：用VRay灯光制作落地灯　所在页：148页
学习目标：如何练习用VRay灯光模拟落地灯照明及电脑屏幕照明

课堂练习：用VRay灯光制作客厅台灯　所在页：149页
学习目标：练习如何用VRay球体灯光模拟台灯照明

课堂案例：用VRay太阳制作室内阳光　所在页：151页
学习目标：学习如何用VRay太阳模拟室内阳光

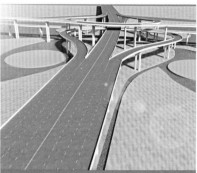

课堂案例：用VRay太阳制作室外阳光　所在页：152页
学习目标：学习如何用VRay太阳模拟室外阳光

课堂练习：用VRay太阳制作室内下午阳光　所在页：154页
学习目标：练习如何用VRay太阳模拟室内阳光

课堂练习：用VRay太阳制作海滩黄昏光照　所在页：154页
学习目标：练习如何用VRay太阳模拟室外阳光

课后习题：走廊灯光　所在页：154页
练习目标：练习目标灯光和VRay灯光

课后习题：卧室柔和灯光　所在页：155页
练习目标：练习目标灯光、目标聚光灯和VRay灯光

课后习题：休闲室夜景　所在页：156页
练习目标：练习目标灯光和VRay灯光

课堂案例：用目标摄影机制作景深　所在页：164页
学习目标：学习如何用目标摄影机制作景深特效

课堂案例：用物理摄影机制作景深　所在页：168页
学习目标：学习如何用物理摄影机制作景深特效

课后习题：制作景深桃花　所在页：173页
练习目标：练习如何用目标摄影机制作景深特效

课后习题：制作运动模糊效果　所在页：174页
练习目标：练习如何用目标摄影机制作运动模糊特效

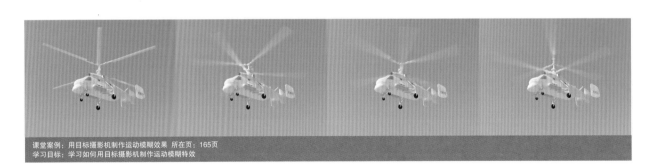

课堂案例：用目标摄影机制作运动模糊效果　所在页：165页
学习目标：学习如何用目标摄影机制作运动模糊特效

课堂实例：用标准材质制作发光材质　所在页：185页
学习目标：学习"标准"材质的用法

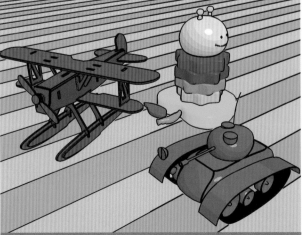

课堂实例：用墨水油漆材质制作卡通材质　所在页：187页
学习目标：学习Ink'n Paint（墨水油漆）材质的用法

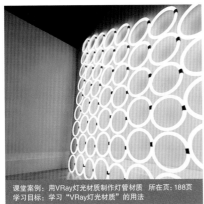

课堂案例：用VRay灯光材质制作灯管材质　所在页：188页
学习目标：学习"VRay灯光材质"的用法

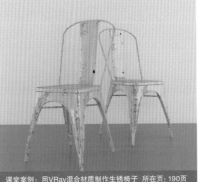

课堂案例：用VRay混合材质制作生锈椅子　所在页：190页
学习目标：学习"VRay混合材质"的用法

课堂案例：用VRayMtl材质制作陶瓷材质　所在页：196页
学习目标：学习如何用VRayMtl材质制作陶瓷材质

课堂案例：用VRayMtl材质制作杂志材质　所在页：197页
学习目标：学习如何用VRayMtl材质制作杂志材质

课堂案例：用VRayMtl材质制作金属材质　所在页：198页
学习目标：学习如何用VRayMtl材质制作金属材质

课堂案例：用VRayMtl材质制作玻璃材质　所在页：199页
学习目标：学习如何用VRayMtl材质制作玻璃材质

课堂案例：用VRayMtl材质制作银材质　所在页：201页
学习目标：学习如何用VRayMtl材质制作银材质

课堂案例：用VRayMtl材质制作镜子材质　所在页：202页
学习目标：学习如何用VRayMtl材质制作镜子材质

课堂案例：用VRayMtl材质制作塑料材质　所在页：202页
学习目标：学习如何用VRayMtl材质制作塑料材质

课堂案例：用VRayMtl材质制作不锈钢材质　所在页：203页
学习目标：学习如何用VRayMtl材质制作不锈钢材质

课堂练习：用VRayMtl材质制作灯罩材质　所在页：204页
学习目标：练习如何用VRayMtl材质制作灯罩材质

课堂练习：用VRayMtl材质制作地砖材质　所在页：204页
学习目标：练习如何用VRayMtl材质制作地砖材质

课堂案例：用不透明度贴图制作叶片材质　所在页：209页
学习目标：学习"不透明度"贴图的用法

课堂案例：用位图贴图制作沙发材质　所在页：211页
学习目标：学习位图贴图的用法

课堂案例：用平铺贴图制作地砖材质　所在页：212页
学习目标：学习"平铺"程序贴图的用法

课堂案例：用噪波贴图制作茶水材质　所在页：215页
学习目标：学习"噪波"程序贴图的用法

课后习题：餐厅材质　所在页：218页
练习目标：练习各种常用材质的制作方法

课后习题：办公室材质　所在页：218页
练习目标：练习各种常用材质的制作方法

课堂案例：为效果图添加环境贴图　所在页：220页
学习目标：学习如何为场景添加环境贴图

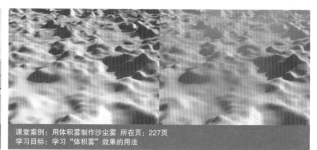
课堂案例：用体积雾制作沙尘雾　所在页：227页
学习目标：学习"体积雾"效果的用法

课堂案例：用体积光为场景添加体积光　所在页：228页
学习目标：学习"体积光"效果的用法

课后习题：燃烧的火柴　所在页：238页
练习目标：练习"火效果"的用法

课后习题：制作雪山雾　所在页：238页
练习目标：练习"雾"效果的用法

课后习题：制作胶片颗粒特效　所在页：238页
练习目标：练习"胶片颗粒"效果的用法

课堂案例：用喷射粒子制作下雨动画　所在页：268页
学习目标：学习"喷射"粒子的用法

课堂案例：用雪粒子制作雪花飘落动画　所在页：268页
学习目标：学习"雪"粒子的用法

课堂案例：用超级喷射粒子制作导弹发射动画　所在页：269页
学习目标：学习"超级喷射"粒子的用法

课后习题：制作烟花爆炸动画　所在页：272页
练习目标：练习粒子流源的用法

课堂案例：制作多米诺骨牌动力学刚体动画　所在页：280页
学习目标：学习动力学刚体动画的制作方法

课堂案例：制作汽车碰撞运动学刚体动画　所在页：282页
学习目标：学习运动学刚体动画的制作方法

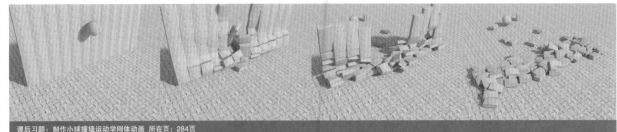

课后习题：制作小球撞墙运动学刚体动画　所在页：284页
练习目标：练习运动学刚体动画的制作方法

课堂案例：用自动关键点制作风车旋转动画　所在页：300页
学习目标：学习自动关键点动画的制作方法

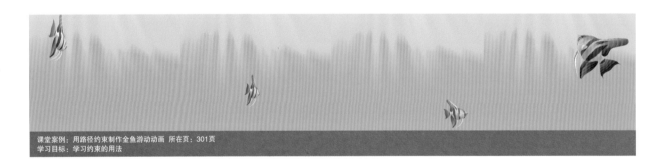

课堂案例：用路径约束制作金鱼游动动画　所在页：301页
学习目标：学习约束的用法

课后习题：制作蝴蝶飞舞动画　所在页：306页
练习目标：练习自动关键点动画的制作方法

课后习题：制作露珠变形动画　所在页：306页
练习目标：练习变形动画的制作方法

课后习题：窗前蝴蝶CG表现 所在页：326页
练习目标：练习CG场景材质、灯光和渲染参数的设置方法

课堂案例：用粒子流源制作影视包装文字动画 所在页：266页
学习目标：学习粒子流源的用法

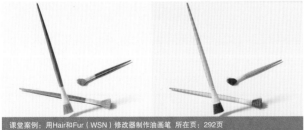

课堂案例：用Hair和Fur（WSN）修改器制作油画笔 所在页：292页
学习目标：用Hair和Fur（WSN）修改器制作油画笔

课堂案例：用"VRay毛皮"制作草地 所在页：295页
学习目标：学习"VRay毛皮"的制作方法

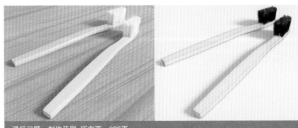

课后习题：制作牙刷 所在页：296页
练习目标：练习Hair和Fur（WSM）[头发和毛发（WSM）]修改器的用法

课后习题：制作地毯 所在页：296页
练习目标：练习"VRay毛皮"工具的用法

课堂案例：恐龙CG表现　所在页：317页
学习目标：学习CG场景的灯光、材质和渲染参数的设置方法

课堂案例：用mental ray渲染器渲染牛奶场景　所在页：244页
学习目标：学习如何设置mental ray渲染器的渲染参数

课堂案例：家装客厅柔和灯光表现　所在页：308页
学习目标：学习VRay灯光、VRay材质和VRay渲染参数的设置方法

课后习题：工装商店日光表现　所在页：326页
练习目标：练习工装场景材质、灯光和渲染参数的设置方法

课后习题：家装书房日光表现　所在页：325页
练习目标：练习家装场景材质、灯光和渲染参数的设置方法

课堂案例：工装餐厅室内灯光表现　所在页：313页
学习目标：学习VRay灯光、材质和渲染参数的设置方法

中文版
3ds Max 2016
实用教程

时代印象 编著

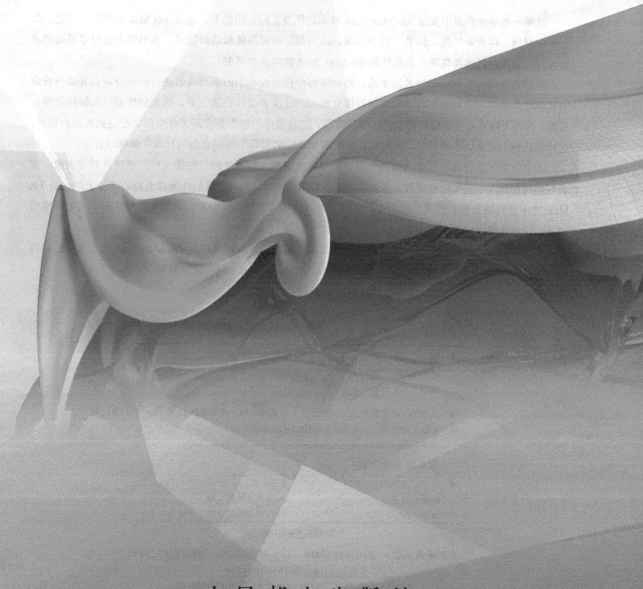

人民邮电出版社
北 京

图书在版编目（ＣＩＰ）数据

中文版3ds Max 2016实用教程 / 时代印象编著. ——
北京 ： 人民邮电出版社，2018.3（2022.1重印）
ISBN 978-7-115-47857-3

Ⅰ. ①中… Ⅱ. ①时… Ⅲ. ①三维动画软件－教材
Ⅳ. ①TP391.414

中国版本图书馆CIP数据核字(2018)第021092号

内 容 提 要

　　这是一本全面介绍中文版 3ds Max 2016 基本功能及实际运用的书，包含 3ds Max 的建模、灯光、摄影机、材质、环境和效果、渲染、粒子系统、动力学、毛发系统和动画技术。本书完全针对零基础读者而开发，是入门级读者快速、全面掌握 3ds Max 2016 的常备参考书。

　　本书内容均以各种重要技术为主线，然后对每个技术板块中的重点内容进行细分介绍，并安排合适的实际工作中经常遇到的各种课堂案例和课堂练习，让读者可以快速上手，熟悉软件功能和制作思路。另外，在每个技术章节的最后都安排了课后习题，这些课后习题都是实际工作中经常会遇到的案例项目。这样既达到了强化训练的目的，又可以让读者更多地了解实际工作中会做些什么，该做些什么。

　　本书附带下载资源，内容包括书中所有案例的效果图、场景文件、贴图文件与多媒体教学录像，读者可通过在线方式获取这些资源，具体方法请参看本书前言。另外，我们还为读者精心准备了中文版 3ds Max 2016 快捷键索引和效果图制作实用附录（内容包括常用物体折射率、常用家具尺寸和室内物体常用尺寸），以方便读者学习。

　　本书非常适合作为院校和培训机构艺术专业课程的教材，也可以作为 3ds Max 2016 自学人员的参考用书。另外，本书所有内容均采用中文版 3ds Max 2016、VRay3.40.01 进行编写，请读者注意。

◆ 编　　著　　时代印象
　　责任编辑　　张丹丹
　　责任印制　　陈　犇

◆ 人民邮电出版社出版发行　　　　北京市丰台区成寿寺路 11 号
　　邮编　100164　　电子邮件　315@ptpress.com.cn
　　网址　https://www.ptpress.com.cn

涿州市京南印刷厂印刷

◆ 开本：787×1092　1/16　　　　　　彩插：6
　　印张：21.5　　　　　　　　　　2018 年 3 月第 1 版
　　字数：649 千字　　　　　　　　2022 年 1 月河北第 7 次印刷

定价：59.90 元

读者服务热线：（010）81055410　印装质量热线：（010）81055316
反盗版热线：（010）81055315
广告经营许可证：京东市监广登字 20170147 号

前 言 PREFACE

Autodesk公司的3ds Max是一款三维动画软件。3ds Max的强大功能，使其从诞生以来就一直受到CG艺术家的喜爱。3ds Max在模型塑造、场景渲染、动画及特效等方面都能制作出高品质的对象，这也使其在室内设计、建筑表现、影视与游戏制作等领域中占据重要地位，成为全球非常受欢迎的三维制作软件。目前，我国很多院校和培训机构的艺术专业，都将3ds Max作为一门重要的专业课程。为了帮助院校和培训机构的教师能够比较全面、系统地讲授这门课，使读者能够熟练地使用3ds Max进行效果图制作和动画制作，成都时代印象文化传播有限公司组织专业从事3ds Max教学的教师以及效果图设计师共同编写了本书。

我们对本书的编写体系做了精心的设计，按照"软件功能解析→课堂案例→课堂练习→课后习题"这一思路进行编排，通过软件功能解析使读者深入学习软件功能和制作特色，通过课堂案例演练使读者快速熟悉软件功能和设计思路，通过课堂练习和课后习题拓展读者的实际操作能力。在内容编写方面，我们力求通俗易懂，细致全面；在文字叙述方面，我们注意言简意赅、突出重点；在案例选取方面，我们强调案例的针对性和实用性。

为了让读者学到更多的知识和技术，我们在编排本书的时候专门设计了很多"技巧与提示""知识点"，有针对性地讲解一些拓展知识，千万不要跳读这些"小东西"，它们会给您带来意外的惊喜，本书的版面结构说明如右图所示。

课堂案例：通过案例讲解着重掌握本章知识要点。

技巧与提示：针对软件的使用技巧和案例操作中的难点进行重点提示。

知识点：包含大量技术知识讲解，让读者深入掌握各种知识。

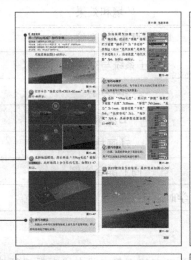

课堂练习：巩固练习知识点，活学活用。

课后习题：全面复习本章要点，做到举一反三。

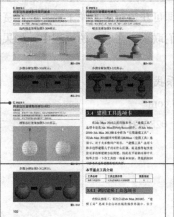

本书的"下载资源"包含了书中所有课堂案例、课堂练习和课后习题的贴图、效果图和场景文件。同时，为了方便读者学习，本书还配备所有案例的多媒体视频教学录像，这些录像也是我们请专业人员录制的，详细记录了每一个操作步骤，尽量让读者一看就懂。另外，为了方便教师教学，本书还配备了PPT课件等丰富的教学资源，任课教师可直接拿来使用。

本书的参考学时为65学时，其中讲授环节为45学时，实训环节为20学时，各章的参考学时如下表所示。

章	课程内容	学时分配	
		讲授	实训
第1章	认识3ds Max 2016	1	
第2章	基础建模	3	1
第3章	高级建模	6	2
第4章	灯光技术	4	2
第5章	摄影机技术	2	1
第6章	材质与贴图技术	8	3
第7章	环境和效果	3	1
第8章	灯光/材质/渲染综合运用	7	4
第9章	粒子系统与空间扭曲	2	1
第10章	动力学	2	1
第11章	毛发系统	2	1
第12章	动画技术	2	1
第13章	商业综合实例	3	2
学时总计		45	20

本书所有的学习资源文件均可在线下载（或在线观看视频教程），扫描"资源下载"二维码，关注我们的微信公众号，即可获得资源文件下载方式。资源下载过程中如有疑问，可通过我们的在线客服或客服电话与我们联系。在学习的过程中，如果遇到问题，也欢迎您与我们交流，我们将竭诚为您服务。

资源下载

您可以通过以下方式来联系我们。

客服邮箱：press@iread360.com

客服电话：028-69182687、028-69182657

时代印象

2018年1月

目录 CONTENTS

目 录 CONTENTS

目 录 CONTENTS

目录 CONTENTS

目 录 CONTENTS

目 录 CONTENTS

第1章

认识3ds Max 2016

本章将带领读者进入3ds Max 2016的神秘世界。本章先讲述3ds Max 2016的应用领域，然后系统介绍3ds Max 2016的界面组成及各种重要基本工具、命令的作用与使用方法。通过对本章内容的学习，读者可以对3ds Max 2016有个基本的认识，同时掌握其重要工具的使用方法。

课堂学习目标

了解3ds Max 2016的应用领域

熟悉3ds Max 2016的操作界面

掌握3ds Max 2016的常用工具

掌握3ds Max 2016的基本操作

1.1 3ds Max 2016的应用领域

Autodesk公司出品的3ds Max是一款三维软件。3ds Max强大的功能，使其从诞生以来就一直受到CG艺术家的喜爱。到目前为止，Autodesk公司已将3ds Max升级到2016版本，当然其功能也变得更加强大。

3ds Max在模型塑造、场景渲染、动画及特效等方面都能制作出高品质的对象，如图1-1~图1-5所示，这也使其在插画、影视动画、游戏、产品造型和效果图等领域中占据重要地位，成为全球非常受欢迎的三维制作软件。

图1-1

图1-2

图1-3

图1-4

图1-5

从3ds Max 2009开始，Autodesk公司推出了两个版本的3ds Max，一个是面向影视动画专业人士的3ds Max，另一个是专门为建筑师、设计师以及可视化设计量身定制的3ds Max Design，对于大多数用户而言，这两个版本是没有任何区别的。本书均采用中文版3ds Max 2016版（普通版）来编写，请大家注意。

1.2 3ds Max 2016的工作界面

安装好3ds Max 2016后，可以通过以下两种方法来启动3ds Max 2016。

第1种：双击桌面上的快捷图标。

第2种：执行"开始>所有程序>Autodesk 3ds Max 2016>Autodesk 3ds Max 2016 Simplified Chinese"命令，如图1-6所示。

```
Autodesk
    Inventor Fusion 2012
    Uninstall Tool
    AutoCAD 2012 - Simplified Chinese
    Autodesk 3ds Max 2014
    Autodesk 3ds Max 2016
        3ds Max 2016 - Brazilian Portugu
        3ds Max 2016 - English
        3ds Max 2016 - French
        3ds Max 2016 - German
        3ds Max 2016 - Japanese
        3ds Max 2016 - Korean
        3ds Max 2016 - Simplified Chines
        3ds Max 2016
        Change Graphics Mode
        License Transfer Utility - 3ds Max
        MaxFind
    返回
```

图1-6

在启动3ds Max 2016的过程中，可以观察到3ds Max 2016的启动画面，如图1-7所示，启动完成后可以看到其工作界面，如图1-8所示。3ds Max 2016的视口显示是四视图显示，如果要切换到单一的视图显示，可以单击界面右下角的"最大化视口切换"按钮■或按快捷键Alt+W，如图1-9所示。

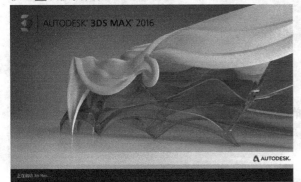

图1-7

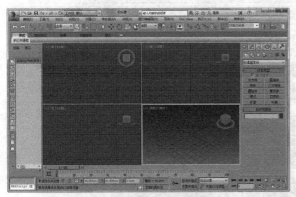

图1-8

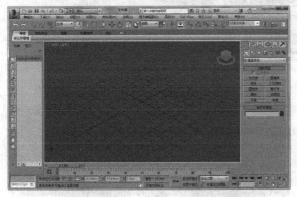

图1-9

知 识 点 初次启动画面

在初次启动3ds Max 2016时，系统会自动弹出欢迎屏幕，其中包括"学习""开始""扩展"3个选项卡，如图1-10所示。

图1-10

在"学习"选项卡中，提供了"1分钟启动影片"列表和其他学习资源，如图1-11所示；在"开始"选项卡中，不仅可以在"最近使用的文件"中打开最近使用过的文件，还可以在"启动模板"中选择对应的场景类型，并新建场景，如图1-12所示；在"扩展"选项卡中，提供了扩展3ds Max功能的途径，可以搜寻Autodesk Exchange商店提供的精选应用和Autodesk资源的列表，包括Autodesk 360和The Area，并且还可以通过单击"Autodesk动画商店"链接和"下载植物"链接将资源添加到场景中，如图1-13所示。

图1-11

图1-12

图1-13

若想在启动3ds Max 2016时不弹出欢迎屏幕对话框，只需要在欢迎屏幕的左下角关闭"在启动时显示此欢迎屏幕"选项，如图1-14所示；若要恢复欢迎屏幕对话框，可以执行"帮助>欢迎屏幕"菜单命令来打开该对话框，如图1-15所示。

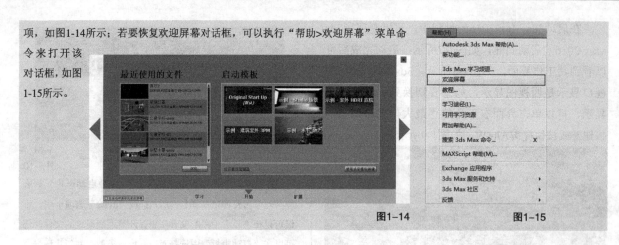

图1-14　　　　　　　图1-15

3ds Max 2016的工作界面分为"标题栏""菜单栏""主工具栏""视口区域""场景资源管理器""Ribbon工具栏""命令"面板"时间尺""状态栏"时间控制按钮和视口导航控制按钮11大部分，如图1-16所示。

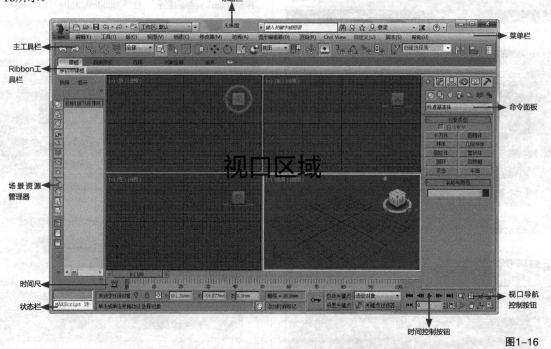

图1-16

默认状态下的"主工具栏"和"命令"面板分别停靠在界面的上方和右侧，可以通过拖曳的方式将其移动到视图的其他位置，这时的"主工具栏"和"命令"面板将以浮动的面板形态呈现在视图中，如图1-17所示。

技巧与提示

若想将浮动的面板切换回停靠状态，可以将浮动的面板拖曳到任意一个面板或工具栏的边缘，直接双击面板的标题也可返回到停靠状态。

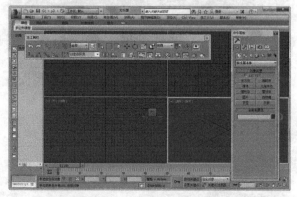

图1-17

本节知识介绍

知识名称	主要作用	重要程度
标题栏	显示当前编辑的文件名称及软件版本信息	中
菜单栏	包含所有用于编辑对象的菜单命令	高
主工具栏	包含最常用的工具	高
视口区域	用于实际工作的区域	高
命令面板	包含用于创建/编辑对象的常用工具和命令	高
时间尺	预览动画及设置关键点	高
状态栏	显示选定对象的数目、类型、变换值和栅格数目等信息	中
时间控制按钮	控制动画的播放效果	高
视口导航控制按钮	控制视图的显示和导航	高
视口布局选项卡	快速调整视口的布局	中

1.2.1 标题栏

3ds Max 2016的"标题栏"位于界面的最顶部。"标题栏"上包含当前编辑的文件名称、软件版本信息，同时还有软件图标（也称为应用程序图标）、快速访问工具栏和信息中心3个非常人性化的工具栏，如图1-18所示。

图1-18

1.软件图标

单击软件图标 会弹出一个用于管理文件的下拉菜单。这个菜单与之前版本的"文件"菜单类似，主要包括"新建""重置""打开""保存""另存为""导入""导出""发送到""参考""管理""属性" 11个常用命令，如图1-19所示。

图1-19

2.快速访问工具栏

"快速访问工具栏"集合了用于管理场景文件的常用命令，便于用户快速管理场景文件，主要包括"新建""打开""保存""设置项目文件夹"等6个常用工具，同时用户也可以根据个人喜好对"快速访问工具栏"进行设置，如图1-20所示。

图1-20

快速访问工具栏中的工具介绍

新建场景 ：单击该按钮可以新建一个场景。

打开文件 ：单击该按钮可以打开"打开文件"对话框，如图1-21所示。在该对话框中可以选择要打开的文件夹。

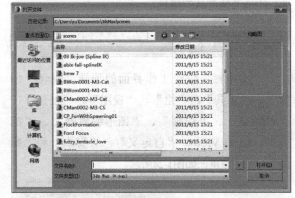

图1-21

保存文件 ：单击该按钮可以打开"文件另存为"对话框，如图1-22所示。在该对话框中可以设置场景的保存路径和名称。

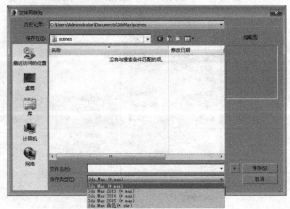

图1-22

项目文件夹 ：为当前编辑的场景设置一个项目文件夹，以便于进行管理，如图1-23所示。

图1-23

自定义快速访问工具栏 ：单击该按钮可以打开一个下拉菜单，在该菜单下可以设置要显示的快速访问工具。例如，勾选"新建"命令，那么在"快速访问工具栏"上就会显示出"新建场景"工具 。

3.信息中心

"信息中心"用于访问有关3ds Max 2016和Autodesk其他产品的信息。

1.2.2 菜单栏

"菜单栏"位于工作界面的顶端，包含"编辑"、"工具"、"组"、"视图"、"创建"、"修改器"、"动画"、"图形编辑器"、"渲染"、Civil View、"自定义"、"脚本"和"帮助"13个主菜单，如图1-24所示。

图1-24

菜单命令介绍

编辑："编辑"菜单主要包括"撤销""重做""暂存""取回""删除""克隆""移动""旋转""缩放"等常用命令，这些常用命令都配有快捷键，如图1-25所示。

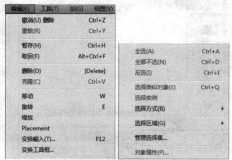

图1-25

工具："工具"菜单主要包括对物体进行操作的常用命令，这些命令在"主工具栏"中也可以找到并可以直接使用，如图1-26所示。

组："组"菜单中的命令可以将场景中的两个或两个以上的物体编成一组，同样也可以将成组的物体拆分为单个物体，如图1-27所示。

图1-26

图1-27

视图："视图"菜单中的命令主要用来控制视图的显示方式以及视图的相关参数设置（例如视图的配置与导航器的显示等），如图1-28所示。

图1-28

创建："创建"菜单中的命令主要用来创建几何物体、二维物体、灯光和粒子等，在"创建"面板中也可以执行相同的操作，如图1-29所示。

修改器："修改器"菜单中的命令包含了"修改"面板中的所有修改器，如图1-30所示。

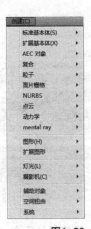

图1-29　　　　　　　图1-30

动画："动画"菜单主要用来制作动画，包括正向动力学、反向动力学以及创建和修改骨骼的命令，如图1-31所示。

图形编辑器："图形编辑器"菜单是场景元素之间用图形化视图方式来表达关系的菜单，包括"轨迹视图-曲线编辑器""轨迹视图-摄影表""新建图解视图""粒子视图"等方式，如图1-32所示。

图1-31　　　　　　　图1-32

渲染："渲染"菜单主要用于设置渲染参数，包括"渲染""环境""效果"等命令，如图1-33所示。

图1-33

Civil View（Autodesk Civil View for 3ds Max）：这是一款供土木工程师和交通运输基础设施规划人员使用的可视化工具。Civil View可以与各种土木设计应用程序（包括AutoCAD Civil 3D软件）紧密集成，从而在发生设计更改时可以几乎立即更新可视化模型。Civil View菜单下包含一个"初始化Civil View"命令，如图1-34所示。如果要使用Civil View可视化工具，必须先执行"初始化Civil View"命令，然后关闭并重启3ds Max才能使用Civil View。

自定义："自定义"菜单主要用来更改用户界面或系统设置。通过这个菜单可以定制自己的界面，同时还可以对3ds Max系统进行设置，例如设置单位和自动备份文件等，如图1-35所示。

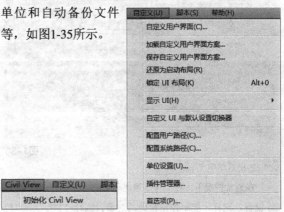

图1-34　　　　　　　图1-35

知识点 设置文件自动备份与单位

1.设置文件自动备份

3ds Max 2016在运行过程中对计算机的配置要求比较高，占用系统资源也比较大。在运行3ds Max 2016时，由于某些较低的计算机配置和系统性能的不稳定性等原因会导致文件关闭或发生死机现象。当进行较为复杂的计算（如光影追踪渲染）时，一旦出现无法恢复的故障，就会丢失所做的各项操作，造成无法弥补的损失。

解决这类问题除了提高计算机硬件的配置外，还可以通过增强系统稳定性来减少死机现象。在一般情况下，可以通过以下3种方法来提高系统的稳定性。

第1种：要养成经常保存场景的习惯。

第2种：在运行3ds Max 2016时，尽量不要或少启动其他程序，而且硬盘也要留有足够的缓存空间。

第3种：如果当前文件发生了不可恢复的错误，可以通过备份文件来打开前面自动保存的场景。

下面介绍设置自动备份文件的方法。

执行"自定义>首选项"菜单命令，然后在弹出的"首选项设置"对话框中单击"文件"选项卡，接着在"自动备份"选项组下勾选"启用"选项，最后单击"确定"按钮 确定 ，如图1-36所示。如有特殊需要，可以适当加大或减小"Autobak文件数"和"备份间隔（分钟）"的数值。

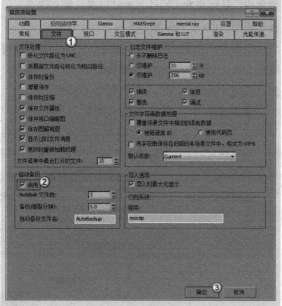

图1-36

2.设置单位

在通常情况下，在制作场景之前都要对3ds Max的单位进行设置，这样才能制作出精确的对象。执行"自定义>单位设置"菜单命令，打开"单位设置"对话框，然后在"显示单位比例"选项组下选择一个"公制"单位（一般选择"毫米"），如图1-37所示，接着单击"系统单位设置"按钮 系统单位设置 ，打开"系统单位设置"对话框，最后选择一个"系统单位比例"（一般选择"毫米"），如图1-38所示。

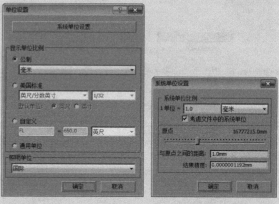

图1-37　　　　　　　　　图1-38

脚本：3ds Max支持脚本程序设计语言，可以书写脚本语言的短程序来自动执行某些命令。在脚本（MAXScript）菜单中包括新建、打开和运行脚本的一些命令，如图1-39所示。

帮助："帮助"菜单中主要是3ds Max的一些帮助信息，可以供用户参考学习，如图1-40所示。

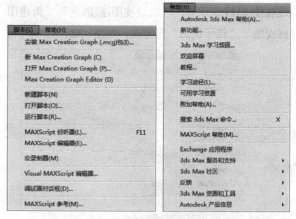

图1-39　　　　　　　　　图1-40

知识点 菜单命令的基础知识

在执行菜单栏中的命令时可以发现，某些命令后面有与之对应的快捷键，如图1-41所示。如"移动"命令的快捷键为W键，也就是说按W键就可以切换到"选择并移动"工具。牢记这些快捷键能够节省很多操作时间。

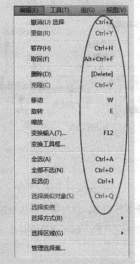

图1-41

若下拉菜单命令的后面带有省略号，则表示执行该命令后会弹出一个独立的对话框，如图1-42所示。

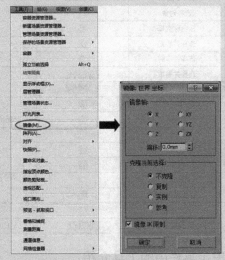

图1-42

若下拉菜单命令的后面带有小箭头图标，则表示该命令还含有子命令，如图1-43所示。

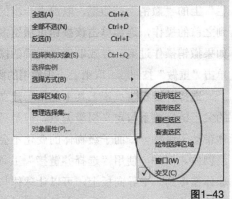

图1-43

部分菜单命令的字母下有下划线，需要执行该命令时先按住Alt键，然后在键盘上按该命令所在主菜单的下划线字母，接着在键盘上按下拉菜单中该命令的下划线字母即可执行相应的命令。以"撤销"命令为例，先按住Alt键，然后按E键，接着按U键即可撤销当前操作，返回到上一步（按快捷键Ctrl+Z也可以达到相同的效果），如图1-44所示。

图1-44

仔细观察菜单命令，会发现某些命令显示为灰色，这表示这些命令不可用，这是因为在当前操作中该命令没有合适的操作对象。如在没有选择任何对象的情况下，"组"菜单下的命令只有一个"集合"命令处于可用状态，如图1-45所示，而在选择了对象以后，"组"命令和"集合"命令都可用，如图1-46所示。

图1-45

图1-46

1.2.3 主工具栏

"主工具栏"中集合了最常用的一些编辑工具，图1-47所示为默认状态下的"主工具栏"。某些工具的右下角有一个三角形图标，单击该图标就会弹出下拉工具列表。以"捕捉开关"为例，单击"捕捉开关"按钮 就会弹出捕捉工具列表，如图1-48所示。

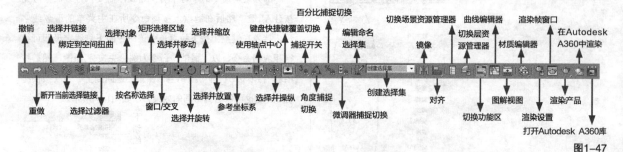

图1-47

技巧与提示

若显示器的分辨率较低，"主工具栏"中的工具可能无法完全显示出来，这时将光标放置在"主工具栏"上的空白处，当光标变成手形时，使用鼠标左键左右移动"主工具栏"即可查看没有显示出来的工具。

图1-48

在默认情况下，很多工具栏都处于隐藏状态，如果要调出这些工具栏，在"主工具栏"的空白处单击鼠标右键，然后在弹出的菜单中选择相应的工具栏即可，如图1-49所示。如果要调出所有隐藏的工具栏，可以执行"自定义>显示UI>显示浮动工具栏"菜单命令，如图1-50所示，再次执行"显示浮动工具栏"命令可以将浮动的工具栏隐藏起来。

图1-49

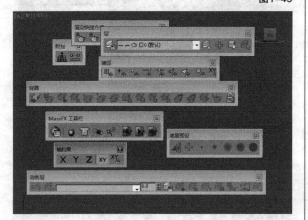

图1-50

技巧与提示

按快捷键Alt+6可以隐藏"主工具栏"，再次按快捷键Alt+6可以显示出"主工具栏"。

"主工具栏"中的工具快捷键如下表所示。

工具名称	工具图标	快捷键
选择对象		Q
按名称选择		H
选择并移动		W
选择并旋转		E
选择并缩放		R
捕捉开关		S
角度捕捉切换		A
百分比捕捉切换		Shift+Ctrl+P
对齐		Alt+A
快速对齐		Shift+A
法线对齐		Alt+N
放置高光		Ctrl+H
材质编辑器		M
渲染设置		F10
渲染		F9/Shift+Q

主工具栏中的工具介绍

撤销/重做：在使用3ds Max 2016进行场景操作时，难免会出现错误操作，这时可以单击"主工具栏"上的"撤销"按钮，取消上一步的操作，回到之前的操作，连续单击该按钮可撤销多步操作。如果撤销操作过多，导致取消了正确的操作，可以单击"重做"按钮，取消上一步撤销的操作。

选择并链接：该工具主要用于建立对象之间的父子链接关系与定义层级关系，但是只能父级物体带动子级物体，而子级物体的变化不会影响到父级物体。例如，使用"选择并链接"工具将一个球体拖曳到一个导向板上，可以让球体与导向板建立链接关系，使球体成为导向板的子对象，那么移动导向板，则球体也会跟着移动，但移动球体时，则导向板不会跟着移动，如图1-51和图1-52所示。

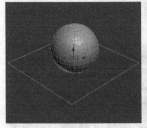 

图1-51　　　　　　　图1-52

断开当前选择链接：该工具与"选择并链接"工具的作用恰好相反，用来断开链接关系。

绑定到空间扭曲：使用该工具可以将对象绑定到空间扭曲对象上。例如，在图1-53中有一个风力和一个雪粒子，此时没有对这两个对象建立绑定关系，拖曳时间线滑块，发现雪粒子向左飘动，这说明雪粒子没有受到风力的影响。使用"绑定到空间扭曲"工具将雪粒子拖曳到风力上，当光标变成形状时松开鼠标即可建立绑定关系，当图1-54所示。绑定以后，拖曳时间线滑块，可以发现雪粒子受到风力的影响而向右飘落，如图1-55所示。

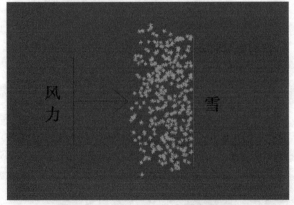

图1-53

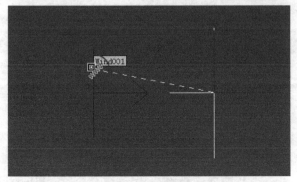

图1-54

图1-55

选择过滤器 全部：主要用来过滤不需要选择的对象类型，这对于批量选择同一种类型的对象非常有用，如图1-56所示。例如在下拉列表中选择"L-灯光"选项，那么在场景中选择对象时，只能选择灯光，而几何体、图形、摄影机等对象不会被选中，如图1-57所示。

 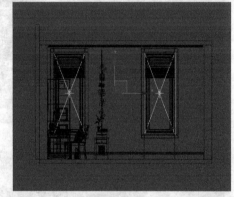

图1-56　　　　　　　图1-57

选择对象：这是最重要的工具之一，主要用来选择对象，如果想选择对象而又不想移动它，这个工具是最佳选择。使用该工具单击对象即可选择相应的对象，如图1-58所示。

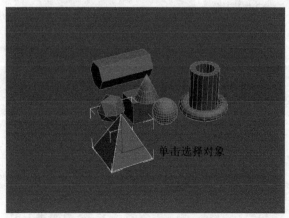

图1-58

21

知识点 选择对象的5种方法

上面介绍使用"选择对象"工具 单击对象即可将其选择，这只是选择对象的一种方法。下面介绍框选、加选、减选、反选对象和孤立选择对象的方法。

1.框选对象

这是选择多个对象的常用方法之一，适合选择一个区域的对象，例如，使用"选择对象"工具 在视图中拉出一个选框，那么处于该选框内的所有对象都将被选中（这里以在"过滤器"列表中选择"全部"类型为例），如图1-59所示。另外，在使用"选择对象"工具 框选对象时，按Q键可以切换框的类型，例如，当前使用的"矩形选择区域" 模式，按一次Q键可切换为"圆形选择区域" 模式，如图1-60所示，继续按Q键又会切换到"围栏选择区域" 模式、"套索选择区域" 模式、"绘制选择区域" 模式，并一直按此顺序循环下去。

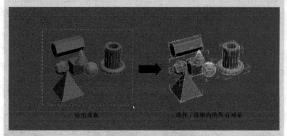

图1-59

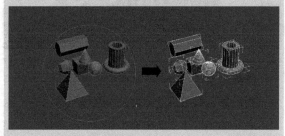

图1-60

2.加选对象

如果当前选择了一个对象，还想加选其他对象，按住Ctrl键单击其他对象，即可同时选择多个对象，如图1-61所示。

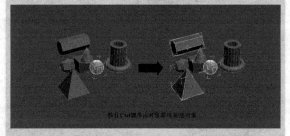

图1-61

3.减选对象

如果当前选择了多个对象，想减去某个不想选择的对象，按住Alt键单击想要减去的对象，即可减去当前单击的对象，如图1-62所示。

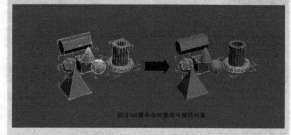

图1-62

4.反选对象

如果当前选择了某些对象，想要反选其他的对象，可以按快捷键Ctrl+I来完成，如图1-63所示。

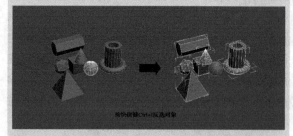

图1-63

5.孤立选择对象

这是一种特殊选择对象的方法，可以将选择的对象单独显示出来，以方便对其进行编辑，如图1-64所示。

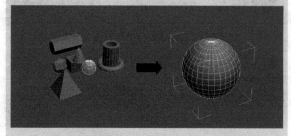

图1-64

切换孤立选择对象的方法主要有以下两种。

第1种：执行"工具>孤立当前选择"菜单命令或直接按快捷键Alt+Q，如图1-65所示。

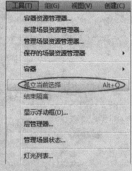

图1-65

第2种：在视图中单击鼠标右键，然后在弹出的菜单中选择"孤立当前选择"命令，如图1-66所示。

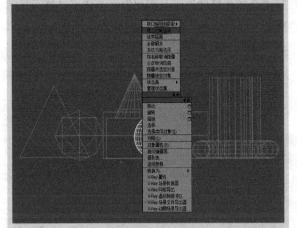

图1-66

请大家牢记这几种选择对象的方法，这样在选择对象时可以达到事半功倍的效果。

按名称选择：单击该工具会弹出"从场景选择"对话框，在该对话框中选择对象的名称后，单击"确定"按钮 确定 即可将其选择。例如，在"从场景选择"对话框中选择了Sphere01，单击"确定"按钮 确定 后即可选择这个球体对象，如图1-67和图1-68所示。

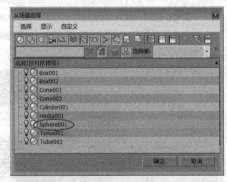

图1-67

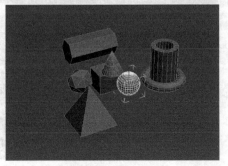

图1-68

选择区域：选择区域工具包含5种模式，如图1-69所示，主要用来配合"选择对象"工具 一起使用。在前面的"知识点"中已经介绍了其用法。

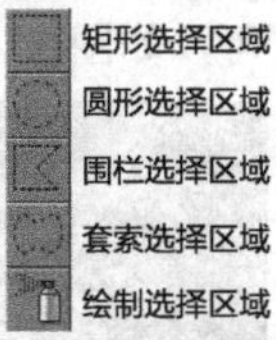

矩形选择区域
圆形选择区域
围栏选择区域
套索选择区域
绘制选择区域

图1-69

窗口/交叉：当"窗口/交叉"工具处于突出状态（即未激活状态）时，其显示效果为，这时如果在视图中选择对象，那么只要选择的区域包含对象的一部分即可选中该对象，如图1-70所示；当"窗口/交叉"工具处于凹陷状态（即激活状态）时，其显示效果为，这时如果在视图中选择对象，那么只有选择区域包含对象的全部才能将其选中，如图1-71所示。在实际工作中，一般都要让"窗口/交叉"工具处于未激活状态。

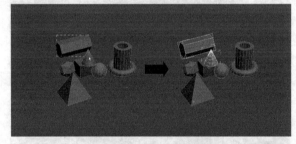

图1-70

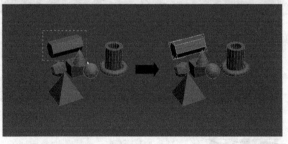

图1-71

选择并移动：这是非常重要的工具（快捷键为W键），主要用来选择并移动对象，其选择对象的方法与"选择对象"工具相同。使用"选择并移动"工具可以将选中的对象移动到任何位置。当使用该工具选择对象时，在视图中会显示出坐标移动控制器，在默认的四视图中只有透视图显示的是x、y、z这3个轴向，而其他3个视图中只显示其中的某两个轴向，如图1-72所示。若想要在多个轴向上移动对象，将光标放在轴向的中间，然后拖曳光标即可，如图1-73所示；如果想在单个轴向上移

动对象,将光标放在这个轴向上,然后拖曳光标即
可,如图1-74所示。

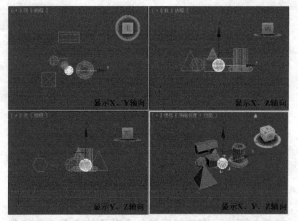

图1-72

图1-73

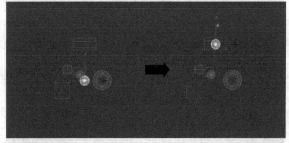

图1-74

知 识 点 **如何精确移动对象**

若想将对象精确移动一定的距离,在"选择并移动"工
具上单击鼠标右键,然后在弹出的"移动变换输入"对话
框中输入"绝对:世界"或"偏移:屏幕"的数值即可,如图
1-75所示。

图1-75

"绝对"坐标是指对象目前所在的世界坐标位置;"偏
移"坐标是指对象以屏幕为参考对象所偏移的距离。

选择并旋转:这是最重要的工具之一(快捷
键为E键),主要用来选择并旋转对象,其使用方法
与"选择并移动"工具相似。当该工具处于激活
状态(选择状态)时,被选中的对象可以在x、y、z
这3个轴上进行旋转。

技巧与提示

如果要将对象精确旋转一定的角度,在"选择并旋转"
按钮上单击鼠标右键,然后在弹出的"旋转变换输入"对
话框中输入旋转角度即可,如图1-76所示。

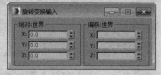

图1-76

选择并缩放:这是非常重要的工具(快捷键为
R键),主要用来选择并缩放对象,选择并缩放工具
包含3种,如图1-77所示。使用"选择并均匀缩放"
工具沿所有3个轴以相同量缩放对象,同时保持对
象的原始比例,如图1-78所示;使用"选择并非均
匀缩放"工具可以根据活动轴约束以非均匀方式
缩放对象,如图1-79所示;使用"选择并挤压"工
具可以创建"挤压和拉伸"效
果,如图1-80所示。

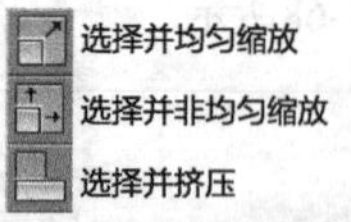

> 选择并均匀缩放
> 选择并非均匀缩放
> 选择并挤压

图1-77

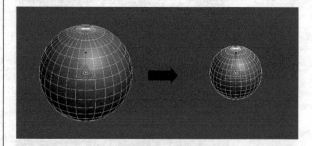

图1-78

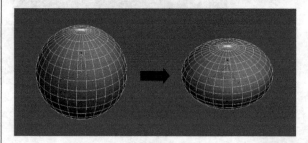

图1-79

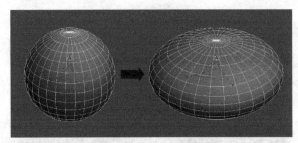

图1-80

技巧与提示

同样，选择并缩放工具也可以设定一个精确的缩放比例因子，具体操作方法就是在相应的工具上单击鼠标右键，然后在弹出的"缩放变换输入"对话框中输入相应的缩放比例数值即可，如图1-81所示。

图1-81

选择并放置 ⬚：这是3ds Max 2016的新增工具，使用该工具可以将对象准确地定位在另一个对象的曲面上。当该工具处于活动状态时，单击对象将其选中，然后拖动鼠标将对象移动到另一对象上，即可将其放置到另一对象上。而使用"选择并旋转"工具 ⬚ 可以将对象围绕放置曲面的法线进行旋转。在默认情况下，基础曲面的接触点是对象的轴心，如果要使用对象的底座作为接触点，在"选择并放置"工具 ⬚ 上单击鼠标右键，然后在弹出的"放置设置"对话框中单击"使用基础对象作为轴"按钮 ⬚ 即可，如图1-82所示。

参考坐标系："参考坐标系"可以用来指定变换操作（如移动、旋转、缩放等）所使用的坐标系统，包括视图、屏幕、世界、父对象、局部、万向、栅格、工作和拾取9种坐标系，如图1-83所示。

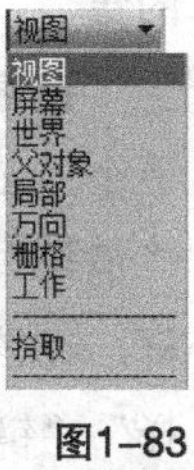

图1-82

图1-83

使用轴点中心：轴点中心工具有3种，如图1-84所示。"使用轴点中心"工具 ⬚ 可以围绕其各自的轴点旋转或缩放一个或多个对象；"使用选择中心"工具 ⬚ 可以围绕其共同的几何中心旋转或缩放一个或多个对象（如果变换多个对象，该工具会计算所有对象的平均几何中心，并将该几何中心用作变换中心）；"使用变换坐标中心"工具 ⬚ 可以围绕当前坐标系的中心旋转或缩放一个或多个对象（当使用"拾取"功能将其他对象指定为坐标系时，其坐标中心在该对象的轴的位置上）。

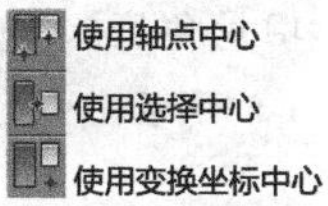

⬚ 使用轴点中心
⬚ 使用选择中心
⬚ 使用变换坐标中心

图1-84

选择并操纵 ⬚：使用该工具可以在视图中通过拖曳"操纵器"来编辑修改器、控制器和某些对象的参数。

技巧与提示

"选择并操纵"工具 ⬚ 与"选择并移动"工具 ⬚ 不同，它的状态不是唯一的。只要选择模式或变换模式之一为活动状态，并且启用了"选择并操纵"工具 ⬚，那么就可以操纵对象。但是在选择一个操纵器辅助对象之前必须禁用"选择并操纵"工具 ⬚。

键盘快捷键覆盖切换 ⬚：当关闭该工具时，只识别"主用户界面"快捷键；当激活该工具时，可以同时识别主UI快捷键和功能区域快捷键。

捕捉开关：捕捉开关包含3种，如图1-85所示。"2D捕捉"工具 ⬚ 主要用于捕捉活动的栅格；"2.5D捕捉"工具 ⬚ 主要用于捕捉结构或捕捉根据网格得到的几何体；"3D捕捉"工具 ⬚ 可以捕捉3D空间中的任何位置。

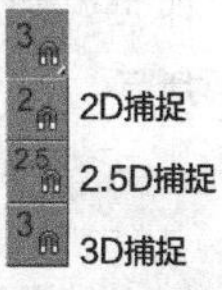

⬚ 2D捕捉
⬚ 2.5D捕捉
⬚ 3D捕捉

图1-85

技巧与提示

在"捕捉开关"上单击鼠标右键，可以打开"栅格和捕捉设置"对话框，在该对话框中可以设置捕捉类型和捕捉的相关选项，如图1-86所示。

图1-86

角度捕捉切换：该工具可以用来指定捕捉的角度（快捷键为A键）。激活该工具后，角度捕捉将影响所有的旋转变换，在默认状态下以5°为增量进行旋转。

若要更改旋转增量，可以在"角度捕捉切换"工具上单击鼠标右键，然后在弹出的"栅格和捕捉设置"对话框中单击"选项"选项卡，接着在"角度"选项后面输入相应的旋转增量角度，如图1-87所示。

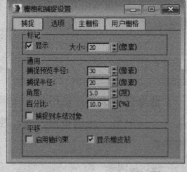

图1-87

百分比捕捉切换：该工具可以将对象缩放捕捉到自定的百分比（快捷键为Shift+Ctrl+P），在缩放状态下，默认每次的缩放百分比为10%。

若要更改缩放百分比，可以在"百分比捕捉切换"工具上单击鼠标右键，然后在弹出的"栅格和捕捉设置"对话框中单击"选项"选项卡，接着在"百分比"选项后面输入相应的百分比数值即可，如图1-88所示。

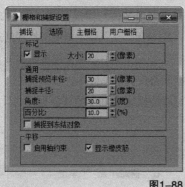

图1-88

微调器捕捉切换：该工具可以用来设置微调器单次单击的增加值或减少值。

若要设置微调器捕捉的参数，可以在"微调器捕捉切换"工具上单击鼠标右键，然后在弹出的"首选项设置"对话框中单击"常规"选项卡，接着在"微调器"选项组下设置相关参数，如图1-89所示。

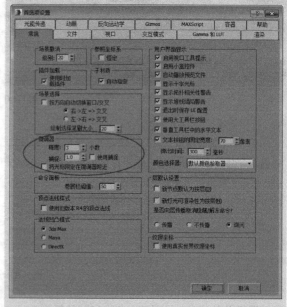

图1-89

编辑命名选择集：使用该工具可以为单个或多个对象创建选择集。选中一个或多个对象后，单击"编辑命名选择集"工具可以打开"命名选择集"对话框，在该对话框中可以进行创建新集、删除集以及添加、删除选定对象等操作，如图1-90所示。

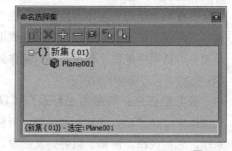

图1-90

创建选择集：如果选择了对象，在这里输入名称以后就可以创建一个新的选择集；如果已经创建了选择集，在列表中可以选择创建的集。

镜像：使用该工具可以围绕一个轴心镜像出一个或多个副本对象。选中要镜像的对象后，单击"镜像"工具，可以打开"镜像:屏幕坐标"对话框，在该对话框中可以对"镜像轴""克隆当前选择""镜像IK限制"进行设置，如图1-91所示。

图1-91

对齐：对齐工具包括6种，如图1-92所示。使用"对齐"工具 （快捷键为Alt+A）可以将当前选定对象与目标对象进行对齐；使用"快速对齐"工具 （快捷键为Shift+A）可以立即将当前选定对象的位置与目标对象的位置进行对齐；使用"法线对齐"工具 （快捷键为Alt+N）可以基于每个对象的面或是以选择的法线方向来对齐两个对象；使用"放置高光"工具 （快捷键为Ctrl+H）可以将灯光或对象对齐到另一个对象，以便可以精确定位其高光或反射；使用"对齐摄影机"工具 可以将摄影机与选定的面法线进行对齐；使用"对齐到视图"工具 可以将对象或子对象的局部轴与当前视图进行对齐。

对齐
快速对齐
法线对齐
放置高光
对齐摄影机
对齐到视图

图1-92

切换场景资源管理器 ：使用该管理器不仅可以查看、排序、过滤、选择、重命名、删除、隐藏和冻结对象，还可以创建、修改对象的层次和编辑对象属性，如图1-93所示。

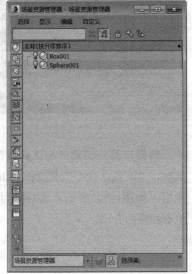

图1-93

切换层资源管理器 ：可以创建和删除层，也可以用来查看和编辑场景中所有层的设置以及与其相关联的对象。单击"层管理器"工具 可以打开"层"对话框，在该对话框中可以指定光能传递中的名称、可见性、渲染性、颜色以及对象和层的包含关系等，如图1-94所示。

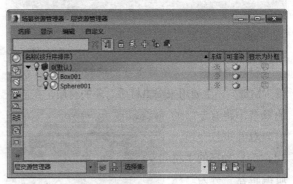

图1-94

切换功能区 ：可以打开或关闭Ribbon工具栏（这个工具栏在以前的版本中称为"石墨建模工具"或"建模工具"选项卡），如图1-95所示。

图1-95

曲线编辑器 ：单击该按钮可以打开"轨迹视图-曲线编辑器"对话框，如图1-96所示。"曲线编辑器"是一种"轨迹视图"模式，可以用曲线来表示运动，而"轨迹视图"模式可以使运动的插值以及软件在关键帧之间创建的对象变换更加直观化。

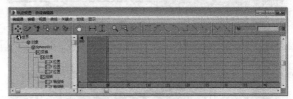

图1-96

图解视图（打开） ："图解视图"是基于节点的场景图，通过它可以访问对象的属性、材质、控制器、修改器、层次和不可见场景关系，同时在"图解视图"对话框中可以查看、创建并编辑对象间的关系，也可以创建层次、指定控制器、材质、修改器和约束等，如图1-97所示。

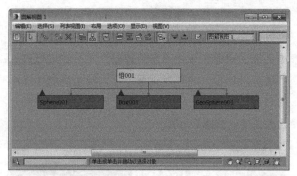

图1-97

材质编辑器：这是最重要的编辑器之一（快捷键为M键），主要用来编辑材质对象的材质，在后面的章节中将有专门的内容对其进行介绍。3ds Max 2016的"材质编辑器"分为"精简材质编辑器" 和"Slate材质编辑器" 两种，如图1-98和图1-99所示。

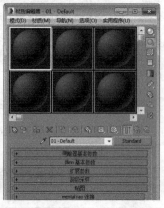

图1-98

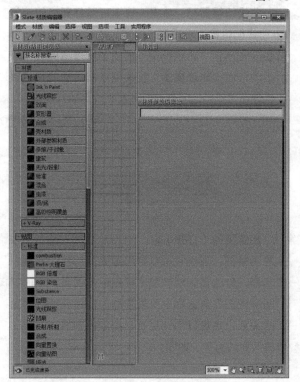

图1-99

渲染设置 ：单击该按钮或按F10键可以打开"渲染设置"对话框，几乎所有的渲染设置参数都在该对话框中完成，如图1-100所示。"渲染设置"对话框同样非常重要，在后面的章节中也有专门的内容对其进行介绍。

图1-100

渲染帧窗口 ：单击该按钮 可以打开"渲染帧窗口"对话框，在该对话框中可执行选择渲染区域、切换图像通道和储存渲染图像等任务，如图1-101所示。"渲染帧窗口"对话框在后面的章节中也有相应的内容进行介绍。

图1-101

渲染产品：渲染产品工具包含"渲染产品"工具 、"渲染迭代"工具 和ActiveShade工具 3种类型，如图1-102所示。这3种工具在后面的章节中也有相应的介绍。

渲染产品

渲染迭代

ActiveShade

图1-102

在Autodesk A360中渲染 ![icon]：A360是一种云端渲染方法，单击"在Autodesk A360中渲染"按钮![icon]可以打开"渲染设置"对话框，同时将渲染的"目标"自动设置为"A360云渲染模式"，如图1-103所示。用户通过登录Autosdesk账户，可以借助Autodesk A360中的渲染器来渲染场景。上传的场景数据存储在安全的数据中心内，其他人是无法查看和下载的，只有使用特定的Autodesk ID和密码登录到渲染服务的人才可以访问这些文件，但也仅限于联机渲染。

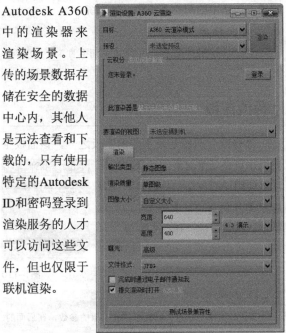

图1-103

1.2.4 视口区域

视口区域是操作界面中最大的一个区域，也是3ds Max中用于实际工作的区域，默认状态下为四视图显示，包括顶视图、左视图、前视图和透视图4个视图，在这些视图中可以从不同的角度对场景中的对象进行观察和编辑。

每个视图的左上角都会显示视图的名称以及模型的显示方式，右上角有一个导航器（不同视图显示的状态也不同），如图1-104所示。

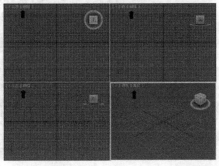

图1-104

3ds Max 2016中视图的名称部分被分为3个小部分，用鼠标右键分别单击这3个部分会弹出不同的菜单，如图1-105~图1-107所示。第1个菜单用于还原、激活、禁用视口以及设置导航器等；第2个菜单用于切换视口的类型；第3个菜单用于设置对象在视口中的显示方式。

图1-105

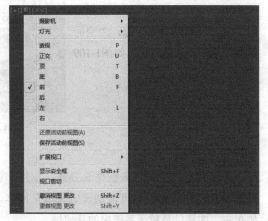

图1-106

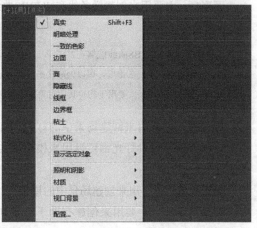

图1-107

1.2.5 命令面板

"命令"面板非常重要,场景对象的操作都可以在"命令"面板中完成。"命令"面板由6个用户界面面板组成,默认状态下显示的是"创建"面板 ☀️,其他面板分别是"修改"面板 ✎、"层次"面板 🔧、"运动"面板 ⊙、"显示"面板 📄和"实用程序"面板 ⚒,如图1-108所示。

图1-108

1.创建面板

"创建"面板是最重要的面板之一,在该面板中可以创建7种对象,分别是"几何体" ⊙、"图形" ⊘、"灯光" ◀、"摄影机" 🎥、"辅助对象" ⊚、"空间扭曲" ≋和"系统" ⚒,如图1-109所示。

图1-109

创建面板介绍

几何体 ⊙:主要用来创建长方体、球体和锥体等基本几何体,同时也可以创建出高级几何体,比如布尔、阁楼以及粒子系统中的几何体。

图形 ⊘:主要用来创建样条线和NURBS曲线。

> 🏃 技巧与提示
>
> 虽然样条线和NURBS曲线能够在2D空间或3D空间中存在,但是它们只有一个局部维度,可以为形状指定一个厚度以便于渲染,但这两种线条主要用于构建其他对象或运动轨迹。

灯光 ◀:主要用来创建场景中的灯光。灯光的类型有很多种,每种灯光都可以用来模拟现实世界中的灯光效果。

摄影机 🎥:主要用来创建场景中的摄影机。

辅助对象 ⊚:主要用来创建有助于场景制作的辅助对象。这些辅助对象可以定位、测量场景中的

可渲染几何体,并且可以设置动画。

空间扭曲 ≋:使用空间扭曲功能可以在围绕其他对象的空间中产生各种不同的扭曲效果。

系统 ⚒:可以将对象、控制器和层次对象组合在一起,提供与某种行为相关联的几何体,并且包含模拟场景中的阳光系统和日光系统。

> 🏃 技巧与提示
>
> 关于各种对象的创建方法,将在后面中的章节中进行详细讲解。

2.修改面板

"修改"面板是最重要的面板之一,该面板主要用来调整场景对象的参数,同样可以使用该面板中的修改器来调整对象的几何形体,如图1-110所示是默认状态下的"修改"面板。

图1-110

> 🏃 技巧与提示
>
> 关于如何在"修改"面板中修改对象的参数,在后面的章节中将进行详细讲解。

3.层次面板

在"层次"面板中可以访问调整对象间的层次链接信息,通过将一个对象与另一个对象相链接,可以创建对象之间的父子关系,如图1-111所示。

图1-111

层次面板介绍

轴 轴:该工具下的参数主要用来调整对象和修改器中心位置,以及定义对象之间的父子关系和反向动力学IK的关节位置等,如图1-112所示。

IK IK:该工具下的参数主要用来设置动画的相关属性,如图1-113所示。

图1-112   图1-113

链接信息：该工具下的参数主要用来限制对象在特定轴中的移动关系，如图1-114所示。

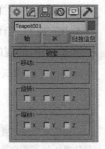

图1-114

4.运动面板

“运动”面板中的工具与参数主要用来调整选定对象的运动属性，如图1-115所示。

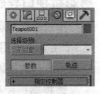

图1-115

技巧与提示

可以使用“运动”面板中的工具来调整关键点的时间及其缓入和缓出效果。“运动”面板还提供了“轨迹视图”的替代选项来指定动画控制器，如果指定的动画控制器具有参数，则在“运动”面板中可以显示其他卷展栏；如果“路径约束”指定给对象的位置轨迹，则“路径参数”卷展栏将添加到“运动”面板中。

5.显示面板

“显示”面板中的参数主要用来设置场景中控制对象的显示方式，如图1-116所示。

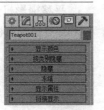

图1-116

6.实用程序面板

在“实用程序”面板中可以访问各种工具程序，包含用于管理和调用的卷展栏，如图1-117所示。

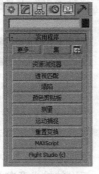

图1-117

1.2.6 时间尺

“时间尺”包括时间线滑块和轨迹栏两大部分。时间线滑块位于视图的最下方，主要用于制定帧，默认的帧数为100帧，具体数值可以根据动画长度来进行修改。拖曳时间线滑块可以在帧之间迅速移动，单击时间线滑块左右的向左箭头图标与向右箭头图标可以向前或者向后移动一帧，如图1-118所示；轨迹栏位于时间线滑块的下方，主要用于显示帧数和选定对象的关键点，在这里可以移动、复制、删除关键点以及更改关键点的属性，如图1-119所示。

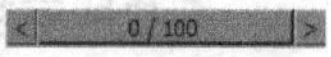

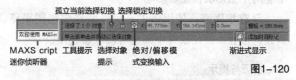

图1-118

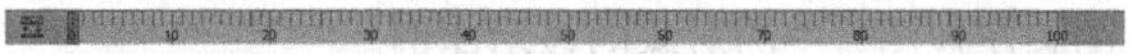

图1-119

技巧与提示

在“轨迹栏”的左侧有一个“打开迷你曲线编辑器”按钮，单击该按钮可以显示轨迹视图。

1.2.7 状态栏

状态栏位于轨迹栏的下方，它提供了选定对象的数目、类型、变换值和栅格数目等信息，并且状态栏可以基于当前光标位置和当前活动程序来提供动态反馈信息，如图1-120所示。

孤立当前选择切换
选择锁定切换
MAXS cript 迷你侦听器
工具提示
选择对象提示
绝对/偏移模式变换输入
渐进式显示

图1-120

1.2.8 时间控制按钮

时间控制按钮位于状态栏的右侧，这些按钮主要用来控制动画的播放效果，包括关键点控制和时间控制等，如图1-121所示。

上一帧
播放动画
转至开头
下一帧
转至结尾
时间配置
设置关键点
新建关键点的默认入/出切线
关键点模式切换
当前帧

图1-121

技巧与提示

关于时间控制按钮的用法，在后面的动画章节中将进行详细介绍。

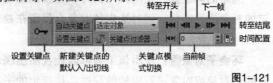

1.2.9 视口导航控制按钮

视口导航控制按钮在状态栏的最右侧，主要用来控制视图的显示和导航。使用这些按钮可以缩放、平移和旋转活动的视图，如图1-122所示。

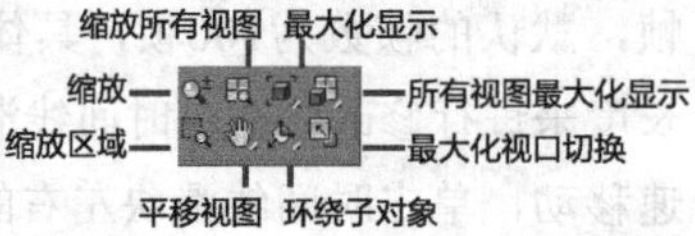

图1-122

视口导航控制按钮介绍

缩放：使用该工具可以在透视图或正交视图中通过拖曳光标来调整对象的显示比例。

缩放所有视图：使用该工具可以同时调整透视图和所有正交视图（正交视图包括顶视图、前视图和左视图）中的对象的显示比例。

最大化显示：将当前活动视图最大化显示出来。

最大化显示选定对象：将选定的对象在当前活动视图中最大化显示出来。

所有视图最大化显示：将场景中的对象在所有视图中居中显示出来。

所有视图最大化显示选定对象：将所有可见的选定对象或对象集在所有视图中以居中最大化的方式显示出来。

缩放区域：可以放大选定的矩形区域，该工具适用于正交视图、透视图和三向投影视图，但是不能用于摄影机视图。

平移视图：使用该工具可以将选定视图平移到任何位置。按住鼠标中键也可以平移视图。

技巧与提示

按住Ctrl键可以随意移动平移视图；按住Shift键可以在垂直方向和水平方向平移视图。

环绕：使用该工具可以将视口边缘附近的对象旋转到视图范围以外。

选定的环绕：使用该工具可以让视图围绕选定的对象进行旋转，同时选定的对象会保留在视口中相同的位置。

环绕子对象：使用该工具可以让视图围绕选定的子对象或对象进行旋转的同时，使选定的子对象或对象保留在视口中相同的位置。

最大化视口切换：可以将活动视口在正常大小和全屏大小之间进行切换，其快捷键为Alt+W。

上面所讲的视口导航控制按钮属于透视图和正交视图中的控件。当创建摄影机以后，按C键切换到摄影机视图，此时的视口导航控制按钮会变成摄影机视口导航控制按钮，如图1-123所示。

图1-123

技巧与提示

在场景中创建摄影机后，按C键可以切换到摄影机视图，若想从摄影机视图切换回原来的视图，可以按相应视图名称的首字母。如要将摄影机视图切换回透视图，可以直接按P键。

摄影机视口导航控制按钮介绍

推拉摄影机/推拉目标/推拉摄影机+目标：这3个工具主要用来移动摄影机或其目标，同时也可以移向或移离摄影机所指的方向。

透视：使用该工具可以增加透视张角量，同时也可以保持场景的构图。

侧滚摄影机：使用该工具可以围绕摄影机的视线来旋转"目标"摄影机，同时也可以围绕摄影机局部的z轴来旋转"自由"摄影机。

视野：使用该工具可以调整视图中可见对象的数量和透视张角量。视野的效果与更改摄影机的镜头相关，视野越大，观察到的对象就越多（与广角镜头相关），而透视会扭曲。视野越小，观察到的对象就越少（与长焦镜头相关），而透视会展平。

平移摄影机/穿行：这两个工具主要用来平移和穿行摄影机视图。

技巧与提示

按住Ctrl键可以随意移动摄影机视图；按住Shift键可以将摄影机视图在垂直方向和水平方向进行移动。

环游摄影机/摇移摄影机：使用"环游摄影机"工具可以围绕目标来旋转摄影机；使用"摇移摄影机"工具可以围绕摄影机来旋转目标。

1.3 本章小结

本章主要讲解了3ds Max 2016的应用领域、界面组成及各种界面元素的作用和基本工具的使用方法。本章是初学者认识3ds Max 2016的入门章节，希望读者对3ds Max 2016的各种重要工具多加练习，为后面的技术章节学习打下坚实的基础。

第2章

基础建模

本章将介绍3ds Max 2016的基础建模技术，包括创建标准基本体、扩展基本体、复合对象和二维图形。通过对本章内容的学习，读者可以快速地创建出一些简单的模型。

课堂学习目标

了解建模的思路

掌握标准基本体的创建方法

掌握扩展基本体的创建方法

掌握复合对象的创建方法

掌握二维图形的创建方法

2.1 建模常识

使用3ds Max制作作品时，一般都遵循"建模→材质→灯光→渲染"这个基本流程。建模是一幅作品的基础，没有模型，材质和灯光就是无稽之谈，图2-1所示是两幅非常优秀的建模作品。

图2-1

2.1.1 建模思路解析

在开始学习建模之前，首先需要掌握建模的思路。在3ds Max中，建模的过程就相当于现实生活中的"雕刻"过程。下面以一个壁灯为例来讲解建模的思路，如图2-2所示。

图2-2

在创建这个壁灯模型时，可以将其分解为9个独立的部分来分别进行创建，如图2-3所示。

图2-3

在图2-3中，第2、3、5、6、9部分的创建非常简单，可以通过修改标准基本体（圆柱体、球体）和样条线来得到；而第1、4、7、8部分可以使用多边形建模方法来进行制作。

下面以第1部分的灯座为例来介绍其制作思路。灯座形状比较接近于半个扁的球体，因此可以采用以下5个步骤来完成，如图2-4所示。

第1步：创建一个球体。

第2步：删除球体的一半。

第3步：将半个球体"压扁"。

第4步：制作出灯座的边缘。

第5步：制作灯座前面的凸起部分。

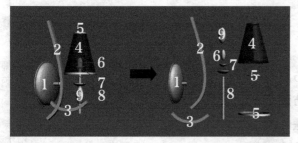

图2-4

> **技巧与提示**
>
> 由此可见，多数模型的创建在最初阶段都需要有一个简单的对象作为基础，然后经过转换来进一步调整。这个简单的对象就是下面即将要讲解到的"参数化对象"。

2.1.2 建模的常用方法

建模的方法有很多种，大致可以分为内置模型建模、复合对象建模、二维图形建模、网格建模、多边形建模、面片建模和NURBS建模7种。确切地说它们不应该有固定的分类，因为它们之间都可以交互使用。在下面的内容中将对这些建模方法进行详细介绍。

2.2 创建标准基本体

标准基本体是3ds Max中自带的一些模型，用户可以直接创建出这些模型。例如想创建一个台阶，可以使用长方体来创建。

在"创建"面板中单击"几何体"按钮，然后在下拉列表中选择几何体类型为"标准基本体"。标准基本体包含10种对象类型，分别是长方体、圆锥体、球体、几何球体、圆柱体、管状体、圆环、四棱锥、茶壶和平面，如图2-5所示。

图2-5

本节工具介绍

工具名称	工具作用	重要程度
长方体	用于创建长方体	高
圆锥体	用于创建圆锥体	中
球体	用于创建球体	高
几何球体	用于创建与球体类似的几何球体	中
圆柱体	用于创建圆柱体	高
管状体	用于创建管状体	中
圆环	用于创建圆环	中
四棱锥	用于创建四棱锥	中
茶壶	用于创建茶壶	中
平面	用于创建平面	高

2.2.1 长方体

长方体是建模中最常用的几何体，现实中与长方体接近的物体很多。可以直接使用长方体创建出很多模型，例如方桌、墙体等，同时还可以将长方体用作多边形建模的基础物体。长方体的参数很简单，如图2-6所示。

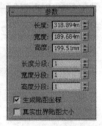

图2-6

长方体重要参数介绍

长度/宽度/高度：这3个参数决定了长方体的外形，用来设置长方体的长度、宽度和高度。

长度分段/宽度分段/高度分段：这3个参数用来设置沿着对象每个轴的分段数量。

课堂案例

用长方体制作简约床头柜

场景位置	无
实例位置	实例文件>CH02>课堂案例：用长方体制作简约床头柜.max
视频名称	课堂案例：用长方体制作简约床头柜.mp4
学习目标	学习使用"长方体"工具制作各种形状的长方体，并用移动复制功能复制长方体

简约床头柜效果如图2-7所示。

图2-7

1.创建柜面模型

01 在"创建"面板中单击"几何体"按钮，

然后设置几何体类型为"标准基本体"，接着单击"长方体"按钮，如图2-8所示，最后在视图中拖曳光标创建一个长方体，如图2-9所示。

图2-8　　　　　　　　图2-9

02 单击"修改"按钮，进入"修改"面板，然后在"参数"卷展栏下设置"长度"为150mm、"宽度"为160mm、"高度"为60mm，具体参数设置如图2-10所示，模型效果如图2-11所示。

图2-10　　　　　　　　图2-11

03 使用"选择并移动"工具选择长方体，然后按住Shift键向上拖曳长方体，接着在弹出的"克隆选项"对话框中设置"方法"为"复制"，最后单击"确定"按钮完成复制操作，如图2-12所示。

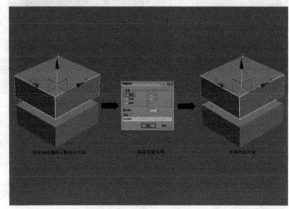

图2-12

移动复制功能是一个用户必须掌握的技术，这在实际工作中的使用频率相当高。另外，还可以用"选择并旋转"工具 ◎ 旋转复制对象，或是用"选择并均匀缩放"工具 ▣ 缩放复制对象。

04 选择复制出来的长方体，然后在"参数"卷展栏下设置"长度"为151mm、"宽度"为161mm、"高度"为6mm，具体参数设置如图2-13所示，接着使用"选择并移动"工具 ✛ 在前视图中调整好长方体的位置，如图2-14所示，在透视图中的效果如图2-15所示。

图2-13

图2-14

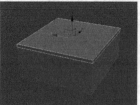

图2-15

2.创建柜脚模型

01 继续使用"长方体"工具 长方体 在柜面底部的边缘处创建一个长方体作为柜脚，然后在"参数"卷展栏下设置"长度"为15mm、"宽度"为6mm、"高度"为60mm，具体参数设置如图2-16所示，模型位置如图2-17所示。

图2-16

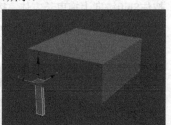

图2-17

02 使用"选择并移动"工具 ✛ 选择上一步创建的长方体，然后按住Shift键移动复制一个长方体到图2-18所示的位置。

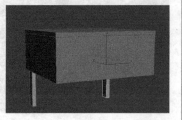

图2-18

03 使用"长方体"工具 长方体 在前视图中随意创建一个长方体，然后在"参数"卷展栏下设置"长度"为15mm、"宽度"为6mm、"高度"为135.6mm，如图2-19所示，接着调整好长方体的位置，如图2-20所示。

图2-19

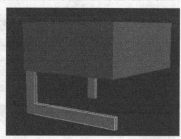

图2-20

04 使用"选择并移动"工具 ✛ 选择上一步创建的长方体，然后按住Shift键移动复制一个长方体到图2-21所示的位置。

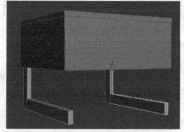

图2-21

05 继续使用"长方体"工具 长方体 在左视图中随意创建一个长方体，然后在"参数"卷展栏下设置"长度"为15mm、"宽度"为6mm、"高度"为161.093mm，如图2-22所示，接着调整好模型的位置，最终效果如图2-23所示。

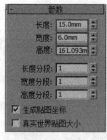

图2-22

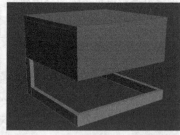

图2-23

2.2.2 圆锥体

圆锥体在现实生活中经常看到，如冰激凌的外壳、吊坠等。圆锥体的参数设置面板如图2-24所示。

图2-24

圆锥体重要参数介绍

半径1/2：设置圆锥体的第1个半径和第2个半径，两个半径的最小值都是0。

高度：设置沿着中心轴的维度。负值将在构造平面下面创建圆锥体。

高度分段：设置沿着圆锥体主轴的分段数。

端面分段：设置围绕圆锥体顶部和底部中心的同心分段数。

边数：设置圆锥体周围的边数。

平滑：混合圆锥体的面，从而在渲染视图中创建平滑的外观。

启用切片：控制是否开启"切片"功能。

切片起始/结束位置：设置从局部x轴的零点开始围绕局部z轴的度数。

技巧与提示

对于"切片起始位置"和"切片结束位置"这两个选项，正数值将按逆时针移动切片的末端；负数值将按顺时针移动切片的末端。

2.2.3 球体

球体也是现实生活中最常见的物体。在3ds Max中，可以创建完整的球体，也可以创建半球体或球体的其他部分，其参数设置面板如图2-25所示。

图2-25

球体重要参数介绍

半径：指定球体的半径。

分段：设置球体多边形分段的数目。分段越多，球体越圆滑，反之则越粗糙，图2-26所示是"分段"值分别为8和32时的球体对比。

分段-8 分段-32

图2-26

平滑：混合球体的面，从而在渲染视图中创建平滑的外观。

半球：该值过大将从底部"切断"球体，以创建部分球体，取值范围可以是0~1。值为0可以生成完整的球体；值为0.5可以生成半球，如图2-27所示；值为1会使球体消失。

图2-27

切除：通过在半球断开时将球体中的顶点数和面数"切除"来减少它们的数量。

挤压：保持原始球体中的顶点数和面数，将几何体向着球体的顶部挤压为越来越小的体积。

轴心在底部：在默认情况下，轴点位于球体中心的构造平面上，如图2-28所示。如果勾选"轴心在底部"选项，则会将球体沿着其局部z轴向上移动，使轴点位于其底部，如图2-29所示。

图2-28　　　　　　　图2-29

课堂案例

用球体制作项链	
场景位置	无
实例位置	实例文件>CH02>课堂案例：用球体制作项链.max
视频名称	课堂案例：用球体制作项链.mp4
学习目标	学习球体的创建方法，并用"间隔工具"沿路径线排列球体

项链效果如图2-30所示。

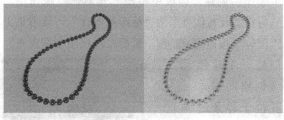

图2-30

1.绘制路径线

01 在"创建"面板中单击"图形"按钮，然后设置图形类型为"样条线"，接着单击"线"按钮 线 ，如图2-31所示。

02 使用"线"工具 线 在顶视图中绘制一条图2-32所示的闭合样条线。

图2-31

图2-32

技巧与提示

在绘制样条线的时候,先绘制出样条线的大致形状,然后单击鼠标右键,在弹出的菜单中选择顶点的调整模式,包含"Bezier角点"、Bezier、"角点"和"平滑"4种调整模式(这4种调整模式要结合使用),选择好调整模式以后,用"选择并移动"工具 调整顶点的位置即可调整样条线的形状,如图2-33所示。

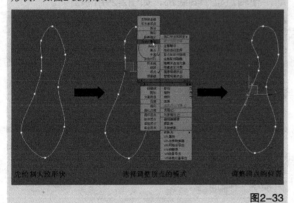

先绘制大致形状　　　选择调整顶点的模式　　　调整顶点的位置

图2-33

2.创建球体

01 在"创建"面板中单击"几何体"按钮 ,然后设置几何体类型为"标准基本体",接着单击"球体"按钮 球体 ,最后在顶视图中拖曳光标创建一个球体(创建的球体要位于样条线上),如图2-34所示。

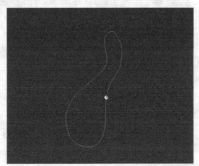

图2-34

02 切换到"修改"面板,然后在"参数"卷展栏下设置球体的"半径"为10mm、"分段"为32,如图2-35所示,效果如图2-36所示。

图2-35

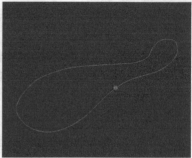

图2-36

03 执行"工具>对齐>间隔工具"菜单命令,如图2-37所示,然后在弹出的"间隔工具"对话框中单击"拾取路径"按钮 拾取路径 ,接着单击样条路径线,再设置"计数"为70,最后单击"应用"按钮 应用 ,如图2-38所示,最终效果如图2-39所示。

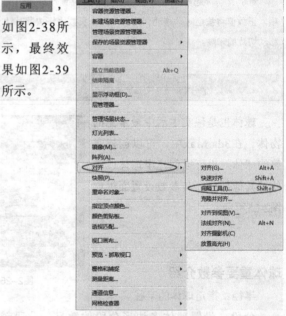

图2-37

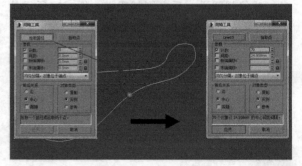

图2-38

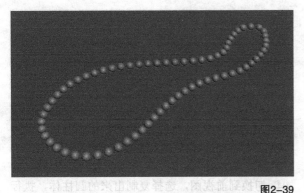

图2-39

2.2.4 几何球体

几何球体的形状与球体的形状
很接近，学习了球体的参数之后，
几何球体的参数便不难理解了，如
图2-40所示。

图2-40

几何球体重要参数介绍

基点面类型：选择几何球体表面的基本组成单
位类型，可供选择的有"四面体""八面体""二十面
体"，图2-41所示分别是这3种基点面的效果。

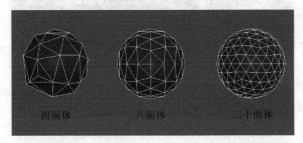

四面体　　　　八面体　　　　二十面体

图2-41

平滑：勾选该选项后，创建出来的几何球体的
表面就是光滑的；如果关闭该选项，效果则反之，
如图2-42所示。

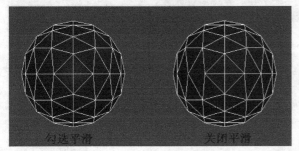

勾选平滑　　　　　　关闭平滑

图2-42

半球：若勾选该选项，创建出来的几何球体会
是一个半球体，如图2-43所示。

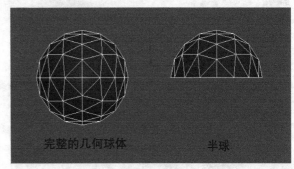

完整的几何球体　　　　半球

图2-43

技巧与提示

几何球体与球体在创建出来之后可能很相似，但几何球体
是由三角面构成的，而球体是由四角面构成的，如图2-44所示。

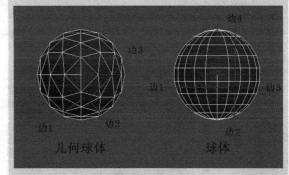

几何球体　　　　球体

图2-44

2.2.5 圆柱体

圆柱体在现实生活中很常
见，如玻璃杯和桌腿等，制作由
圆柱体构成的物体时，可以先将
圆柱体转换成可编辑多边形，然
后对细节进行调整。圆柱体的参
数如图2-45所示。

圆柱体重要参数介绍

图2-45

半径：设置圆柱体的半径。

高度：设置沿着中心轴的维度。负值将在构造
平面下面创建圆柱体。

高度分段：设置沿着圆柱体主轴的分段数量。

端面分段：设置围绕圆柱体顶部和底部中心的
同心分段数量。

边数：设置圆柱体周围的边数。

用圆柱体制作圆桌

场景位置	无
实例位置	实例文件>CH02>课堂案例:用圆柱体制作圆桌.max
视频名称	课堂案例:用圆柱体制作圆桌.mp4
学习目标	学习圆柱体的创建方法,并用"对齐"命令对齐圆柱体

圆桌效果如图2-46所示。

图2-46

01 下面制作桌面。在"创建"面板中单击"圆柱体"按钮 圆柱体 ,然后在场景中拖曳光标创建一个圆柱体,接着在"参数"卷展栏下设置"半径"为55mm、"高度"为2.5mm、"边数"为30,具体参数设置如图2-47所示,模型效果如图2-48所示。

图2-47   图2-48

02 选择桌面模型,然后按住Shift键使用"选择并移动"工具 ✛ 在前视图中向下移动复制一个圆柱体,接着在弹出的"克隆选项"对话框中设置"对象"为"复制",如图2-49所示,效果如图2-50所示。

 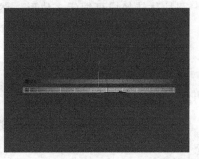

图2-49   图2-50

03 选择复制出来的圆柱体,然后在"参数"卷展栏下设置"半径"为3mm、"高度"为60mm,具体参数设置如图2-51所示,模型效果如图2-52所示。

图2-51   图2-52

04 切换到前视图,选择复制出来的圆柱体,执行"工具>对齐>对齐"菜单命令,然后单击最先创建的圆柱体,如图2-53所示,接着在弹出的对话框中设置"对齐位置(屏幕)"为"y位置"、"当前对象"为"最大"、"目标对象"为"最小",如图2-54所示,对齐后的效果如图2-55所示。

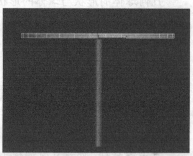

图2-53

图2-54   图2-55

05 选择桌面模型,然后按住Shift键使用"选择并移动"工具 ✛ 在前视图中向下移动复制圆柱体,接着在弹出的"克隆选项"对话框中设置"对象"为"复制"、"副本数"为2,如图2-56所示,效果如图2-57所示。

 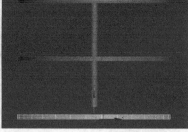

图2-56   图2-57

06 选择中间的圆柱体，然后将"半径"修改为15mm，接着将最下面的圆柱体的"半径"修改为25mm，如图2-58所示。

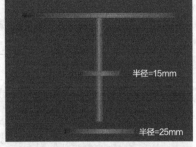

图2-58

07 采用步骤（04）的方法用"对齐"命令在前视图中将圆柱体进行对齐，最终效果如图2-59所示。

图2-59

2.2.6 管状体

管状体的外形与圆柱体相似，不过管状体是空心的，因此管状体有两个半径，即外径（半径1）和内径（半径2）。管状体的参数如图2-60所示。

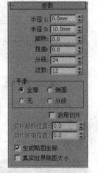

图2-60

管状体重要参数介绍

半径1/半径2："半径1"是指管状体的外径，"半径2"是指管状体的内径，如图2-61所示。

图2-61

高度：设置沿着中心轴的维度。负值将在构造平面下面创建管状体。

高度分段：设置沿着管状体主轴的分段数量。

端面分段：设置围绕管状体顶部和底部中心的同心分段数量。

边数：设置管状体周围的边数。

2.2.7 圆环

圆环可以用于创建环形或具有圆形横截面的环状物体。圆环的参数如图2-62所示。

圆环重要参数介绍

半径1：设置从环形的中心到横截面圆形的中心的距离，这是环形环的半径。

半径2：设置横截面圆形的半径。

图2-62

旋转：设置旋转的度数，顶点将围绕通过环形环中心的圆形非均匀旋转。

扭曲：设置扭曲的度数，横截面将围绕通过环形中心的圆形逐渐旋转。

分段：设置围绕环形的分段数目。通过减小该数值，可以创建多边形环，而不是圆形。

边数：设置环形横截面圆形的边数。通过减小该数值，可以创建类似于棱锥的横截面，而不是圆形。

2.2.8 四棱锥

四棱锥的底面是正方形或矩形，侧面是三角形。四棱锥的参数如图2-63所示。

图2-63

四棱锥重要参数介绍

宽度/深度/高度：设置四棱锥对应面的维度。

宽度分段/深度分段/高度分段：设置四棱锥对应面的分段数。

2.2.9 茶壶

茶壶在室内场景中是经常使用到的一个物体，使用"茶壶"工具 ▇▇茶壶▇▇ 可以方便快捷地创建出一个精度较低的茶壶。茶壶的参数如图2-64所示。

茶壶重要参数介绍

半径：设置茶壶的半径。

分段：设置茶壶或其单独部件的分段数。

平滑：混合茶壶的面，从而在渲染视图中创建平滑的外观。

图2-64

茶壶部件：选择要创建的茶壶的部件，包含"壶体""壶把""壶嘴""壶盖"4个部件，图2-65所示是一个完整的茶壶与缺少相应部件的茶壶。

图2-65

2.2.10 平面

平面在建模过程中使用的频率非常高，例如墙面和地面等。平面的参数如图2-66所示。

平面重要参数介绍

长度/宽度：设置平面对象的长度和宽度。

长度分段/宽度分段：设置沿着对象每个轴的分段数量。

图2-66

技巧与提示

在默认情况下创建出来的平面是没有厚度的，如果要让平面产生厚度，需要为平面加载"壳"修改器，然后适当调整"内部量"和"外部量"数值即可，如图2-67所示。关于修改器的用法，将在后面的章节中进行讲解。

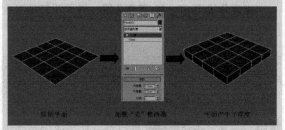

图2-67

课堂案例

用标准基本体制作一组石膏

场景位置	无
实例位置	实例文件>CH02>课堂案例：用标准基本体制作一组石膏.max
视频名称	课堂案例：用标准基本体制作一组石膏.mp4
学习目标	学习各种标准基本体的创建方法

石膏效果如图2-68所示。

图2-68

01 使用"长方体"工具 长方体 在场景中创建一个长方体，然后在"参数"卷展栏下设置"长度""宽度""高度"为45mm，如图2-69所示，模型效果如图2-70所示。

图2-69 　　　　　　　　　　　图2-70

02 使用"圆锥体"工具 圆锥体 在场景中创建一个圆锥体，然后在"参数"卷展栏下设置"半径1"为23mm、"半径2"为0mm、"高度"为50mm，具体参数设置如图2-71所示，模型位置如图2-72所示。

图2-71 　　　　　　　　　　　图2-72

03 使用"球体"工具 球体 在场景中创建一个球体，然后在"参数"卷展栏下设置"半径"为25mm、"分段"为32，具体参数设置如图2-73所示，模型位置如图2-74所示。

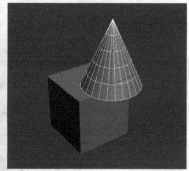

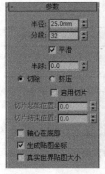
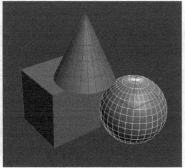

图2-73　　　　　　　　　　图2-74

④ 使用"几何球体"工具 几何球体 在场景中创建一个几何球体，然后在"参数"卷展栏下设置"半径"为28mm、"分段"为2、"基点面类型"为"八面体"，接着关闭"平滑"选项，具体参数设置如图2-75所示，模型位置如图2-76所示。

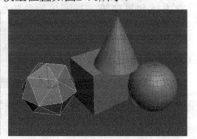

图2-75　　　　　　　　　　图2-76

⑤ 使用"圆柱体"工具 圆柱体 在场景中创建一个圆柱体，然后在"参数"卷展栏下设置"半径"为30mm、"高度"为120mm、"高度分段"为1、"边数"为6，接着关闭"平滑"选项，具体参数设置如图2-77所示，模型位置如图2-78所示。

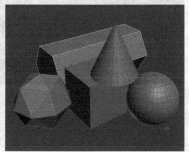

图2-77　　　　　　　　　　图2-78

⑥ 使用"管状体"工具 管状体 在场景中创建一个管状体，然后在"参数"卷展栏下设置"半径1"为30mm、"半径2"为20mm、"高度"为90mm、"高度分段"为1、"边数"为18，具体参数设置如图2-79所示，模型位置如图2-80所示。

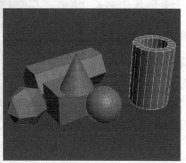

图2-79　　　　　　　　　　图2-80

⑦ 使用"圆环"工具 圆环 在场景中创建一个圆环，然后在"参数"卷展栏下设置"半径1"为40mm、"半径2"为10mm，具体参数设置如图2-81所示，模型位置如图2-82所示。

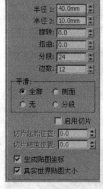
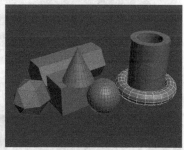

图2-81　　　　　　　　　　图2-82

⑧ 使用"四棱锥"工具 四棱锥 在场景中创建一个四棱锥，然后在"参数"卷展栏下设置"宽度""深度""高度"都为80mm，具体参数设置如图2-83所示，模型位置如图2-84所示。

图2-83　　　　　　　　　　图2-84

⑨ 使用"平面"工具 平面 在场景中创建一个平面，然后在"参数"卷展栏下设置"长度"为500mm、"宽度"为600mm，接着设置"长度分段"和"宽度分段"为1，具体参数设置如图2-85所示，最终效果如图2-86所示。

图2-85

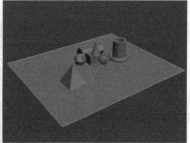

图2-86

课堂练习

用标准基本体制作积木

场景位置	无
实例位置	实例文件>CH02>课堂练习：用标准基本体制作积木.max
视频名称	课堂练习：用标准基本体制作积木.mp4
学习目标	学习各种标准基本体的创建方法

积木效果如图2-87所示。

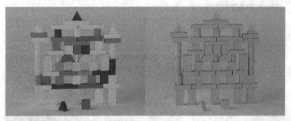

图2-87

步骤分解如图2-88所示。

图2-88

2.3 创建扩展基本体

"扩展基本体"是基于"标准基本体"的一种扩展物体，共有13种，分别是异面体、环形结、切角长方体、切角圆柱体、油罐、胶囊、纺锤、L-Ext、球棱柱、C-Ext、环形波、软管和棱柱，如图2-89所示。

图2-89

本节工具介绍

工具名称	工具作用	重要程度
异面体	用于创建多面体和星形	中
切角长方体	用于创建带圆角效果的长方体	高
切角圆柱体	用于创建带圆角效果的圆柱体	高

技巧与提示

并不是所有的扩展基本体都很实用，本节只讲解在实际工作中比较常用的一些扩展基本体，即异面体、切角长方体和切角圆柱体。

2.3.1 异面体

异面体是一种很典型的扩展基本体，可以用它来创建四面体、立方体和星形等。异面体的参数如图2-90所示。

异面体重要参数介绍

系列：在这个选项组下可以选择异面体的类型，图2-91所示是5种异面体效果。

图2-90

图2-91

系列参数：P、Q两个选项主要用来切换多面体顶点与面之间的关联关系，其数值范围是0~1。

轴向比率：多面体可以拥有多达3种类型的面，如三角形、方形或五角形。这些面可以是规则的，也可以是不规则的。如果多面体只有一种或两种面，则只有一个或两个轴向比率参数处于活动状态，不活动的参数不起作用。P、Q、R控制多面体一个面反射的轴。如果调整了参数，单击"重置"按钮 重置 可

44

以将P、Q、R的数值恢复到默认值100。

顶点：这个选项组中的参数决定多面体每个面的内部几何体。"中心"和"中心和边"选项会增加对象中的顶点数，从而增加面数。

半径：设置任何多面体的半径。

2.3.2 切角长方体

切角长方体是长方体的扩展物体，可以快速创建出带圆角效果的长方体。切角长方体的参数如图2-92所示。

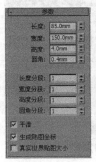

图2-92

切角长方体重要参数介绍

长度/宽度/高度：用来设置切角长方体的长度、宽度和高度。

圆角：切开倒角长方体的边，以创建圆角效果，图2-93所示是长度、宽度和高度相等，而"圆角"值分别为1、3、6时的切角长方体效果。

图2-93

长度分段/宽度分段/高度分段：设置沿着相应轴的分段数量。

圆角分段：设置切角长方体圆角边时的分段数。

🎬 课堂案例

用切角长方体制作电视柜	
场景位置	无
实例位置	实例文件>CH02>课堂案例：用切角长方体制作电视柜.max
视频名称	课堂案例：用切角长方体制作电视柜.mp4
学习目标	学习切角长方体的创建方法，并用"镜像"工具镜像切角长方体

电视柜效果如图2-94所示。

图2-94

01 使用"切角长方体"工具 切角长方体 在场景中创建一个切角长方体，然后在"参数"卷展栏下设置"长度"为85mm、"宽度"为150mm、"高度"为4mm、"圆角"为0.4mm，具体参数设置如图2-95所示，模型效果如图2-96所示。

图2-95　　　　图2-96

02 使用"选择并移动"工具 选择上一步创建的切角长方体，然后按住Shift键向下移动复制一个切角长方体，如图2-97所示。

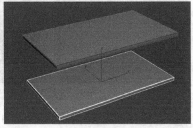

图2-97

03 使用"切角长方体"工具 切角长方体 在场景中创建一个切角长方体，然后在"参数"卷展栏下设置"长度"为85mm、"宽度"为58mm、"高度"为4mm、"圆角"为0.4mm，具体参数设置如图2-98所示，效果如图2-99所示。

图2-98　　　　图2-99

45

04 在"主工具栏"中单击"角度捕捉切换"按钮，使其处于激活状态，然后用"选择并旋转"工具选择上一步创建的切角长方体，接着沿*x*轴将其顺时针旋转-90°，如图2-100所示，最后用"选择并移动"工具调整好3个切角长方体的位置，如图2-101所示。

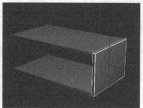

图2-100　　　　　　　　　　图2-101

05 选择顶部的切角长方体，然后按住Shift键使用"选择并移动"工具移动复制一个切角长方体，接着将其"宽度"修改为300mm，最后调整好其位置，如图2-102所示。

06 使用"选择并移动"工具选择上一步复制的切角长方体，然后按住Shift键移动复制一个切角长方体到如图2-103所示的位置。

图2-102　　　　　　　　　　图2-103

07 选择如图2-104所示的3个切角长方体，然后执行"组>组"菜单命令，并在弹出的对话框中单击"确定"按钮，如图2-105所示。

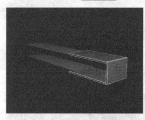

图2-104　　　　　　　　　　图2-105

08 在前视图中选择"组001"，然后在"主工具栏"中单击"镜像"按钮，接着在弹出的"镜像：世界坐标"对话框中设置"镜像轴"为*x*轴，并设置"克隆当前选择"为"实例"，如图2-106所示，最后用"选择并移动"工具调整好镜像出来的组的位置，如图2-107所示。

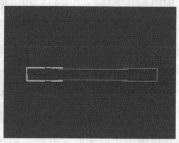

图2-106　　　　　　　　　　图2-107

09 选择"组001"，执行"组>解组"菜单命令，在前视图中选择侧面的切角长方体，然后按住Shift键使用"选择并移动"工具向下移动复制一个切角长方体，并在弹出的"克隆选项"对话框中设置"对象"为"复制"，如图2-108所示，接着将复制出来的切角长方体的"宽度"修改为40mm，最后调整好其位置，如图2-109所示。

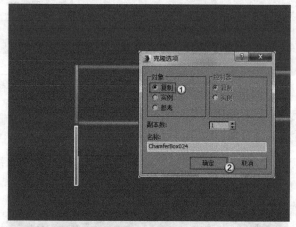

图2-108

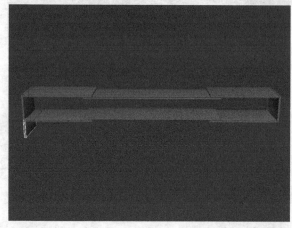

图2-109

技巧与提示

这里要注意一下，在步骤（10）中移动复制切角长方体时，只能在"克隆选项"对话框中将"对象"设置为"复制"，不能设置为"实例"。如果设置为"实例"，那么在修改复制出来的切角长方体的"宽度"数值时，原切角长方体的"宽度"数值也会跟着改变，如图2-110所示。

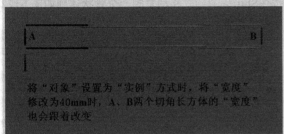

将"对象"设置为"实例"方式时，将"宽度"修改为40mm时，A、B两个切角长方体的"宽度"也会跟着改变

图2-110

这里再仔细介绍一下"复制"与"实例"的区别。用"复制"方式复制对象时，修改复制出来的对象的参数值时，源对象（也就是被复制的对象）不会发生变化；而用"实例"方式复制对象时，修改复制出来的对象的参数值时，源对象也会发生相同的变化。用户在复制对象时，可根据实际情况来选择复制方式。

⑩ 继续用移动复制功能复制出其他的切角长方体，完成后的效果如图2-111所示。

⑪ 使用"切角长方体"工具 切角长方体 在底部创建两个相同的切角长方体，最终效果如图2-112所示。

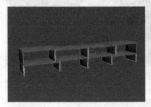
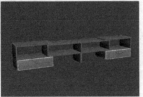

图2-111　　　　　图2-112

2.3.3 切角圆柱体

切角圆柱体是圆柱体的扩展物体，可以快速创建出带圆角效果的圆柱体。切角圆柱体的参数如图2-113所示。

图2-113

切角圆柱体重要参数介绍

半径：设置切角圆柱体的半径。

高度：设置沿着中心轴的维度。负值将在构造平面下面创建切角圆柱体。

圆角：斜切切角圆柱体的顶部和底部封口边。

高度分段：设置沿着相应轴的分段数量。

圆角分段：设置切角圆柱体圆角边时的分段数。

边数：设置切角圆柱体周围的边数。

端面分段：设置沿着切角圆柱体顶部和底部的中心和同心分段的数量。

课堂案例

用切角圆柱体制作简约茶几

场景位置	无
实例位置	实例文件>CH02>课堂案例：用切角圆柱体制作简约茶几.max
视频名称	课堂案例：用切角圆柱体制作简约茶几.mp4
学习目标	学习切角圆柱体的创建方法，并用切角长方体和管状体创建支架

简约茶几效果如图2-114所示。

图2-114

① 下面创建桌面模型。使用"切角圆柱体"工具 切角圆柱体 在场景中创建一个切角圆柱体，然后在"参数"卷展栏下设置"半径"为50mm、"高度"为20mm、"圆角"为1mm、"高度分段"为1、"圆角分段"为4、"边数"为24、"端面分段"为1，具体参数设置如图2-115所示，模型效果如图2-116所示。

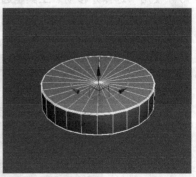

图2-115　　　　　图2-116

② 下面创建支架模型。设置几何体类型为"标准基本体"，然后使用"管状体"工具 管状体 在

桌面的上边缘创建一个管状体，接着在"参数"卷展栏下设置"半径1"为50.5mm、"半径2"为48mm、"高度"为1.6mm、"高度分段"为1、"端面分段"为1、"边数"为36，再勾选"启用切片"选项，最后设置"切片起始位置"为-200、"切片结束位置"为53，具体参数设置如图2-117所示，模型效果如图2-118所示。

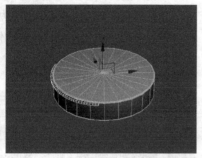

图2-117   图2-118

03 使用"切角长方体"工具 切角长方体 在管状体末端创建一个切角长方体，然后在"参数"卷展栏下设置"长度"为2mm、"宽度"为2mm、"高度"为30mm、"圆角"为0.2mm、"圆角分段"为3，具体参数设置如图2-119所示，模型位置如图2-120所示。

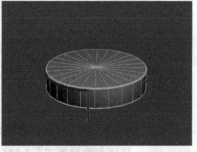

图2-119   图2-120

04 使用"选择并移动"工具 ❖ 选择上一步创建的切角长方体，然后按住Shift键的同时移动复制一个切角长方体到如图2-121所示的位置。

图2-121

🌟 技巧与提示

在复制对象到某个位置时，一般都不可能一步到位，这就需要调整对象的位置。调整对象的位置需要在各个视图中进行调整，具体调整方法可参考前面的案例。

05 使用"选择并移动"工具 ❖ 选择管状体，然后按住Shift键的同时移动复制一个管状体到如图2-122所示的位置。

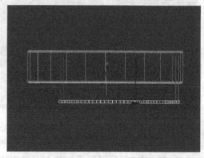

图2-122

06 选择复制出来的管状体，然后在"参数"卷展栏下将"切片起始位置"修改为56、"切片结束位置"修改为-202，如图2-123所示，最终效果如图2-124所示。

图2-123   图2-124

🌀 课堂练习

用切角长方体和切角圆柱体制作休闲沙发

场景位置	无
实例位置	实例文件>CH02>课堂练习：用切角长方体和切角圆柱体制作休闲沙发.max
视频名称	课堂练习：用切角长方体和切角圆柱体制作休闲沙发.mp4
学习目标	学习切角圆柱体的创建方法，并用切角长方体和管状体创建支架

休闲沙发效果如图2-125所示。

图2-125

步骤分解如图2-126所示。

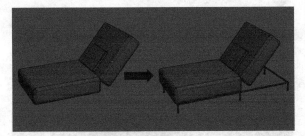

图2-126

2.4 创建复合对象

使用3ds Max内置的模型就可以创建出很多优秀的模型,但是在很多时候还会使用复合对象,因为使用复合对象来创建模型可以大大节省建模时间。复合对象建模工具包括12种,如图2-127所示。

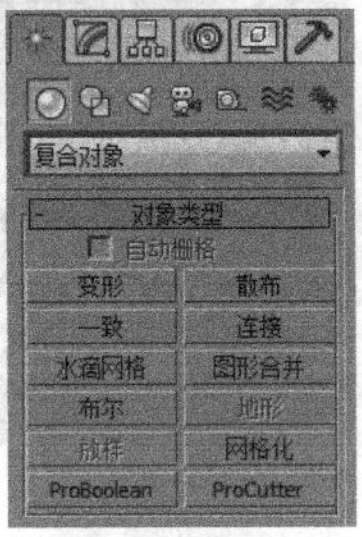

图2-127

本节工具介绍

工具名称	工具作用	重要程度
图形合并	将图形嵌入到其他对象的网格中或从网格中移除	高
布尔	对两个以上的对象进行并集、差集、交集运算	高
放样	将二维图形作为路径的剖面生成复杂的三维对象	高

2.4.1 图形合并

使用"图形合并"工具 图形合并 可以将一个或多个图形嵌入到其他对象的网格中或从网格中将图形移除。"图形合并"的参数如图2-128所示。

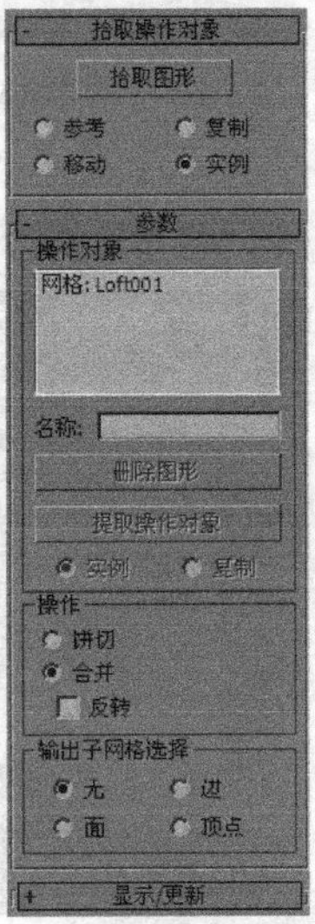

图形合并重要参数介绍

拾取图形 拾取图形 :单击该按钮,然后单击要嵌入网格对象中的图形,这样图形可以沿图形局部的z轴负方向投影到网格对象上。

参考/复制/移动/实例:指定如何将图形传输到复合对象中。

图2-128

操作对象:在复合对象中列出所有操作对象。第1个操作对象是网格对象,以下是任意数目的基于图形的操作对象。

删除图形 删除图形 :从复合对象中删除选中的图形。

提取操作对象 提取操作对象 :提取选中操作对象的副本或实例。在"操作对象"列表中选择操作对象时,该按钮才可用。

实例/复制:指定如何提取操作对象。

操作:该组选项中的参数决定如何将图形应用于网格中。选择"饼切"选项时,可切去网格对象曲面外部的图形;选择"合并"选项时,可将图形与网格对象曲面合并;选择"反转"选项时,可反转"饼切"或"合并"效果。

输出子网格选择:该组选项中的参数会指定将哪个选择级别传送到"堆栈"中。

课堂案例

用图形合并制作戒指

场景位置	无
实例位置	实例文件>CH02>课堂案例:用图形合并制作戒指.max
视频名称	课堂案例:用图形合并制作戒指.mp4
学习目标	学习"图形合并"工具的使用方法,并用文本在戒指上创建凸出的文字效果

戒指效果如图2-129所示。

图2-129

⑴ 使用"管状体"工具 管状体 在场景中创建一个管状体,然后在"参数"卷展栏下设置"半径1"为50mm、"半径2"为48mm、"高度"为16mm、"高度分段"为1、"边数"为36,具体参数设置如图2-130所示,模型效果如图2-131所示。

图2-130

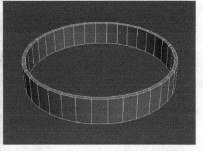

图2-131

49

02 在"创建"面板中单击"图形"按钮，进入"图形"面板，然后关闭"开始新图形"选项，接着单击"矩形"按钮 矩形 ，如图2-132所示。

图2-132

技巧与提示

关闭"开始新图形"选项后，所绘制出来的图形就是一个整体。

03 切换到前视图，然后使用"矩形"工具 矩形 在如图2-133所示的位置绘制一个大小合适的矩形（这个矩形的"长度"为9mm、"宽度"为13mm）。

图2-133

04 使用"选择并移动"工具 选择矩形，然后按住Shift键向右移动复制矩形，接着在弹出的"克隆选项"对话框中设置"对象"为"实例"、"副本数"为3，如图2-134所示，效果如图2-135所示。

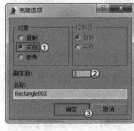

图2-134　　　　　　图2-135

05 选择4个矩形（按住Ctrl键可以加选矩形），然后在透视图中将其调整到管状体的前方，如图2-136所示。

图2-136

06 选择管状体，在"创建"面板中单击"几何体"按钮 ，然后设置几何体类型为"复合对象"，接着单击"图形合并"按钮 图形合并 ，在"拾取操作对象"卷展栏下单击"拾取图形"按钮 拾取图形 ，最后在场景中依次拾取矩形，此时在管状体的相应位置就会映射出矩形图形，如图2-137所示。

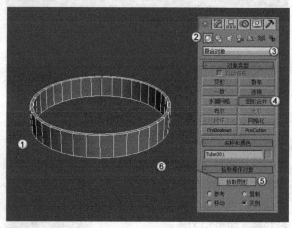

图2-137

技巧与提示

如果用户执行步骤（6）的操作后观察不到管状体上的矩形图形，这是因为模型当前的显示模式为"真实"显示模式，如图2-138所示，可以按F4键将模型显示模式切换为"真实+边面"显示模式，这样就可以观察到映射的矩形效果，如图2-139所示。

　　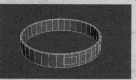

图2-138　　　　　　　　　图2-139

07 选择管状体，然后单击鼠标右键，接着在弹出的菜单中选择"转换为>转换为可编辑多边形"命令，将其转换为可编辑多边形，如图2-140所示。

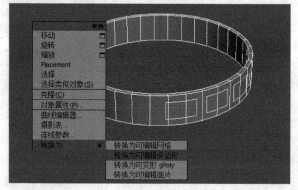

图2-140

由于现在原始的矩形图形已经没有用处了，可以将其隐藏或删除。如果要隐藏矩形，可以先选择4个矩形图形，然后单击鼠标右键，接着在弹出的菜单中选择"隐藏选定对象"命令，如图2-141所示；如果要删除矩形，可以先选择4个矩形图形，然后按Delete键。

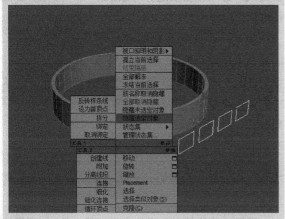

图2-141

08 在"命令"面板中单击"修改"按钮，进入"修改"面板，然后在"选择"卷展栏下单击"多边形"按钮，进入"多边形"级别，如图2-142所示，接着选择如图2-143所示的多边形。

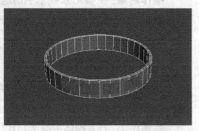

图2-142　　　　　　　　　　图2-143

09 在"编辑多边形"卷展栏下单击"挤出"按钮后面的"设置"按钮，然后设置"挤出类型"为"组"、"挤出高度"为-1mm，接着单击按钮完成操作，如图2-144所示，挤出效果如图2-145所示。

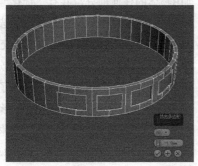

图2-144

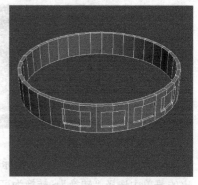

图2-145

10 在"创建"面板中单击"图形"按钮，进入"图形"面板，然后单击"文本"按钮 文本，接着在"参数"卷展栏下选择一种英文字体，再设置"大小"为10mm、"字间距"为9.368mm，并在"文本"框中输入英文LOVE，如图2-146所示，最后在前视图中单击鼠标左键，创建出文本图形，如图2-147所示。

图2-146　　　　　　　　　　图2-147

这里要注意一下，"字间距"的数值并不一定为9.368mm，这个数值只是个参考值。因为选择的字体不同，字体的外形和本身大小就不相同，因此用户要根据自己所选的字体来适当调整"字间距"的数值。

11 在透视图中将文本调整到戒指模型的前方，如图2-148所示。

12 采用前面的方法使用"图形合并"工具 图形合并 将文本映射到戒指模型上，完成后的效果如图2-149所示。

图2-148   图2-149

⑬ 选择戒指模型，然后单击鼠标右键，接着在弹出的菜单中选择"转换为>转换为可编辑多边形"命令，将其转换为可编辑多边形，如图2-150所示。

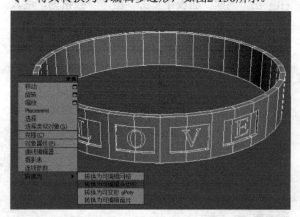

图2-150

⑭ 采用前面的方法将文本上的多边形挤出1mm，戒指模型的最终效果如图2-151所示。

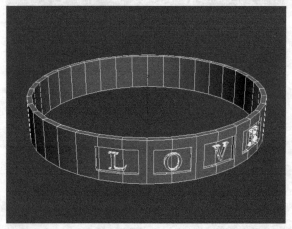

图2-151

2.4.2 布尔

    "布尔"运算是通过对两个以上的对象进行并集、差集、交集运算，从而得到新的物体形态。"布尔"运算的参数如图2-152所示。

布尔重要参数介绍

    拾取操作对象B 拾取操作对象 B：单击该按钮可以在场景中选择另一个运算物体来完成"布尔"运算。以下4个选项用来控制运算对象B的方式，必须在拾取运算对象B之前确定采用哪种方式。

图2-152

    参考：将原始对象的参考复制品作为运算对象B，若以后改变原始对象，同时也会改变布尔物体中的运算对象B，但是改变运算对象B时，不会改变原始对象。

    复制：复制一个原始对象作为运算对象B，而不改变原始对象（当原始对象还要用在其他地方时采用这种方式）。

    移动：将原始对象直接作为运算对象B，而原始对象本身不再存在（当原始对象无其他用途时采用这种方式）。

    实例：将原始对象的关联复制品作为运算对象B，若以后对两者中的任意一个对象进行修改，都会影响另一个。

    操作对象：主要用来显示当前运算对象的名称。

    操作：指定采用何种方式来进行"布尔"运算。

    并集：将两个对象合并，相交的部分将被删除，运算完成后两个物体将合并为一个物体。

    交集：将两个对象相交的部分保留下来，删除不相交的部分。

    差集A-B：在A物体中减去与B物体重合的部分。

    差集B-A：在B物体中减去与A物体重合的部分。

    切割：用B物体切除A物体，但不在A物体上添加B物体的任何部分，共有"优化""分割""移除内部""移除外部"4个选项可供选择。"优化"是在A物体上沿着B物体与A物体相交的面来增加顶点和边线，以细化A物体的表面；"分割"是在B物体切割A物体部分的边缘，并且增加了一排顶点，利用这种方法可以根据其他物体的外形将一个物体分成两部分；"移除内部"是删除A物体在B物体内部的所有片段面；"移除外部"是删除A物体在B物体外部的所有片段面。

用布尔运算制作保龄球

场景位置	无
实例位置	实例文件>CH02>课堂案例：用布尔运算制作保龄球.max
视频名称	课堂案例：用布尔运算制作保龄球.mp4
学习目标	学习"布尔"工具的使用方法，并学习如何将多个对象塌陷为一个整体

保龄球效果如图2-153所示。

图2-153

01 使用"球体"工具 球体 在场景中创建一个球体，然后进入"修改"面板，接着在"参数"卷展栏下设置"半径"为900mm、"分段"为64，具体参数设置如图2-154所示，模型效果如图2-155所示。

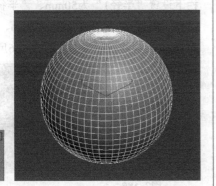

图2-154　　　　　　　　　图2-155

02 使用"圆柱体"工具 圆柱体 在场景中创建一个圆柱体，然后进入"修改"面板，接着在"参数"卷展栏下设置"半径"为50mm、"高度"为-340mm、"高度分段"为1、"边数"为24，参数面板如图2-156所示，模型效果如图2-157所示。

图2-156　　　　　　　　　图2-157

03 选中上一步创建的圆柱体，然后以"实例"的形式复制两个，如图2-158所示。

图2-158

04 选中其中一个圆柱体，然后单击鼠标右键选择"转换为可编辑多边形"选项，如图2-159所示，接着在"修改"面板中单击"附加"按钮 附加 ，最后选中另外两个圆柱体模型，使其成为一个整体，如图2-160所示。

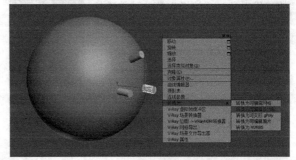

图2-159

图2-160

05 选中球体，然后设置几何体类型为"复合对象"，并单击"布尔"按钮 布尔 ，接着在"拾取布尔"卷展栏下设置"操作"为"差集（A−B）"，再单击"拾取操作对象B"按钮，最后拾取圆柱体模型，如图2-161所示，最终效果如图2-162所示。

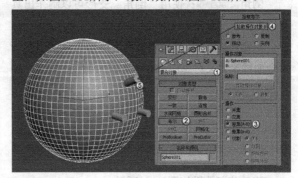

图2-161

图2-162

2.4.3 放样

"放样"是将一个二维图形作为沿某个路径的剖面,从而形成复杂的三维对象。"放样"是一种特殊的建模方法,能快速地创建出多种模型,其参数设置面板如图2-163示。

放样重要参数介绍

图2-163

获取路径 获取路径 :将路径指定给选定图形或更改当前指定的路径。

获取图形 获取图形 :将图形指定给选定路径或更改当前指定的图形。

移动/复制/实例:用于指定路径或图形转换为放样对象的方式。

缩放 缩放 :使用"缩放"变形可以从单个图形中放样对象,该图形在其沿着路径移动时只改变其缩放。

扭曲 扭曲 :使用"扭曲"变形可以沿着对象的长度创建盘旋或扭曲的对象,扭曲将沿着路径指定旋转量。

倾斜 倾斜 :使用"倾斜"变形可以围绕局部x轴和y轴旋转图形。

倒角 倒角 :使用"倒角"变形可以制作出具有倒角效果的对象。

拟合 拟合 :使用"拟合"变形可以使用两条拟合曲线来定义对象的顶部和侧剖面。

📓 课堂案例

用放样制作旋转花瓶

场景位置	无
实例位置	实例文件>CH02>课堂案例:用放样制作旋转花瓶.max
视频名称	课堂案例:用放样制作旋转花瓶.mp4
学习目标	学习"放样"工具的使用方法,并学习如何调节放样的形状

旋转花瓶效果如图2-164所示。

图2-164

01 在"创建"面板中单击"图形"按钮,然后设置图形类型为"样条线",接着单击"星形"按钮 星形 ,如图2-165所示。

图2-165

02 在视图中绘制一个星形,然后在"参数"卷展栏下设置"半径1"为50mm、"半径2"为34mm、"点"为6、"圆角半径1"为7mm、"圆角半径2"为8mm,具体参数设置如图2-166所示,效果如图2-167所示。

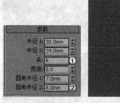

图2-166 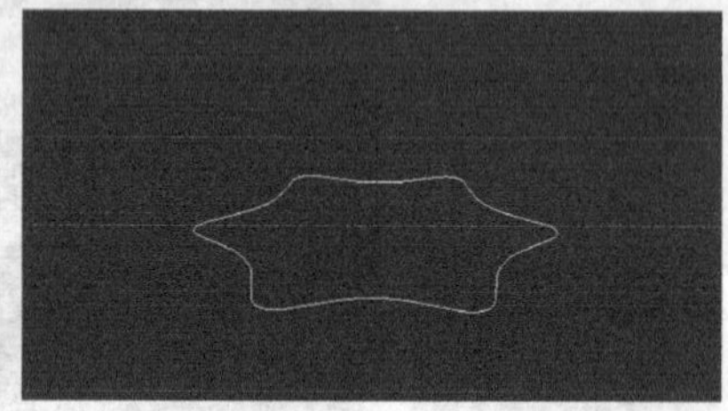   图2-167

03 在"图形"面板中单击"线"按钮 线 ,然后在前视图中按住Shift键绘制一条样条线作为放样路径,如图2-168所示。

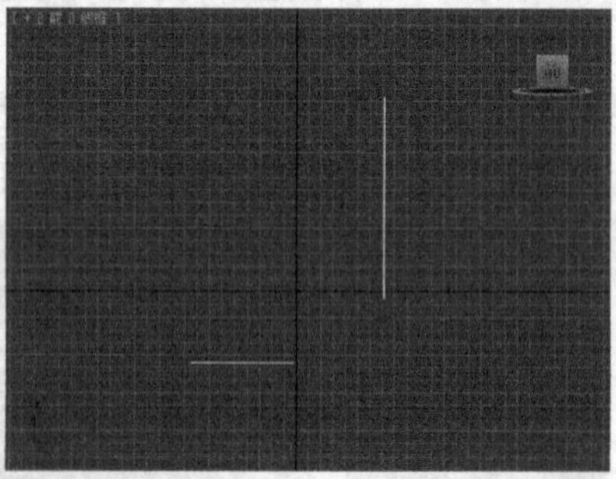

图2-168

04 选择星形,设置几何体类型为"复合对象",然后单击"放样"按钮 放样 ,接着在"创建方法"卷展栏下单击"获取路径"按钮 获取路径 ,最后在视图中拾取之前绘制的样条线路径,如图2-169所示,放样效果如图2-170所示。

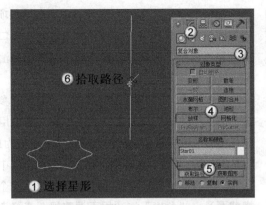

图2-169

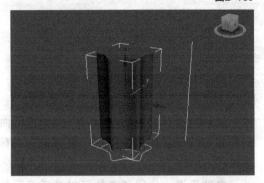

图2-170

05 进入"修改"面板，然后在"变形"卷展栏下单击"缩放"按钮 缩放 ，打开"缩放变形"对话框，接着将缩放曲线调节成如图2-171所示的形状，模型效果如图2-172所示。

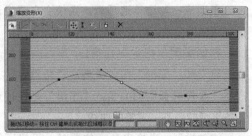

图2-171

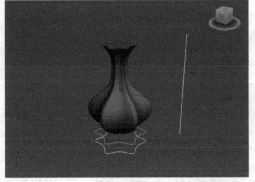

图2-172

技巧与提示

在"缩放变形"对话框中的工具栏上有一个"移动控制点"工具 和一个"插入角点"工具 ，用这两个工具就可以调节出曲线的形状。但要注意，在调节角点前，需要在角点上单击鼠标右键，然后在弹出的菜单中选择"Bezier-平滑"命令，这样调节出来的曲线才是平滑的，如图2-173所示。

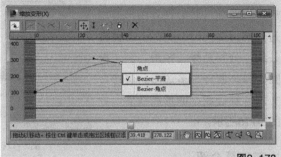

图2-173

06 在"变形"卷展栏下单击"扭曲"按钮 扭曲 ，然后在弹出的"扭曲变形"对话框中将曲线调节成如图2-174所示的形状，最终效果如图2-175所示。

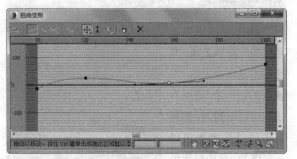

图2-174

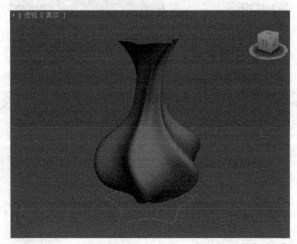

图2-175

2.5 创建二维图形

二维图形是由一条或多条样条线组成，而样条线又是由顶点和线段组成，所以只需要调整顶点及样条线的参数就可以生成复杂的二维图形，利用这些二维图形又可以生成三维模型。

在"创建"面板中单击"图形"按钮，然后设置图形类型为"样条线"，这里有12种样条线，分别是线、矩形、圆、椭圆、弧、圆环、多边形、星形、文本、螺旋线、卵形和截面，如图2-176所示。

图2-176

本节工具介绍

工具名称	工具作用	重要程度
线	绘制任意形状的样条线	高
文本	创建文本图形	中

2.5.1 线

线在建模中是最常用的一种样条线，其使用方法非常灵活，形状也不受约束，可以封闭也可以不封闭，拐角处可以是尖锐也可以是平滑的。线的参数如图2-177所示。

图2-177

线重要参数介绍

在渲染中启用：勾选该选项才能渲染出样条线；若不勾选，将不能渲染出样条线。

在视口中启用：勾选该选项后，样条线会以网格的形式显示在视图中。

使用视口设置：该选项只有在开启"在视口中启用"选项时才可用，主要用于设置不同的渲染参数。

生成贴图坐标：控制是否应用贴图坐标。

真实世界贴图大小：控制应用于对象的纹理贴图材质所使用的缩放方法。

视口/渲染：当勾选"在视口中启用"选项时，样条线将显示在视图中；当同时勾选"在视口中启用"和"渲染"选项时，样条线在视图中和渲染中都可以显示出来。

径向：将3D网格显示为圆柱形对象，其参数包含"厚度""边""角度"。"厚度"选项用于指定视图或渲染样条线网格的直径，其默认值为1，范围是0~100；"边"选项用于在视图或渲染器中为样条线网格设置边数或面数（例如值为4表示一个方形横截面）；"角度"选项用于调整视图或渲染器中的横截面的旋转位置。

矩形：将3D网格显示为矩形对象，其参数包含"长度""宽度""角度""纵横比"。"长度"选项用于设置沿局部y轴的横截面大小；"宽度"选项用于设置沿局部x轴的横截面大小；"角度"选项用于调整视图或渲染器中的横截面的旋转位置；"纵横比"选项用于设置矩形横截面的纵横比。

自动平滑：启用该选项可以激活下面的"阈值"选项，调整"阈值"数值可以自动平滑样条线。

步数：手动设置每条样条线的步数。

优化：勾选该选项后，可以从样条线的直线线段中删除不需要的步数。

自适应：勾选该选项后，系统会自适应设置每条样条线的步数，以生成平滑的曲线。

初始类型：指定创建第1个顶点的类型，包含"角点"和"平滑"两种类型。"角点"是在顶点产生一个没有弧度的尖角；"平滑"是在顶点产生一条平滑的、不可调整的曲线。

拖动类型：当拖曳顶点位置时，设置所创建顶点的类型。"角点"是在顶点产生一个没有弧度的尖角；"平滑"是在顶点产生一条平滑、不可调整的曲线；Bezier是在顶点产生一条平滑、可以调整的曲线。

🐾 课堂案例

用样条线制作罗马柱

场景位置	无
实例位置	实例文件>CH02>课堂案例：用样条线制作罗马柱.max
视频名称	课堂案例：用样条线制作罗马柱.mp4
学习目标	学习样条线的用法，并学习用修改器将样条线转换为三维模型

罗马柱效果如图2-178所示。

图2-178

① 使用"线"工具 [线] 在前视图中绘制出主体模型的1/2横截面，如图2-179所示。

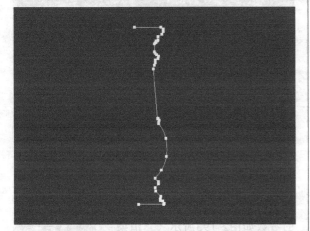

图2-179

技巧与提示

如果绘制出来的样条线不是很平滑，就需要对其进行调节，样条线形状主要是在"顶点"级别下进行调节。下面详细介绍如何调节样条线的形状。

进入"修改"面板，然后在"选择"卷展栏下单击"顶点"按钮，进入"顶点"级别，如图2-180所示。

图2-180

选择需要调节的顶点，然后单击鼠标右键，接着在弹出的菜单中选择"平滑"命令，如图2-181所示，这样可以将样条线进行平滑处理，如图2-182所示。

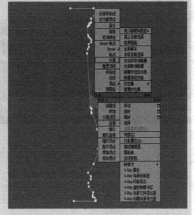

图2-181

图2-182

如果样条线的某个角点处的线段出现了交错现象，如图2-183所示，可以在右键菜单中选择"Bezier角点"或Bezier命令，如图2-184所示，然后对角点的滑竿进行调节，如图2-185所示。

图2-183

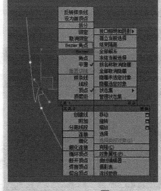

图2-184　　　　图2-185

② 选择样条线，然后切换到"修改"面板，接着在"修改器列表"中选择"车削"修改器，如图2-186所示。

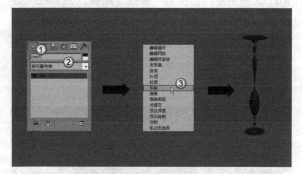

图2-186

技巧与提示

从图2-186中可以看出车削后的模型并没有达到想要的效果，因此下面还需要对模型进行调整。

03 展开"参数"卷展栏，然后设置"方向"为y轴，接着设置"对齐"为"最小"，如图2-187所示，模型效果如图2-188所示。

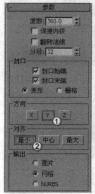 

图2-187　　　　　　　　　　　图2-188

04 在"图形"面板中单击"矩形"工具 矩形 ，然后在顶视图中绘制一个矩形，接着在"参数"卷展栏下设置"长度"为165mm、"宽度"为175mm、"角半径"为12mm，效果如图2-189所示。

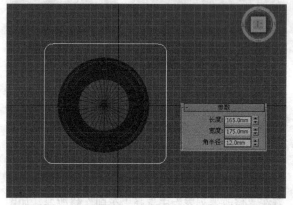

图2-189

05 选择矩形，切换到"修改"面板，然后在"修改器列表"中选择"挤出"修改器，接着在"参数"卷展栏下设置"数量"为68mm，如图2-190所示，模型效果如图2-191所示。

图2-190　　　　　　　　　　　图2-191

06 使用"选择并移动"工具 选择挤出来的模型，然后按住Shift键移动复制一个到主体模型的底部，最终效果如图2-192所示。

图2-192

2.5.2 文本

使用文本样条线可以很方便地在视图中创建出文字模型，并且可以更改字体类型和字体大小。文本的参数如图2-193所示（"渲染"和"插值"两个卷展栏中的参数与"线"工具的参数相同）。

图2-193

文本重要参数介绍

斜体 *I* ：单击该按钮可以将文本切换为斜体，如图2-194所示。

下划线 U ：单击该按钮可以将文本切换为下划线文本，如图2-195所示。

图2-194　　　　　　　　　　　图2-195

左对齐 ：单击该按钮可以将文本对齐到边界框的左侧。

居中 ：单击该按钮可以将文本对齐到边界框的中心。

右对齐▤：单击该按钮可以将文本对齐到边界框的右侧。

对正▤：分隔所有文本行以填充边界框的范围。

大小：设置文本高度，其默认值为100mm。

字间距：设置文字间的间距。

行间距：调整字行间的间距（只对多行文本起作用）。

文本：在此可以输入文本，若要输入多行文本，可以按Enter键切换到下一行。

2.6 本章小结

本章主要讲解了基础建模的4个重要技术。在标准基本体中，详细讲解了每种工具的用法，包括长方体、球体、圆柱体等；在扩展基本体中，详细讲解了异面体、切角长方体和切角圆柱体的创建方法；在复合对象中，详细讲解了图形合并、布尔运算和放样的用法；在二维图形中，详细讲解了线和文本的创建方法。本章虽是一个基础建模章节，但是却非常重要，因为这是建模的基础，希望读者对这些建模工具勤加练习。

2.7 课后习题

鉴于本章的重要性，本节将安排3个课后习题供读者练习。这3个课后习题都有针对性，同时基本上都运用到了基础建模中最重要的工具。如果读者在练习时有难解问题，可一边观看视频教学，一边学习模型的创建方法。

课后习题1：衣柜

场景位置	无
实例位置	实例文件>CH02>课后习题1：衣柜.max
视频名称	课后习题1：衣柜.mp4
练习目标	练习长方体、圆柱体的创建方法，并练习移动复制功能的使用方法

衣柜效果如图2-196所示。

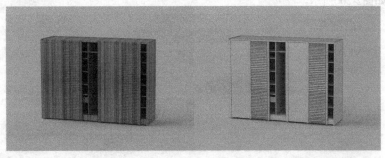

图2-196

步骤分解如图2-197所示。

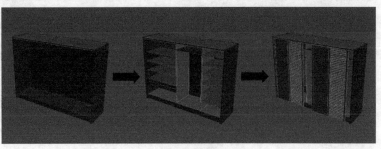

图2-197

课后习题2：单人沙发

场景位置　无
实例位置　实例文件>CH02>课后习题2：单人沙发.max
视频名称　课后习题2：单人沙发.mp4
练习目标　练习切角长方体和切角圆柱体的创建方法

单人沙发效果如图2-198所示。

图2-198

步骤分解如图2-199所示。

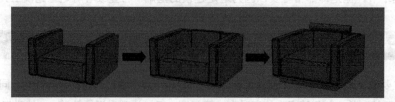

图2-199

课后习题3：时尚台灯

场景位置　无
实例位置　实例文件>CH02>课后习题：时尚台灯.max
视频名称　课后习题：时尚台灯.mp4
练习目标　练习样条线的绘制方法，并用"车削"修改器将样条线转换为三维模型

时尚台灯效果如图2-200所示。

图2-200

步骤分解如图2-201所示。

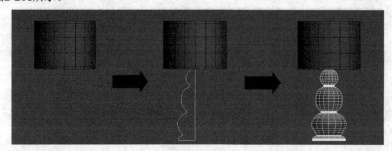

图2-201

60

第3章

高级建模

本章将介绍3ds Max 2016的高级建模技术，包括修改器建模、多边形建模、建模工具选项卡、网格建模和NURBS建模。本章异常重要，基本上在实际工作中运用的高级建模技术都包含在本章中（特别是修改器建模技术和多边形建模技术，读者务必要完全掌握），通过对本章内容的学习，读者可以掌握具有一定难度的模型的制作思路与方法。

课堂学习目标

掌握常用修改器的使用方法

掌握多边形建模的思路和相关技巧

了解"建模工具"选项卡的使用方法

了解网格建模的思路

了解NURBS建模的思路

3.1 修改器基础知识

"修改"面板是3ds Max很重要的一个组成部分，而修改器堆栈则是"修改"面板的"灵魂"。所谓"修改器"，就是可以对模型进行编辑，改变其几何形状及属性的命令。

3.1.1 修改器堆栈

进入"修改"面板，可以观察到修改器堆栈中的工具，如图3-1所示。

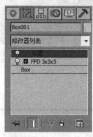

图3-1

修改器堆栈重要按钮介绍

锁定堆栈：激活该按钮，可以将堆栈和"修改"面板的所有控件锁定到选定对象的堆栈中。即使在选择了视图中的另一个对象之后，也可以继续对锁定堆栈的对象进行编辑。

显示最终结果开/关切换：激活该按钮后，会在选定的对象上显示整个堆栈的效果。

使唯一：激活该按钮，可以将关联的对象修改成独立对象，这样可以对选择集中的对象单独进行操作（只有在场景中拥有选择集的时候，该按钮才可用）。

从堆栈中移除修改器：若堆栈中存在修改器，单击该按钮可以删除当前的修改器，并清除由该修改器引发的所有更改。

> **技巧与提示**
>
> 如果想要删除某个修改器，不可以在选中某个修改器后按Delete键，那样删除的将会是物体本身而非单个的修改器。

配置修改器集：单击该按钮将弹出一个子菜单，这个菜单中的命令主要用于配置在"修改"面板中怎样显示和选择修改器，如图3-2所示。

图3-2

3.1.2 为对象加载修改器

为对象加载修改器的方法非常简单。选择一个对象后，进入"修改"面板，然后单击"修改器列表"后面的 按钮，接着在弹出的下拉列表中就可以选择相应的修改器，如图3-3所示。

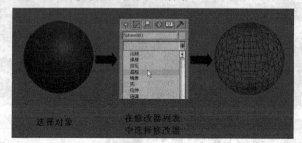

选择对象　　　　　在修改器列表
　　　　　　　　　中选择修改器

图3-3

> **技巧与提示**
>
> 修改器可以在"修改"面板中的"修改器列表"中进行加载，也可以在菜单栏中的"修改器"菜单下进行加载，这两个地方的修改器完全一样。

3.1.3 修改器的排序

修改器的排列顺序非常重要，先加入的修改器位于修改器堆栈的下方，后加入的修改器则在修改器堆栈的顶部，不同的顺序对同一物体起到的效果是不一样的。

见图3-4，这是一个管状体，下面以这个物体为例来介绍修改器的顺序对效果的影响，同时介绍如何调整修改器之间的顺序。

图3-4

先为管状体加载一个"扭曲"修改器，然后在"参数"卷展栏下设置扭曲的"角度"为360，这时管状体便会产生大幅度的扭曲变形，如图3-5所示。

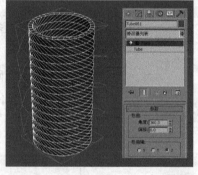

图3-5

继续为管状体加载一个"弯曲"修改器，然后在"参数"卷展栏下设置弯曲的"角度"为90，这时管状体会发生很自然的弯曲效果，如图3-6所示。

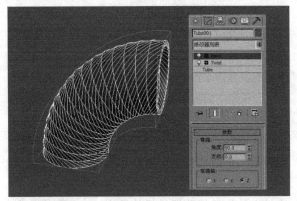

图3-6

下面调整两个修改器的位置。用鼠标左键单击"弯曲"修改器不放，然后将其拖曳到"扭曲"修改器的下方松开鼠标左键（拖曳时修改器下方会出现一条蓝色的线），调整排序后可以发现管状体的效果发生了很大的变化，如图3-7所示。

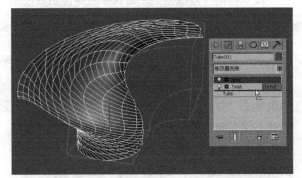

图3-7

技巧与提示

在修改器堆栈中，如果要同时选择多个修改器，可以先选中一个修改器，然后按住Ctrl键单击其他修改器进行加选，如果按住Shift键，则可以选中多个连续的修改器。

3.1.4 启用与禁用修改器

在修改器堆栈中可以观察到每个修改器前面都有个小灯泡图标，这个图标表示这个修改器的启用或禁用状态。当小灯泡显示为亮的状态时，代表这个修改器是启用的；当小灯泡显示为暗的状态时，代表这个修改器被禁用了。单击这个小灯泡即可切换启用和禁用状态。

以下面的修改器堆栈为例，这里为一个球体加载了3个修改器，分别是"晶格"修改器、"扭曲"修改器和"波浪"修改器，并且这3个修改器都被启用了，如图3-8所示。

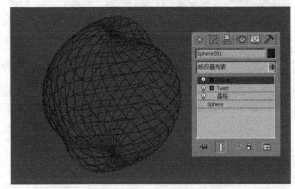

图3-8

选择底层的"晶格"修改器，当"显示最终结果"按钮被禁用时，场景中的球体不能显示该修改器之上的所有修改器的效果，如图3-9所示。如果单击"显示最终结果"按钮，使其处于激活状态，即可在选中底层修改器的状态下显示所有修改器的修改结果，如图3-10所示。

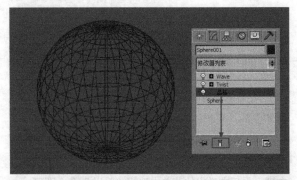

图3-9

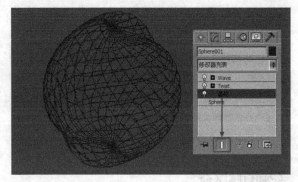

图3-10

如果要禁用"波浪"修改器，单击该修改器前面的小灯泡图标，使其变为灰色即可，这时物体的形状也跟着发生了变化，如图3-11所示。

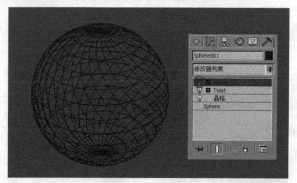

图3-11

3.1.5 编辑修改器

在修改器上单击鼠标右键会弹出一个菜单，该菜单中包括一些对修改器进行编辑的常用命令，如图3-12所示。

图3-12

1.复制与粘贴修改器

从菜单中可以观察到修改器是可以复制到其他物体上的，复制的方法有以下两种。

第1种：在修改器上单击鼠标右键，然后在弹出的菜单中选择"复制"命令，接着在需要的位置单击鼠标右键，最后在弹出的菜单中选择"粘贴"命令即可。

第2种：直接将修改器拖曳到场景中的某一物体上。

技巧与提示

在选中某一修改器后，如果按住Ctrl键将其拖曳到其他对象上，可以将这个修改器作为实例粘贴到其他对象上；如果按住Shift键将其拖曳到其他对象上，就相当于将源物体上的修改器剪切并粘贴到新对象上。

2.塌陷修改器

塌陷修改器会将该物体转换为可编辑网格，并删除其中所有的修改器，这样可以简化对象，并且

还能够节约内存。但是塌陷之后就不能对修改器的参数进行调整，并且也不能将修改器的历史恢复到基准值。

塌陷修改器有"塌陷到"和"塌陷全部"两种方法。使用"塌陷到"命令可以塌陷到当前选定的修改器，也就是说删除当前及列表中位于当前修改器下面的所有修改器，保留当前修改器上面的所有修改器；而使用"塌陷全部"命令，会塌陷整个修改器堆栈，删除所有修改器，并使对象变成可编辑网格。

以图3-13所示的修改器堆栈为例，处于最底层的是一个圆柱体，可以将其称为"基础物体"（注意，基础物体一定是处于修改器堆栈的最底层），而处于基础物体之上的是"弯曲""扭曲""松弛"3个修改器。

图3-13

在"扭曲"修改器上单击鼠标右键，然后在弹出的菜单中选择"塌陷到"命令，此时系统会弹出"警告:塌陷到"对话框，如图3-14所示。在"警告:塌陷到"对话框中有3个按钮，分别为"暂存/是"按钮 暂存(H)/是、"是"按钮 是(Y) 和"否"按钮 否(N)。如果单击"暂存/是"按钮 暂存(H)/是，可以将当前对象的状态保存到"暂存"缓冲区，然后才应用"塌陷到"命令，执行"编辑/取回"菜单命令，可以恢复到塌陷前的状态；如果单击"是"按钮 是(Y)，将塌陷"扭曲"修改器和"弯曲"两个修改器，而保留"松弛"修改器，同时基础物体会变成"可编辑网格"物体，如图3-15所示。

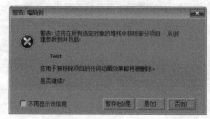

图3-14

图3-15

下面对同样的物体执行"塌陷全部"命令。在任意一个修改器上单击鼠标右键，然后在弹出的菜单中选择"塌陷全部"命令，此时系统会弹出"警告:塌陷全部"对话框，如图3-16所示。如果单击

"是"按钮 ，将塌陷修改器堆栈中的所有修改器，并且基础物体也会变成"可编辑网格"物体，如图3-17所示。

图3-16 　　　　　图3-17

3.1.6 修改器的种类

修改器有很多种，按照类型的不同被划分在几个修改器集合中。在"修改"面板下的"修改器列表"中，3ds Max将这些修改器默认分为"选择修改器""世界空间修改器""对象空间修改器"3大部分，如图3-18所示。

图3-18

1.选择修改器

"选择修改器"集合中包括"网格选择""面片选择""多边形选择""体积选择"4种修改器，如图3-19所示。

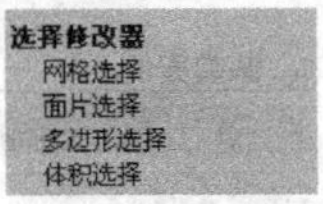

图3-19

选择修改器简要介绍

网格选择：可以选择网格子对象。

面片选择：选择面片子对象，之后可以对面片子对象应用其他修改器。

多边形选择：选择多边形子对象，之后可以对其应用其他修改器。

体积选择：可以选择一个对象或多个对象选定体积内的所有子对象。

2.世界空间修改器

"世界空间修改器"集合基于世界空间坐标，

而不是基于单个对象的局部坐标系，如图3-20所示。当应用了一个世界空间修改器之后，无论物体是否发生了移动，它都不会受到任何影响。

图3-20

世界空间修改器简要介绍

Hair和Fur（WSM）[头发和毛发（WSM）]：用于为物体添加毛发。该修改器可应用于要生长毛发的任意对象，既可以应用于网格对象，也可以应用于样条线对象。

点缓存（WSM）：该修改器可以将修改器动画存储到磁盘文件中，然后使用磁盘文件中的信息来播放动画。

路径变形（WSM）：可以根据图形、样条线或NURBS曲线路径将对象进行变形。

面片变形（WSM）：可以根据面片将对象进行变形。

曲面变形（WSM）：该修改器的工作方式与"路径变形（WSM）"修改器相同，只是它使用的是NURBS点或CV曲面，而不是使用曲线。

曲面贴图（WSM）：将贴图指定给NURBS曲面，并将其投射到修改的对象上。

摄影机贴图（WSM）：使摄影机将UVW贴图坐标应用于对象。

贴图缩放器（WSM）：用于调整贴图的大小，并保持贴图比例不变。

细分（WSM）：提供用于光能传递处理创建网格的一种算法。处理光能传递需要网格的元素尽可能地接近等边三角形。

置换网格（WSM）：用于查看置换贴图的效果。

3.对象空间修改器

"对象空间修改器"集合中的修改器非常多，如图3-21所示。这个集合中的修改器主要应用于单独对象，使用的是对象的局部坐标系，因此当移动对象时，修改器也会跟着移动。

Cloth	链接变换	松弛
FFD 2x2x2	编辑多边形	路径变形	体积选择
FFD 3x3x3	编辑法线	变皮	替换
FFD 4x4x4	编辑面片	蒙皮包裹	贴图缩放器
FFD(长方体)	编辑网格	蒙皮包裹面片	投影
FFD(圆柱体)	变形器	蒙皮变形	推力
HSDS	波浪	面挤出	弯曲
MassFX RBody	补洞	面片变形	网格平滑
MultiRes	材质	面片选择	网格选择
Physique	点缓存	扭曲	涡轮平滑
ProOptimizer	顶点焊接	平滑	组合
STL 检查	顶点绘制	切片	细化
UVW 变换	对称	倾斜	影响区域
UVW 贴图	多边形选择	球形化	优化
UVW 贴图清除	法线	曲面变形	噪波
UVW 贴图添加	焊接	融化	置换
UVW 展开	挤压	柔体	置换近似
VR_置换修改	晶格	删除面片	转化为多边形
X 变换	镜像	删除网格	转化为面片
按通道选择器	壳	摄影机贴图	转化为网格
按元素分配材质	拉伸	属性承载器	锥化
保留	涟漪	四边形网格化	

图3-21

3.2 常用修改器

在"对象空间修改器"集合中有很多修改器，本节就针对这个集合中最为常用的一些修改器进行详细介绍。熟练运用这些修改器，可以大量简化建模流程，节省操作时间。

本节修改器介绍

修改器名称	修改器的主要作用	重要程度
挤出	为二维图形添加深度	高
倒角	将图形挤出为3D对象，并应用倒角效果	高
车削	绕轴旋转一个图形或NURBS曲线来创建3D对象	高
弯曲	在任意轴上控制物体的弯曲角度和方向	高
扭曲	在任意轴上控制物体的扭曲角度和方向	高
置换	重塑对象的几何外形	中
噪波	使对象表面的顶点随机变动	中
FFD	自由变形物体的外形	高
晶格	将图形的线段或边转化为圆柱形结构	高
平滑	平滑几何体	高

3.2.1 挤出修改器

"挤出"修改器可以将深度添加到二维图形中，并且可以将对象转换成一个参数化对象，其参数设置面板如图3-22所示。

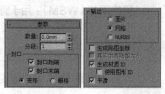

图3-22

挤出修改器重要参数介绍

数量：设置挤出的深度。

分段：指定要在挤出对象中创建的线段数目。

封口：用来设置挤出对象的封口，共有以下4个选项。

封口始端：在挤出对象的初始端生成一个平面。

封口末端：在挤出对象的末端生成一个平面。

变形：以可预测、可重复的方式排列封口面，这是创建变形目标所必需的操作。

栅格：在图形边界的方形上修剪栅格中安排的封口面。

输出：指定挤出对象的输出方式，共有以下3个选项。

面片：产生一个可以折叠到面片对象中的对象。

网格：产生一个可以折叠到网格对象中的对象。

NURBS：产生一个可以折叠到NURBS对象中的对象。

生成贴图坐标：将贴图坐标应用到挤出对象中。

真实世界贴图大小：控制应用于对象的纹理贴图材质所使用的缩放方法。

生成材质ID：将不同的材质ID指定给挤出对象的侧面与封口。

使用图形ID：将材质ID指定给挤出生成的样条线线段，或指定给在NURBS挤出生成的曲线子对象。

平滑：将平滑应用于挤出图形。

吊灯效果如图3-23所示。

图3-23

01 在"创建"面板中单击"图形"按钮 ◎ ，然后设置图形类型为"样条线"，接着单击"星形"按钮 星形 ，如图3-24所示，最后在视图中绘制星形，如图3-25所示。

图3-24　　　　　　图3-25

02 选中上一步绘制的星形样条线，然后展开"参数"卷展栏，设置"半径1"为1800mm、"半径2"为1300mm、"点"为8、"圆角半径1"为120mm、"圆角半径2"为120mm，如图3-26所示，样条线效果如图3-27所示。

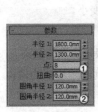

图3-26　　　　　　图3-27

03 在"创建"面板中单击"图形"按钮，然后设置图形类型为"样条线"，接着单击"圆"按钮 ，最后在视图中绘制圆形，如图3-28所示。

图3-28

04 选中上一步创建的样条线，然后展开"参数"卷展栏，设置"半径"为1200mm，如图3-29所示，效果如图3-30所示。

图3-29　　　　　　图3-30

05 选中两条样条线，然后将其转换为"可编辑样条线"，接着选中星形样条线，在"几何体"卷展栏中单击"附加"按钮 ，再单击圆形样条线，这样就将两条样条线合并为1条，如图3-31所示。

图3-31

技巧与提示

附加样条线时，需要注意附加的顺序。按不同顺序附加的样条线在添加"挤出"修改器时的效果不同。

06 选中样条线，然后在"修改器堆栈"中选中"挤出"选项，为其加载一个"挤出"修改器，接着在"参数"卷展栏中设置"数量"为200mm，如图3-32所示，模型效果如图3-33所示。

图3-32　　　　　　图3-33

07 使用"球体"工具在场景中创建一个球体，然后展开"参数"卷展栏，设置"半径"为850mm，如图3-34所示，效果如图3-35所示。

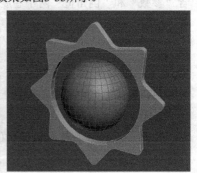

图3-34　　　　　　图3-35

08 使用"选择并均匀缩放"工具 将球体适当压缩，如图3-36所示。

09 使用"线"工具 绘制吊灯的吊绳，如图3-37所示。

图3-36　　　　　　　　　　　图3-37

⑩ 选中上一步绘制的样条线，然后展开"渲染"卷展栏，接着勾选"在渲染中启用"和"在视口中启用"选项，再选择"径向"选项，最后设置"厚度"为30mm，如图3-38所示，吊灯最终效果如图3-39所示。

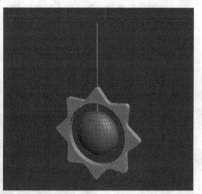

图3-38　　　　　　　　　　　图3-39

3.2.2 倒角修改器

"倒角"修改器可以将图形挤出为3D对象，并在边缘应用平滑的倒角效果，其参数设置面板包含"参数"和"倒角值"两个卷展栏，如图3-40所示。

倒角修改器重要参数介绍

封口：指定倒角对象是否要在一端封闭开口。

始端：用对象的最低局部z值（底部）对末端进行封口。

末端：用对象的最高局部z值（底部）对末端进行封口。

封口类型：指定封口的类型。

变形：创建适合的变形封口曲面。

栅：在栅格图案中创建封口曲面。

图3-40

曲面：控制曲面的侧面曲率、平滑度和贴图。

线性侧面：勾选该选项后，级别之间会沿着一条直线进行分段插补。

曲线侧面：勾选该选项后，级别之间会沿着一条Bezier曲线进行分段插补。

分段：在每个级别之间设置中级分段的数量。

级间平滑：控制是否将平滑效果应用于倒角对象的侧面。

生成贴图坐标：将贴图坐标应用于倒角对象。

真实世界贴图大小：控制应用于对象的纹理贴图材质所使用的缩放方法。

相交：防止重叠的相邻边产生锐角。

避免线相交：防止轮廓彼此相交。

分离：设置边与边之间的距离。

起始轮廓：设置轮廓到原始图形的偏移距离。正值会使轮廓变大；负值会使轮廓变小。

级别1：包含以下两个选项。

高度：设置"级别1"在起始级别之上的距离。

轮廓：设置"级别1"的轮廓到起始轮廓的偏移距离。

级别2：在"级别1"之后添加一个级别。

高度：设置"级别1"之上的距离。

轮廓：设置"级别2"的轮廓到"级别1"轮廓的偏移距离。

级别3：在前一级别之后添加一个级别，如果未启用"级别2"，"级别3"会添加在"级别1"之后。

高度：设置到前一级别之上的距离。

轮廓：设置"级别3"的轮廓到前一级别轮廓的偏移距离。

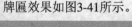

课堂案例

用倒角修改器制作牌匾

场景位置	无
实例位置	实例文件>CH03>课堂案例：用倒角修改器制作牌匾.max
视频名称	课堂案例：用倒角修改器制作牌匾.mp4
学习目标	学习"倒角"修改器的使用方法，并用"挤出"修改器挤出文本

牌匾效果如图3-41所示。

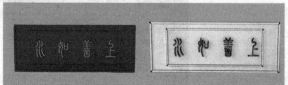

图3-41

01 在"创建"面板中设置图形类型为"样条线",然后使用"矩形"工具 矩形 在前视图中绘制一个矩形,接着在"参数"卷展栏下设置"长度"为100mm、"宽度"为260mm、"角半径"为2mm,如图3-42所示。

图3-42

02 为矩形加载一个"倒角"修改器,然后在"倒角值"卷展栏下设置"级别1"的"高度"为6mm,接着勾选"级别2"选项,并设置其"轮廓"为-4mm,最后勾选"级别3"选项,并设置其"高度"为-2mm,具体参数设置如图3-43所示,倒角效果如图3-44所示。

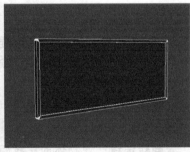

图3-43   图3-44

03 使用"选择并移动"工具选择模型,然后在左视图中移动复制一个模型,并在弹出的"克隆选项"对话框中设置"对象"为"复制",如图3-45所示。

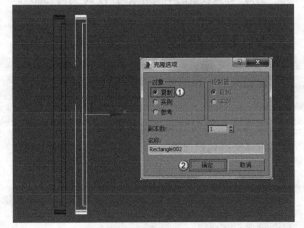

图3-45

04 切换到前视图,然后使用"选择并均匀缩放"工具将复制出来的模型缩放到合适的大小,如图3-46所示。

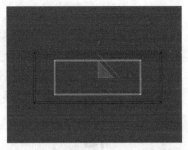

图3-46

05 展开"倒角值"卷展栏,然后将"级别1"的"高度"修改为2mm,接着将"级别2"的"轮廓"修改为-2.8mm,最后将"级别3"的"高度"修改为-1.5mm,如图3-47所示,效果如图3-48所示。

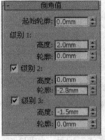

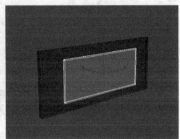

图3-47   图3-48

06 在"创建"面板中单击"文本"按钮 文本,然后在前视图中单击鼠标右键创建出文本,接着在"参数"卷展栏下将字体设置为"汉仪篆书繁"、"大小"为50mm,最后在"文本"输入框中输入"水如善上"4个字,如图3-49所示,文本效果如图3-50所示。

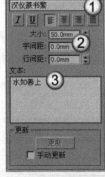

图3-49   图3-50

知 识 点 字体的安装方法

这里可能有些初学者会发现自己的计算机中没有"汉仪篆书繁"这种字体,这是很正常的,因为这种字体要去互联网上下载下来才能使用。这里介绍字体的安装方法,具体操作如下。

第1步:选择下载的字体,然后按快捷键Ctrl+C复制字

69

体，接着执行"开始>控制面板"命令，如图3-51所示。

图3-51

第2步：在"控制面板"中双击"字体"项目，如图3-52所示，接着在打开的"字体"文件夹中按快捷键Ctrl+V粘贴字体，此时字体会自动安装，如图3-53所示。

图3-52

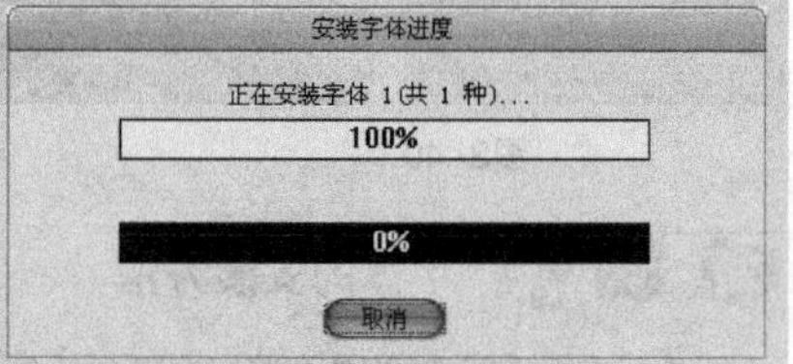

图3-53

⓪⑦ 为文本图形加载一个"挤出"修改器，然后在"参数"卷展栏下设置"数量"为1.5mm，如图3-54所示，最终效果如图3-55所示。

图3-54

图3-55

3.2.3 车削修改器

"车削"修改器可以通过围绕坐标轴旋转一个图形或NURBS曲线来生成3D对象，其参数设置面板如图3-56所示。

图3-56

车削修改器重要参数介绍

度数：设置对象围绕坐标轴旋转的角度，其范围是0°~360°，默认值为360°。

焊接内核：通过焊接旋转轴中的顶点来简化网格。

翻转法线：使物体的法线翻转，翻转后物体的内部会外翻。

分段：在起始点之间设置在曲面上创建的插补线段的数量。

封口：如果设置的车削对象的"度数"小于360°，该选项用来控制是否在车削对象的内部创建封口。

封口始端：车削的起点，用来设置封口的最大程度。

封口末端：车削的终点，用来设置封口的最大程度。

变形：按照创建变形目标所需的可预见且可重复的模式来排列封口面。

栅格：在图形边界的方形上修剪栅格中安排的封口面。

方向：设置轴的旋转方向，共有x、y和z这3个轴可供选择。

对齐：设置对齐的方式，共有"最小""中心""最大"3种方式可供选择。

输出：指定车削对象的输出方式，共有以下3种。

面片：产生一个可以折叠到面片对象中的对象。

网格：产生一个可以折叠到网格对象中的对象。

NURBS：产生一个可以折叠到NURBS对象中的对象。

图3-61

03 单击"车削"修改器前面的■图标，展开其次物体层级，然后选择"轴"层级，如图3-61所示，接着使用"选择并移动"工具✛在顶视图中调整好轴的位置，使模型完全闭合在一起，如图3-62所示，最终效果如图3-63所示。

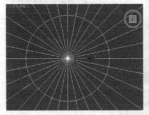
图3-62

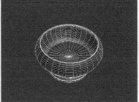
图3-63

课堂案例

用车削修改器制作鱼缸

场景位置	无
实例位置	实例文件>CH03>课堂案例：用车削修改器制作鱼缸.max
视频名称	课堂案例：用车削修改器制作鱼缸.mp4
学习目标	学习"车削"修改器的使用方法

鱼缸效果如图3-57所示。

图3-57

01 使用"线"工具 线 在前视图中绘制出如图3-58所示的样条线。

02 选择样条线，然后为其加载一个"车削"修改器，效果如图3-59所示。

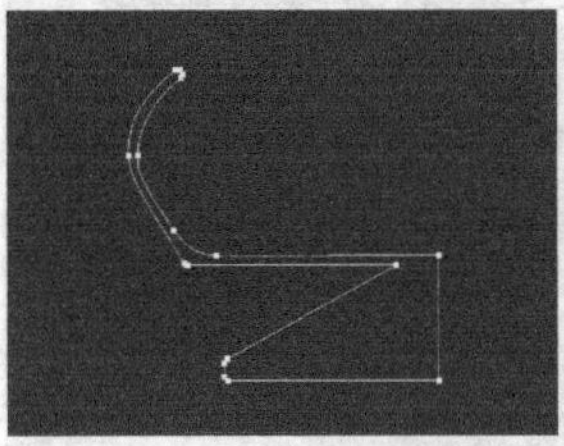

图3-58 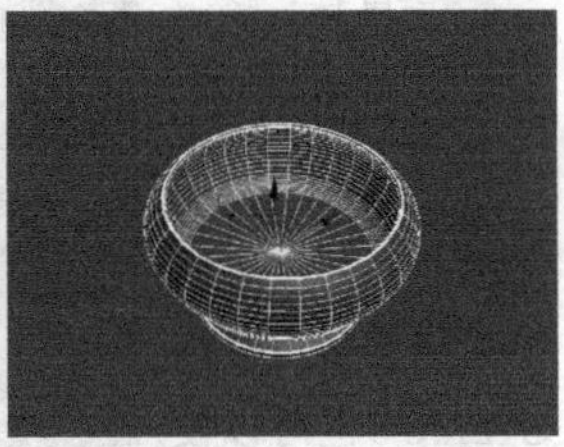　　　　图3-59

技巧与提示

在顶视图中将视图比例放大，可以观察到鱼缸的底部没有完全闭合在一起，如图3-60所示，这就需要对"车削"修改器的轴进行调节。

图3-60

3.2.4 弯曲修改器

"弯曲"修改器可以使物体在任意3个轴上控制弯曲的角度和方向，也可以对几何体的一段限制弯曲效果，其参数设置面板如图3-64所示。

图3-64

弯曲修改器重要参数介绍

角度：从顶点平面设置要弯曲的角度，范围是-999999~999999。

方向：设置弯曲相对于水平面的方向，范围是-999999~999999。

X/Y/Z：指定要弯曲的轴，默认轴为z轴。

限制效果：将限制约束应用于弯曲效果。

上限：以世界单位设置上部边界，该边界位于弯曲中心点的上方，超出该边界弯曲不再影响几何体，其范围是0~999999。

下限：以世界单位设置下部边界，该边界位于弯曲中心点的下方，超出该边界弯曲不再影响几何体，其范围是-999999~0。

3.2.5 扭曲修改器

“扭曲”修改器与“弯曲”修改器的参数比较相似，但是“扭曲”修改器产生的是扭曲效果，而“弯曲”修改器产生的是弯曲效果。“扭曲”修改器可以在对象几何体中产生一个旋转效果（就像拧湿抹布），并且可以控制任意3个轴上的扭曲角度，同时也可以对几何体的一段限制扭曲效果，其参数设置面板如图3-65所示。

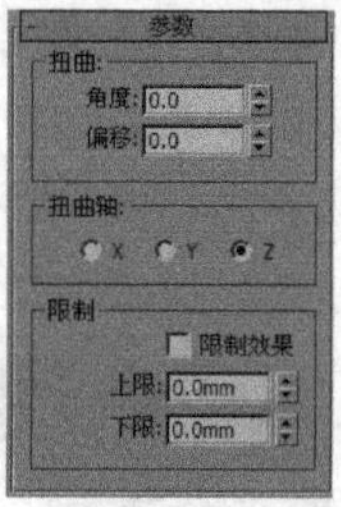

图3-65

技巧与提示

“扭曲”修改器与“弯曲”修改器的参数基本相同，因此这里不再重复介绍。

课堂案例

用扭曲修改器制作笔筒

场景位置	场景文件>CH03>01.max
实例位置	实例文件>CH03>课堂案例：用扭曲修改器制作笔筒.max
视频名称	课堂案例：用扭曲修改器制作笔筒.mp4
学习目标	学习“扭曲”修改器的使用方法

笔筒效果如图3-66所示。

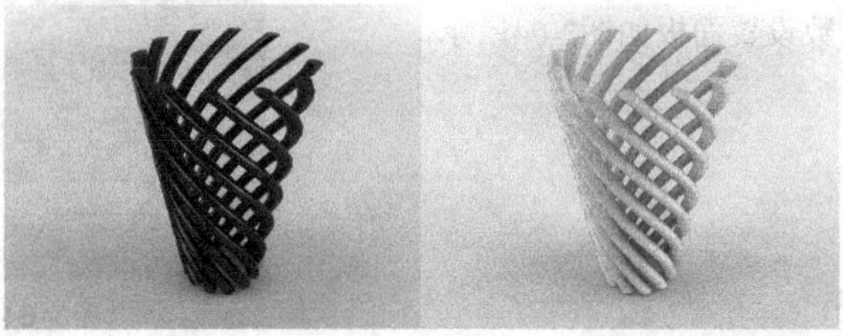
图3-66

01 打开学习资源中的“场景文件>CH03>01.max”文件，如图3-67所示。

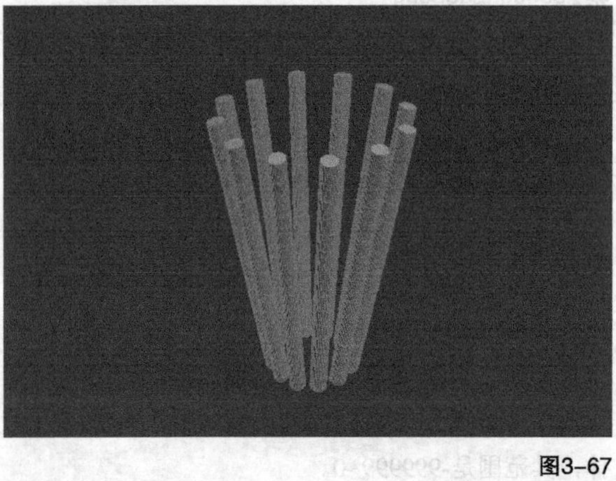
图3-67

02 选中整体模型，然后为其加载一个“扭曲”修改器，如图3-68所示，效果如图3-69所示。

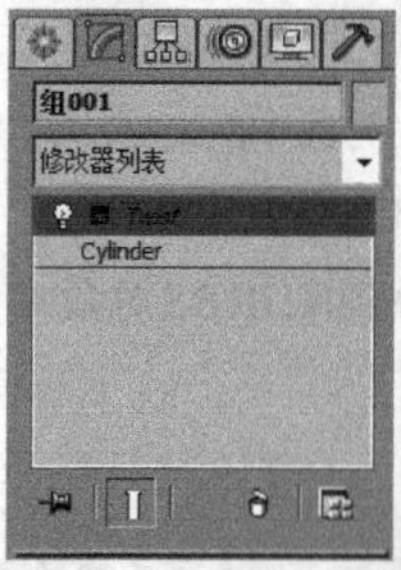

图3-68

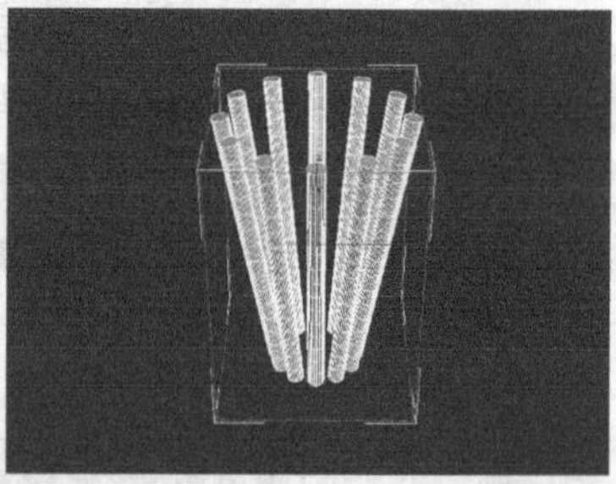
图3-69

03 在“参数”卷展栏中设置“角度”为200，然后设置“扭曲轴”为z轴，如图3-70所示，笔筒效果如图3-71所示。

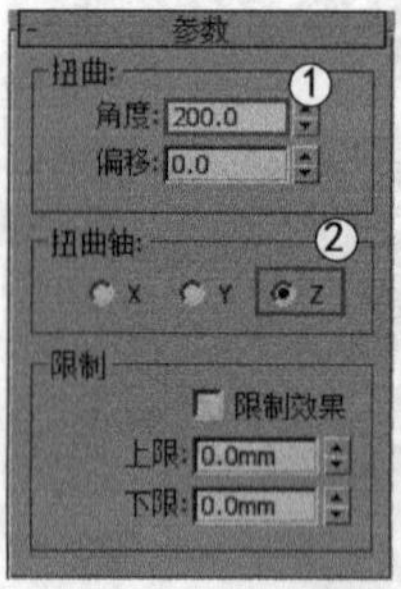

图3-70

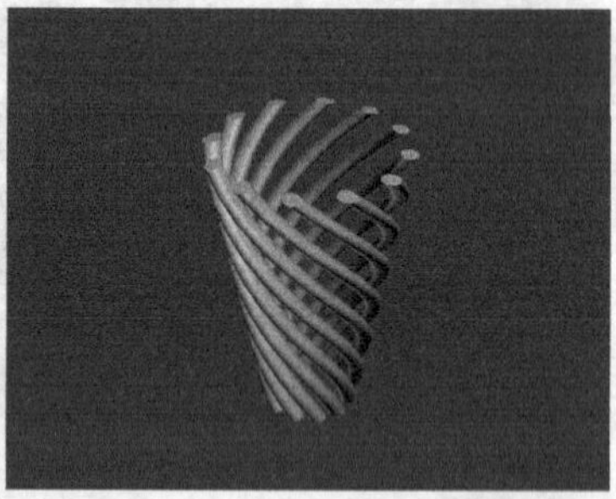
图3-71

3.2.6 置换修改器

“置换”修改器是以力场的形式来推动和重塑对象的几何外形，可以直接从修改器的Gizmo（也可以使用位图）来应用它的变量力，其参数设置面板如图3-72所示。

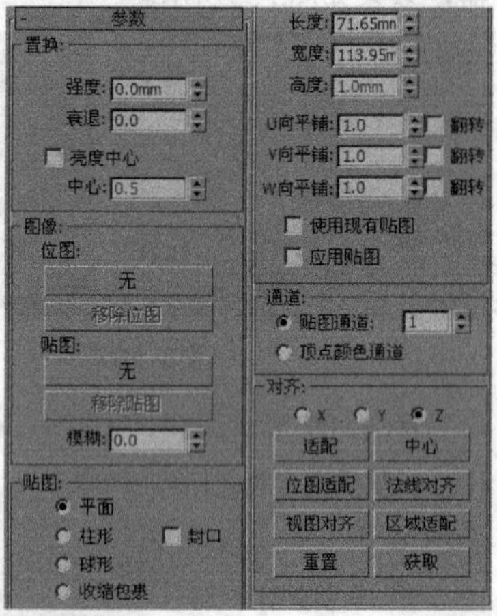

图3-72

置换修改器重要参数介绍

① 置换组

强度：设置置换的强度，数值为0时没有任何效果。

衰退：如果设置“衰退”数值，则置换强度会随距离的变化而衰减。

亮度中心：决定使用什么样的灰度作为0置换值。勾选该选项以后，可以设置下面的"中心"数值。

② 图像组

位图/贴图：加载位图或贴图。

移除位图/贴图：移除指定的位图或贴图。

模糊：模糊或柔化位图的置换效果。

③ 贴图组

平面：从单独的平面对贴图进行投影。

柱形：以环绕在圆柱体上的方式对贴图进行投影。启用"封口"选项，可以从圆柱体的末端投射贴图副本。

球形：从球体出发对贴图进行投影，位图边缘在球体两极的交会处均为奇点。

收缩包裹：从球体投射贴图，与"球形"贴图类似，但是它会截去贴图的各个角，然后在一个单独的极点将它们全部结合在一起，在底部创建一个奇点。

长度/宽度/高度：指定置换Gizmo的边界框尺寸，其中高度对"平面"贴图没有任何影响。

U/V/W向平铺：设置位图沿指定尺寸重复的次数。

翻转：沿相应的u/v/w轴翻转贴图的方向。

使用现有贴图：让置换使用堆栈中较早的贴图设置，如果没有为对象应用贴图，该功能将不起任何作用。

应用贴图：将置换UV贴图应用到绑定对象。

④ 通道组

贴图通道：指定UVW通道用来贴图，其后面的数值框用来设置通道的数目。

顶点颜色通道：开启该选项，可以对贴图使用顶点颜色通道。

⑤ 对齐组

X/Y/Z：选择对齐的方式，可以选择沿x/y/z轴进行对齐。

适配：缩放Gizmo以适配对象的边界框。

中心：相对于对象的中心来调整Gizmo的中心。

位图适配：单击该按钮可以打开"选择图像"对话框，可以缩放Gizmo来适配选定位图的纵横比。

法线对齐：单击该按钮可以将曲面的法线进行对齐。

视图对齐：使Gizmo指向视图的方向。

区域适配：单击该按钮可以将指定的区域进行适配。

重置：将Gizmo恢复到默认值。

获取：选择另一个对象并获得它的置换Gizmo设置。

3.2.7 噪波修改器

"噪波"修改器可以使对象表面的顶点进行随机变动，从而让表面变得起伏不规则，常用于制作复杂的地形、地面和水面效果，并且"噪波"修改器可以应用在任何类型的对象上，其参数设置面板如图3-73所示。

图3-73

噪波修改器重要参数介绍

种子：从设置的数值中生成一个随机起始点。该参数在创建地形时非常有用，因为每种设置都可以生成不同的效果。

比例：设置噪波影响的大小（不是强度）。较大的值可以产生平滑的噪波，较小的值可以产生锯齿现象非常严重的噪波。

分形：控制是否产生分形效果。勾选该选项以后，下面的"粗糙度"和"迭代次数"选项才可用。

粗糙度：决定分形变化的程度。

迭代次数：控制分形功能所使用的迭代数目。

X/Y/Z：设置噪波在x/y/z坐标轴上的强度（至少为其中一个坐标轴输入强度数值）。

用置换与噪波修改器制作海面

场景位置	无
实例位置	实例文件>CH03>课堂案例：用置换与噪波修改器制作海面.max
视频名称	课堂案例：用置换与噪波修改器制作海面.mp4
学习目标	学习"置换"修改器与"噪波"修改器的使用方法

海面效果如图3-74所示。

图3-74

01 使用"平面"工具 平面 在场景中创建一个平面，然后在"参数"卷展栏下设置"长度"为185mm、"宽度"为307mm，接着设置"长度分段"和"宽度分段"都为400，具体参数设置如图3-75所示，效果如图3-76所示。

图3-75

图3-76

02 为平面加载一个"置换"修改器，然后在"参数"卷展栏下设置"强度"为3.8mm，接着在"贴图"通道下面单击"无"按钮 无 ，最后在弹出的"材质/贴图浏览器"对话框中选择"噪波"程序贴图，如图3-77所示。

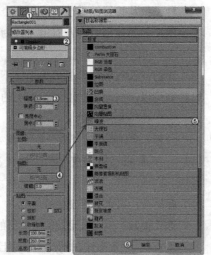

图3-77

03 按M键打开"材质编辑器"对话框，然后将"贴图"通道中的"噪波"程序贴图拖曳到一个空白材质球上，接着在弹出的对话框中设置"方法"为"实例"，如图3-78所示。

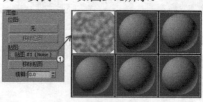

图3-78

04 展开"坐标"卷展栏，然后设置"瓷砖"的x为40、y为160、z为1，接着展开"噪波参数"卷展栏，最后设置"大小"为55，具体参数设置如图3-79所示，最终效果如图3-80所示。

图3-79　　　　　　　　　图3-80

3.2.8 FFD修改器

FFD是"自由变形"的意思，FFD修改器即"自由变形"修改器。FFD修改器包含5种类型，分别是FFD 2×2×2修改器、FFD 3×3×3修改器、FFD 4×4×4修改器、FFD（长方体）修改器和FFD（圆柱体）修改器，如图3-81所示。这种修改器是使用晶格框包围住选中的几何体，然后通过调整晶格的控制点来改变封闭几何体的形状。

由于FFD修改器的使用方法基本都相同，因此这里选择FFD（长方体）修改器来进行讲解，其参数设置面板如图3-82所示。

图3-81　　　　　　　　　图3-82

FFD（长方体）修改器重要参数介绍

① 尺寸组

点数：显示晶格中当前的控制点数目，例如4×4×4、2×2×2等。

设置点数 设置点数 ：单击该按钮可以打开"设置FFD尺寸"对话框，在该对话框中可以设置晶格中所需控制点的数目，如图3-83所示。

图3-83

② 显示组

晶格：控制是否使连接控制点的线条形成栅格。

源体积：开启该选项，可以将控制点和晶格以未修改的状态显示出来。

③ 变形组

仅在体内：只有位于源体积内的顶点会变形。

所有顶点：所有顶点都会变形。

衰减：决定FFD的效果减为0时离晶格的距离。

张力/连续性：调整变形样条线的张力和连续性。虽然无法看到FFD中的样条线，但晶格和控制点代表着控制样条线的结构。

④ 选择组

全部X 全部X 、**全部Y** 全部Y 、**全部Z** 全部Z ：当打开其中一个按钮并选择一个控制点时，沿着由该按钮指定的局部维度的所有控制点都会被选中。

⑤ 控制点组

重置 重置 ：将所有控制点恢复到原始位置。

全部动画 全部动画 ：单击该按钮可以将控制器指定给所有的控制点，使它们在轨迹视图中可见。

与图形一致 与图形一致 ：在对象中心控制点位置之间沿直线方向来延长线条，可以将每一个FFD控制点移到修改对象的交叉点上。

内部点：仅控制受"与图形一致"影响的对象内部的点。

外部点：仅控制受"与图形一致"影响的对象外部的点。

偏移：设置控制点偏移对象曲面的距离。

About（关于） About ：显示版权和许可信息。

用FFD修改器制作抱枕

场景位置	无
实例位置	实例文件>CH03>课堂案例：用FFD修改器制作抱枕.max
视频名称	课堂案例：用FFD修改器制作抱枕.mp4
学习目标	学习FFD修改器的使用方法

抱枕效果如图3-84所示。

图3-84

01 使用"切角长方体"工具在顶视图中单击并拖动鼠标创建一个切角长方体，然后在"修改"选项卡中设置"长度"为500mm、"宽度"为500mm、"高度"为130mm、"圆角"为40mm，接着继续设置"长度分段"为6、"宽度分段"为6、"高度分段"为2、"圆角分段"为3，具体参数设置如图3-85所示，模型效果如图3-86所示。

图3-85　　　　　　图3-86

02 在修改器列表中为切角长方体加载一个"FFD（长方体）"修改器，然后在"FFD参数"卷展栏中设置"尺寸"为5×5×5，如图3-87所示。

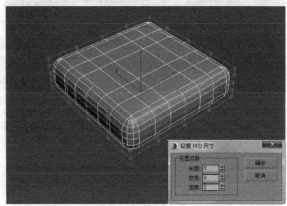

图3-87

75

03 按1键，进入"控制点"层级（或者在修改器堆栈中选择"控制点" |——控制点 ），然后切换到顶视图，框选4个角上的控制点，如图3-88所示，接着使用"选择并缩放"工具 在xy平面上进行缩放，如图3-89所示。

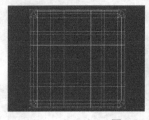

图3-88   图3-89

04 切换到前视图，框选图3-90所示的控制点，然后使用"选择并缩放"工具 在y轴上进行缩放，如图3-91所示。

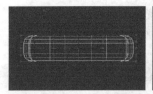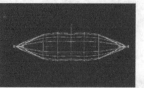

图3-90   图3-91

05 抱枕的轮廓基本出来了，下面读者可以根据自己的想法，仿照现实生活中的枕头对控制点进行调整，直到满意为止，笔者的调整效果如图3-92所示，枕头模型如图3-93所示。

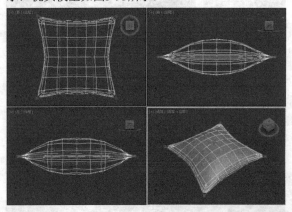

图3-92

图3-93

3.2.9 晶格修改器

"晶格"修改器可以将图形的线段或边转化为圆柱形结构，并在顶点上产生可选择的关节多面体，其参数设置面板如图3-94所示。

晶格修改器重要参数介绍

① 几何体组

应用于整个对象：将"晶格"修改器应用到对象的所有边或线段上。

仅来自顶点的节点：仅显示由原始网格顶点产生的关节（多面体）。

仅来自边的支柱：仅显示由原始网格线段产生的支柱（多面体）。

二者：显示支柱和关节。

② 支柱组

半径：指定结构的半径。

分段：指定沿结构的分段数目。

边数：指定结构边界的边数目。

材质ID：指定用于结构的材质ID，这样可以使结构和关节具有不同的材质ID。

忽略隐藏边：仅生成可视边的结构。如果禁用该选项，将生成所有边的结构，包括不可见边，图3-95所示是开启与关闭"忽略隐藏边"选项时的对比效果。

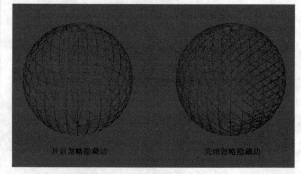

图3-95

末端封口：将末端封口应用于结构。

平滑：将平滑应用于结构。

③ 节点组

基点面类型：指定用于关节的多面体类型，包括"四面体""八面体""二十面体"3种类型。注意，"基点面类型"对"仅来自边的支柱"选项不起作用。

半径：设置关节的半径。

分段：指定关节中的分段数目。分段数越多，关节形状越接近球形。

材质ID：指定用于结构的材质ID。

平滑：将平滑应用于关节。

④ 贴图坐标组

无：不指定贴图。

重用现有坐标：将当前贴图指定给对象。

新建：将圆柱形贴图应用于每个结构和关节。

技巧与提示

使用"晶格"修改器可以基于网格拓扑来创建可渲染的几何体结构，也可以用来渲染线框图。

课堂案例

用晶格修改器制作水晶吊灯

场景位置	无
实例位置	实例文件>CH03>课堂案例：用晶格修改器制作水晶吊灯.max
视频名称	课堂案例：用晶格修改器制作水晶吊灯.mp4
学习目标	学习"晶格"修改器的使用方法

水晶吊灯效果如图3-96所示。

图3-96

① 使用"几何球体"工具 在场景中创建一个几何球体模型，然后在"修改"面板中设置"半径"为30mm、"分段"为5、"基点面类型"为"八面体"，具体参数设置如图3-97所示，模型效果如图3-98所示。

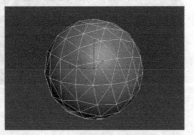

图3-97   图3-98

技巧与提示

通过调整"扭曲"数值可以产生扭曲状的圆环。

② 选中上一步创建的几何球体模型，然后为其加载一个"晶格"修改器，具体参数设置如图3-99所示，模型效果如图3-100所示。

 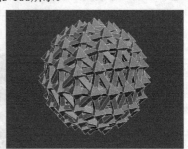

图3-99   图3-100

③ 在"参数"卷展栏中设置"几何体"为"二者"，然后在"支柱"选项组中设置"半径"为0.5mm、"边数"为6，接着在"节点"选项组中设置"基点面类型"为"二十面体"、"半径"为1mm，具体参数设置如图3-101所示，模型效果如图3-102所示。

 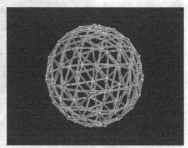

图3-101   图3-102

④ 使用"球体"工具在场景中创建一个球体，然后在"参数"卷展栏下设置"半径"为15mm，具体参数设置如图3-103所示，模型效果如图3-104所示。

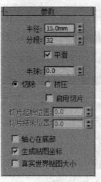 

图3-103   图3-104

⑤ 使用"线"工具 ▮▮▮线▮▮ 在前视图中绘制出如图3-105所示的样条线，然后在"渲染"卷展栏下勾选"在渲染中启用"和"在视口中启用"选项，接着设置"径向"的"厚度"为2mm，如图3-106所示，效果如图3-107所示。

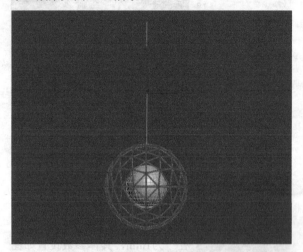

图3-105

图3-106

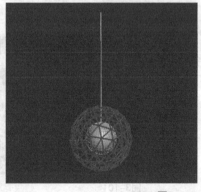

图3-107

3.2.10 平滑类修改器

"平滑"修改器、"网格平滑"修改器和"涡轮平滑"修改器都可以用来平滑几何体，但是在效果和可调性上有所差别。简单地说，对于相同的物体，"平滑"修改器的参数比其他两种修改器要简单一些，但是平滑的强度不强；"网格平滑"修改器与"涡轮平滑"修改器的使用方法相似，但是后者能够更快并更有效率地利用内存，不过"涡轮平滑"修改器在运算时容易发生错误。因此，在实际工作中"网格平滑"修改器是其中最常用的一种。下面就针对"网格平滑"修改器进行讲解。

"网格平滑"修改器可以通过多种方法来平滑场景中的几何体，它允许细分几何体，同时可以使角和边变得平滑，其参数设置面板如图3-108所示。

图3-108

网格平滑修改器重要参数介绍

细分方法：选择细分的方法，共有"经典"、NURMS和"四边形输出"3种方法。"经典"方法可以生成三面和四面的多面体，如图3-109所示；NURMS方法生成的对象与可以为每个控制顶点设置不同权重的NURBS对象相似，这是默认设置，如图3-110所示；"四边形输出"方法仅生成四面多面体，如图3-111所示。

图3-109　　　　图3-110　　　　图3-111

应用于整个网格：启用该选项后，平滑效果将应用于整个对象。

迭代次数：设置网格细分的次数，这是最常用的一个参数，其数值的大小直接决定了平滑的效果，取值范围为0~10。增加该值时，每次新的迭代会通过在迭代之前对顶点、边和曲面创建平滑差补顶点来细分网格，图3-112所示是"迭代次数"为1、2、3时的平滑效果对比。

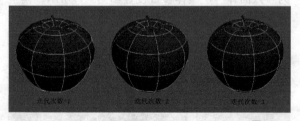

图3-112

平滑度：为多尖锐的锐角添加面以平滑锐角，计算得到的平滑度为顶点连接的所有边的平均角度。

渲染值：用于在渲染时对对象应用不同平滑"迭代次数"和不同的"平滑度"值。在一般情况下，使用较低的"迭代次数"和较低的"平滑度"值进行建模，而使用较高的值进行渲染。

3.3 多边形建模

多边形建模作为当今主流的建模方式，已经被广泛应用到游戏角色、影视、工业造型、室内外等模型制作中。多边形建模方法在编辑上更加灵活，对硬件的要求也很低，其建模思路与网格建模的思路很接近，其不同点在于网格建模只能编辑三角面，而多边形建模对面数没有任何要求，图3-113所示是一些比较优秀的多边形建模作品。

图3-113

本节重点卷展栏介绍

卷展栏名称	卷展栏的主要作用	重要程度
选择	访问多边形子对象级别以及快速选择子对象	高
软选择	部分选择子对象，变换子对象时以平滑方式过渡	中
编辑几何体	全局修改多边形对象，适用于所有子对象级别	高
编辑顶点	编辑可编辑多边形的顶点子对象	高
编辑边	编辑可编辑多边形的边子对象	高
编辑多边形	编辑可编辑多边形的多边形子对象	高

技巧与提示

请注意，这6个卷展栏的作用与实际用法读者必须完全掌握。

3.3.1 塌陷多边形对象

在编辑多边形对象之前，首先要明确多边形物体不是创建出来的，而是塌陷出来的。将物体塌陷为多边形的方法主要有以下3种。

第1种：在物体上单击鼠标右键，然后在弹出的菜单中选择"转换为>转换为可编辑多边形"命令，如图3-114所示。

图3-114

第2种：为物体加载"编辑多边形"修改器，如图3-115所示。

第3种：在修改器堆栈中选中物体，然后单击鼠标右键，接着在弹出的菜单中选择"可编辑多边形"命令，如图3-116所示。

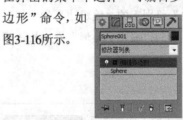

图3-115　　图3-116

3.3.2 编辑多边形对象

将物体转换为可编辑多边形对象后，就可以对可编辑多边形对象的顶点、边、边界、多边形和元素分别进行编辑。可编辑多边形的参数设置面板中包括6个卷展栏，分别是"选择"卷展栏、"软选择"卷展栏、"编辑几何体"卷展栏、"细分曲面"卷展栏、"细分置换"卷展栏和"绘制变形"卷展栏，如图3-117所示。

图3-117

请注意，在选择了不同的次物体级别以后，可编辑多边形的参数设置面板也会发生相应的变化，例如在"选择"卷展栏下单击"顶点"按钮，进入"顶点"级别以后，在参数设置面板中就会增加两个对顶点进行编辑的卷展栏，如图3-118所示。而如果进入"边"级别和"多边形"级别以后，又会增加对边和多边形进行编辑的卷展栏，如图3-119和图3-120所示。

图3-118　　　　　图3-119　　　　　图3-120

在下面的内容中，将着重对"选择"卷展栏、"软选择"卷展栏和"编辑几何体"卷展栏进行详细讲解，同时还要对"顶点"级别下的"编辑顶点"卷展栏、"边"级别下的"编辑边"卷展栏以及"多边形"级别下的"编辑多边形"卷展栏进行重点讲解。

1.选择卷展栏

图3-121

"选择"卷展栏下的工具与选项主要用来访问多边形子对象级别以及快速选择子对象，如图3-121所示。

选择卷展栏重要工具/参数介绍

顶点：用于访问"顶点"子对象级别。

边：用于访问"边"子对象级别。

边界：用于访问"边界"子对象级别，可从中选择构成网格中孔洞边框的一系列边。边界总是由仅在一侧带有面的边组成，并总是为完整循环。

多边形：用于访问"多边形"子对象级别。

元素：用于访问"元素"子对象级别，可从中选择对象中的所有连续多边形。

按顶点：除了"顶点"级别外，该选项可以在其他4种级别中使用。启用该选项后，只有选择所用的顶点才能选择子对象。

忽略背面：启用该选项后，只能选中法线指向

当前视图的子对象。例如，启用该选项以后，在前视图中框选如图3-122所示的顶点，但只能选择正面的顶点，而背面不会被选择到，图3-123所示是在左视图中的观察效果；如果关闭该选项，在前视图中同样框选相同区域的顶点，则背面的顶点也会被选择，图3-124所示是在顶视图中的观察效果。

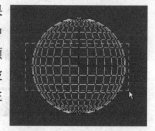

图3-122

 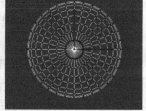

图3-123　　　　　图3-124

按角度：该选项只能用在"多边形"级别中。启用该选项时，如果选择一个多边形，3ds Max会基于设置的角度自动选择相邻的多边形。

收缩：单击一次该按钮，可以在当前选择范围中向内减少一圈对象。

扩大：与"收缩"相反，单击一次该按钮，可以在当前选择范围中向外增加一圈对象。

环形：该工具只能在"边"和"边界"级别中使用。在选中一部分子对象后，单击该按钮可以自动选择平行于当前对象的其他对象。例如，选择一条如图3-125所示的边，然后单击"环形"按钮，可以选择整个纬度上平行于选定边的边，如图3-126所示。

 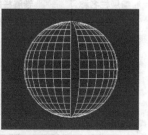

图3-125　　　　　图3-126

循环：该工具同样只能在"边"和"边界"级别中使用。在选中一部分子对象后，单击该按钮可以自动选择与当前对象在同一曲线上的其他

对象。例如，选择如图3-127所示的边，然后单击"循环"按钮 循环 ，可以选择整个经度上的边，如图3-128所示。

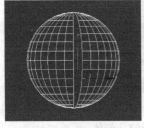 

图3-127　　　　　　　　　　图3-128

预览选择： 在选择对象之前，通过这里的选项可以预览光标滑过处的子对象，有"禁用""子对象""多个"3个选项可供选择。

2.软选择卷展栏

"软选择"是以选中的子对象为中心向四周扩散，以放射状方式来选择子对象。在对选择的部分子对象进行变换时，可以让子对象以平滑的方式进行过渡。另外，可以通过控制"衰减""收缩""膨胀"的数值来控制所选子对象区域的大小及对子对象控制力的强弱，并且"软选择"卷展栏还包含了绘制软选择的工具，如图3-129所示。

图3-129

软选择卷展栏重要工具/参数介绍

使用软选择： 控制是否开启"软选择"功能。启用后，选择一个或一个区域的子对象，那么会以这个子对象为中心向外选择其他对象。例如，框选图3-130所示的顶点，那么软选择就会以这些顶点为中心向外进行扩散选择，如图3-131所示。

图3-130　　　　　　　　　　图3-131

知 识 点 **软选择的颜色显示**

在用软选择选择子对象时，选择的子对象是以红、橙、黄、绿、蓝5种颜色进行显示的。处于中心位置的子对象显示为红色，表示这些子对象被完全选择，在操作这些子对象时，它们将被完全影响，然后依次是橙、黄、绿、蓝的子对象。

边距离： 启用该选项后，可以将软选择限制到指定的面数。

影响背面： 启用该选项后，那些与选定对象法线方向相反的子对象也会受到相同的影响。

衰减： 用以定义影响区域的距离，默认值为20mm。"衰减"数值越高，软选择的范围也就越大，图3-132和图3-133所示是将"衰减"设置为500mm和800mm时的选择效果对比。

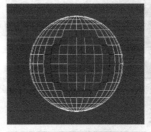 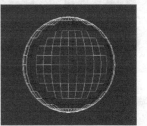

图3-132　　　　　　　　　　图3-133

收缩： 设置区域的相对"突出度"。

膨胀： 设置区域的相对"丰满度"。

软选择曲线图： 以图形的方式显示软选择是如何进行工作的。

明暗处理面切换 明暗处理面切换 ：只能用在"多边形"和"元素"级别中，用于显示颜色渐变，如图3-134所示。它与软选择范围内面上的软选择权重相对应。

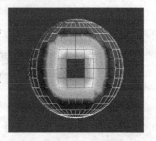

图3-134

锁定软选择： 锁定软选择，以防止对按程序的选择进行更改。

绘制 绘制 ：可以在使用当前设置的活动对象上绘制软选择。

模糊 模糊 ：可以通过绘制来软化现有绘制软选择的轮廓。

复原 复原 ：通过绘制的方式还原软选择。

选择值： 整个值表示绘制的或还原的软选择的最大相对选择。笔刷半径内周围顶点的值会趋向于0衰减。

笔刷大小： 用来设置圆形笔刷的半径。

笔刷强度： 用来设置绘制子对象的速率。

笔刷选项 笔刷选项 ：单击该按钮可以打开"绘制选项"对话框，如图3-135所示。在该对话框中可以设置笔刷的更多属性。

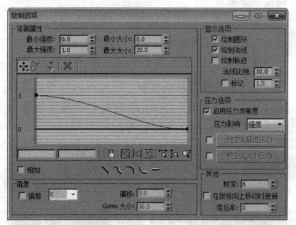

图3-135

3.编辑几何体卷展栏

"编辑几何体"卷展栏下的工具适用于所有子对象级别，主要用来全局修改多边形几何体，如图3-136所示。

编辑几何体卷展栏重要工具/参数介绍

重复上一个 重复上一个 ：单击该按钮可以重复使用上一次使用的命令。

图3-136

约束： 使用现有的几何体来约束子对象的变换，共有"无""边""面""法线"4种方式可供选择。

保持UV： 启用该选项后，可以在编辑子对象的同时不影响该对象的UV贴图。

设置█：单击该按钮可以打开"保持贴图通道"对话框，如图3-137所示。在该对话框中可以指定要保持的顶点颜色通道或纹理通道（贴图通道）。

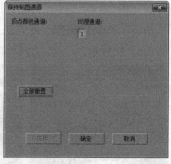

图3-137

创建 创建 ：创建新的几何体。

塌陷 塌陷 ：通过将顶点与选择中心的顶点焊接，使连续选定子对象的组产生塌陷。

> **技巧与提示**
>
> "塌陷"工具 塌陷 类似于"焊接"工具 焊接 ，但是该工具不需要设置"阈值"数值就可以直接塌陷在一起。

附加 附加 ：使用该工具可以将场景中的其他对象附加到选定的可编辑多边形中。

分离 分离 ：将选定的子对象作为单独的对象或元素分离出来。

切片平面 切片平面 ：使用该工具可以沿某一平面分开网格对象。

分割： 启用该选项后，可以通过"快速切片"工具 快速切片 和"切割"工具 切割 在划分边的位置处创建出两个顶点集合。

切片 切片 ：可以在切片平面位置处执行切割操作。

重置平面 重置平面 ：将执行过"切片"的平面恢复到之前的状态。

快速切片 快速切片 ：可以将对象进行快速切片，切片线沿着对象表面，所以可以更加准确地进行切片。

切割 切割 ：可以在一个或多个多边形上创建出新的边。

网格平滑 网格平滑 ：使选定的对象产生平滑效果。

细化 细化 ：增加局部网格的密度，从而方便处理对象的细节。

平面化 平面化 ：强制所有选定的子对象成为共面。

视图对齐 视图对齐 ：使对象中的所有顶点与活动视图所在的平面对齐。

栅格对齐 栅格对齐 ：使选定对象中的所有顶点与活动视图所在的平面对齐。

松弛 松弛 ：使当前选定的对象产生松弛现象。

隐藏选定对象 隐藏选定对象 ：隐藏所选定的子对象。

全部取消隐藏 全部取消隐藏 ：将所有的隐藏对象还原为可见对象。

隐藏未选定对象 隐藏未选定对象 ：隐藏未选定的任何子对象。

命名选择：用于复制和粘贴子对象的命名选择集。

删除孤立顶点：启用该选项后，选择连续子对象时会删除孤立顶点。

完全交互：启用该选项后，如果更改数值，将直接在视图中显示最终的结果。

4.编辑顶点卷展栏

进入可编辑多边形的"顶点"级别以后，在"修改"面板中会增加一个"编辑顶点"卷展栏，如图3-138所示。这个卷展栏下的工具全部是用来编辑顶点的。

图3-138

编辑顶点卷展栏重要工具/参数介绍

移除 移除 ：选中一个或多个顶点以后，单击该按钮可以将其移除，然后接合起使用它们的多边形。

知识点 移除顶点与删除顶点的区别

这里详细介绍一下移除顶点与删除顶点的区别。

移除顶点：选中一个或多个顶点以后，单击"移除"按钮 移除 或按Backspace键即可移除顶点，但也只能是移除了顶点，而面仍然存在，如图3-139所示。注意，移除顶点可能导致网格形状发生严重变形。

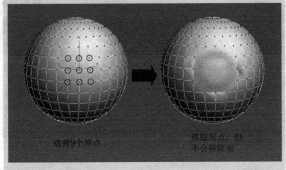

选择9个顶点　　移除顶点，但不会移除面

图3-139

删除顶点：选中一个或多个顶点以后，按Delete键可以删除顶点，同时也会删除连接到这些顶点的面，如图3-140所示。

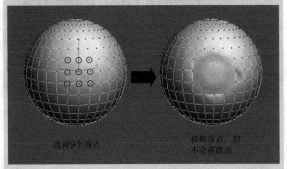

选择9个顶点　　移除顶点，但不会移除面

图3-140

断开 断开 ：选中顶点以后，单击该按钮可以在与选定顶点相连的每个多边形上都创建一个新顶点，这可以使多边形的转角相互分开，使它们不再相连于原来的顶点上。

挤出 挤出 ：直接使用这个工具可以手动在视图中挤出顶点，如图3-141所示。如果要精确设置挤出的高度和宽度，单击后面的"设置"按钮，然后在视图中的"挤出顶点"对话框中输入数值即可，如图3-142所示。

图3-141　　　　　　　图3-142

焊接 焊接 ：对"焊接顶点"对话框中指定的"焊接阈值"范围之内连续的选中的顶点进行合并，合并后所有边都会与产生的单个顶点连接。单击后面的"设置"按钮可以设置"焊接阈值"。

切角 切角 ：选中顶点以后，使用该工具在视图中拖曳光标，可以手动为顶点切角，如图3-143所示。单击后面的"设置"按钮，在弹出的"切角"对话框中可以设置精确的"顶点切角量"，同时还可以将切角后的面"打开"，以生成孔洞效果，如图3-144所示。

图3-143　　　　　　　　　　图3-144

目标焊接 目标焊接 ：选择一个顶点后，使用该工具可以将其焊接到相邻的目标顶点，如图3-145所示。

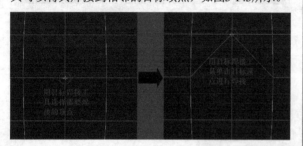

图3-145

技巧与提示

"目标焊接"工具 目标焊接 只能焊接成对的连续顶点。也就是说，选择的顶点与目标顶点必须有一个边相连。

连接 连接 ：在选中的对角顶点之间创建新的边，如图3-146所示。

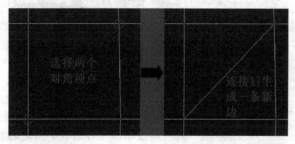

图3-146

移除孤立顶点 移除孤立顶点 ：删除不属于任何多边形的所有顶点。

移除未使用的贴图顶点 移除未使用的贴图顶点 ：某些建模操作会留下未使用的（孤立）贴图顶点，它们会显示在"展开UVW"编辑器中，但是不能用于贴图，单击该按钮就可以自动删除这些贴图顶点。

权重：设置选定顶点的权重，供NURMS细分选项和"网格平滑"修改器使用。

5.编辑边卷展栏

进入可编辑多边形的"边"级别以后，在"修改"面板中会增加一个"编辑边"卷展栏，如图3-147所示。这个卷展栏下的工具全部是用来编辑边的。

图3-147

编辑边卷展栏重要工具/参数介绍

插入顶点 插入顶点 ：在"边"级别下，使用该工具在边上单击鼠标左键，可以在边上添加顶点，如图3-148所示。

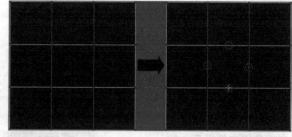

图3-148

移除 移除 ：选择边以后，单击该按钮或按Backspace键可以移除边，如图3-149所示。如果按Delete键，将删除边以及与边连接的面，如图3-150所示。

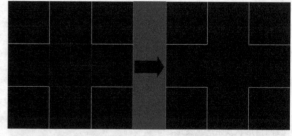

图3-149

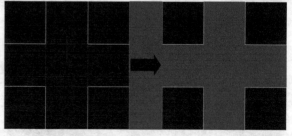

图3-150

分割 分割 ：沿着选定边分割网格。对网格中心的单条边应用时，不会起任何作用。

挤出 挤出：直接使用这个工具可以手动在视图中挤出边。如果要精确设置挤出的高度和宽度，可以单击后面的"设置"按钮■，然后在视图中的"挤出边"对话框中输入数值，如图3-151所示。

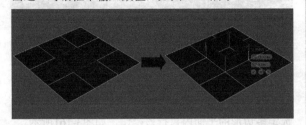

图3-151

焊接 焊接：组合"焊接边"对话框指定的"焊接阈值"范围内的选定边。只能焊接仅附着一个多边形的边，也就是边界上的边。

切角 切角：这是多边形建模中使用频率非常高的工具之一，可以为选定边进行切角（圆角）处理，从而生成平滑的棱角，如图3-152所示。

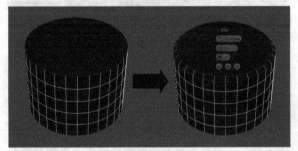

图3-152

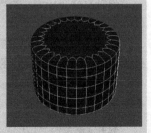

技巧与提示

在很多时候为边进行切角处理以后，都需要模型加载"网格平滑"修改器，以生成非常平滑的模型，如图3-153所示。

图3-153

目标焊接 目标焊接：用于选择边并将其焊接到目标边。只能焊接仅附着一个多边形的边，也就是边界上的边。

桥 桥：使用该工具可以连接对象的边，但只能连接边界边，也就是只在一侧有多边形的边。

连接 连接：这是多边形建模中使用频率非常

高的工具之一，可以在每对选定边之间创建新边，对于创建或细化边循环特别有用。例如，选择一对竖向的边，则可以在横向上生成边，如图3-154所示。

图3-154

利用所选内容创建图形 利用所选内容创建图形：这是多边形建模中使用频率非常高的工具之一，可以将选定的边创建为样条线图形。选择边以后，单击该按钮可以弹出一个"创建图形"对话框，在该对话框中可以设置图形名称以及设置图形的类型，如果选择"平滑"类型，则生成平滑的样条线，如图3-155所示；如果选择"线性"类型，则样条线的形状与选定边的形状保持一致，如图3-156所示。

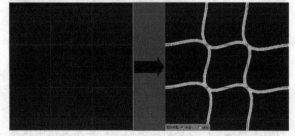

图3-155

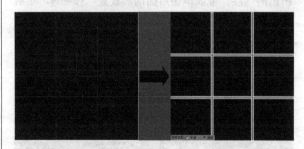

图3-156

权重：设置选定边的权重，供NURMS细分选项和"网格平滑"修改器使用。

折缝：指定对选定边或边执行的折缝操作量，供NURMS细分选项和"网格平滑"修改器使用。

编辑三角形 编辑三角形：用于修改绘制内边或对角线时多边形细分为三角形的方式。

旋转 旋转 ：用于通过单击对角线修改多边形细分为三角形的方式。使用该工具时，对角线可以在线框和边面视图中显示为虚线。

6.编辑多边形卷展栏

进入可编辑多边形的"多边形"级别以后，在"修改"面板中会增加一个"编辑多边形"卷展栏，如图3-157所示。这个卷展栏下的工具全部是用来编辑多边形的。

图3-157

编辑多边形卷展栏重要工具介绍

插入顶点 插入顶点 ：用于手动在多边形上插入顶点（单击即可插入顶点），以细化多边形，如图3-158所示。

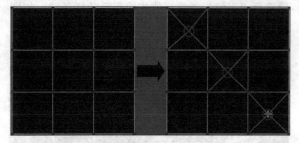

图3-158

挤出 挤出 ：这是多边形建模中使用频率非常高的工具之一，可以挤出多边形。如果要精确设置挤出的高度，可以单击后面的"设置"按钮▣，然后在视图中的"挤出边"对话框中输入数值。挤出多边形时，"高度"为正值时可向外挤出多边形，为负值时可向内挤出多边形，如图3-159所示。

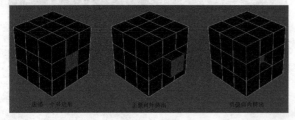

图3-159

轮廓 轮廓 ：用于增加或减小每组连续的选定多边形的外边。

倒角 倒角 ：这是多边形建模中使用频率非常高的工具之一，可以挤出多边形，同时为多边形进行倒角，如图3-160所示。

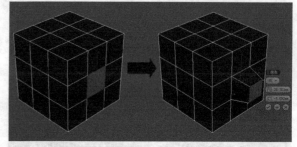

图3-160

插入 插入 ：执行没有高度的倒角操作，即在选定多边形的平面内执行该操作，如图3-161所示。

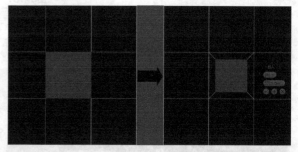

图3-161

桥 桥 ：使用该工具可以连接对象上的两个多边形或多边形组。

翻转 翻转 ：反转选定多边形的法线方向，从而使其面向用户的正面。

从边旋转 从边旋转 ：选择多边形后，使用该工具可以沿着垂直方向拖动任何边，以便旋转选定的多边形。

沿样条线挤出 沿样条线挤出 ：沿样条线挤出当前选定的多边形。

编辑三角剖分 编辑三角剖分 ：通过绘制内边修改多边形细分为三角形的方式。

重复三角算法 重复三角算法 ：在当前选定的一个或多个多边形上执行最佳三角剖分。

旋转 旋转 ：使用该工具可以修改多边形细分为三角形的方式。

📕 课堂案例

用多边形建模制作烛台

场景位置	无
实例位置	实例文件>CH03>课堂案例：用多边形建模制作烛台.max
视频名称	课堂案例：用多边形建模制作烛台.mp4
学习目标	学习"插入"工具、"挤出"工具和"切角"工具的用法

烛台效果如图3-162所示。

图3-162

① 打开3ds Max，使用"圆柱体"工具在场景中创建一个圆柱体，然后在"参数"卷展栏下修改参数，具体参数设置如图3-163所示，模型效果如图3-164所示。

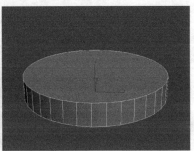

图3-163   图3-164

② 选中上一步创建的圆柱体，然后单击鼠标右键，接着在弹出的菜单中选择"转换为可编辑多边形"选项，如图3-165所示。

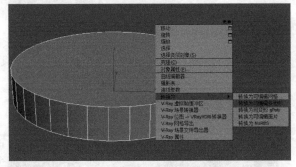

图3-165

③ 进入"多边形"层级，然后选中如图3-166所示的多边形，接着单击"挤出"按钮 挤出 后面的"设置"按钮 ，再在弹出的对话框中设置"高度"为15mm，如图3-167所示。

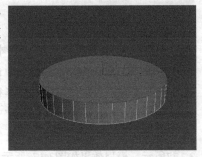

图3-166

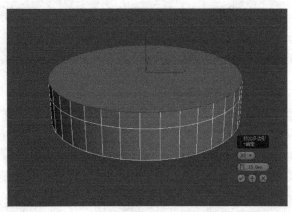

图3-167

④ 继续选中该多边形不变，然后单击"轮廓"按钮 轮廓 后面的"设置"按钮 ，接着在弹出的对话框中设置"轮廓"为15mm，如图3-168所示。

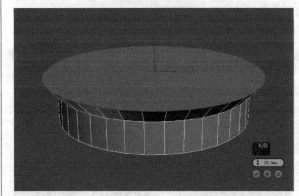

图3-168

⑤ 继续选中该多边形不变，然后单击"挤出"按钮 挤出 后面的"设置"按钮 ，接着在弹出的对话框中设置"高度"为85mm，如图3-169所示。

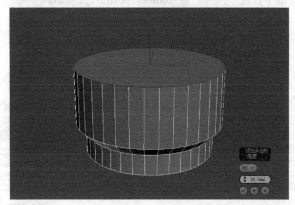

图3-169

⑥ 保持选中的多边形不变，然后单击"插入"按钮 插入 后面的"设置"按钮 ，接着在弹出的对话框中设置"数量"为10mm，如图3-170所示。

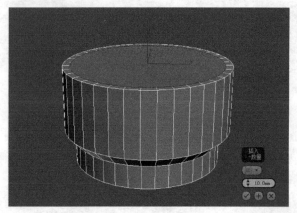

图3-170

⑦ 保持选中的多边形不变，然后单击"挤出"按钮 挤出 后面的"设置"按钮▣，接着在弹出的对话框中设置"高度"为-70mm，如图3-171所示。

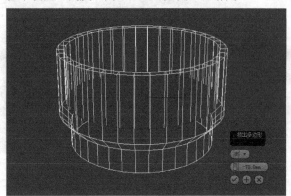

图3-171

⑧ 保持选中的多边形不变，然后单击"挤出"按钮 挤出 后面的"设置"按钮▣，接着在弹出的对话框中设置"高度"为-10mm，如图3-172所示。

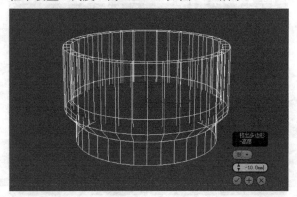

图3-172

⑨ 保持选中的多边形不变，然后单击"轮廓"按钮 轮廓 后面的"设置"按钮▣，接着在弹出的对话框中设置"轮廓"为-5mm，如图3-173所示。

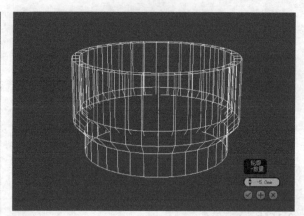

图3-173

⑩ 选中整个模型，然后为其加载一个"网格平滑"修改器，并设置参数，如图3-174所示，烛台的最终效果如图3-175所示。

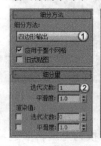

图3-174

图3-175

用多边形建模制作垃圾桶

场景位置	无
实例位置	实例文件>CH03>课堂案例：用多边形建模制作垃圾桶.max
视频名称	课堂案例：用多边形建模制作垃圾桶.mp4
学习目标	学习顶点的调节方法以及"连接"工具、"挤出"工具的用法

垃圾桶效果如图3-176所示。

图3-176

① 设置几何体类型为"扩展基本体"，然后使用"油罐"工具 油罐 在场景中创建一个油罐，接着在"参数"卷展栏下设置"半径"为250mm、"高度"为800mm、"封口高度"为50mm、"混合"为20mm、"边数"为18，具体参数设置如图3-177所示，模型效果如图3-178所示。

图3-177　　　　　　图3-178

02 将油罐模型转换为可编辑多边形，进入"边"级别，然后选择5条竖向的边，如图3-179所示，接着在"编辑边"卷展栏下单击"连接"按钮 连接 后面的"设置"按钮■，最后设置"分段"为2、"收缩"为-20、"滑块"为125，如图3-180所示。

图3-179　　　　　　图3-180

03 进入"多边形"级别，然后选择如图3-181所示的多边形，接着在"编辑多边形"卷展栏下单击"挤出"按钮 挤出 后面的"设置"按钮■，最后设置"高度"为-80mm，如图3-182所示。

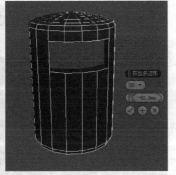

图3-181　　　　　　图3-182

04 使用"切角圆柱体"工具 切角圆柱体 在桶身模型的底部创建一个切角圆柱体，然后在"参数"卷展栏下设置"半径"为265mm、"高度"为80mm、

"圆角"为5mm、"边数"为18，模型位置如图3-183所示。

图3-183

05 切换到前视图，然后按住Shift键使用"选择并移动"工具 向下移动复制一个切角圆柱体，接着将其"半径"修改为230mm，如图3-184所示。

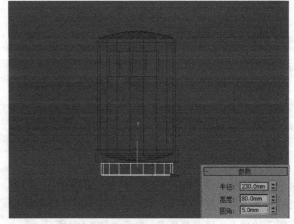

图3-184

06 使用"切角长方体"工具 切角长方体 在前视图中创建一个切角长方体，然后在"参数"卷展栏下设置"长度"为140mm、"宽度"为90mm、"高度"为35mm、"圆角"为3mm，模型位置如图3-185所示，最终效果如图3-186所示。

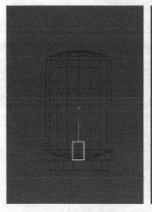

图3-185　　　　　　图3-186

用多边形建模制作茶几

场景位置	无
实例位置	实例文件>CH03>课堂案例: 用多边形建模制作茶几.max
视频名称	课堂案例: 用多边形建模制作茶几.mp4
学习目标	学习"轮廓"工具、"切角"工具的用法

茶几效果如图3-187所示。

图3-187

01 使用"矩形"工具在场景中创建一个矩形,然后在"参数"卷展栏下修改参数,如图3-188所示,样条线效果如图3-189所示。

图3-188　　　　　　　　图3-189

02 选中上一步创建的矩形,然后将其转换为"可编辑样条线",接着进入"顶点"层级选中如图3-190所示的顶点,再调整顶点,效果如图3-191所示。

 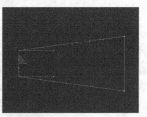

图3-190　　　　　　　　图3-191

03 保持选中的顶点不变,然后使用"圆角"工具 圆角 修改顶点至如图3-192所示的效果。

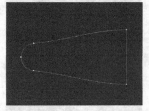

图3-192

04 选中另一侧的两个顶点,如图3-193所示,然后使用"圆角"工具 圆角 设置圆角为220mm,如图3-194所示。

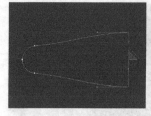 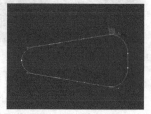

图3-193　　　　　　　　图3-194

05 调整样条线的各个顶点的控制点,使样条线看起来更平滑,效果如图3-195所示。

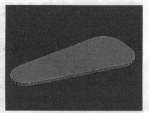

图3-195

06 选中样条线,然后为其加载一个"挤出"修改器,接着设置"数量"为25mm,如图3-196所示,效果如图3-197所示。

 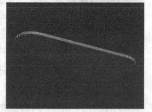

图3-196　　　　　　　　图3-197

07 将挤出的模型转换为可编辑多边形,然后进入"多边形"层级,并选中如图3-198所示的多边形。

图3-198

08 保持选中的多边形不变,然后单击"轮廓"按钮 轮廓 后面的"设置"按钮,接着在弹出的对话框中设置"数量"为-10mm,如图3-199所示。

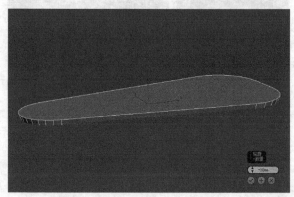

图3-199

⑨ 进入"边"层级☑,然后选中如图3-200所示的边,接着单击"切角"按钮 切角 后面的"设置"按钮 □,并设置"边切角量"为2mm,如图3-201所示。

图3-200

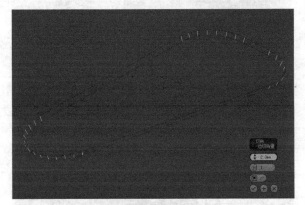

图3-201

⑩ 使用"长方体"工具 长方体 在场景中创建一个长方体,然后设置参数,如图3-202所示,位置如图3-203所示。

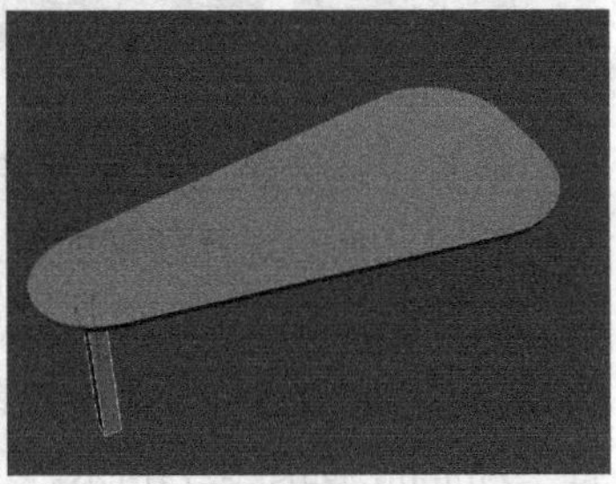

图3-202

图3-203

⑪ 将上一步创建的长方体模型转换为"可编辑多边形",然后进入"边"层级☑,选中如图3-204所示的边。

图3-204

⑫ 单击"切角"按钮 切角 后面的"设置"按钮 □,然后设置"边切角量"为2mm,如图3-205所示。

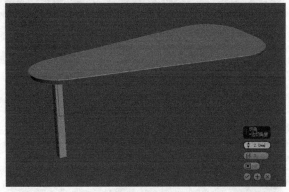

图3-205

⑬ 将修改后的长方体以"实例"形式复制两个到桌子另一边,位置如图3-206所示。

图3-206

⑭ 使用"长方体"工具 长方体 在场景中创建一个长方体,然后修改参数,如图3-207所示,位置如图3-208所示。

图3-207

图3-208

⑮ 将上一步创建的长方体转换为"可编辑多边形",然后进入"边"层级☑,选中如图3-209所示的边,接着使用"切角"工具 切角 设置"边切角量"为20mm,如图3-210所示。

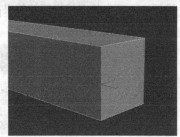

图3-209

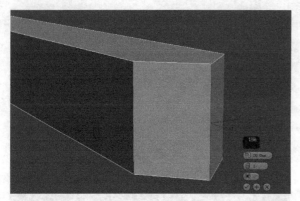

图3-210

⑯ 选中如图3-211所示的边，然后单击"切角"按钮 切角 后面的"设置"按钮□，并设置"边切角量"为2mm，如图3-212所示。

图3-211

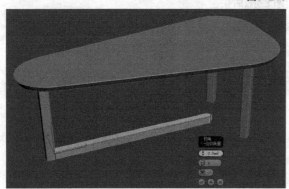

图3-212

⑰ 将修改后的长方体复制两个到另外的两个桌腿模型内，三个长方体拼接的效果如图3-213所示，最终效果如图3-214所示。

图3-213

图3-214

🍎 课堂案例

用多边形建模制作水龙头

场景位置　无
实例位置　实例文件>CH03>课堂案例：用多边形建模制作水龙头.max
视频名称　课堂案例：用多边形建模制作水龙头.mp4
学习目标　学习"插入"工具、"倒角"工具、"挤出"工具和"切角"工具的用法

水龙头效果如图3-215所示。

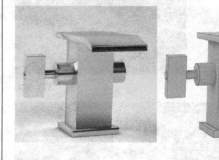

图3-215

① 下面制作主体模型。使用"长方体"工具 长方体 在场景中创建一个长方体，然后在"参数"卷展栏下设置"长度"为90mm、"宽度"为90mm、"高度"为12mm，具体参数设置如图3-216所示，模型效果如图3-217所示。

图3-216　　　　　　　　图3-217

② 将长方体转换为可编辑多边形，进入"多边形"级别，然后选择顶部的多边形，如图3-218所示，接着在"编辑多边形"卷展栏下单击"插入"按钮 插入 后面的"设置"按钮□，最后设置"数量"为6mm，如图3-219所示。

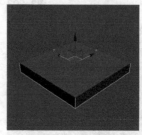 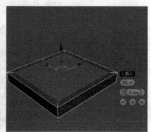

图3-218　　　　　　　　图3-219

③ 保持对多边形的选择，在"编辑多边形"卷展栏下单击"挤出"按钮 挤出 后面的"设置"按钮□，然后设置"高度"为210mm，如图3-220所示。

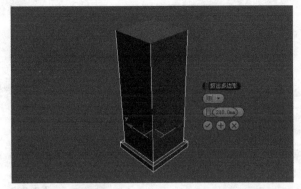

图3-220

04 保持对多边形的选择，在"编辑多边形"卷展栏下单击"倒角"按钮 倒角 后面的"设置"按钮 ，然后设置"高度"为0mm、"轮廓"为25mm，如图3-221所示。

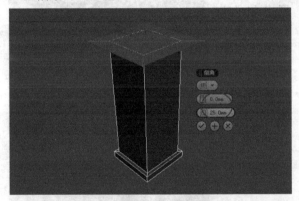

图3-221

05 保持对多边形的选择，在"编辑多边形"卷展栏下单击"挤出"按钮 挤出 后面的"设置"按钮 ，然后设置"高度"为15mm，如图3-222所示。

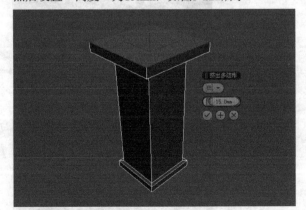

图3-222

06 选择如图3-223所示的多边形，然后使用"选择并移动"工具 在左视图中将其向右拖曳一段距离，如图3-224所示。

图3-223   图3-224

07 保持对多边形的选择，在"编辑多边形"卷展栏下单击"挤出"按钮 挤出 后面的"设置"按钮 ，然后设置"高度"为50mm，如图3-225所示。

图3-225

08 保持对多边形的选择，使用"选择并移动"工具 在左视图中将其向下拖曳一段距离，如图3-226所示。

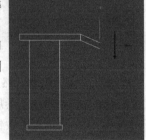

图3-226

09 保持对多边形的选择，在"编辑多边形"卷展栏下单击"插入"按钮 插入 后面的"设置"按钮 ，然后设置"数量"为2.5mm，如图3-227所示。

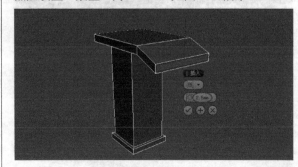

图3-227

⑩ 保持对多边形的选择，在"编辑多边形"卷展栏下单击"挤出"按钮 挤出 后面的"设置"按钮 □，然后设置"挤出类型"为"局部法线"、"高度"为-50mm，如图3-228所示。

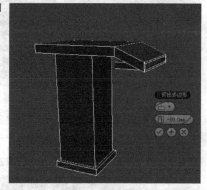

图3-228

将多边形调整到同一平面上

在左视图中仔细观察挤出的多边形，可以发现挤出的多边形并没有与原来的多边形在同一个平面上，如图3-229所示。这时可以使用"选择并移动"工具 ✛ 将其向上拖曳，使其基本与原来的多边形持平，如图3-230所示。

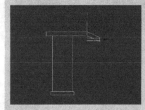

图3-229   图3-230

⑪ 进入"边"级别，然后选择如图3-231所示的边，接着在"编辑边"卷展栏下单击"切角"按钮 切角 后面的"设置"按钮 □，最后设置"边切角量"为0.6mm，如图3-232所示。

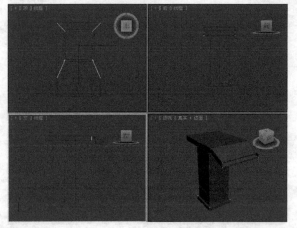

图3-231

图3-232

⑫ 下面制作开关模型。使用"圆柱体"工具 圆柱体 在左视图中创建一个圆柱体，然后在"参数"卷展栏下设置"半径"为23mm、"高度"为150mm、"高度分段"为1、"边数"为36，如图3-233所示，在透视图中的效果如图3-234所示。

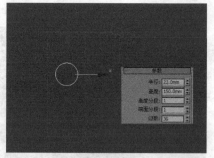

图3-233

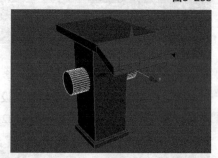

图3-234

⑬ 切换到前视图，然后按住Shift键使用"选择并移动"工具 ✛ 向左移动复制一个圆柱体，接着在"参数"卷展栏下将"半径"修改为9mm，将"高度"修改为70mm，如图3-235所示。

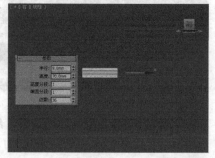

图3-235

⑭ 将复制的圆柱体转换为可编辑多边形，进入
"多边形"级别，然后选择如图3-236所示的多边
形，接着在"编辑多边形"卷展栏下单击"插入"
按钮 插入 后面的"设置"按钮▣，最后设置"插
入类型"为"按多边形"、"数量"为3mm，如图
3-237所示。

图3-236　　　　　　　　图3-237

⑮ 进入"边"级别，然后选择如图3-238所示的
边，接着在"编辑边"卷展栏下单击"切角"按钮
切角 后面的"设置"按钮▣，最后设置"边切角
量"为1mm、"连接边分段"为3，如图3-239所示。

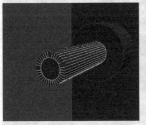

图3-238　　　　　　　　图3-239

⑯ 使用"长方体"工具 长方体 在左视图中
创建一个长方体，然后在"参数"卷展栏下设置
"长度"为85mm、"宽度"为20mm、"高度"
为40mm，如图3-240所示，在透视图中的效果如图
3-241所示。

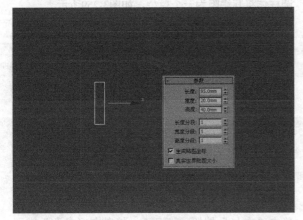

图3-240

图3-241

⑰ 将长方体转换为可编辑多边形，进入"边"级
别，然后选择所有的边，接着在"编辑边"卷展栏
下单击"切角"按钮 切角 后面的"设置"按钮▣，
最后设置"边切角量"为1mm，如图3-242所示，最
终效果如图3-243所示。

图3-242　　　　　　　　图3-243

🎬 课堂案例

用多边形建模制作床头柜

场景位置	无
实例位置	实例文件>CH03>课堂案例：用多边形建模制作床头柜.max
视频名称	课堂案例：用多边形建模制作床头柜.mp4
学习目标	学习布尔运算、"切角"工具和"挤出"工具的用法

床头柜效果如图3-244所示。

图3-244

① 使用"长方体"工具 长方体 在场景中创建一
个长方体，然后在"参数"卷展栏中设置"长度"为
250mm、"宽度"为450mm、"高度"为400mm，具体
参数设置如图3-245所示，模型效果如图3-246所示。

图3-245　　　　　　　　图3-246

95

02 将上一步创建的长方体转化为可编辑多边形，然后进入"多边形"层级，选择如图3-247所示的多边形，接着在"编辑多边形"卷展栏中单击"插入"按钮 插入 后面的"设置"按钮，最后在弹出的对话框中设置"插入值"为20mm，如图3-248所示。

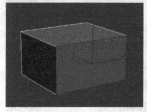

图3-247　　　　　　　　　　图3-248

03 保持对多边形的选择，然后在"编辑多边形"卷展栏中单击"挤出"按钮 挤出 后面的"设置"按钮，最后设置"高度"为-380mm，如图3-249所示。

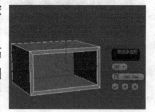

图3-249

04 进入"边"层级，然后选择如图3-250所示的边，接着在"编辑边"卷展栏中单击"切角"按钮 切角 后面的"设置"按钮，最后设置"边切角量"为2mm，如图3-251所示。

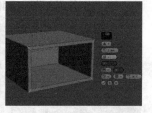

图3-250　　　　　　　　　　图3-251

05 使用"长方体"工具 长方体 在场景中创建一个长方体，然后在"参数"卷展栏中设置"长度"为250mm、"宽度"为450mm、"高度"为20mm，如图3-252所示，模型效果如图3-253所示。

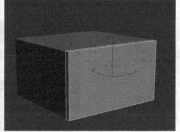

图3-252　　　　　　　　　　图3-253

06 将上一步创建的长方体转化为可编辑多边形，然后进入"边"层级，选中所有的边，如图3-254所示，接着在"编辑边"卷展栏中单击"切角"按钮 切角 后面的"设置"按钮，最后设置"边切角量"为2mm，如图3-255所示。

图3-254　　　　　　　　　　图3-255

07 使用"圆柱体"工具 圆柱体 在场景中创建一个圆柱体，然后在"参数"卷展栏下设置"半径"为20mm、"高度"为40mm、"高度分段"为1，具体参数设置如图3-256所示，位置如图3-257所示。

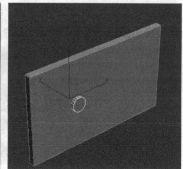

图3-256　　　　　　　　　　图3-257

08 选择上一步创建的圆柱体，然后沿x轴向右复制一个，如图3-258所示，接着将圆柱体转化为可编辑多边形，再选中其中一个圆柱体，在"编辑多边形"卷展栏中单击"附加"按钮 附加，最后选中另一个圆柱体将其塌陷为一个模型，如图3-259所示。

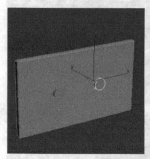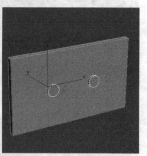

图3-258　　　　　　　　　　图3-259

09 选中柜面长方体，然后在"复合对象"面板中单击"布尔"按钮 布尔，接着在"参数"卷展栏中选择"差集（A－B）"选项，再单击"拾取操作对象B"按钮 拾取操作对象B，最后单击场景中的圆柱体模型，如图3-260所示，其效果如图3-261所示。

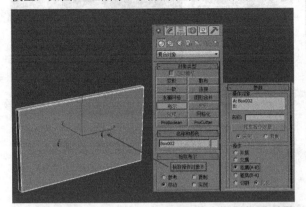

图3-260

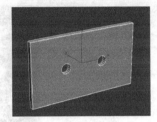

图3-261

知 识 点 镂空模型的其余方法

除了布尔运算，还可以用样条线来制作。

（1）使用"矩形"工具绘制一个矩形，接着使用"圆"工具绘制两个圆，如图3-262所示。

图3-262

（2）选中其中一个圆，然后转化为可编辑样条线，接着在"几何体"卷展栏中单击"附加"按钮 附加 拾取另一个圆，此时两个圆合并为一个图形，如图3-263所示。

（3）选中矩形，然后转化为可编辑样条线，接着在"几何体"卷展栏中单击"附加"按钮 附加 拾取内部圆图形，如图3-264所示。

图3-263

图3-264

（4）选中上一步合并后的图形，然后为其加载一个"挤出"修改器，接着在"参数"卷展栏中设置"数量"为20mm，如图3-265所示。

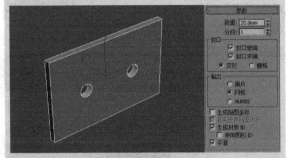

图3-265

（5）选中上一步创建的模型，然后将其转化为可编辑多边形，接着进入"边"层级，按照步骤（6）中的步骤切角即可。

⑩ 下面制作床头柜支架。进入左视图，然后使用"线"工具绘制如图3-266所示的样条线，接着展开"渲染"卷展栏，勾选"在渲染中启用"和"在视口中启用"选项，再选择"矩形"选项，并设置"长度"和"宽度"都为30mm，如图3-267所示。

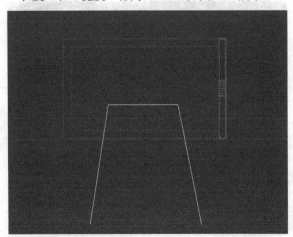

图3-266

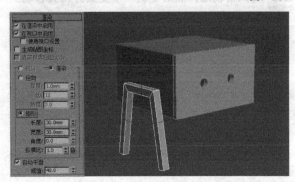

图3-267

⑪ 将上一步创建的样条线转换为可编辑多边形，然后进入"点"层级，将模型调整为如图3-268所示的效果。

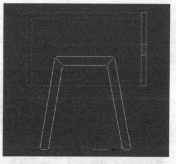

图3-268

⑫ 进入"边"层级，然后选择如图3-269所示的边，接着在"编辑边"卷展栏中单击"切角"按钮 切角 后面的"设置"按钮 ▣，最后设置"边切角量"为2mm，如图3-270所示。

图3-269

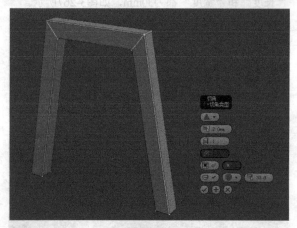

图3-270

⑬ 进入前视图，然后复制一个支架并将其移动到柜体另一侧，如图3-271所示。

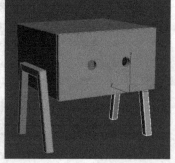

图3-271

⑭ 使用"长方体"工具 长方体 创建一个长方体，参数如图3-272所示，位置如图3-273所示。

图3-272   图3-273

⑮ 将上一步创建的长方体转换为可编辑多边形，然后进入"点"层级，在左视图中调整其造型，效果如图3-274所示，接着进入"边"层级，并在"编辑边"卷展栏中单击"切角"按钮 切角 后面的"设置"按钮 ▣，最后设置"边切角量"为2mm，如图3-275所示。

图3-274

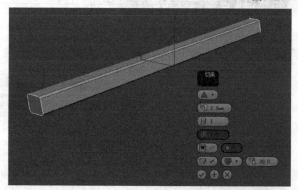

图3-275

⑯ 将上一步创建的多边形复制一个到支架另一边并镜像调整，床头柜最终效果如图3-276所示。

图3-276

课堂案例

用多边形建模制作座椅

场景位置	无
实例位置	实例文件>CH03>课堂案例：用多边形建模制作座椅.max
视频名称	课堂案例：用多边形建模制作座椅.mp4
学习目标	样条线建模、多边形建模

座椅效果如图3-277所示。

图3-277

01 使用"长方体"工具 长方体 在场景中创建一个长方体，然后在"参数"卷展栏下设置"长度"为400mm、"宽度"为30mm、"高度"为30mm，具体参数设置如图3-278所示，模型效果如图3-279所示。

图3-278   图3-279

02 选中上一步创建的长方体，然后将其转化为可编辑多边形，接着在"编辑边"卷展栏中单击"切角"按钮 切角 后面的"设置"按钮▣，最后设置"边切角量"为1.5mm，如图3-280所示。

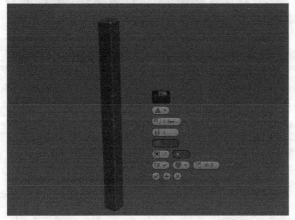

图3-280

03 选中长方体，然后为其加载一个"网格平滑"修改器，然后在"细分量"卷展栏中设置"迭代次数"为2，如图3-281所示，效果如图3-282所示。

图3-281   图3-282

04 切换到左视图，然后按住Shift键将长方体沿x轴向右复制一个，如图3-283所示。

图3-283

技巧与提示

这里的克隆形式一定要选择"复制"，而不要选择"实例"或者"参考"。否则在调整复制出来的模型时，原有模型也会因此修改。

05 选择新复制的长方体，然后在左视图中使用"选择并移动"工具✛将其调整为如图3-284所示的效果。

图3-284

06 使用"选择并移动"工具✛选中所有的模型，然后按住Shift键移动复制出一组模型，如图3-285所示。

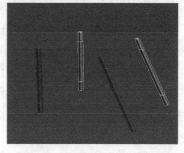

图3-285

07 使用"长方体"工具 长方体 在场景中创建
一个长方体，然后在"参数"卷展栏中设置"长
度"为100mm、"宽度"为500mm、"高度"为
470mm，如图3-286所示，模型如图3-287所示。

图3-286   图3-287

08 将上一步创建的长方体转化为可编辑多边形，
然后进入"点"层
级，接着进入左视
图，将右侧的顶点
调整成如图3-288
所示的效果。

图3-288

09 进入"边"层级，然后选择所有的边，接着在
"编辑边"卷展栏下单击"切角"按钮 切角 后面
的"设置"按钮■，最后设置"边切角量"为2mm，
如图3-289所示。

图3-289

10 给模型加载一个"网格平滑"修改器，然后在
"细分量"卷展栏下设置"迭代次数"为2，如图
3-290所示，模型效果如图3-291
所示。

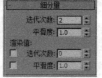

图3-290

图3-291

11 再次将模型转化为可编辑多边形，然后进入
"边"层级，选中如图3-292所示的边，接着在"编
辑边"卷展栏下单击"利用所选内容创建图形"按
钮 利用所选内容创建图形 ，最后在弹出的对话框中设置
"图形类型"为"线性"，如图3-293所示。

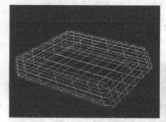

图3-292   图3-293

12 选中图形001，然后在"渲染"卷展栏下勾选
"在渲染中启用"和"在视口中启用"选项，接着
勾选"径向"选项，最后设置"厚度"为2mm，参
数如图3-294所示，效果如图3-295所示。

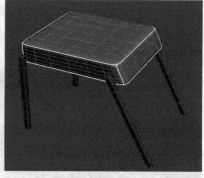

图3-294   图3-295

13 进入左视图，然后使用"线"工具 线
绘制如图3-296所示的样条线，接着为其加载一
个"挤出"修改器，再在"参数"卷展栏中设置
"数量"为30mm，如图3-297所示，模型效果如图
3-298所示。

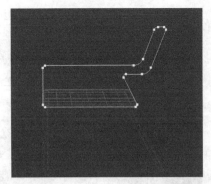

图3-296

图3-297

图3-298

⑭ 将上一步创建的模型转化为可编辑多边形，然后进入"边"层级，接着在"编辑几何体"卷展栏中单击"切割"按钮 切割 ，再在如图3-299所示的位置拖曳光标切割出一条边，切割完成后单击鼠标右键退出，如图3-300所示。

图3-299

图3-300

⑮ 进入"多边形"层级，然后选择如图3-301所示的多边形，接着在"编辑多边形"卷展栏下单击"挤出"按钮 挤出 后面的"设置"按钮□，最后设置"高度"为250mm，效果如图3-302所示。

图3-301

图3-302

⑯ 进入"边"层级，选择如图3-303所示的边，然后在"编辑边"卷展栏中单击"利用所选内容创建图形"按钮 利用所选内容创建图形 ，接着在弹出的对话框中设置"图形类型"为"线性"，如图3-304所示。

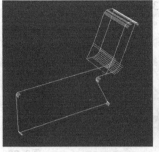

图3-303　　　　图3-304

⑰ 选择"图形002"，然后在"渲染"卷展栏下勾选"在渲染中启用"和"在视口中启用"选项，接着勾选"径向"选项，最后设置"厚度"为2mm，如图3-305所示，模型效果如图3-306所示。

图3-305　　　　图3-306

⑱ 框选靠背模型和图形002，然后切换到顶视图，接着单击"镜像"按钮，在弹出的对话框中设置"镜像轴"为x轴、"克隆当前选择"为"复制"，如图3-307所示，最后调整好模型的位置，最终效果如图3-308所示。

图3-307　　　　图3-308

用多边形建模制作简约圆桌

场景位置	无
实例位置	实例文件>CH03>课堂练习：用多边形建模制作简约圆桌.max
视频名称	课堂练习：用多边形建模制作简约圆桌.mp4
学习目标	练习"倒角"工具的用法以及旋转复制方法

简约圆桌效果如图3-309所示。

图3-309

步骤分解如图3-310所示。

图3-310

用多边形建模制作球形吊灯

场景位置	无
实例位置	实例文件>CH03>课堂练习：用多边形建模制作球形吊灯.max
视频名称	课堂练习：用多边形建模制作球形吊灯.mp4
学习目标	练习"利用所选内容创建图形"工具的用法

球形吊灯效果如图3-311所示。

图3-311

步骤分解如图3-312所示。

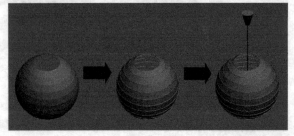

图3-312

用多边形建模制作喷泉

场景位置	无
实例位置	实例文件>CH03>课堂练习：用多边形建模制作喷泉.max
视频名称	CH03>课堂练习：用多边形建模制作喷泉.mp4
学习目标	练习"挤出"工具、"分离"工具、"插入"工具和"切角"工具的用法

喷泉效果如图3-313所示。

图3-313

步骤分解如图3-314所示。

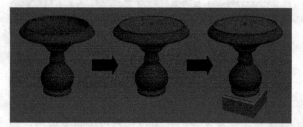

图3-314

3.4 建模工具选项卡

在3ds Max 2010之前的版本中，"建模工具"选项卡就是3ds Max的PolyBoost插件，在3ds Max 2010~3ds Max 2013版本中称为"石墨建模工具"，而在3ds Max 2016版本中则称为Ribbon（建模工具）选项卡。对于大多数用户而言，"建模工具"选项卡和多边形建模几乎没有什么区别，而且操作起来也没有多边形建模方法简便。因此在下面的内容中只简单介绍该工具的一些基本知识，其他的知识可参考多边形建模的相关内容。

本节重点工具介绍

工具名称	工具的主要作用	重要程度
建模工具选项卡	以多边形建模方式创建模型	中

3.4.1 调出建模工具选项卡

在默认情况下，首次启动3ds Max 2016时，"建模工具"选项卡会自动出现在操作界面中，位于

"主工具栏"的下方。如果关闭了"建模工具"选项卡，可以在"主工具栏"上单击"功能切换区"按钮 。"建模工具"选项卡包含"建模""自由形式""选择""对象绘制""填充"5大选项卡，其中每个选项卡下都包含许多工具（这些工具的显示与否取决于当前建模的对象及需要），如图3-315所示。在这5大选项卡中，"建模"选项卡比较常用，因此在下面的内容中，将主要讲解该选项卡下参数的用法。

图3-315

3.4.2 切换建模工具选项卡的显示状态

"建模工具"选项卡的界面具有3种不同的状态，单击其工具栏右侧的 按钮，在弹出的菜单中即可选择相应的显示状态，如图3-316所示。

图3-316

3.4.3 建模工具选项卡的参数面板

"建模工具"选项卡下包含了大部分多边形建模的常用工具，这些工具被分在若干不同的面板中，如图3-317所示。

图3-317

> **技巧与提示**
>
> 注意，在切换不同的级别时，"建模工具"选项卡下的参数面板也会跟着发生相应的变化。关于这些面板中的参数，可参考多边形建模中的相关内容。

课堂案例

用建模工具制作矮柜

场景位置	无
实例位置	实例文件>CH03>课堂案例：用建模工具制作矮柜.max
视频名称	课堂案例：用建模工具制作矮柜.mp4
学习目标	学习"建模工具"选项卡的用法

矮柜效果如图3-318所示。

图3-318

01 使用"长方体"工具 长方体 在前视图中创建一个长方体，然后在"参数"卷展栏下设置"长度"为140mm、"宽度"为240mm、"高度"为120mm、"长度分段"为4、"宽度分段"为3，具体参数设置及模型效果如图3-319所示。

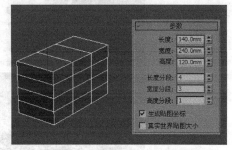

图3-319

02 选择长方体，然后在"建模工具"选项卡中单击"建模"选项卡，接着在"多边形建模"面板中单击"转化为多边形"按钮 ，如图3-320所示。

图3-320

03 在"多边形建模"面板中单击"顶点"按钮 ，进入"顶点"级别，然后在前视图中使用"选择并均匀缩放"工具 将顶点调节成如图3-321所示的效果。

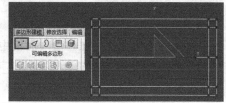

图3-321

04 在"多边形建模"面板中单击"多边形"按钮
□，进入"多边形"级别，然后选择如图3-322所示
的多边形，接着在"多边形"面板中单击"挤出"按钮
●下面的"挤
出设置"按钮
□挤出设置，最后
设置"高度"
为-120mm，如
图3-323所示。

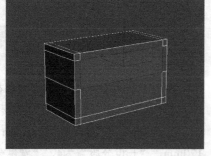

图3-322

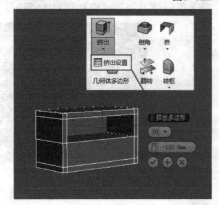

图3-323

05 选择模型，然后按快捷键Alt+X将模型以半透明的方
式显示出来，接着在"多边形建模"面板中单击"边"按钮
◢，进入"边"
级别，最后选择
如图3-324所示
的边。

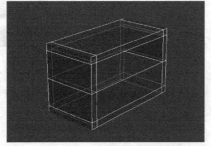

图3-324

技巧与提示

在半透明模式下可以很方便地选择模型的多边形、边、
顶点等元素。按快捷键Alt+X可以切换到半透明显示方式，
再次按快捷键Alt+X可以退出半透明显示方式。

06 保持对边的选择，在"边"面板中单击"切
角"按钮●下面的"切角设置"按钮□切角设置，然后设
置"边切角量"为8mm、"连接边分段"为4，如图
3-325所示。

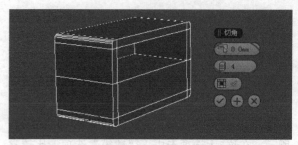

图3-325

07 进入"多边形"级别，然后选择如图3-326所示的多
边形，接着在"多边形"面板中单击"挤出"按钮●下
面的"挤出设置"
按钮□挤出设置，最后
设置"高度"为
2mm，如图3-327
所示。

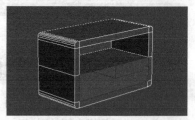

图3-326

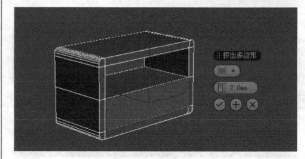

图3-327

08 进入"边"级别，然后选择如图3-328所示的边，接着
在"边"面板中单击"切角"按钮●下面的"切角设置"
按钮□切角设置，最后
设置"边切角量"
为0.5mm、"连接
边分段"为1，如图
3-329所示。

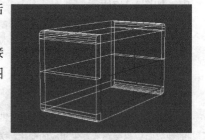

图3-328

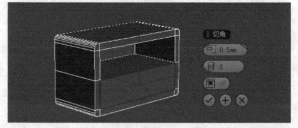

图3-329

(09) 选择如图3-330所示的边，然后在"边"面板中单击"切角"按钮 下面的"切角设置"按钮 ，接着设置"边切角量"为0.5mm、"连接边分段"为1，如图3-331所示，最终效果如图3-332所示。

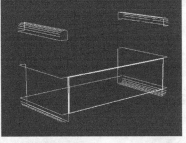

图3-330

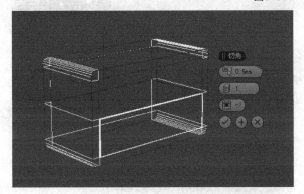

图3-331

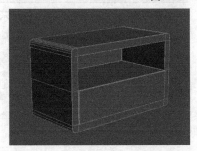

图3-332

⊙ 课堂练习

用建模工具制作保温瓶

场景位置 无
实例位置 实例文件>CH03>课堂练习：用建模工具制作保温瓶.max
视频名称 课堂练习：用建模工具制作保温瓶.mp4
学习目标 学习"建模工具"选项卡的用法

保温瓶效果如图3-333所示。

图3-333

步骤分解如图3-334所示。

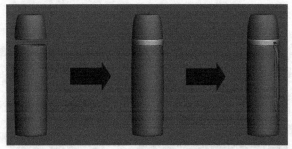

图3-334

3.5 网格建模

网格建模是3ds Max高级建模中的一种，与多边形建模的制作思路比较类似。使用网格建模可以进入到网格对象的"顶点""边""面""多边形""元素"级别下编辑对象，图3-335所示是一些比较优秀的网格建模作品。

图3-335

本节重点知识介绍

知识名称	主要作用	重要程度
网格建模	在"顶点""边""面""多边形""元素"级别下编辑对象	低

3.5.1 转换网格对象

与多边形对象一样，网格对象也不是创建出来的，而是经过转换而成的。将物体转换为网格对象的方法主要有以下4种。

第1种：在物体上单击鼠标右键，然后在弹出的菜单中选择"转换为>转换为可编辑网格"命令，如图3-336所示。转换为可编辑网格对象后，在修改器堆栈中可以观察到物体已经变成了"可编辑网格"对象，如图3-337所示。通过这种方法转换成的可编辑网格对象的创建参数将全部丢失。

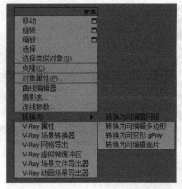

图3-336　　　　　　　　图3-337

第2种：选中对象，然后进入"修改"面板，接着在修改器堆栈中的对象上单击鼠标右键，最后在弹出的菜单中选择"可编辑网格"命令，如图3-338所示。这种方法与第1种方法一样，转换成的可编辑网格对象的创建参数将全部丢失。

第3种：选中对象，然后为其加载一个"编辑网格"修改器，如图3-339所示。通过这种方法转换成的可编辑网格对象的创建参数不会丢失，仍然可以调整。

图3-338　　　　　　　　图3-339

第4种：单击"创建"面板中的"实用程序"按钮，然后单击"塌陷"按钮，接着在"塌陷"卷展栏下设置"输出类型"为"网格"，再选择需要塌陷的物体，最后单击"塌陷选定对象"按钮，如图3-340所示。

图3-340

3.5.2 编辑网格对象

网格建模是一种能够基于子对象进行编辑的建模方法，网格子对象包含顶点、边、面、多边形和元素5种。网格对象的参数设置面板共有4个卷展栏，分别是"选择""软选择""编辑几何体""曲面属性"卷展栏，如图3-341所示。

图3-341

技巧与提示

网格对象的工具和参数选项与多边形对象基本相同，用户可参考多边形对象的相应介绍。

课堂案例

用网格建模制作不锈钢餐叉

场景位置	无
实例位置	实例文件>CH03>课堂案例：用网格建模制作不锈钢餐叉.max
视频名称	课堂案例：用网格建模制作不锈钢餐叉.mp4
学习目标	学习网格建模的流程与方法

不锈钢餐叉效果如图3-342所示。

图3-342

01 下面制作叉头模型。使用"长方体"工具 在场景中创建一个长方体，然后在"参数"卷展栏下设置"长度"为100mm、"宽度"为80mm、"高度"为8mm、"长度分段"为2、"宽度分段"为7，具体参数设置如图3-343所示，模型效果如图3-344所示。

图3-343　　　　　　　　图3-344

02 在长方体上单击鼠标右键，然后在弹出的菜单中选择"转换为>转换为可编辑网格"命令，如图3-345所示。

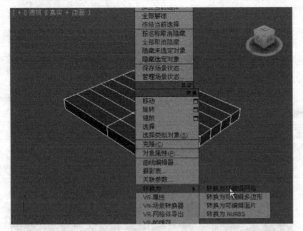

图3-345

03 在"选择"卷展栏下单击"顶点"按钮，进入"顶点"级别，然后在顶视图中使用"选择并均匀缩放"工具将底部的顶点向中间缩放成如图3-346所示的效果。

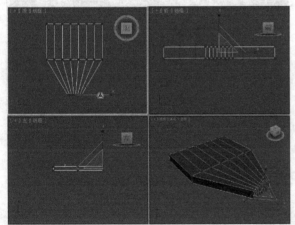

图3-346

04 在"选择"卷展栏下单击"多边形"按钮，进入"多边形"级别，然后选择如图3-347所示的多边形，接着在"编辑几何体"卷展栏下的"挤出"按钮 挤出 后面的输入框中输入50mm，最后按Enter键确定操作，如图3-348所示。

图3-347

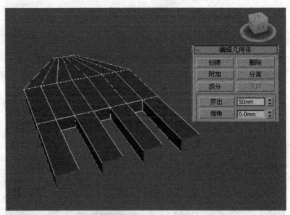

图3-348

05 进入"顶点"级别，然后使用"选择并均匀缩放"工具在顶视图中将顶部的顶点向中间缩放成如图3-349所示的效果，接着使用"选择并移动"工具在左视图中将其向上调节成如图3-350所示的效果。

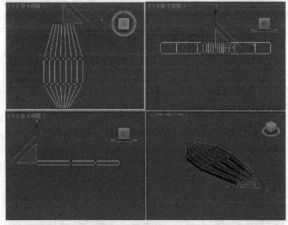

图3-349

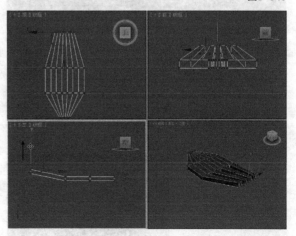

图3-350

06 进入"多边形"级别，然后选择如图3-351所示的多边形，接着在"编辑几何体"卷展栏下的"挤

出"按钮 挤出 后
面的输入框中输入
60mm，最后按Enter
键确定操作，如图
3-352所示。

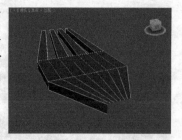

图3-351

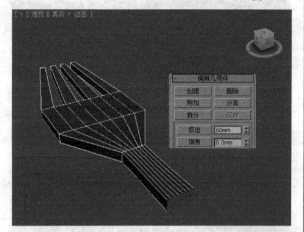

图3-352

07 保持对多边形的选择，再次将其挤出20mm，如
图3-353所示，然后使用"选择并均匀缩放"工具
将其缩放成如图3-354所示的效果。

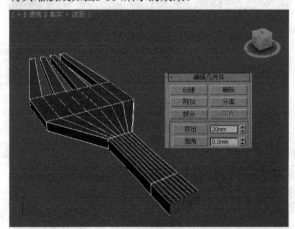

图3-353

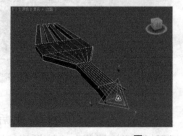

图3-354

08 进入"边"级别，然后选择如图3-355所示的
边，接着在"编辑几何体"卷展栏下的"切角"按
钮 切角 后面的输入框中输入0.5mm，最后按Enter
键确定操作，如图3-356所示。

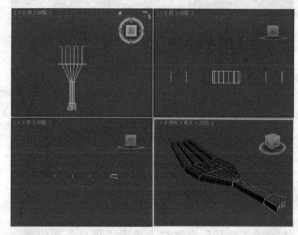

图3-355

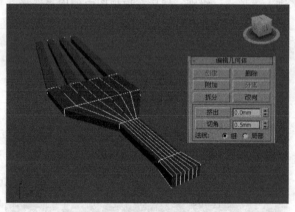

图3-356

09 为模型加载一个"网格平滑"修改器，然后在
"细分量"卷展栏下设置"迭代次数"为2，模型效
果如图3-357所示。

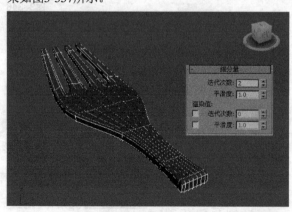

图3-357

⑩ 下面创建把手模型。使用"圆柱体"工具 圆柱体 在前视图中创建一个圆柱体，然后在"参数"卷展栏下设置"半径"为10mm、"高度"为320mm、"高度分段"为1，如图3-358所示，在透视图中的效果如图3-359所示。

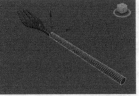

图3-358   图3-359

⑪ 将圆柱体转换为可编辑网格对象，然后进入"顶点"级别，接着选择顶部的顶点，最后使用"选择并均匀缩放"工具 将其缩放成如图3-360所示的效果。

图3-360

⑫ 进入"边"级别，然后选择如图3-361所示的边，接着在"编辑几何体"卷展栏下的"切角"按钮 切角 后面的输入框中输入2.5mm，最后按Enter键确定操作，如图3-362所示。

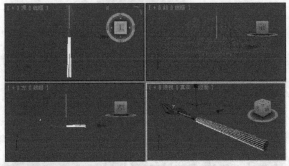

图3-361

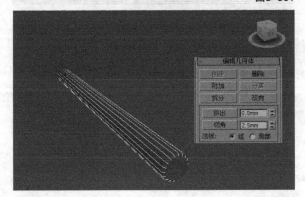

图3-362

⑬ 为模型加载一个"网格平滑"修改器，然后在"细分量"卷展栏下设置"迭代次数"为2，最终效果如图3-363所示。

图3-363

🎓 课堂练习

用网格建模制作躺椅

场景位置	无
实例位置	实例文件>CH03>课堂练习：用网格建模制作躺椅.max
视频名称	课堂练习：用网格建模制作躺椅.mp4
学习目标	练习网格建模的流程与方法

躺椅效果如图3-364所示。

图3-364

步骤分解如图3-365所示。

图3-365

3.6 NURBS建模

NURBS建模是一种高级建模方法，所谓NURBS就是Non—Uniform Rational B-Spline（非均匀有理B样条曲线）。NURBS建模适合于创建一些复杂的弯曲曲面，如图3-366所示是一些比较优秀的NURBS建模作品。

图3-366

本节重点知识介绍

知识名称	主要作用	重要程度
NURBS工具箱	包含用于创建NURBS对象的所有工具	中

3.6.1 NURBS对象类型

NBURBS对象包含NURBS曲面和NURBS曲线两种，如图3-367和图3-368所示。

图3-367　　　　　　图3-368

1.NURBS曲面

NURBS曲面包含"点曲面"和"CV曲面"两种。"点曲面"由点来控制曲面的形状，每个点始终位于曲面的表面上，如图3-369所示；"CV曲面"由控制顶点（CV）来控制模型的形状，CV形成围绕曲面的控制晶格，而不是位于曲面上，如图3-370所示。

图3-369　　　　　　图3-370

2.NURBS曲线

NURBS曲线包含"点曲线"和"CV曲线"两种。"点曲线"由点来控制曲线的形状，每个点始终位于曲线上，如图3-371所示；"CV曲线"由控制顶点（CV）来控制曲线的形状，这些控制顶点不必位于曲线上，如图3-372所示。

图3-371　　　　　　图3-372

3.6.2 转换NURBS对象

NURBS对象可以直接创建出来，也可以通过转换的方法将对象转换为NURBS对象。将对象转换为NURBS对象的方法主要有以下3种。

第1种：选择对象，然后单击鼠标右键，接着在弹出的菜单中选择"转换为>转换为NURBS"命令，如图3-373所示。

图3-373

第2种：选择对象，然后进入"修改"面板，接着在修改器堆栈中的对象上单击鼠标右键，最后在弹出的菜单中选择NURBS命令，如图3-374所示。

第3种：为对象加载"挤出"或"车削"修改器，然后设置"输出"为NURBS，如图3-375所示。

图3-374　　　　　　图3-375

3.6.3 编辑NURBS对象

在NURBS对象的参数设置面板中共有7个卷展栏（以NURBS曲面对象为例），分别是"常规""显示线参数""曲面近似""曲线近似""创建点""创建曲线""创建曲面"卷展栏，如图3-376所示。

图3-376

1.常规卷展栏

"常规"卷展栏下包含用于编辑NURBS对象的常用工具（如"附加"工具、"导入"工具等）以及NURBS对象的显示方式，另外还包含一个"NURBS创建工具箱"按钮（单击该按钮可以打开"NURBS工具箱"），如图3-377所示。

图3-377

2.显示线参数卷展栏

"显示线参数"卷展栏下的参数主要用来指定显示NURBS曲面所用的"U向线数"和"V向线数"的数值，如图3-378所示。

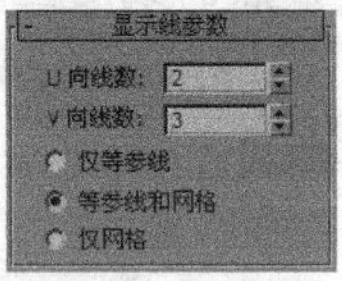

图3-378

3.曲面/曲线近似卷展栏

"曲面近似"卷展栏下的参数主要用于控制视图和渲染器的曲面细分，可以根据不同的需要来选择"高""中""低"3种不同的细分预设，如图3-379所示；"曲线近似"卷展栏与"曲面近似"卷展栏相似，主要用于控制曲线的步数及曲线的细分级别，如图3-380所示。

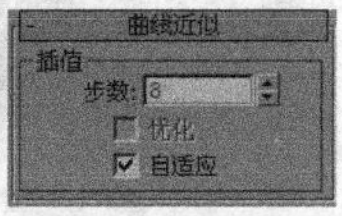

图3-379   图3-380

4.创建点/曲线/曲面卷展栏

"创建点""创建曲线""创建曲面"卷展栏中的工具与"NURBS工具箱"中的工具相对应，主要用来创建点、曲线和曲面对象，如图3-381~图3-383所示。

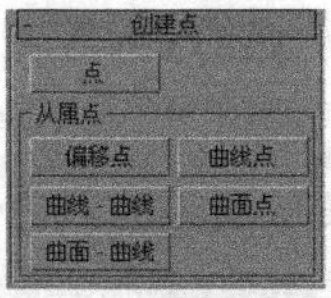

图3-381   图3-382   图3-383

3.6.4 NURBS工具箱

在"常规"卷展栏下单击"NURBS创建工具箱"按钮打开"NURBS工具箱"，如图3-384所示。"NURBS工具箱"中包含用于创建NURBS对象的所有工具，主要分为3个功能区，分别是"点"功能区、"曲线"功能区和"曲面"功能区。

图3-384

NURBS工具箱重要工具介绍

① 创建点的工具

创建点：创建单独的点。

创建偏移点：根据一个偏移量创建一个点。

创建曲线点：创建从属曲线上的点。

创建曲线–曲线点：创建一个从属于"曲线-曲线"的相交点。

创建曲面点：创建从属于曲面上的点。

创建曲面–曲线点：创建从属于"曲面-曲线"的相交点。

② 创建曲线的工具

创建CV曲线：创建一条独立的CV曲线子对象。

创建点曲线：创建一条独立的点曲线子对象。

创建拟合曲线：创建一条从属的拟合曲线。

创建变换曲线：创建一条从属的变换曲线。

创建混合曲线：创建一条从属的混合曲线。

创建偏移曲线：创建一条从属的偏移曲线。

创建镜像曲线：创建一条从属的镜像曲线。

创建切角曲线：创建一条从属的切角曲线。

创建圆角曲线：创建一条从属的圆角曲线。

创建曲面–曲面相交曲线：创建一条从属于

111

"曲面-曲面"的相交曲线。

　　创建U向等参曲线📄：创建一条从属的U向等参曲线。

　　创建V向等参曲线📄：创建一条从属的V向等参曲线。

　　创建法向投影曲线📄：创建一条从属于法线方向的投影曲线。

　　创建向量投影曲线📄：创建一条从属于向量方向的投影曲线。

　　创建曲面上的CV曲线📄：创建一条从属于曲面上的CV曲线。

　　创建曲面上的点曲线📄：创建一条从属于曲面上的点曲线。

　　创建曲面偏移曲线📄：创建一条从属于曲面上的偏移曲线。

　　创建曲面边曲线📄：创建一条从属于曲面上的边曲线。

　　③ 创建曲面的工具

　　创建CV曲线📄：创建独立的CV曲面子对象。

　　创建点曲面📄：创建独立的点曲面子对象。

　　创建变换曲面📄：创建从属的变换曲面。

　　创建混合曲面📄：创建从属的混合曲面。

　　创建偏移曲面📄：创建从属的偏移曲面。

　　创建镜像曲面📄：创建从属的镜像曲面。

　　创建挤出曲面📄：创建从属的挤出曲面。

　　创建车削曲面📄：创建从属的车削曲面。

　　创建规则曲面📄：创建从属的规则曲面。

　　创建封口曲面📄：创建从属的封口曲面。

　　创建U向放样曲面📄：创建从属的U向放样曲面。

　　创建UV放样曲面📄：创建从属的UV向放样曲面。

　　创建单轨扫描📄：创建从属的单轨扫描曲面。

　　创建双轨扫描📄：创建从属的双轨扫描曲面。

　　创建多边混合曲面📄：创建从属的多边混合曲面。

　　创建多重曲线修剪曲面📄：创建从属的多重曲线修剪曲面。

　　创建圆角曲面📄：创建从属的圆角曲面。

🎬 课堂案例

用NURBS建模制作冰淇淋

场景位置	无
实例位置	实例文件>CH03>课堂练习：用NURBS建模制作冰淇淋.max
视频名称	课堂练习：用NURBS建模制作冰淇淋.mp4
学习目标	学习NURBS曲线的创建方法

　　冰淇淋效果如图3-385所示。

图3-385

　　01　设置图形类型为"NURBS曲线"，然后使用"点曲线"工具 点曲线 在顶视图中绘制出如图3-386所示的点曲线。

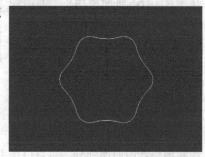

图3-386

　　02　继续使用"点曲线"工具 点曲线 在顶视图中绘制点曲线，并调节好各个点曲线之间的间距，完成后的效果如图3-387所示。

图3-387

　　03　切换到"修改"面板，然后在"常规"卷展栏下单击"NURBS创建工具箱"按钮🔲，打开"NURBS创建工具箱"，接着在"NURBS创建工具箱"中单击"创建U向放样曲面"按钮🔲，最后在视图中从上到下依次单击点曲线，单击完成后按鼠标右键结束操作，如图3-388所示，放样完成后的模型效果如图3-389所示。

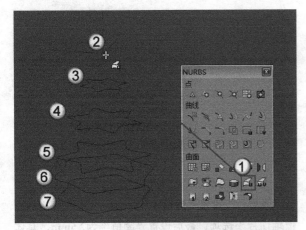

图3-388

图3-389

04 在"NURBS创建工具箱"中单击"创建封口曲面"按钮█，然后在视图中单击最底部的截面（对其进行封口操作），如图3-390所示，封口后的模型效果如图3-391所示。

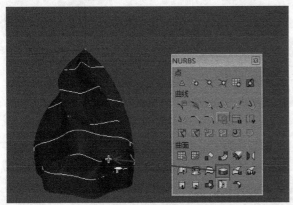

图3-390

图3-391

05 展开"曲线公用"卷展栏，然后单击"分离"按钮 分离 ，接着在弹出的对话框中关闭"相关"选项，如图3-392所示。

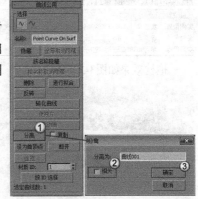

图3-392

06 使用"圆锥体"工具 圆锥体 在场景中创建一个大小合适的圆锥体，模型效果如图3-393所示。

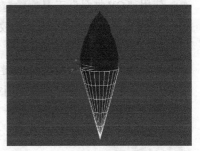

图3-393

07 选择圆锥体，然后单击鼠标右键，在弹出的菜单中选择"转换为>转换为可编辑多边形"命令，接着在"选择"卷展栏下单击"多边形"按钮█，进入"多边形"级别，再选择顶部的多边形，如图3-394所示，最后按Delete键删除所选多边形，完成后的效果如图3-395所示。

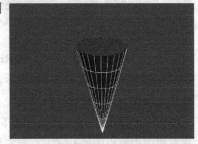

图3-394

图3-395

113

用NURBS建模制作抱枕

场景位置	无
实例位置	实例文件>CH03>课堂案例：用NURBS建模制作抱枕.max
视频名称	课堂案例：用NURBS建模制作抱枕.mp4
学习目标	学习NURBS曲面的创建方法

抱枕效果如图3-396所示。

图3-396

① 使用"CV曲面"工具 在前视图中创建一个CV曲面，然后在"创建参数"卷展栏下设置"长度"和"宽度"为300mm、"长度CV数"和"宽度CV数"为4，接着按Enter键确认操作，具体参数设置如图3-397所示，效果如图3-398所示。

 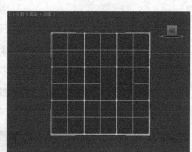

图3-397　　　　　　　　　　　　图3-398

② 进入"修改"面板，选择NURBS曲面的"曲面CV"次物体层级，如图3-399所示，然后使用"选择并均匀缩放"工具 在前视图中将其调整成如图3-400所示的效果，接着使用"选择并移动"工具 在左视图中将中间的4个CV点向右拖曳一段距离，如图3-401所示。

图3-399　　　　　　　　　　　　图3-400

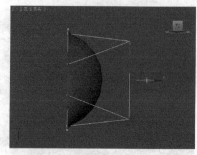

图3-401

③ 为模型加载一个"对称"修改器，然后在"参数"卷展栏下设置"镜像轴"为z轴，接着关闭"沿镜像轴切片"选项，最后设置"阈值"为2.5mm，具体参数设置如图3-402所示，最终效果如图3-403所示。

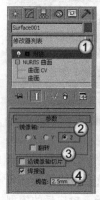 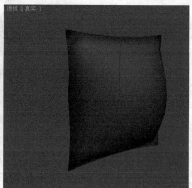

图3-402　　　　　　　　　　　　图3-403

3.7　本章小结

本章主要讲解了高级建模的5个重要技术。在修改器建模中，详细讲解了常用修改器的用法，包括"挤出"修改器、"车削"修改器、"晶格"修改器等；在多边形建模中，详细讲解了多边形对象的重要卷展栏，同时对重要建模工具进行图文解析；另外的Graphite建模技术、网格建模技术以及NURBS建模技术，读者只需要了解建模思路及相关工具的大致用法即可。

3.8　课后习题

本章的内容比较多，重要性也不言而喻，因此本节将安排5个课后习题供读者练习。这5个课后习题的前面两个针对"车削"修改器与"晶格"修改器，而后面3个主要是针对多边形建模技术。

课后习题1：欧式台灯

场景位置	无
实例位置	实例文件>CH03>课后习题1：欧式台灯.max
视频名称	课后习题1：欧式台灯.mp4
练习目标	练习"车削"修改器的用法

欧式台灯效果如图3-404所示。

步骤分解如图3-405所示。

 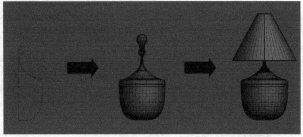

图3-404　　　　　　　　　　　　　　　　　　　　　　图3-405

课后习题2：书架

场景位置	无
实例位置	实例文件>CH03>课后习题2：书架.max
视频名称	课后习题2：书架.mp4
练习目标	练习"多边形建模"的方法

书架效果如图3-406所示。

步骤分解如图3-407所示。

 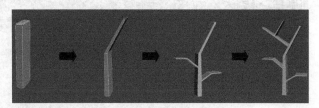

图3-406　　　　　　　　　　　　　　　　　　　　　　图3-407

课后习题3：圆床

场景位置	无
实例位置	实例文件>CH03>课后习题3：圆床.max
视频名称	课后习题3：圆床.mp4
练习目标	练习多边形建模方法、FFD 3×3×3修改器、"弯曲"修改器

圆床效果如图3-408所示。

步骤分解如图3-409所示。

 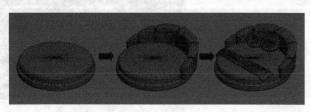

图3-408　　　　　　　　　　　　　　　　　　　　　　图3-409

场景位置	无
实例位置	实例文件>CH03>课后习题4：简约沙发.max
视频名称	课后习题4：简约沙发.mp4
练习目标	练习多边形建模方法

简约沙发如图3-410所示。

图3-410

步骤分解如图3-411所示。

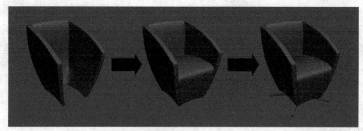

图3-411

场景位置	无
实例位置	实例文件>CH03>课后习题5：U盘.max
视频名称	课后习题5：U盘.mp4
练习目标	练习多边形建模方法

U盘效果如图3-412所示。

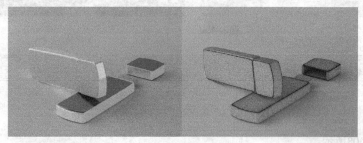

图3-412

步骤分解如图3-413所示。

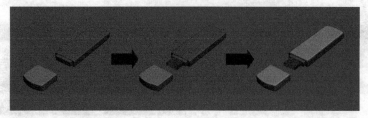

图3-413

第4章

灯光技术

本章将介绍3ds Max 2016的灯光技术，包括"光度学"灯光、"标准"灯光和VRay灯光。本章很重要，几乎在实际工作中运用的灯光技术都包含在本章中，特别是对于目标灯光、目标聚光灯、目标平行光、VRay灯光和VRay太阳的布光思路与方法，读者务必要完全领会并掌握。

课堂学习目标

了解灯光的作用

掌握常用灯光的参数含义

掌握室内外场景的布光思路及相关技巧

4.1 初识灯光

没有灯光的世界将是一片黑暗，在三维场景中也是一样，即使有精美的模型、真实的材质以及完美的动画，如果没有灯光照射也毫无作用，由此可见灯光在三维表现中的重要性。自然界中存在着各种形形色色的光，比如耀眼的日光、微弱的烛光以及绚丽的烟花发出来的光等，如图4-1所示。

图4-1

4.1.1 灯光的功能

有光才有影，才能让物体呈现出三维立体感，不同的灯光效果营造的视觉感受也不一样。灯光是视觉画面的一部分，其功能主要有以下3点。

第1点：提供一个完整的整体氛围，展现出具象的实体，营造空间的氛围。

第2点：为画面着色，以塑造空间和形式。

第3点：可以让人们集中注意力。

4.1.2 3ds Max中的灯光

利用3ds Max中的灯光可以模拟出真实的"照片级"画面，图4-2所示是两张利用3ds Max制作的室内外效果图。

图4-2

在"创建"面板中单击"灯光"按钮，在其下拉列表中可以选择灯光的类型。3ds Max 2016包含3种灯光类型，分别是"光度学"灯光、"标准"灯光和VRay灯光，如图4-3~图4-5所示。

图4-3　　　　　图4-4　　　　　图4-5

4.2 光度学灯光

"光度学"灯光是系统默认的灯光，共有3种类型，分别是"目标灯光""自由灯光""mr 天空入口"。

本节灯光介绍

灯光名称	灯光的主要作用	重要程度
目标灯光	模拟筒灯、射灯、壁灯等	高
自由灯光	模拟发光球、台灯等	中
mr 天空入口	模拟天空照明	低

4.2.1 目标灯光

目标灯光带有一个目标点，用于指向被照明物体，如图4-6所示。目标灯光主要用来模拟现实中的筒灯、射灯和壁灯等，其默认参数包含10个卷展栏，如图4-7所示。

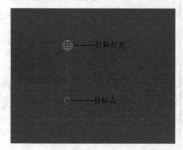

图4-6　　　　　图4-7

1.常规参数卷展栏

展开"常规参数"卷展栏，如图4-8所示。

常规参数卷展栏重要参数介绍

① 灯光属性组

启用： 控制是否开启灯光。

目标： 启用该选项后，目标灯光才有目标点；如果禁用该选项，目标灯光没有目标点，将变成自由灯光，如图4-9所示。

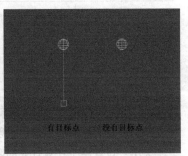

图4-8   图4-9

> 🏃 **技巧与提示**
>
> 目标灯光的目标点并不是固定不可调节的，可以对它进行移动、旋转等操作。

目标距离： 用来显示目标的距离。

② 阴影组

启用： 控制是否开启灯光的阴影效果。

使用全局设置： 如果启用该选项，该灯光投射的阴影将影响整个场景的阴影效果；如果关闭该选项，则必须选择渲染器使用哪种方式来生成特定的灯光阴影。

阴影类型列表： 设置渲染器渲染场景时使用的阴影类型，包括"高级光线跟踪""mental ray阴影贴图""区域阴影""阴影贴图""光线跟踪阴影""VRay阴影""VRay阴影贴图"7种类型，如图4-10所示。

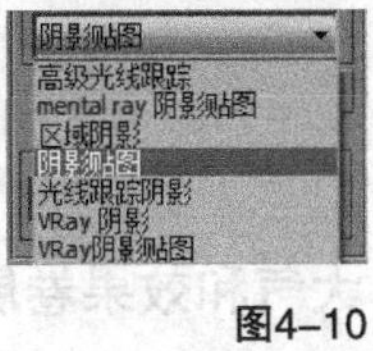

图4-10

排除 ：将选定的对象排除于灯光效果之外。单击该按钮可以打开"排除/包含"对话框，如图4-11所示。

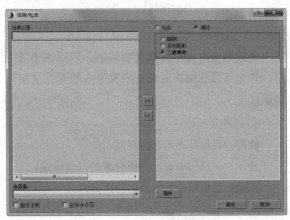

图4-11

③ 灯光分布（类型）组

灯光分布类型列表： 设置灯光的分布类型，包含"光度学Web""聚光灯""统一漫反射""统一球形"4种类型。

2.强度/颜色/衰减卷展栏

展开"强度/颜色/衰减"卷展栏，如图4-12所示。

强度/颜色/衰减卷展栏重要参数介绍

① 颜色组

灯光： 挑选公用灯光，以近似灯光的光谱特征。

开尔文： 通过调整色温微调器来设置灯光的颜色。

图4-12

过滤颜色： 使用颜色过滤器来模拟置于灯光上的过滤色效果。

② 强度组

lm（流明）： 测量整个灯光（光通量）的输出功率。100W的通用灯泡约有1750 lm的光通量。

cd（坎德拉）： 用于测量灯光的最大发光强度，通常沿着瞄准发射。100W通用灯泡的发光强度约为139 cd。

lx（lux）： 测量由灯光引起的照度，该灯光以一定距离照射在曲面上，并面向灯光的方向。

③ 暗淡组

结果强度： 用于显示暗淡所产生的强度。

暗淡百分比：启用该选项后，该值会指定用于降低灯光强度的"倍增"。

光线暗淡时白炽灯颜色会切换：启用该选项之后，灯光可以在暗淡时通过产生更多的黄色来模拟白炽灯。

④ 远距衰减组

使用：启用灯光的远距衰减。

显示：在视口中显示远距衰减的范围设置。

开始：设置灯光开始淡出的距离。

结束：设置灯光减为0时的距离。

3.图形/区域阴影卷展栏

展开"图形/区域阴影"卷展栏，如图4-13所示。

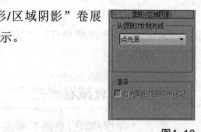

图4-13

图形/区域阴影卷展栏重要参数介绍

从（图形）发射光线：选择阴影生成的图形类型，包括"点光源""线""矩形""圆形""球体""圆柱体"6种类型。

灯光图形在渲染中可见：启用该选项后，如果灯光对象位于视野之内，那么灯光图形在渲染中会显示为自供照明（发光）的图形。

4.阴影参数卷展栏

展开"阴影参数"卷展栏，如图4-14所示。

阴影参数卷展栏重要参数介绍

① 对象阴影组

颜色：设置灯光阴影的颜色，默认为黑色。

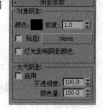

图4-14

密度：调整阴影的密度。

贴图：启用该选项，可以使用贴图来作为灯光的阴影。

None（无） ▮▮▮None▮▮▮：单击该按钮可以选择贴图作为灯光的阴影。

灯光影响阴影颜色：启用该选项后，可以将灯光颜色与阴影颜色（如果阴影已设置贴图）混合起来。

② 大气阴影组

启用：启用该选项后，大气效果如灯光穿过它们一样投射阴影。

不透明度：调整阴影的不透明度百分比。

颜色量：调整大气颜色与阴影颜色混合的量。

5.阴影贴图参数卷展栏

展开"阴影贴图参数"卷展栏，如图4-15所示。

图4-15

阴影贴图参数卷展栏重要参数介绍

偏移：将阴影移向或移离投射阴影的对象。

大小：设置用于计算灯光的阴影贴图的大小。

采样范围：决定阴影内平均有多少个区域。

绝对贴图偏移：启用该选项后，阴影贴图的偏移是不标准化的，但是该偏移在固定比例的基础上会以3ds Max为单位来表示。

双面阴影：启用该选项后，计算阴影时物体的背面也将产生阴影。

> **技巧与提示**
>
> 注意，这个卷展栏的名称由"常规参数"卷展栏下的阴影类型来决定，不同的阴影类型具有不同的阴影卷展栏以及不同的参数选项。

6.大气和效果卷展栏

展开"大气和效果"卷展栏，如图4-16所示。

图4-16

大气和效果卷展栏重要参数介绍

添加 ▮添加▮：单击该按钮可以打开"添加大气或效果"对话框，如图4-17所示。在该对话框中可以将大气或渲染效果添加到灯光中。

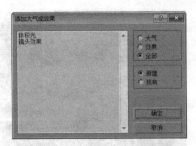

图4-17

删除 删除 ：添加大气或效果以后，在大气或效果列表中选择大气或效果，然后单击该按钮可以将其删除。

大气或效果列表：显示添加的大气或效果，如图4-18所示。

图4-18

设置 设置 ：在大气或效果列表中选择大气或效果以后，单击该按钮可以打开"环境和效果"对话框。在该对话框中可以对大气或效果参数进行更多的设置。

技巧与提示

关于"环境和效果"对话框，将在后面的章节中单独进行讲解。

课堂案例

用目标灯光制作射灯

场景位置	场景文件>CH04>01.max
实例位置	实例文件>CH04>课堂实例：用目标灯光制作射灯.max
视频名称	课堂实例：用目标灯光制作射灯.mp4
学习目标	学习如何用目标灯光模拟射灯照明

射灯照明效果如图4-19所示。

图4-19

① 打开"场景文件>CH04>01.max"文件，如图4-20所示。

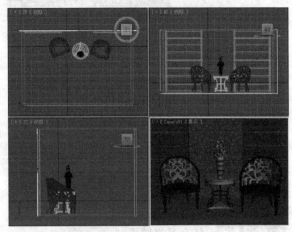

图4-20

② 设置灯光类型为"光度学"，然后在前视图中创建一盏目标灯光，其位置如图4-21所示。

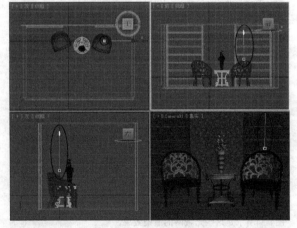

图4-21

③ 选择上一步创建的目标灯光，然后进入"修改"面板，具体参数设置如图4-22所示。

设置步骤

① 展开"常规参数"卷展栏，然后在"阴影"选项组下勾选"启用"选项，接着设置"灯光分布（类型）"为"光度学Web"。

② 展开"分布（光度学Web）"卷展栏，然后在其通道中加载一个"实例文件>CH04>课堂实例：用目标灯光制作射灯>经典筒灯.ies"文件。

③ 展开"强度/颜色/衰减"卷展栏，然后设置"过滤颜色"为（红:253，绿:204，蓝:164），接着设置"强度"为2000000。

121

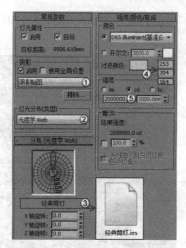

图4-22

知识点 什么是光域网？

将"灯光分布（类型）"设置为"光度学Web"后，系统会自动增加一个"分布（光度学Web）"卷展栏，在"分布（光度学Web）"通道中可以加载光域网文件。

光域网是灯光的一种物理性质，用来确定光在空气中的发散方式。

不同的灯光在空气中的发散方式也不相同，比如手电筒会发出一个光束，而壁灯或台灯发出的光又是另外一种形状，这些不同的形状是由灯光自身的特性来决定的，也就是说这些形状是由光域网造成的。灯光之所以会产生不同的图案，是因为每种灯在出厂时，厂家都要对每种灯指定不同的光域网。在3ds Max中，如果为灯光指定一个特殊的文件，就可以产生与现实生活中相同的发散效果，这种特殊文件的标准格式为.ies，图4-23所示是一些不同光域网的显示形态，图4-24所示是这些光域网的渲染效果。

图4-23

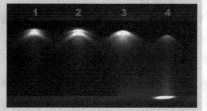

图4-24

04 使用"选择并移动"工具 选择目标灯光，然后按住Shift键移动复制一盏灯光到另外一把椅子的上方，如图4-25所示。

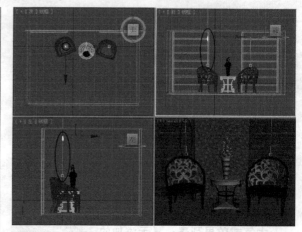

图4-25

05 设置灯光类型为VRay，然后在前视图中创建一盏VRay灯光，其位置如图4-26所示。

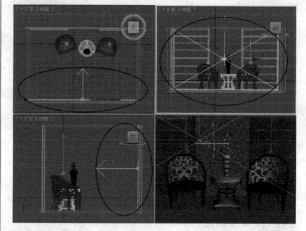

图4-26

06 选择上一步创建的VRay灯光，然后展开"参数"卷展栏，具体参数设置如图4-27所示。

设置步骤

① 展开"常规"卷展栏，然后设置"类型"为"平面"，接着设置"1/2长"为18809.65mm、"1/2宽"为10514.97mm。

② 展开"选项"卷展栏，然后取消勾选"不可见"选项。

③ 展开"采样"卷展栏，然后设置"细分"为8。

图4-27

07 继续在顶视图中创建一盏VRay灯光，其位置如图4-28所示。

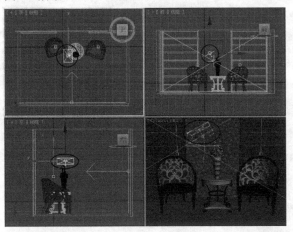

图4-28

08 选择上一步创建的VRay灯光，然后展开"参数"卷展栏，具体参数设置如图4-29所示。

设置步骤

① 展开"常规"卷展栏，然后设置"类型"为"平面"，接着设置"1/2长"为1330.923mm、"1/2宽"为1668.339mm。

② 展开"选项"卷展栏，然后取消勾选"不可见"选项。

③ 展开"采样"卷展栏，然后设置"细分"为8。

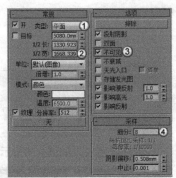

图4-29

技巧与提示

本例的两盏VRay灯光主要用来作为辅助照明。关于VRay灯光的相关知识，将在后面的内容中进行重点讲解。

09 按C键切换到摄影机视图，然后按F9键渲染当前场景，最终效果如图4-30所示。

图4-30

课堂案例

用目标灯光制作壁灯

场景位置	场景文件>CH04>02.max
实例位置	实例文件>CH04>课堂实例：用目标灯光制作壁灯.max
视频名称	课堂实例：用目标灯光制作壁灯.mp4
学习目标	学习如何用目标灯光模拟壁灯照明

壁灯照明效果如图4-31所示。

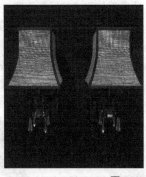

图4-31

01 打开"场景文件>CH04>02.max"文件，如图4-32所示。

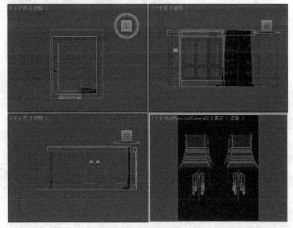

图4-32

02 设置灯光类型为"光度学"，然后在左视图中创建一盏目标灯光，其位置如图4-33所示。

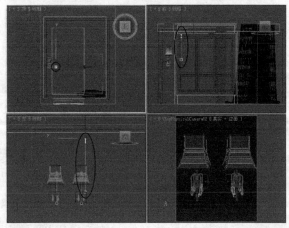

图4-33

123

03 选择上一步创建的目标灯光，然后进入"修改"面板，具体参数设置如图4-34所示。

设置步骤

① 展开"常规参数"卷展栏，然后在"阴影"选项组下勾选"启用"选项，接着设置阴影类型为"VR-阴影"，最后设置"灯光分布（类型）"为"光度学Web"。

② 展开"分布（光度学Web）"卷展栏，然后在其通道中加载一个"实例文件>CH04>课堂实例：用目标灯光制作壁灯>2.IES"文件。

③ 展开"强度/颜色/衰减"卷展栏，然后设置"过滤颜色"为（红:254，绿:203，蓝:136），接着设置"强度"为2700。

④ 展开"VRay阴影参数"卷展栏，然后设置"U大小""V大小""W大小"为20cm。

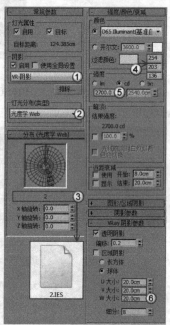

图4-34

04 使用"选择并移动"工具 🔢 选择目标灯光，然后按照Shift键移动复制一盏灯光到如图4-35所示的位置。

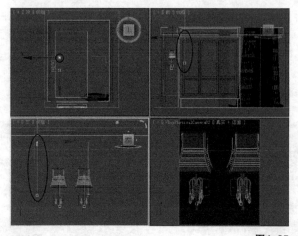

图4-35

05 按C键切换到摄影机视图，然后按F9键渲染当前场景，最终效果如图4-36所示。

图4-36

4.2.2 自由灯光

自由灯光没有目标点，常用来模拟发光球、台灯等。自由灯光的参数与目标灯光的参数完全一样，如图4-37所示。

图4-37

课堂案例

用自由灯光制作台灯

场景位置	场景文件>CH04>03.max
实例位置	实例文件>CH04>课堂实例：用自由灯光制作台灯.max
视频名称	课堂实例：用自由灯光制作台灯.mp4
学习目标	学习如何用自由灯光模拟台灯照明

台灯照明效果如图4-38所示。

图4-38

01 打开"场景文件>CH04>03.max"文件，如图4-39所示。

124

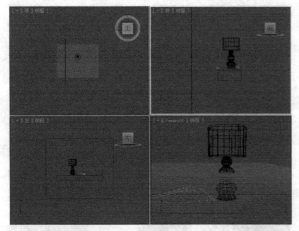

图4-39

02 设置灯光类型为"光度学"，然后在灯罩下面创建一盏自由灯光，如图4-40所示。

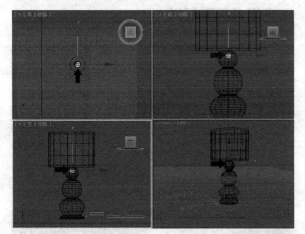

图4-40

03 选择上一步创建的自由灯光，然后进入"修改"面板，具体参数设置如图4-41所示。

设置步骤

① 展开"常规参数"卷展栏，然后在"阴影"选项组下勾选"启用"选项，接着设置阴影类型为"VR-阴影"，最后设置"灯光分布（类型）"为"统一球形"。

② 展开"强度/颜色/衰减"卷展栏，然后设置"过滤颜色"为（红:255，绿:225，蓝:172），接着设置"强度"为60。

③ 展开"VRay阴影参数"卷展栏，然后勾选"区域阴影"选项，接着设置"U大小""V大小""W大小"为100mm，最后设置"细分"为20。

技巧与提示

如果渲染场景时使用的是VRay渲染器，那么最好设置阴影类型为"VRay阴影"，因为这样渲染出来的阴影效果会比较理想一些。

图4-41

04 设置灯光类型为VRay，然后在左视图中创建一盏VRay灯光，其位置如图4-42所示。

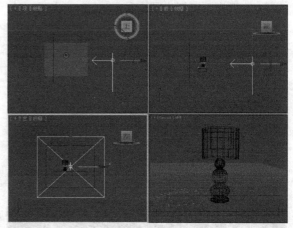

图4-42

05 选择上一步创建的VRay灯光，然后展开"参数"卷展栏，具体参数设置如图4-43所示。

设置步骤

① 展开"常规"卷展栏，然后设置"类型"为"平面"。

② 接着设置"1/2长"为338.007mm、"1/2宽"为299.631mm。

③ 展开"选项"卷展栏，然后取消勾选"不可见"选项。

④ 展开"采样"卷展栏，然后设置"细分"为20。

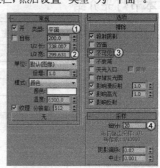

图4-43

125

06 按C键切换到摄影机视图，然后按F9键渲染当前场景，最终效果如图4-44所示。

图4-44

4.2.3 mr 天光入口

　　mr 天光入口灯光是一种mental ray灯光，与VRay灯光比较相似，不过mr 天光入口灯光必须配合天光才能使用，其参数设置面板如图4-45所示。

> ☺ 技巧与提示
> 　　mr 天光入口灯光在实际工作中基本上不会用到，因此这里不对其进行讲解。

图4-45

4.3 标准灯光

　　"标准"灯光包括8种类型，分别是"目标聚光灯""自由聚光灯""目标平行光""自由平行光""泛光""天光"、mr Area Omni和mr Area Spot。

本节灯光介绍

灯光名称	灯光的主要作用	重要程度
目标聚光灯	模拟吊灯、手电筒等	高
自由聚光灯	模拟动画灯光	低
目标平行光	模拟自然光	高
自由平行光	模拟太阳光	中
泛光	模拟烛光	中
天光	模拟天空光	低
mr Area Omni	与泛光类似	低
mr Area Spot	与聚光灯类似	低

4.3.1 目标聚光灯

　　目标聚光灯可以产生一个锥形的照射区域，区域以外的对象不会受到灯光的影响，主要用来模拟吊灯、手电筒等发出的灯光。目标聚光灯由透射点和目标点组成，其方向性非常好，对阴影的塑造能力也很强，如图4-46所示，其参数设置面板如图4-47所示。

图4-46　　　　　　　图4-47

1.常规参数卷展栏

　　展开"常规参数"卷展栏，如图4-48所示。

常规参数卷展栏重要参数介绍

　　① 灯光类型组

　　启用：控制是否开启灯光。

图4-48

　　灯光类型列表：选择灯光的类型，包含"聚光灯""平行光""泛光灯"3种类型，如图4-49所示。

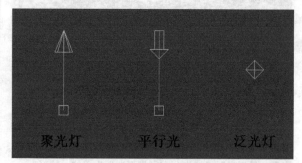

聚光灯　　　　　平行光　　　　　泛光灯

图4-49

> ☺ 技巧与提示
> 　　在切换灯光类型时，可以从视图中很直接地观察到灯光外观的变化。但是切换灯光类型后，场景中的灯光就会变成当前选择的灯光。

　　目标：如果启用该选项，灯光将成为目标聚光灯；如果关闭该选项，灯光将变成自由聚光灯。

　　② 阴影组

　　启用：控制是否开启灯光阴影。

使用全局设置：如果启用该选项，该灯光投射的阴影将影响整个场景的阴影效果；如果关闭该选项，则必须选择渲染器使用哪种方式来生成特定的灯光阴影。

阴影类型：切换阴影的类型来得到不同的阴影效果。

排除 排除...：将选定的对象排除于灯光效果之外。

2.强度/颜色/衰减卷展栏

展开"强度/颜色/衰减"卷展栏，如图4-50所示。

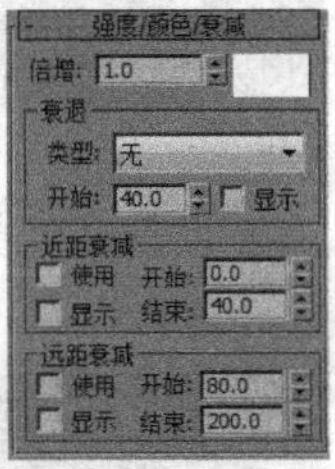

强度/颜色/衰减卷展栏重要参数介绍

① 倍增组

倍增：控制灯光的强弱程度。

图4-50

颜色：用来设置灯光的颜色。

② 衰退组

类型：指定灯光的衰退方式。"无"为不衰退；"倒数"为反向衰退；"平方反比"是以平方反比的方式进行衰退。

> **技巧与提示**
> 如果"平方反比"衰退方式使场景太暗，可以按大键盘上的8键打开"环境和效果"对话框，然后在"全局明明"选项组下适当加大"级别"值来提高场景亮度。

开始：设置灯光开始衰退的距离。

显示：在视口中显示灯光衰退的效果。

③ 近距衰减组

近距衰减：该选项组用来设置灯光近距离衰退的参数。

使用：启用灯光近距离衰退。

显示：在视口中显示近距离衰退的范围。

开始：设置灯光开始淡出的距离。

结束：设置灯光达到衰退最远处的距离。

④ 远距衰减组

远距衰减：该选项组用来设置灯光远距离衰退的参数。

使用：启用灯光的远距离衰退。

显示：在视口中显示远距离衰退的范围。

开始：设置灯光开始淡出的距离。

结束：设置灯光衰退为0的距离。

3.聚光灯参数卷展栏

展开"聚光灯参数"卷展栏，如图4-51所示。

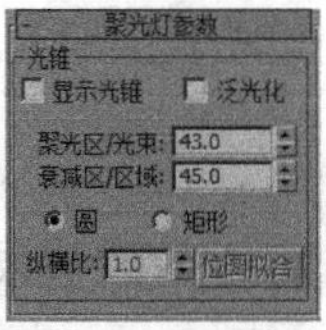

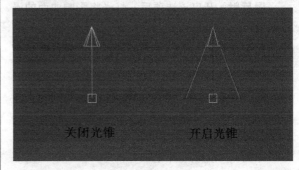

图4-51

聚光灯参数卷展栏重要参数介绍

显示光锥：控制是否在视图中开启聚光灯的圆锥显示效果，如图4-52所示。

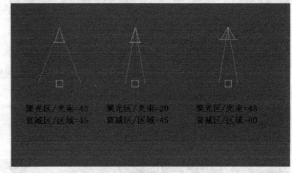

关闭光锥　　　　　　开启光锥

图4-52

泛光化：开启该选项时，灯光将在各个方向投射光线。

聚光区/光束：用来调整灯光圆锥体的角度。

衰减区/区域：设置灯光衰减区的角度，图4-53所示是不同"聚光区/光束"和"衰减区/区域"的光锥对比。

聚光区/光束=43　聚光区/光束=20　聚光区/光束=43
衰减区/区域=45　衰减区/区域=45　衰减区/区域=80

图4-53

圆/矩形：选择聚光区和衰减区的形状。

纵横比：设置矩形光束的纵横比。

位图拟合 位图拟合：如果灯光的投影纵横比为矩形，应设置纵横比以匹配特定的位图。

4.高级效果卷展栏

展开"高级效果"卷展栏，如图4-54所示。

图4-54

高级效果卷展栏重要参数介绍

① 影响曲面

对比度: 调整漫反射区域和环境光区域的对比度。

柔化漫反射边: 增加该选项的数值，可以柔化曲面的漫反射区域和环境光区域的边缘。

漫反射: 开启该选项后，灯光将影响曲面的漫反射属性。

高光反射: 开启该选项后，灯光将影响曲面的高光属性。

仅环境光: 开启该选项后，灯光仅仅影响照明的环境光。

② 投影贴图

贴图: 为投影加载贴图。

无　　　无　　: 单击该按钮可以为投影加载贴图。

课堂案例

用目标聚光灯制作台灯

场景位置	场景文件>CH04>04.max
实例位置	实例文件>CH04>课堂实例：用目标聚光灯制作台灯.max
视频名称	课堂实例：用目标聚光灯制作台灯.mp4
学习目标	学习如何用目标聚光灯模拟台灯照明

台灯照明效果如图4-55所示。

图4-55

01 打开"场景文件>CH04>04.max"文件，如图4-56所示。

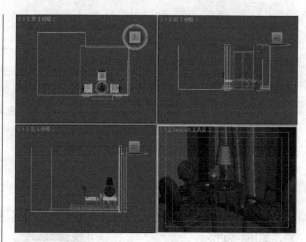

图4-56

02 设置灯光类型为"标准"，然后在左视图中创建一盏目标聚光灯，其位置如图4-57所示。

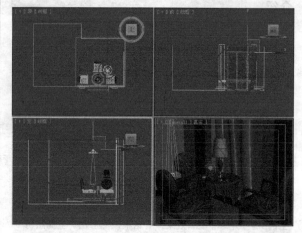

图4-57

03 选择上一步创建的目标聚光灯，然后进入"修改"面板，具体参数设置如图4-58所示。

设置步骤

① 展开"常规参数"卷展栏，然后在"阴影"选项组下勾选"启用"选项。

② 展开"强度/颜色/衰减"卷展栏，然后设置"倍增"为0.8，接着设置"颜色"为（红:248，绿:215，蓝:158）。

图4-58

04 使用"选择并移动"工具 ![] 选择目标聚光灯，然后按住Shift键在顶视图中向左移动复制一盏目标聚光灯，其位置如图4-59所示。

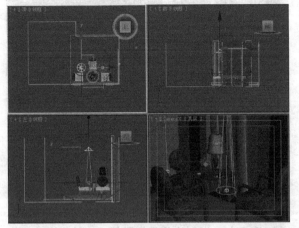

图4-59

05 继续在台灯的灯罩内创建一盏目标聚光灯，其位置如图4-60所示。

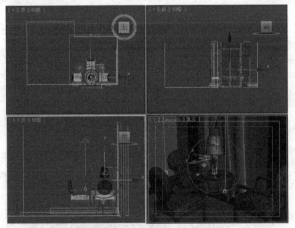

图4-60

06 选择上一步创建的目标聚光灯，然后进入"修改"面板，具体参数设置如图4-61所示。

设置步骤

① 展开"常规参数"卷展栏，然后在"阴影"选项组下勾选"启用"选项。

② 展开"强度/颜色/衰减"卷展栏，然后设置"倍增"为2，接着设置"颜色"为（红:248，绿:215，蓝:158）。

图4-61

07 按C键切换到摄影机视图，然后按F9键渲染当前场景，最终效果如图4-62所示。

图4-62

4.3.2 自由聚光灯

自由聚光灯与目标聚光灯的参数基本一致，只是它无法对发射点和目标点分别进行调节，如图4-63所示。自由聚光灯特别适合用来模拟一些动画灯光，比如舞台上的射灯。

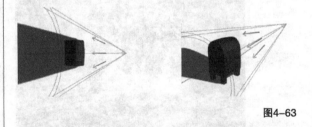

图4-63

4.3.3 目标平行光

目标平行光可以产生一个照射区域，主要用来模拟自然光线的照射效果，如图4-64所示。如果将目标平行光作为体积光来使用的话，那么可以用它模拟出激光束等效果。

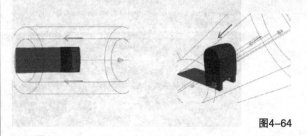

图4-64

虽然目标平行光可以用来模拟太阳光，但是它与目标聚光灯的灯光类型却不相同。目标聚光灯的灯光类型是聚光灯，而目标平行光的灯光类型是平行光，从外形上看，目标聚光灯更像锥形，而目标平行光更像筒形，如图4-65所示。

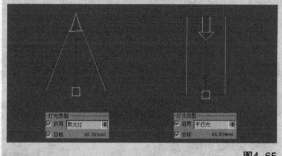

图4-65

课堂案例

用目标平行光制作阴影场景

场景位置	场景文件>CH04>05.max
实例位置	实例文件>CH04>课堂实例：用目标平行光制作阴影场景.max
视频名称	课堂实例：用目标平行光制作阴影场景.mp4
学习目标	学习如何用目标平行光制作物体的阴影

阴影场景效果如图4-66所示。

图4-66

01 打开"场景文件>CH04>05.max"文件，如图4-67所示。

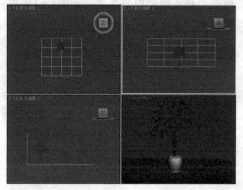

图4-67

02 设置灯光类型为"标准"，然后在场景中创建一盏目标平行光，其位置如图4-68所示。

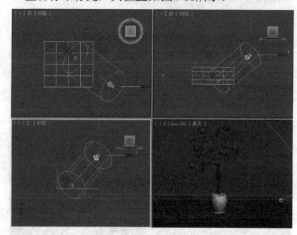

图4-68

03 选择上一步创建的目标平行光，然后进入"修改"面板，具体参数设置如图4-69所示。

设置步骤

① 展开"常规参数"卷展栏，然后在"阴影"选项组下勾选"启用"选项，接着设置阴影类型为"阴影贴图"。

② 展开"强度/颜色/衰减"卷展栏，然后设置"倍增"为4。

③ 展开"平行光参数"卷展栏，然后设置"聚光区/光束"为300mm、"衰减区/区域"为600mm。

④ 展开"阴影参数"卷展栏，然后在"贴图"通道中加载"实例文件>CH04>课堂实例：用目标平行光制作阴影场景>阴影贴图.jpg"文件。

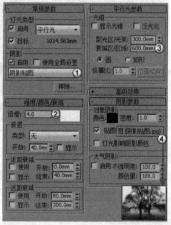

图4-69

知 识 点 加载位图贴图

在制作材质或某些效果时，经常需要加载位图贴图，在这里就以步骤（3）中加载的"阴影贴图.jpg"为例来讲解其加载方法。

第1步：在"贴图"选项后面单击"无"按钮 ___无___ ，打开"材质/贴图浏览器"对话框，然后双击"位图"选项，如图4-70所示。

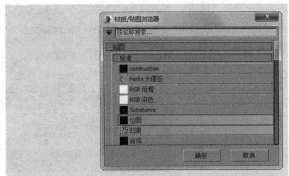

图4-70

第2步：在弹出的"选择位图图像文件"对话框中选择想要加载的贴图，然后单击"打开"按钮 打开(O)，如图4-71所示。

图4-71

另外注意一点，阴影贴图需要在Photoshop及其他的后期软件中进行模糊处理，这样在渲染时阴影边缘才会产生虚化效果。

04 按C键切换到摄影机视图，然后按F9键渲染当前场景，最终效果如图4-72所示。

图4-72

课堂案例

用目标平行光制作卧室日光效果

场景位置	场景文件>CH04>06.max
实例位置	实例文件>CH04>课堂实例：用目标平行光制作卧室日光效果.max
视频名称	课堂实例：用目标平行光制作卧室日光效果.mp4
学习目标	学习如何用目标平行光模拟日光效果

卧室日光效果如图4-73所示。

图4-73

01 打开"场景文件>CH04>06.max"文件，如图4-74所示。

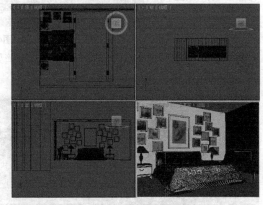

图4-74

02 设置灯光类型为"标准"，然后在室外创建一盏目标平行光，接着调整好目标点的位置，如图4-75所示。

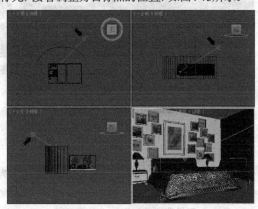

图4-75

03 选择上一步创建的目标平行光，然后进入"修改"面板，具体参数设置如图4-76所示。

设置步骤

① 展开"常规参数"卷展栏，然后在"阴影"选项组下勾选"启用"选项，接着设置阴影类型为"VR-阴影"。

② 展开"强度/颜色/衰减"卷展栏，然后设置"倍增"为3.5，接着设置"颜色"为（红:255，绿:245，蓝:221）。

③ 展开"平行光参数"卷展栏，然后设置"聚光区/光束"为290mm、"衰减区/区域"为292mm。

④ 展开"VRay阴影参数"卷展栏，然后勾选"区域阴影"选项，接着设置"U大小""V大小""W大小"为10mm，最后设置"细分"为12。

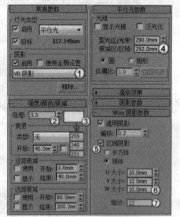

图4-76

04 设置灯光类型为VRay，然后在左侧的墙壁处创建一盏VRay灯光，其位置如图4-77所示。

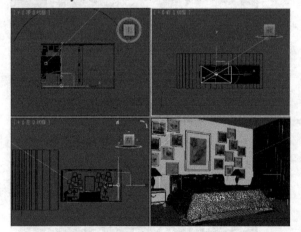

图4-77

05 选择上一步创建的VRay灯光，然后进入"修改"面板，接着展开"参数"卷展栏，具体参数设置如图4-78所示。

设置步骤

① 展开"常规"卷展栏，然后设置"类型"为"平面"，接着设置"1/2长"为82.499mm、"1/2宽"为45.677mm，再设置"倍增"为4。

② 展开"选项"卷展栏，然后取消勾选"不可见"选项。

③ 展开"采样"卷展栏，然后设置"细分"为10。

图4-78

06 按C键切换到摄影机视图，然后按F9键渲染当前场景，最终效果如图4-79所示。

图4-79

4.3.4 自由平行光

自由平行光能产生一个平行的照射区域，常用来模拟太阳光，如图4-80所示。

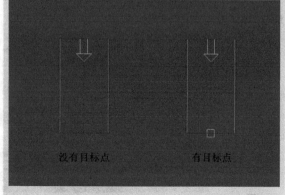

图4-80

技巧与提示

自由平行光和自由聚光灯一样，没有目标点，当勾选"目标"选项时，自由平行光会自动变成目标平行光，如图4-81所示。因此这两种灯光之间是相互关联的。

没有目标点　　　　　　有目标点

图4-81

4.3.5 泛光

泛光可以向周围发散光线，其光线可以到达场景中无限远的地方，如图4-82所示。泛光比较容易创建和调节，能够均匀地照射场景，但是在一个场景中如果使用太多泛光，可能会导致场景明暗层次变暗，缺乏对比。

图4-82

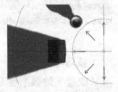

02 设置灯光类型为"标准"，然后在左视图中创建一盏目标聚光灯，其位置如图4-85所示。

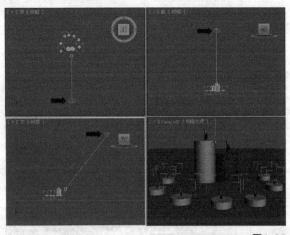

图4-85

03 选择上一步创建的目标聚光灯，然后进入"修改"面板，具体参数设置如图4-86所示。

设置步骤

① 展开"常规参数"卷展栏，然后在"阴影"选项组下勾选"启用"选项。

② 展开"强度/颜色/衰减"卷展栏，然后设置"倍增"为0.05，接着设置"颜色"为（红:255，绿:222，蓝:158）。

图4-86

课堂案例

用泛光制作烛光

场景位置	场景文件>CH04>07.max
实例位置	实例文件>CH04>课堂实例：用泛光制作烛光.max
视频名称	多媒体教学>CH04>课堂实例：用泛光制作烛光.mp4
学习目标	学习泛光的用法

烛光效果如图4-83所示。

图4-83

01 打开"场景文件>CH04>07.max"文件，如图4-84所示。

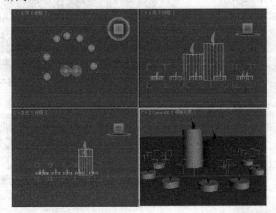

图4-84

04 设置灯光类型为"标准"，然后在蜡烛的火苗上创建一盏泛光，如图4-87所示。

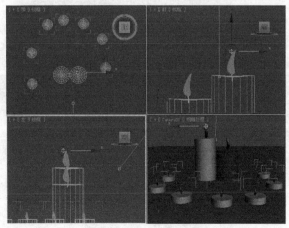

图4-87

05 选择上一步创建的泛光，然后在"强度/颜色/衰减"卷展栏下设置"倍增"为1、"颜色"为（红:255，绿:222，蓝:158），接着在"远距衰减"选项组下勾选"使用"和"显示"选项，最后设置"开始"为15.452mm、"结束"为54.6mm，具体参数设置如图4-88所示。

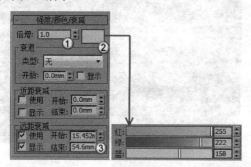

图4-88

06 使用"选择并移动"工具❖选择泛光，然后用移动复制功能复制若干盏泛光到其他火苗上（本例一共用了85盏泛光），如图4-89所示。

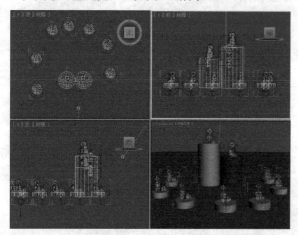

图4-89

技巧与提示

注意，在复制灯光时，应使用"实例"复制方式，这样在修改其中任何一盏泛光的参数时，其他灯光的参数也会跟着改变。

07 按大键盘上的8键，打开"环境和效果"对话框，单击"效果"选项卡，然后单击"添加"按钮 添加... ，接着在弹出的对话框中选择"镜头效果"选项，最后单击"确定"按钮 确定 ，如图4-90所示。

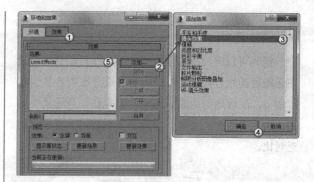

图4-90

技巧与提示

键盘上的数字键分为两种，一种是大键盘上的数字键，另外一种是小键盘上的数字键，如图4-91所示。

图4-91

08 在"效果"列表中选择加载的"镜头效果"，然后在"镜头效果参数"卷展栏下的左侧列表中选择光晕效果，接着单击两次 按钮，为"镜头效果"加载两个光晕效果，如图4-92所示。

图4-92

技巧与提示

环境和效果将在后面的章节中进行详细讲解，在这里加载"镜头效果"主要是为了在最终渲染中产生光晕效果。

09 选择加载的第1个光晕，然后展开"光晕元素"卷展栏，接着单击"参数"选项卡，并设置"大小"为1；单击"选项"选项卡，然后勾选"材质ID"选项，并设置ID为1，具体参数设置如图4-93所示。

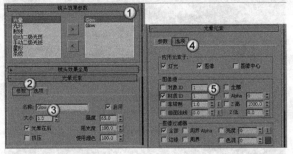

图4-93

⑩ 选择加载的第2个光晕，然后展开"光晕元素"卷展栏，接着单击"参数"选项卡，并设置"大小"为10；单击"选项"选项卡，然后勾选"材质ID"选项，并设置ID为1，具体参数设置如图4-94所示。

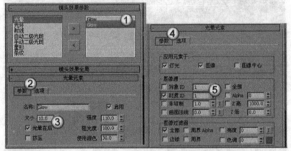

图4-94

⑪ 按C键切换到摄影机视图，然后按F9键渲染当前场景，最终效果如图4-95所示。

图4-95

4.3.6 天光

天光（所有"标准灯光"相同）都是基于计算

机对象的灯光，它不具有物理光学的强度值，但可以使用数值（倍增）来模拟物理强度。天光可以作为场景唯一的光源，也可以与其他灯光配合使用，实现高光和投射锐边阴影，如图4-96所示。

天光的参数比较少，只有一个"天光参数"卷展栏，如图4-97所示。

图4-96   图4-97

天光重要参数介绍

启用： 控制是否开启天光。

倍增： 控制天光的强弱程度。

使用场景环境： 使用"环境与特效"对话框中设置的"环境光"颜色作为天光颜色。

天空颜色： 设置天光的颜色。

贴图： 指定贴图来影响天光的颜色。

投影阴影： 控制天光是否投射阴影。

每采样光线数： 计算落在场景中每个点的光子数目。

光线偏移： 设置光线产生的偏移距离。

4.3.7 mr Area Omni

使用mental ray渲染器渲染场景时，mr Area Omni可以从球体或圆柱体区域发射光线，而不是从点发射光线。如果使用的是默认扫描线渲染器，mr Area Omni会像泛光一样发射光线。

mr Area Omni相对于泛光的渲染速度要慢一些，它与泛光的参数基本相同，只是在mr Area Omni增加了一个"区域灯光参数"卷展栏，如图4-98所示。

图4-98

区域灯光重要参数介绍

启用： 控制是否开启区域灯光。

在渲染器中显示图标： 启用该选项后，mental

ray渲染器将渲染灯光位置的黑色形状。

类型：指定区域灯光的形状。球形体积灯光一般采用"球体"类型，而圆柱形体积灯光一般采用"圆柱体"类型。

半径：设置球体或圆柱体的半径。

高度：设置圆柱体的高度，只有区域灯光为"圆柱体"类型时才可用。

采样U/V：设置区域灯光投射阴影的质量。

技巧与提示

对于球形灯光，U向将沿着半径来指定细分数，而V向将指定角度的细分数；对于圆柱形灯光，U向将沿高度来指定采样细分数，而V向将指定角度的细分数，图4-99和图4-100所示是U、V值分别为5和30时的阴影效果。从这两张图中可以明显地观察出U、V值越大，阴影效果就越精细。

图4-99　　　　　　　　图4-100

课堂案例

用mr Area Omni制作荧光管

场景位置	场景文件>CH04>08.max
实例位置	实例文件>CH04>课堂实例：用mr Area Omni制作荧光管.max
视频名称	课堂实例：用mr Area Omni制作荧光管.mp4
学习目标	学习mr Area Omni的用法

荧光管发光效果如图4-101所示。

图4-101

① 打开"场景文件>CH04>08.max"文件，如图4-102所示。

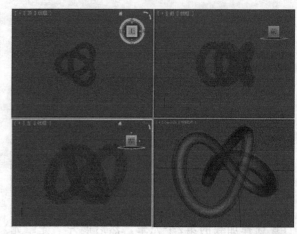

图4-102

② 设置灯光类型为"标准"，然后在荧光管内部创建一盏mr Area Omni，如图4-103所示。

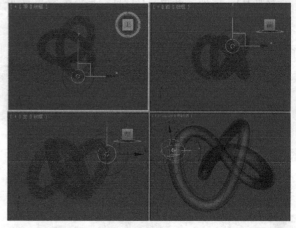

图4-103

③ 选择上一步创建的mr Area Omni，然后进入"修改"面板，具体参数设置如图4-104所示。

设置步骤

① 展开"常规参数"卷展栏，然后在"阴影"选项组下勾选"启用"选项，接着设置阴影类型为"光线跟踪阴影"。

② 展开"强度/颜色/衰减"卷展栏，然后设置"倍增"为0.2，接着设置"颜色"为（红:112，绿:162，蓝:255），最后在"远距衰减"选项组下勾选"显示"选项，并设置"开始"为66mm、"结束"为154mm。

图4-104

136

04 利用复制功能复制一些mr Area Omni到荧光管的其他位置（本例一共用了60盏mr Area Omni），如图4-105所示。

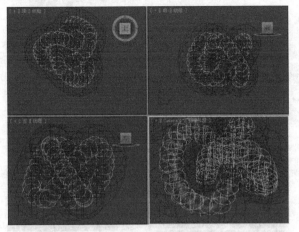

图4-105

技巧与提示

复制的灯光要均匀分布在荧光管内，这样渲染出来的效果才会更加理想。

05 按C键切换到摄影机视图，然后按F9键渲染当前场景，最终效果如图4-106所示。

图4-106

知 识 点 加载mental ray渲染器

在使用mental ray灯光时，需要将渲染器类型设置为mental ray渲染器，具体操作如下。

按F10键打开"渲染设置"对话框，然后在面板顶部的"渲染器"菜单中选择"mental ray渲染器"，如图4-107所示。

图4-107

4.3.8 mr Area Spot

使用mental ray渲染器渲染场景时，mr Area Spot可以从矩形或蝶形区域发射光线，而不是从点发射光线。如果使用的是默认扫描线渲染器，mr Area Spot会像其他默认聚光灯一样发射光线。

mr Area Spot 和mr Area Omni的参数很相似，只是mr Area Spot 的灯光类型为"聚光灯"，因此它增加了一个"聚光灯参数"卷展栏，如图4-108所示。

图4-108

课堂案例

用mr Area Spot 制作焦散特效

场景位置	场景文件>CH04>09.max
实例位置	实例文件>CH04>课堂实例：用mr Area Spot 制作焦散特效.max
视频名称	课堂实例：用mr Area Spot 制作焦散特效.mp4
学习目标	学习mr Area Spot 的用法

焦散特效如图4-109所示。

图4-109

01 打开"场景文件>CH04>09.max"文件，如图4-110所示。

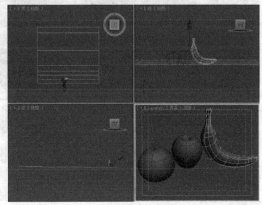

图4-110

137

知识点 焦散

　　焦散是光线穿过半透明和体积物体（如玻璃和水晶），或从其他金属物体表面反射的结果。当光线发射到场景中到达物体表面时，一部分光线会被物体表面反射，另一部分会以定向方式穿过物体表面，发生折射。光线碰撞到一个反射表面后，会以特殊的方式反弹开并指向一个靠近物体的焦点。同理，透明物体会使光线弯曲，其中一部分会指向其他表面上的一个焦点并产生焦散效果。焦散效果只在复数光线聚集到一个焦点（或区域）时才会出现。完全平坦的表面和物体不能够产生很好的焦散效果。因为这些表面总是趋于在各个方向上散射光线，很少有机会产生那些能使光线聚集到一起的焦点。

02　按F10键打开"渲染设置"对话框，设置渲染器为mental ray渲染器，然后单击"全局照明"选项卡，接着展开"焦散和光子贴图"卷展栏，最后在"焦散"选项组和"光子贴图"选项组下勾选"启用"选项，如图4-111所示。

图4-111

03　设置灯光类型为"标准"，然后在场景上方创建一盏天光，如图4-112所示。

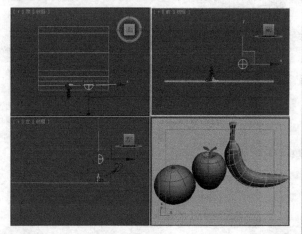

图4-112

04　选择上一步创建的天光，然后在"天光参数"卷展栏下设置"倍增"为0.42，接着设置"天空颜色"为（红:242，绿:242，蓝:255），如图4-113所示。

图4-113

05　在左视图中创建一盏mr Area Spot，其位置如图4-114所示。

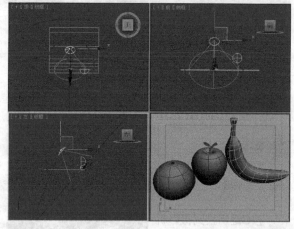

图4-114

06　选择上一步创建的mr Area Spot，然后进入"修改"面板，具体参数设置如图4-115所示。

设置步骤

① 展开"聚光灯参数"卷展栏，然后设置"聚光区/光束"为60、"衰减区/区域"为140。

② 展开"区域灯光参数"卷展栏，然后设置"高度"和"宽度"为500mm，接着在"采样"选项组下设置U、V值为8。

③ 展开"mental ray间接照明"卷展栏，然后关闭"自动计算能量与光子"选项，接着在"手动设置"选项组下勾选"启用"选项，最后设置"能量"为3000000、"焦散光子"为120000、"GI光子"为30000。

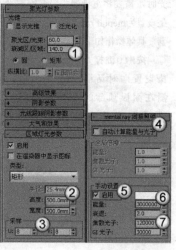

图4-115

138

07 选中场景中的3个对象，然后单击鼠标右键，并在弹出的菜单中选择"对象属性"命令，如图4-116所示，接着在弹出的"对象属性"对话框中单击mental ray选项卡，再勾选"生成焦散"选项，最后关闭"接收焦散"选项，如图4-117所示。

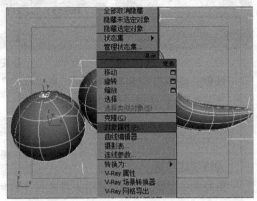

图4-116

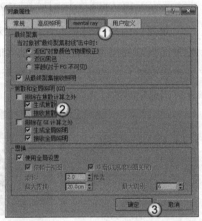

图4-117

技巧与提示

默认情况下所有物体都处于"接收焦散"状态，因此需要将场景中产生焦散效果的对象属性修改为"生成焦散"，而其他接收焦散的对象可以保持默认设置。

08 按C键切换到摄影机视图，然后按F9键渲染当前场景，最终效果如图4-118所示。

图4-118

4.4 VRay灯光

安装好VRay渲染器后，在"灯光"创建面板中就可以选择VRay灯光。VRay灯光包含4种类型，分别是"VRay灯光""VRayIES""VRay环境灯光""VRay太阳"，如图4-119所示。

图4-119

本节灯光介绍

灯光名称	灯光的主要作用	重要程度
Vray灯光	模拟室内环境的任何光源	高
VRay太阳	模拟真实的室外太阳光	高

技巧与提示

本节将着重讲解VRay灯光和VRay太阳，其他灯光在实际工作中一般都不会用到。

4.4.1 VRay灯光

VRay灯光主要用来模拟室内光源，是效果图制作中使用频率最高的一种灯光，其参数设置面板如图4-120所示。

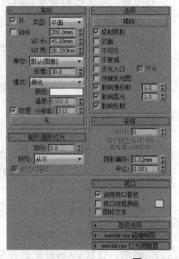

图4-120

VRay灯光重要参数介绍

① 常规选项组

开： 控制是否开启VRay灯光。

类型列表： 设置VRay灯光的类型，共有"平面""穹顶""球体""网格""圆形"5种类型，如图4-121所示。

图4-121

平面：将VRay灯光设置成平面形状。

穹顶：将VRay灯光设置成穹顶状，类似于3ds Max的天光，光线来自于位于灯光z轴的半球体状圆顶。

球体：将VRay灯光设置成穹球体。

网格：这种灯光是一种以网格为基础的灯光，必须拾取网格模型。

圆形：将VRay灯光设置成圆环形状。

目标：控制是否开启目标点。

1/2长：设置灯光的长度。

1/2宽：设置灯光的宽度。

半径：当前这个参数还没有被激活（即不能使用）。另外，这3个参数会随着VRay灯光类型的改变而发生变化。

单位：指定VRay灯光的发光单位，共有"默认（图像）""发光率（lm）""亮度（1m/ m?/sr）""辐射率（W）""辐射（W/m?/sr）"5种。

默认（图像）：VRay默认的单位，依靠灯光的颜色和亮度来控制灯光的最后强弱，如果忽略曝光类型的因素，灯光色彩将是物体表面受光的最终色彩。

发光率（lm）：当选择这个单位时，灯光的亮度将和灯光的大小无关（100W的亮度大约等于1500LM）。

亮度（1m/ m? /sr）：当选择这个单位时，灯光的亮度和它的大小有关系。

辐射率（W）：当选择这个单位时，灯光的亮度和灯光的大小无关。注意，这里的瓦特和物理上的瓦特不一样，比如这里的100W大约等于物理上的2~3瓦特。

辐射量（W/m? /sr）：当选择这个单位时，灯光的亮度和它的大小有关系。

倍增：设置VRay灯光的强度。

模式：设置VRay灯光的颜色模式，共有"颜色"和"色温"两种。

颜色：指定灯光的颜色。

温度：以温度模式来设置VRay灯光的颜色。

纹理：控制是否给VRay灯光添加纹理贴图。

分辨率：控制添加贴图的分辨率大小。

②矩形/圆形灯光选项组

定向：使用"平面"和"圆形"灯光时，控制灯光照射的方向，0为180°照射，1为光源大小的面

片照射，如图4-122和图4-123所示。

图4-122　　　　　　　　图4-123

预览：观察灯光定向的范围，有"选定""从不""始终"3种选项，如图4-124所示。

图4-124

③选项选项组

排除：用来排除灯光对物体的影响。

投射阴影：控制是否对物体的光照产生阴影。

双面：用来控制是否让灯光的双面都产生照明效果（当灯光类型设置为"平面"时有效，其他灯光类型无效），图4-125和图4-126所示分别是关闭与开启该选项时的灯光效果。

关闭　图4-125　　　　　　开启　图4-126

不可见：这个选项用来控制最终渲染时是否显示VRay灯光的形状，图4-127和图4-128所示分别是关闭与开启该选项时的灯光效果。

关闭　图4-127　　　　　　开启　图4-128

不衰减：在物理世界中，所有的光线都是有衰减的。如果勾选这个选项，VRay将不计算灯光的衰减效果，图4-129和图4-130所示分别是关闭与开启该选项时的灯光效果。

关闭 图4-129　　　　开启 图4-130

技巧与提示

在真实世界中，光线亮度会随着距离的增大而不断变暗，也就是说远离光源的物体的表面会比靠近灯光的物体表面更暗。

天光入口：这个选项是把VRay灯光转换为天光，这时的VRay灯光就变成了"间接照明（GI）"，失去了直接照明。当勾选这个选项时，"投射阴影""双面""不可见"等参数将不可用，这些参数将被VRay的天光参数所取代。

存储发光图：勾选这个选项，同时将"间接照明（GI）"里的"首次反弹"引擎设置为"发光图"时，VRay灯光的光照信息将保存在"发光图"中。在渲染光子的时候将变得更慢，但是在渲染出图时，渲染速度会提高很多。当渲染完光子的时候，可以关闭或删除这个VRay灯光，它对最后的渲染效果没有影响，因为它的光照信息已经保存在了"发光图"中。

影响漫反射：这个选项决定灯光是否影响物体材质属性的漫反射。

影响高光：这个选项决定灯光是否影响物体材质属性的高光。

影响反射：勾选该选项时，灯光将对物体的反射区进行光照，物体可以将光源进行反射。

④ 采样选项组

细分：这个参数控制VRay灯光的采样细分。当设置比较低的值时，会增加阴影区域的杂点，但是渲染速度比较快，如图4-131所示；当设置比较高的值时，会减少阴影区域的杂点，但是会减慢渲染速度，如图4-132所示。

细分=8　图4-131　　　　细分=16　图4-132

阴影偏移：这个参数用来控制物体与阴影的偏移距离，较高的值会使阴影向灯光的方向偏移。

中止：设置采样的最小阈值，小于这个数值采样将结束。

课堂案例

用VRay灯光制作灯泡照明

场景位置	场景文件>CH04>10.max
实例位置	实例文件>CH04>课堂实例：用VRay灯光制作灯泡照明.max
视频名称	课堂实例：用VRay灯光制作灯泡照明.mp4
学习目标	学习如何用VRay球形灯光模拟灯泡照明

灯泡照明效果如图4-133所示。

图4-133

01 打开"场景文件>CH04>10.max"文件，如图4-134所示。

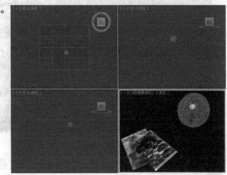

图4-134

02 设置灯光类型为VRay，然后在灯泡内创建一盏VRay灯光，其位置如图4-135所示。

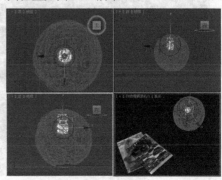

图4-135

03 选择上一步创建的VRay灯光，然后进入"修改"面板，接着展开"参数"卷展栏，具体参数设置如图4-136所示。

设置步骤

① 展开"常规"卷展栏，然后设置"类型"为"球体"，接着设置"半径"为23.164mm，再设置"倍增"为40，最后设置颜色为白色。

② 展开"采样"卷展栏，然后设置"细分"为30。

图4-136

04 按F9键测试渲染当前场景，效果如图4-137所示。

图4-137

05 继续在场景上方创建一盏VRay灯光作为辅助灯光，如图4-138所示。

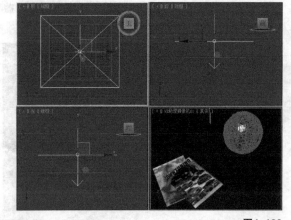

图4-138

06 选择上一步创建的VRay灯光，然后进入"修改"面板，接着展开"参数"卷展栏，具体参数设置如图4-139所示。

设置步骤

① 展开"常规"卷展栏，然后设置"类型"为"平面"，接着设置"1/2长"为1563.48mm、"1/2宽"为1383.4mm，再设置"倍增"为0.04，最后设置颜色为白色。

② 展开"选项"卷展栏，然后取消勾选"不可见"选项。

③ 展开"采样"卷展栏，然后设置"细分"为30。

图4-139

技巧与提示

注意，在创建VRay面灯光时，一般都要勾选"不可见"选项，这样在最终渲染的效果中才不会出现灯光的形状。

07 按C键切换到摄影机视图，然后按F9键渲染当前场景，最终效果如图4-140所示。

图4-140

课堂案例

用VRay灯光制作卧室灯光

场景位置	场景文件>CH04>11.max
实例位置	实例文件>CH04>课堂实例：用VRay灯光制作卧室灯光.max
视频名称	课堂实例：用VRay灯光制作卧室灯光.mp4
学习目标	学习如何用VRay灯光模拟屏幕照明

卧室灯光效果如图4-141所示。

图4-141

01 打开"场景文件>CH04>11.max"文件，如图4-142所示。

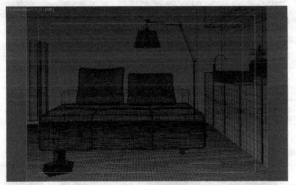

图4-142

02 下面创建环境光。设置灯光类型为VRay，然后在视图左侧创建一盏VRay灯光，其位置如图4-143所示。

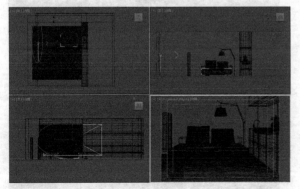

图4-143

03 选择上一步创建的VRay灯光，然后进入"修改"面板，接着展开"参数"卷展栏，具体参数设置如图4-144所示。

设置步骤

① 展开"常规"卷展栏，然后设置"类型"为"平面"，接着设置"1/2长"为233.771cm、"1/2宽"为119.287cm，再设置"倍增"为150，最后设置颜色为（红:11，绿:20，蓝:58）。

② 展开"选项"卷展栏，然后取消勾选"不可见"选项。

③ 展开"采样"卷展栏，然后设置"细分"为8。

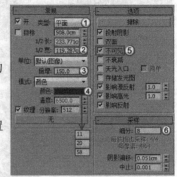

图4-144

04 设置灯光类型为VRay，然后在视图右侧创建一盏VRay灯光，其位置如图4-145所示。

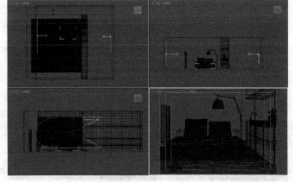

图4-145

05 选择上一步创建的VRay灯光，然后进入"修改"面板，接着展开"参数"卷展栏，具体参数设置如图4-146所示。

设置步骤

① 展开"常规"卷展栏，然后设置"类型"为"平面"，接着设置"1/2长"为200cm、"1/2宽"为100cm，再设置"倍增"为100，最后设置颜色为（红:6，绿:11，蓝:25）。

② 展开"选项"卷展栏，然后取消勾选"不可见"选项。

③ 展开"采样"卷展栏，然后设置"细分"为8。

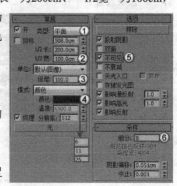

图4-146

06 按C键切换到摄影机视图，然后按F9键渲染当前场景，效果如图4-147所示。

图4-147

07 下面创建落地灯。在顶视图中创建一盏VRay灯光（放在台灯的灯罩内），其位置如图4-148所示。

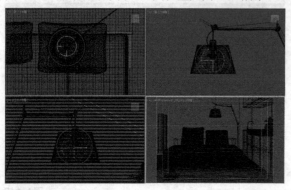

图4-148

08 选择上一步创建的VRay灯光，然后进入"修改"面板，接着展开"参数"卷展栏，具体参数设置如图4-149所示。

设置步骤

① 展开"常规"卷展栏，然后设置"类型"为"球体"，接着设置"半径"为11.323cm，再设置"倍增"为1500，最后设置颜色为（红:218，绿:128，蓝:56）。

② 展开"选项"卷展栏，然后取消勾选"不可见"选项。

③ 展开"采样"卷展栏，然后设置"细分"为16。

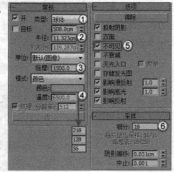

图4-149

09 按F9键测试渲染当前场景，效果如图4-150所示。

图4-150

🎬 课堂案例

用VRay灯光制作台灯灯光

场景位置	场景文件>CH04>12.max
实例位置	实例文件>CH04>课堂实例：用VRay灯光制作台灯灯光.max
视频名称	课堂实例：用VRay灯光制作台灯灯光.mp4
学习目标	学习如何用VRay灯光模拟台灯灯光

台灯灯光效果如图4-151所示。

图4-151

01 打开"场景文件>CH04>12.max"文件，如图4-152所示。

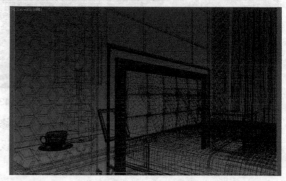

图4-152

02 设置灯光类型为VRay，然后在顶视图中创建一盏VRay灯光（放在最大的灯罩内），其位置如图4-153所示。

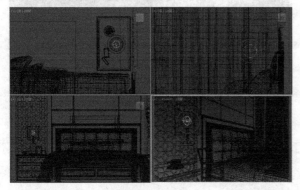

图4-153

03 选择上一步创建的VRay灯光，然后进入"修改"面板，接着展开"参数"卷展栏，具体参数设置如图4-154所示。

设置步骤

① 展开"常规"卷展栏，然后设置"类型"为"球体"，接着设置"半径"为50mm，再设置"倍增"为200，最后设置颜色为（红:255，绿:174，蓝:70）。

② 展开"选项"卷展栏，然后取消勾选"不可见"选项。

③ 展开"采样"卷展栏，然后设置"细分"为15。

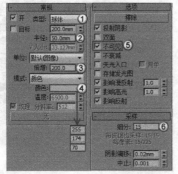

图4-154

04 将创建的VRay灯光以"实例"的形式复制到另一个灯罩内，位置如图4-155所示。

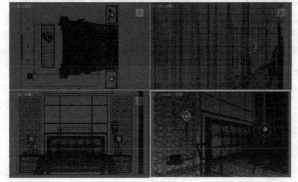

图4-155

05 按F9键渲染当前场景，效果如图4-156所示。

图4-156

06 设置灯光类型为VRay，然后在窗外创建一盏VRay灯光，其位置如图4-157所示。

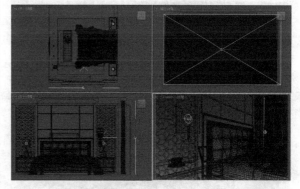

图4-157

07 选择上一步创建的VRay灯光，然后进入"修改"面板，接着展开"参数"卷展栏，具体参数设置如图4-158所示。

设置步骤

① 展开"常规"卷展栏，然后设置"类型"为"平面"，接着设置"1/2长"为2238.051mm、"1/2宽"为1283.588mm，再设置"倍增"为5，最后设置颜色为（红:32，绿:105，蓝:255）。

② 展开"采样"卷展栏，然后设置"细分"为15。

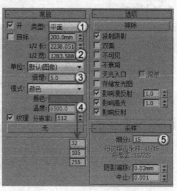

图4-158

08 按C键切换到摄影机视图，然后按F9键渲染当前场景，最终效果如图4-159所示。

图4-159

课堂案例

用VRay灯光制作客厅灯光

场景位置	场景文件>CH04>13.max
实例位置	实例文件>CH04>课堂实例：用VRay灯光制作客厅灯光.max
视频名称	课堂实例：用VRay灯光制作客厅灯光.mp4
学习目标	学习如何用VRay灯光模拟室内灯光

客厅灯光效果如图4-160所示。

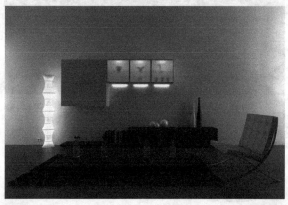

图4-160

01 打开"场景文件>CH04>13.max"文件，如图4-161所示。

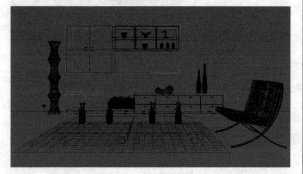

图4-161

02 设置灯光类型为VRay，然后在窗户外创建一盏VRay灯光，其位置如图4-162所示。

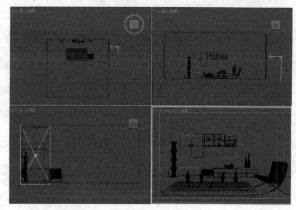

图4-162

03 选择上一步创建的VRay灯光，然后进入"修改"面板，接着展开"参数"卷展栏，具体参数设置如图4-163所示。

设置步骤

① 展开"常规"卷展栏，然后设置"类型"为"平面"，接着设置"1/2长"为884.031mm、"1/2宽"为1736.482mm，再设置"倍增"为6，最后设置颜色为（红:133，绿:190，蓝:255）。

② 展开"选项"卷展栏，然后取消勾选"不可见"选项。

③ 展开"采样"卷展栏，然后设置"细分"为16。

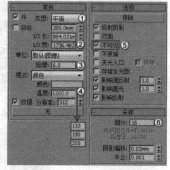

图4-163

04 继续在门口外面创建一盏VRay灯光，如图4-164所示。

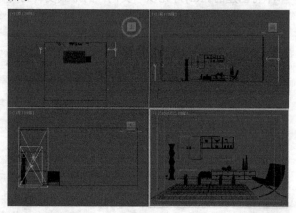

图4-164

05 选择上一步创建的VRay灯光，然后进入"修改"面板，接着展开"参数"卷展栏，具体参数设置如图4-165所示。

设置步骤

① 展开"常规"卷展栏，然后设置"类型"为"平面"，接着设置"1/2长"为884.031mm、"1/2宽"为1736.482mm，再设置"倍增"为6，最后设置颜色为（红:133，绿:190，蓝:255）。

② 展开"选项"卷展栏，然后取消勾选"不可见"选项。

③ 展开"采样"卷展栏，然后设置"细分"为16。

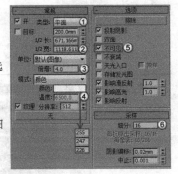

图4-165

06 在落地灯的5个灯罩内创建5盏VRay灯光，如图4-166所示。

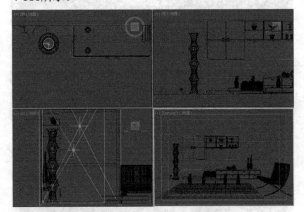

图4-166

技巧与提示

注意，这5个灯光最好用复制的方法来进行创建。先在一个灯罩内创建一盏VRay灯光，然后复制4盏到另外4个灯罩内，在复制时选择"实例"方式。

07 选择上一步创建的VRay灯光，然后进入"修改"面板，接着展开"参数"卷展栏，具体参数设置如图4-167所示。

设置步骤

① 展开"常规"卷展栏，然后设置"类型"为"球体"，接着设置"半径"为68.533mm，再设置"倍增"为4，最后设置颜色为（红:255，绿:144，蓝:54）。

② 展开"选项"卷展栏，然后取消勾选"不可见"选项。

③ 展开"采样"卷展栏，然后设置"细分"为8。

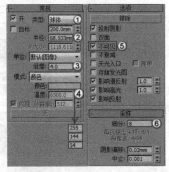

图4-167

技巧与提示

注意，这5盏VRay球体灯光的大小并不是全部相同的，中间的3盏灯光稍大一些，顶部和底部的两盏灯光要稍小一些，如图4-168所示。由于这些灯光是用"实例"复制方式创建的，因此如果改变其中一盏灯光的"半径"数值，其他的灯光也会跟着改变，所以顶部和底部的两盏灯光要用"选择并均匀缩放"工具来调整大小。

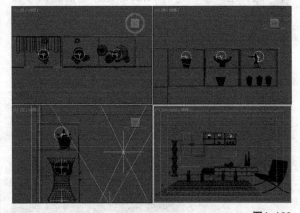

图4-168

08 在储物柜的装饰物内创建3盏VRay灯光，如图4-169所示。

图4-169

09 选择上一步创建的VRay灯光，然后进入"修改"面板，接着展开"参数"卷展栏，具体参数设置如图4-170所示。

设置步骤

① 展开"常规"卷展栏，然后设置"类型"为"球体"，接着设置"半径"为68.533mm，再设置"倍增"为

4,最后设置颜色为（红:169，绿:209，蓝:255）。

② 展开"选项"卷展栏，然后取消勾选"不可见"选项。

③ 展开"采样"卷展栏，然后设置"细分"为8。

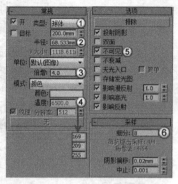

图4-170

⑩ 在储物柜的底部创建3盏VRay灯光，如图4-171所示。

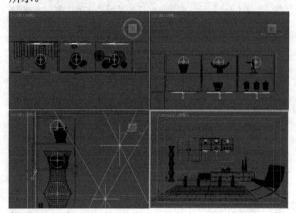

图4-171

⑪ 选择上一步创建的VRay灯光，然后进入"修改"面板，接着展开"参数"卷展栏，具体参数设置如图4-172所示。

设置步骤

① 展开"常规"卷展栏，然后设置"类型"为"平面"，接着设置"1/2长"为173.758mm、"1/2宽"为7.672mm，再设置"倍增"为10，最后设置颜色为（红:195，绿:223，蓝:255）。

② 展开"选项"卷展栏，然后取消勾选"不可见"选项。

③ 展开"采样"卷展栏，然后设置"细分"为8。

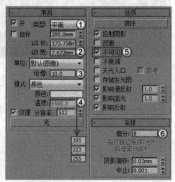

图4-172

⑫ 按C键切换到摄影机视图，然后按F9键渲染当前场景，最终效果如图4-173所示。

图4-173

🎵 课堂练习

用VRay灯光制作灯箱照明

场景位置	场景文件>CH04>14.max
实例位置	实例文件>CH04>课堂练习：用VRay灯光制作灯箱照明.max
视频名称	课堂练习：用VRay灯光制作灯箱照明.mp4
学习目标	练习如何用VRay灯光模拟灯箱照明

灯箱照明效果如图4-174所示。

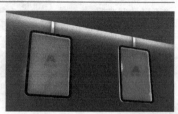

图4-174

布光参考如图4-175所示。

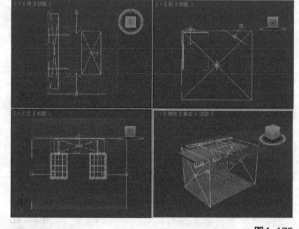

图4-175

🎵 课堂练习

用VRay灯光制作落地灯

场景位置	场景文件>CH04>15.max
实例位置	实例文件>CH04>课堂练习：用VRay灯光制作落地灯.max
视频名称	课堂练习：用VRay灯光制作落地灯.mp4
学习目标	练习如何用VRay灯光模拟落地灯照明及电脑屏幕照明

落地灯照明效果如图4-176所示。

图4-176

布光参考如图4-177所示。

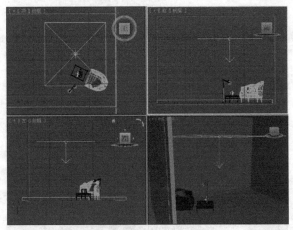

图4-177

用VRay灯光制作客厅台灯

场景位置	场景文件>CH04>16.max
实例位置	实例文件>CH04>课堂练习：用VRay灯光制作客厅台灯.max
视频名称	课堂练习：用VRay灯光制作客厅台灯.mp4
学习目标	练习如何用VRay球体灯光模拟台灯照明

客厅台灯照明效果如图4-178所示。

图4-178

布光参考如图4-179所示。

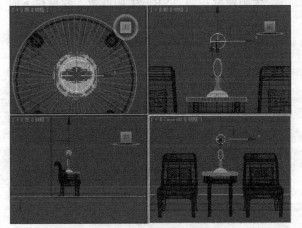

图4-179

4.4.2 VRay太阳

VRay太阳主要用来模拟真实的室外太阳光。

VRay太阳的参数比较简单，只包含一个"VRay太阳参数"卷展栏，如图4-180所示。

VRay太阳重要参数介绍

启用：阳光开关。

不可见：开启该选项后，在渲染的图像中将不会出现太阳的形状。

影响漫反射：该选项决定灯光是否影响物体材质属性的漫反射。

影响高光：该选项决定灯光是否影响物体材质属性的高光。

图4-180

投射大气阴影：开启该选项以后，可以投射大气的阴影，以得到更加真实的阳光效果。

浊度：这个参数控制空气的浊度，它影响VRay太阳和VRay天空的颜色。比较小的值表示晴朗干净的空气，此时VRay太阳和VRay天空的颜色比较蓝；较大的值表示灰尘含量重的空气（如沙尘暴），此时VRay太阳和VRay天空的颜色呈现为黄色甚至橘黄色，图4-181和图4-182所示分别是"浊度"值为2.5和10时的阳光效果。

浊度2.5 图4-181　　浊度10 图4-182

技巧与提示

当阳光穿过大气层时，一部分冷光被空气中的浮尘吸收，照射到大地上的光就会变暖。

臭氧：这个参数是指空气中臭氧的含量，较小的值的阳光比较黄，较大的值的阳光比较蓝，图4-183和图4-184所示分别是"臭氧"值为0.35和1时的阳光效果。

臭氧0.35 图4-183　　臭氧1 图4-184

强度倍增：这个参数是指阳光的亮度，默认值为1。

大小倍增：这个参数是指太阳的大小，它的作用主要表现在阴影的模糊程度上，较大的值可以使阳光阴影比较模糊。

阴影细分：这个参数是指阴影的细分，较大的值可以使模糊区域的阴影产生比较光滑的效果，并且没有杂点。

阴影偏移：用来控制物体与阴影的偏移距离，较高的值会使阴影向灯光的方向偏移。

光子发射半径：这个参数和"光子贴图"计算引擎有关。

天空模型：选择天空的模型，可以选晴天，也可以选阴天。

间接水平照明：该参数目前不可用。

地面反照率：通过颜色控制画面的反射颜色，图4-185和图4-186所示是白色和红色的反射效果。

图4-185   图4-186

排除 [排除...] ：将物体排除于阳光照射范围之外。

4.4.3 VRay天空

VRay天空是VRay灯光系统中的一个非常重要的照明系统。VRay没有真正的天光引擎，只能用环境光来代替，图4-187所示是在"环境贴图"通道中加载了一张"VRay天空"环境贴图，这样就可以得到

VRay的天光，再使用鼠标左键将"VRay天空"环境贴图拖曳到一个空白的材质球上，就可以调节VRay天空的相关参数。

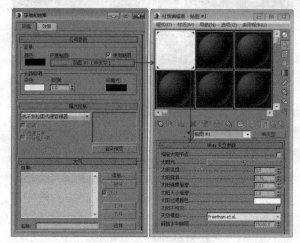

图4-187

VRay天空重要参数介绍

指定太阳节点：当关闭该选项时，VRay天空的参数将从场景中的VRay太阳的参数里自动匹配；当勾选该选项时，用户就可以从场景中选择不同的灯光，在这种情况下，VRay太阳将不再控制VRay天空的效果，VRay天空将用它自身的参数来改变天光的效果。

太阳光：单击后面的"无"按钮 [　无　] 可以选择太阳灯光，这里除了可以选择VRay太阳之外，还可以选择其他的灯光。

太阳浊度：与"VRay太阳参数"卷展栏下的"浊度"选项的含义相同。

太阳臭氧：与"VRay太阳参数"卷展栏下的"臭氧"选项的含义相同。

太阳强度倍增：与"VRay太阳参数"卷展栏下的"强度倍增"选项的含义相同。

太阳大小倍增：与"VRay太阳参数"卷展栏下的"大小倍增"选项的含义相同。

太阳过滤颜色：与"VRay太阳参数"卷展栏下的"过滤颜色"选项的含义相同。

太阳不可见：与"VRay太阳参数"卷展栏下的"不可见"选项的含义相同。

天空模型：与"VRay太阳参数"卷展栏下的"天空模型"选项的含义相同。

间接水平照明：该参数目前不可用。

技巧与提示

其实VRay天空是VRay系统中一个程序贴图，主要用来作为环境贴图或作为天光来照亮场景。在创建VRay太阳时，3ds Max会弹出如图4-188所示的对话框，提示是否将"VRay天空"环境贴图自动加载到环境中。

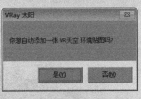

图4-188

课堂案例

用VRay太阳制作室内阳光

场景位置	场景文件>CH04>17.max
实例位置	实例文件>CH04>课堂实例：用VRay太阳制作室内阳光.max
视频名称	课堂实例：用VRay太阳制作室内阳光.mp4
学习目标	学习如何用VRay太阳模拟室内阳光

室内阳光效果如图4-189所示。

图4-189

① 打开"场景文件>CH04>17.max"文件，如图4-190所示。

图4-190

② 设置灯光类型为VRay，然后在前视图中创建一盏VRay太阳，其位置如图4-191所示。

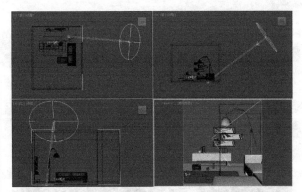

图4-191

技巧与提示

在创建VRay太阳时，3ds Max会弹出一个提示对话框，询问是否添加"VRay天空"环境贴图，如图4-192所示。这里需要添加，因此要单击"是"按钮 是(Y) 。

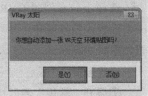

图4-192

③ 选择上一步创建的VRay太阳，然后在"VRay太阳参数"卷展栏下设置"强度倍增"为0.05、"大小倍增"为5、"阴影细分"为8，具体参数设置如图4-193所示。

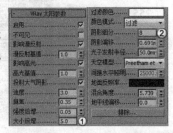

图4-193

④ 按F9键测试渲染当前场景，效果如图4-194所示。

图4-194

05 下面创建天光。在左视图中创建一盏VRay灯光，其位置如图4-195所示。

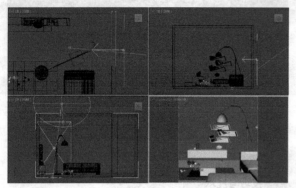

图4-195

06 选择上一步创建的VRay灯光，然后进入"修改"面板，接着展开"参数"卷展栏，具体参数设置如图4-196所示。

设置步骤

①展开"常规"卷展栏，然后设置"类型"为"平面"，接着设置"1/2长"为845mm、"1/2宽"为1263mm，再设置"倍增"为3，最后设置颜色为（红:154，绿:190，蓝:255）。

②展开"选项"卷展栏，然后取消勾选"不可见"选项。

③展开"采样"卷展栏，然后设置"细分"为15。

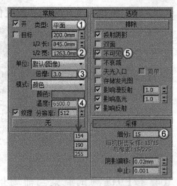

图4-196

07 按C键切换到摄影机视图，然后按F9键渲染当前场景，最终效果如图4-197所示。

图4-197

课堂案例

用VRay太阳制作室外阳光

场景位置	场景文件>CH04>18.max
实例位置	实例文件>CH04>课堂实例：用VRay太阳制作室外阳光.max
视频名称	课堂实例：用VRay太阳制作室外阳光.mp4
学习目标	学习如何用VRay太阳模拟室外阳光

室外阳光效果如图4-198所示。

图4-198

01 打开"场景文件>CH04>18.max"文件，如图4-199所示。

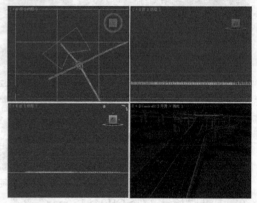

图4-199

02 设置灯光类型为VRay，然后在前视图中创建一盏VRay太阳，接着在弹出的对话框中单击"是"按钮 是(Y)，其位置如图4-200所示。

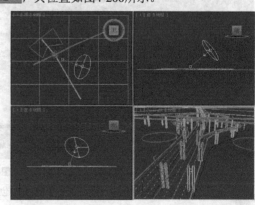

图4-200

03 选择上一步创建的VRay太阳，然后在"VRay太阳参数"卷展栏下设置"强度倍增"为0.075、"大小倍增"为10、"阴影细分"为10，具体参数设置如图4-201所示。

图4-201

04 按C键切换到摄影机视图，然后按F9键渲染当前场景，最终效果如图4-202所示。

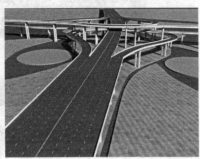
图4-202

知识点 在Photoshop中制作光晕特效

由于在3ds Max中制作光晕特效比较麻烦，而且比较耗费渲染时间，因此可以在渲染完成后在Photoshop中来制作光晕。光晕的制作方法如下。

第1步：启动Photoshop，然后打开前面渲染好的图像，如图4-203所示。

图4-203

第2步：按快捷键Shift+Ctrl+N新建一个"图层1"，然后设置前景色为黑色，接着按快捷键Alt+Delete用前景色填充"图层1"，如图4-204所示。

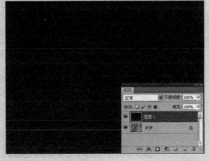
图4-204

第3步：执行"滤镜>渲染>镜头光晕"菜单命令，如图4-205所示，然后在弹出的"镜头光晕"对话框中将光晕中心拖曳到左上角，如图4-206所示，效果如图4-207所示。

图4-205

图4-206

图4-207

第4步：在"图层"面板中将"图层1"的"混合模式"调整为"滤色"模式，如图4-208所示。

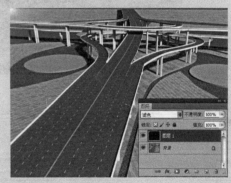
图4-208

第5步：为了增强光晕效果，可以按快捷键Ctrl+J复制一些光晕，如图4-209所示，效果如图4-210所示。

图4-209

图4-210

用VRay太阳制作室内下午阳光

场景位置	场景文件>CH04>19.max
实例位置	实例文件>CH04>课堂练习：用VRay太阳制作室内下午阳光.max
视频名称	课堂练习：用VRay太阳制作室内下午阳光.mp4
学习目标	练习如何用VRay太阳模拟室内阳光

室内下午阳光效果如图4-211所示。

图4-211

布光参考如图4-212所示。

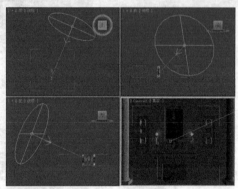

图4-212

用VRay太阳制作海滩黄昏光照

场景位置	场景文件>CH04>20.max
实例位置	实例文件>CH04>课堂练习：用VRay太阳制作海滩黄昏光照.max
视频名称	课堂练习：用VRay太阳制作海滩黄昏光照.mp4
学习目标	练习如何用VRay太阳模拟室外阳光

海滩黄昏光照效果如图4-213所示。

图4-213

布光参考如图4-214所示。

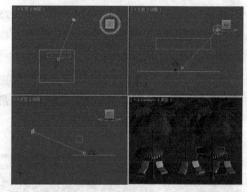

图4-214

4.5 本章小结

本章主要讲解了3ds Max中的各种灯光的相关运用，灯光的类型虽然比较多，但是有重要与次要之分。对于目标灯光、目标聚光灯、目标平行光、VRay灯光和VRay太阳，请读者务必要仔细领会其重要参数的作用，并且要多加练习这些灯光的布置方法。

4.6 课后习题

本章安排了3个课后习题。这3个课后习题都属于综合性较强的场景，因此制作起来有一定的难度，主要是针对在实际工作中最常用的一些灯光进行练习。

课后习题1：走廊灯光

场景位置	场景文件>CH04>21.max
习题位置	实例文件>CH04>课后习题1：走廊灯光.max
视频名称	课后习题1：走廊灯光.mp4
练习目标	练习目标灯光和VRay灯光

走廊灯光效果如图4-215所示。

图4-215

布光参考如图4-216所示。

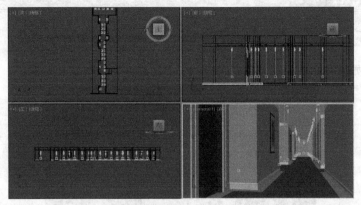

图4-216

课后习题2: 卧室柔和灯光

场景位置 场景文件>CH04>22.max
习题位置 实例文件>CH04>课后习题2: 卧室柔和灯光.max
视频名称 课后习题2: 卧室柔和灯光.mp4
练习目标 练习目标灯光、目标聚光灯和VRay灯光

卧室柔和灯光效果如图4-217所示。

图4-217

布光参考如图4-218所示。

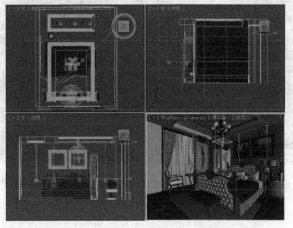

图4-218

课后习题3: 休闲室夜景

场景位置　场景文件>CH04>23.max
习题位置　实例文件>CH04>课后习题3: 休闲室夜景.max
视频名称　课后习题3: 休闲室夜景灯.mp4
练习目标　练习目标灯光和VRay灯光

休闲室夜景效果如图4-219所示。

图4-219

布光参考如图4-220所示。

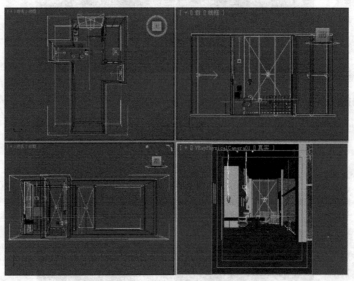

图4-220

第5章

摄影机技术

本章将介绍3ds Max 2016的摄影机技术。先介绍真实摄影机的结构及其相关术语，让读者对摄影机有一个大致的概念，然后介绍目标摄影机、物理摄影机与VRay物理摄影机。虽然一共有4种摄影机，但这3种摄影机是实际工作中使用频率非常高的摄影机。

课堂学习目标

了解真实摄影机的基本原理

掌握目标摄影机的使用方法

掌握物理摄影机的使用方法

了解VRay物理摄影机的使用方法

5.1 真实摄影机的结构

在学习摄影机之前，我们先来了解一下真实摄影机的结构与相关名词的术语。

如果拆卸掉任何摄影机的电子装置和自动化部件，都会看到如图5-1所示的基本结构。遮光外壳的一端有一孔穴，用以安装镜头，孔穴的对面有一容片器，用以承装一段感光胶片。

图5-1

为了在不同光线强度下都能产生正确的曝光影像，摄影机镜头有一可变光阑，用来调节直径不断变化的小孔，这就是所谓的光圈。打开快门后，光线才能透射到胶片上，快门给了用户选择准确瞬间曝光的机会，而且通过确定某一快门速度，还可以控制曝光时间的长短。

5.2 摄影机的相关术语

其实3ds Max中的摄影机与真实的摄影机有很多术语如镜头、焦距、曝光、白平衡等都是相同的。

5.2.1 镜头

一个结构简单的镜头可以是一块凸形毛玻璃，它折射来自被摄体上每一点被扩大了的光线，然后这些光线聚集起来形成连贯的点，即焦平面。当镜头准确聚集时，胶片的位置就与焦平面互相叠合。镜头一般分为标准镜头、广角镜头、远摄镜头、鱼眼镜头和变焦镜头。

1.标准镜头

标准镜头属于校正精良的正光镜头，也是使用非常广泛的一种镜头，其焦距长度等于或近于所用底片画幅的对角线，视角与人眼的视角相近似，如图5-2所示。凡是要求被摄景物必须符合正常的比例关系，均需依靠标准镜头来拍摄。

图5-2

2.广角镜头

广角镜头的焦距短、视角广、景深长，而且均大于标准镜头，其视角超过人们眼睛的正常范围，如图5-3所示。

图5-3

广角镜头主要有以下3个特点。

景深大：有利于把纵深度大的被摄物体清晰地表现在画面上。

视角大：有利于在狭窄的环境中，拍摄较广阔的场面。

景深长：可使纵深景物的近大远小比例强烈，使画面透视感强。

> **技巧与提示**
>
> 广角镜的缺点是影像畸变差较大，尤其在画面的边缘部分，因此在近距离拍摄中应注意变形失真。

3.远摄镜头

远摄镜头也称长焦距镜头，它具有类似于望远镜的作用，如图5-4所示。这类镜头的焦距长于标准镜头，而视角小于标准镜头。

图5-4

远摄镜头主要有以下4个特点。

景深小：有利于摄取虚实结合的景物。

视角小：能远距离摄取景物的较大影像，对拍摄不易接近的物体，如动物、风光、人的自然神态，均能在远处不被干扰的情况下拍摄。

压缩透视：透视关系被大大压缩，使近大远小的比例缩小，使画面上的前后景物十分紧凑，画面的纵深感从而也缩短。

畸变小：影像畸变差小，这在人像摄影中经常可见。

4.鱼眼镜头

鱼眼镜头是一种极端的超广角镜头，因其巨大的视角如鱼眼而得名，如图5-5所示。它拍摄范围大，可使景物的透视感得到极大的夸张，并且可以使画面发生严重的桶形畸变，故别有一番情趣。

图5-5

5.变焦镜头

变焦镜头就是可以改变焦点距离的镜头，如图5-6所示。所谓焦点距离，就是从镜头中心到胶片上所形成的清晰影像上的距离。焦距决定着被摄体在胶片上所形成的影像的大小。焦点距离愈大，所形成的影像也愈大。变焦镜头是一种很有魅力的镜头，它的镜头焦距可以在较大的幅度内自由调节，这就意味着拍摄者在不改变拍摄距离的情况下，能够在较大幅度内调节底片的成像比例，也就是说，一只变焦镜头实际上起到了若干个不同焦距的定焦镜头的作用。

图5-6

5.2.2 焦平面

焦平面是通过镜头折射后的光线聚集起来形成清晰的、上下颠倒的影像的地方。经过离摄影机不同距离的运行，光线会被不同程度地折射后聚合在焦平面上，因此就需要调节聚焦装置，前后移动镜头距摄影机后背的距离。当镜头聚焦准确时，胶片的位置和焦平面应叠合在一起。

5.2.3 光圈

光圈通常位于镜头的中央，它是一个环形，可以控制圆孔的开口大小，并且控制曝光时光线的亮度。当需要大量的光线来进行曝光时，就需要开大光圈的圆孔；若只需要少量光线曝光时，就需要缩小圆孔，让少量的光线进入。

光圈由装设在镜头内的叶片控制，而叶片是可动的。光圈越大，镜头里的叶片开放越大，所谓"最大光圈"就是叶片毫无动作，让可通过镜头的光源全部跑进来的全开光圈；反之光圈越小，叶片就收缩得越厉害，最后可缩小到只剩小小的一个圆点。

光圈的功能就如同人类眼睛的虹膜，是用来控制拍摄时的单位时间的进光量，一般以f/5、F5或1:5来表示。以实际而言，较小的f值表示较大的光圈。

光圈的计算单位称为光圈值（f-number）或者是级数（f-stop）。

1.光圈值

标准的光圈值（f-number）的编号如下。

f/1、f/1.4、f/2、f/2.8、f/4、f/5.6、f/8、f/11、f/16、f/22、f/32、f/45、f/64，其中f/1是进光量最大的光圈号数，光圈值的分母越大，进光量就越小。通常一般镜头会用到的光圈号数为f/2.8~f/22，光圈值越大的镜头，镜片的口径就越大。

2.级数

级数（f-stop）是指相邻的两个光圈值的曝光量差距，例如f/8与f/11之间相差一级，f/2与f/2.8之间也相差一级。依此类推，f/8与f/16之间相差两级，f/1.4与f/4之间就差了3级。

在职业摄影领域，有时称级数为"挡"或是"格"，如f/8与f/11之间相差了一挡，而f/8与f/16之间相差两格。

在每一级（光圈号数）之间，后面号数的进光量都是前面号数的一半。例如f/5.6的进光量只有f/4的一半，f/16的进光量也只有f/11的一半，号数越靠后面，进光量越小，并且是以等比级数的方式来递减。

> **技巧与提示**
>
> 除了考虑进光量之外，光圈的大小还跟景深有关。景深是物体成像后在相片（图档）中的清晰程度。光圈越大，景深会越浅（清晰的范围较小）；光圈越小，景深就越长（清晰的范围较大）。
>
> 大光圈的镜头非常适合低光量的环境，因为它可以在微亮光的环境下，获取更多的现场光，让我们可以用较快速的快门来拍照，以便保持拍摄时相机的稳定度。但是大光圈的镜头不易制作，必须要花较多的费用才可以获得。
>
> 好的摄影机会根据测光的结果等情况来自动计算出光圈的大小，一般情况下快门速度越快，光圈就越大，以保证有足够的光线通过，所以也比较适合拍摄高速运动的物体，如行动中的汽车、落下的水滴等。

5.2.4 快门

快门是摄影机中的一个机械装置，大多设置于机身接近底片的位置（大型摄影机的快门设计在镜头中），用于控制快门的开关速度，并且决定了底片接受光线的时间长短。也就是说，在每一次拍摄时，光圈的大小控制了光线的进入量，快门的速度决定光线进入的时间长短，这样一次的动作便完成了所谓的"曝光"。

快门是镜头前阻挡光线进来的装置，一般而言，快门的时间范围越大越好。秒数低适合拍摄运动中的物体，某款摄影机就强调快门最快能到1/16000秒，可以轻松抓住急速移动的目标。不过如果您要拍的是夜晚的车水马龙景象，快门时间就要拉长，常见照片中丝绢般的水流效果也要用慢速快门才能拍到。

快门以"秒"作为单位，它有一定的数字格式，一般在摄影机上可以见到的快门单位有以下15种。

B、1、2、4、8、15、30、60、125、250、500、1000、2000、4000、8000。

上面每一个数字单位都是分母，也就是说每一段快门分别是1秒、1/2秒、1/4秒、1/8秒、1/15秒、1/30秒、1/60秒、1/125秒、1/250秒（以下依此类

推）等。一般中挡的单眼摄影机快门能达到1/4000秒，高挡的专业摄影机可以到1/8000秒。

B指的是慢快门Bulb，B快门的开关时间由操作者自行控制，可以用快门按钮或是快门线来决定整个曝光的时间。

每一个快门之间数值的差距都是两倍，例如1/30是1/60的两倍、1/1000是1/2000的两倍，这个跟光圈值的级数差距计算是一样的。与光圈相同，每一段快门之间的差距也被称为一级、一格或是一挡。

光圈级数跟快门级数的进光量其实是相同的，也就是说光圈之间相差一级的进光量，其实就等于快门之间相差一级的进光量，这个观念在计算曝光时很重要。

前面提到光圈决定了景深，快门则是决定了被摄物的"时间"。当拍摄一个快速移动的物体时，通常需要比较高速的快门才可以抓到凝结的画面，所以在拍动态画面时，通常都要考虑可以使用的快门速度。

有时要抓取的画面可能需要有连续性的感觉，就像拍摄丝缎般的瀑布或是小河时，就必须要用到速度比较慢的快门，延长曝光的时间来抓取画面的连续动作。

5.2.5 胶片感光度

根据胶片感光度，可以把胶片归纳为3大类，分别是快速胶片、中速胶片和慢速胶片。快速胶片具有较高的ISO（国际标准化组织）数值，慢速胶片的ISO数值较低，快速胶片适用于低照度下的摄影。相对而言，当感光性能较低的慢速胶片可能引起曝光不足时，快速胶片获得正确曝光的可能性就更大，但是感光度的提高会降低影像的清晰度，增加反差。慢速胶片在照度良好时，对获取高质量的照片非常有利。

在光照亮度十分低的情况下，例如在暗弱的室内或黄昏时分的户外，可以选用超快速胶片（即高ISO）进行拍摄。这种胶片对光非常敏感，即使在火柴光下也能获得满意的效果，其产生的景象颗粒度可以营造出画面的戏剧性氛围，以获得引人注目的效果；在光照十分充足的情况下，例如在阳光明媚的户外，可以选用超慢速胶片（即低ISO）进行拍摄。

5.3 3ds Max中的摄影机

3ds Max中的摄影机在制作效果图和动画时非常有用。3ds Max中的摄影机只包含"标准"摄影机,而"标准"摄影机又包含"物理摄影机""目标摄影机""自由摄影机"3种,如图5-7所示。

图5-7

安装好VRay渲染器后,摄影机列表中会增加一种VRay摄影机,而VRay摄影机包含"VRay穹顶摄影机",如图5-8所示。因为3ds Max 2016中添加了"物理摄影机",其功能和使用方法基本类似于"VRay物理摄影机",因此所有安装于3ds Max 2016的VRay版本中都不带有"VRay物理摄影机"工具。

图5-8

本节摄影机介绍

摄影机名称	摄影机的主要作用	重要程度
目标摄影机	确定观察范围	高
物理摄影机	对场景进行"拍照"	高

> **技巧与提示**
>
> 在实际工作中,使用频率非常高的是"目标摄影机"和"VRay物理摄影机",因此下面只讲解这两种摄影机。

5.3.1 目标摄影机

目标摄影机可以查看所放置的目标周围的区域,它比自由摄影机更容易定向,因为只需将目标对象定位在所需位置的中心即可。使用"目标"工具 目标 在场景中拖曳光标可以创建一台目标摄影机,可以观察到目标摄影机包含目标点和摄影机两个部件,如图5-9所示。

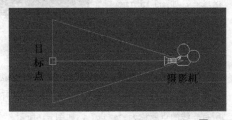

图5-9

在默认情况下,目标摄影机的参数包含"参数"和"景深参数"两个卷展栏,如图5-10所示。当在"参数"卷展栏下设置"多过程效果"为"运动模糊"时,目标摄影机的参数就变成了"参数"和"运动模糊参数"两个卷展栏,如图5-11所示。

图5-10　　　　图5-11

1.参数卷展栏

展开"参数"卷展栏,如图5-12所示。

参数卷展栏重要选项介绍

① 基本组

镜头:以mm为单位来设置摄影机的焦距。

视野:设置摄影机查看区域的宽度视野,有水平↔、垂直↕和对角线↗3种方式。

正交投影:启用该选项后,摄影机视图为用户视图;关闭该选项后,摄影机视图为标准的透视图。

备用镜头:系统预置的摄影机焦距镜头,包含15mm、20mm、24mm、28mm、35mm、50mm、85mm、135mm和200mm。

图5-12

类型:切换摄影机的类型,包含"目标摄影机"和"自由摄影机"两种。

显示圆锥体:显示摄影机视野定义的锥形光线(实际上是一个四棱锥)。锥形光线出现在其他视口,但是显示在摄影机视口中。

显示地平线:在摄影机视图中的地平线上显示一条深灰色的线条。

② 环境范围组

显示:显示出在摄影机锥形光线内的矩形。

近距/远距范围:设置大气效果的近距范围和远距范围。

③ 剪切平面组

手动剪切：启用该选项可定义剪切的平面。

近距/远距剪切：设置近距和远距平面。对于摄影机，比"近距剪切"平面近或比"远距剪切"平面远的对象是不可见的。

④ 多过程效果组

启用：启用该选项后，可以预览渲染效果。

预览 预览 ：单击该按钮可以在活动摄影机视图中预览效果。

多过程效果类型：共有"景深（mental ray）""景深""运动模糊"3个选项，系统默认为"景深"。

渲染每过程效果：启用该选项后，系统会将渲染效果应用于多重过滤效果的每个过程（景深或运动模糊）。

⑤ 目标距离组

目标距离：当使用"目标摄影机"时，该选项用来设置摄影机与其目标之间的距离。

2.景深参数卷展栏

景深是摄影机的一个非常重要的功能，在实际工作中的使用频率也非常高，常用于表现画面的中心点，如图5-13所示。

图5-13

当设置"多过程效果"为"景深"时，系统会自动显示出"景深参数"卷展栏，如图5-14所示。

景深参数卷展栏重要选项介绍

① 焦点深度组

使用目标距离：启用该选项后，系统会将摄影机的目标距离用作每个过程偏移摄影机的点。

焦点深度：当关闭"使用目标距离"选项时，该选项可以用来设

图5-14

置摄影机的偏移深度，其取值范围为0~100。

② 采样组

显示过程：启用该选项后，"渲染帧窗口"对话框中将显示多个渲染通道。

使用初始位置：启用该选项后，第1个渲染过程将位于摄影机的初始位置。

过程总数：设置生成景深效果的过程数。增大该值可以提高效果的真实度，但是会增加渲染时间。

采样半径：设置场景生成的模糊半径。数值越大，模糊效果越明显。

采样偏移：设置模糊靠近或远离"采样半径"的权重。增加该值将增加景深模糊的数量级，从而得到更加均匀的景深效果。

③ 过程混合组

规格化权重：启用该选项后可以将权重规格化，以获得平滑的结果；当关闭该选项后，效果会变得更加清晰，但颗粒效果也更明显。

抖动强度：设置应用于渲染通道的抖动程度。增大该值会增加抖动量，并且会生成颗粒状效果，尤其在对象的边缘上最为明显。

平铺大小：设置图案的大小。0表示以最小的方式进行平铺；100表示以最大的方式进行平铺。

④ 扫描线渲染器参数组

禁用过滤：启用该选项后，系统将禁用过滤的整个过程。

禁用抗锯齿：启用该选项后，可以禁用抗锯齿功能。

知 识 点 **景深形成原理解析**

"景深"就是指拍摄主题前后所能在一张照片上成像的空间层次的深度。简单地说，景深就是聚焦清晰的焦点前后"可接受的清晰区域"，如图5-15所示。

图5-15

下面讲解景深形成的原理。

1.焦点

与光轴平行的光线射入凸透镜时，理想的镜头应该是所有的光线聚集在一点后，再以锥状的形式扩散开，这个聚集所有光线的点就称为"焦点"，如图5-16所示。

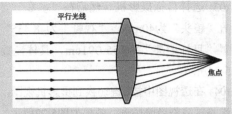

图5-16

2.弥散圆

在焦点前后，光线开始聚集和扩散，点的影像会变得模糊，从而形成一个扩大的圆，这个圆就称为"弥散圆"，如图5-17所示。

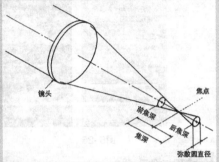

图5-17

每张照片都有主题和背景之分，景深和摄影机的距离、焦距和光圈之间存在着以下3种关系（这3种关系可以用图5-18来表示）。

第1种：光圈越大，景深越小；光圈越小，景深越大。

第2种：镜头焦距越长，景深越小；焦距越短，景深越大。

第3种：距离越远，景深越大；距离越近，景深越小。

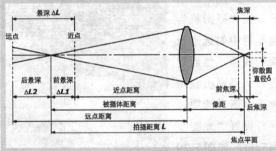

图5-18

景深可以很好地突出主题，不同的景深参数下的效果也不相同，例如图5-19突出的是蜘蛛的头部，而图5-20突出的是蜘蛛和被捕食的螳螂。

图5-19　　　　　图5-20

3.运动模糊参数卷展栏

运动模糊一般运用在动画中，常用于表现运动对象高速运动时产生的模糊效果，如图5-21所示。

图5-21

当设置"多过程效果"为"运动模糊"时，系统会自动显示出"运动模糊参数"卷展栏，如图5-22所示。

运动模糊参数卷展栏重要选项介绍

图5-22

① 采样组

显示过程： 启用该选项后，"渲染帧窗口"对话框中将显示多个渲染通道。

过程总数： 设置生成效果的过程数。增大该值可以提高效果的真实度，但是会增加渲染时间。

持续时间（帧）： 在制作动画时，该选项用来设置应用运动模糊的帧数。

偏移： 设置模糊的偏移距离。

② 过程混合组

规格化权重： 启用该选项后，可以将权重规格化，以获得平滑的结果；当关闭该选项后，效果会变得更加清晰，但颗粒效果也更明显。

抖动强度： 设置应用于渲染通道的抖动程度。增大该值会增加抖动量，并且会生成颗粒状的效果，尤其在对象的边缘上最为明显。

瓷砖大小： 设置图案的大小。0表示以最小的方式进行平铺；100表示以最大的方式进行平铺。

③ 扫描线渲染器参数组

禁用过滤： 启用该选项后，系统将禁用过滤的整个过程。

禁用抗锯齿： 启用该选项后，可以禁用抗锯齿功能。

用目标摄影机制作景深

场景位置	场景文件>CH05>01.max
实例位置	实例文件>CH05>课堂案例:用目标摄影机制作景深.max
视频名称	课堂案例:用目标摄影机制作景深.mp4
学习目标	学习如何用目标摄影机制作景深特效

景深效果如图5-23所示。

图5-23

01 打开"场景文件>CH05>01.max"文件,如图5-24所示。

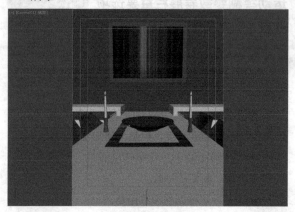

图5-24

02 使用"目标摄影机"工具在顶视图中创建一台摄影机,并将目标点放置于餐桌的盘子上,如图5-25所示。

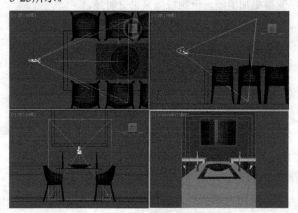

图5-25

03 选择目标摄影机,然后在"参数"卷展栏下设置"镜头"为40mm、"视野"为48.455°,接着设置"目标距离"为155.091cm,具体参数设置如图5-26所示。

04 在透视图中按C键切换到摄影机视图,然后按F9键测试渲染当前场景,效果如图5-27所示。

图5-26

图5-27

技巧与提示

从图5-27中可以观察到,虽然创建了目标摄影机,但是并没有产生景深效果,这是因为还没有在渲染中开启景深。

05 按F10键打开"渲染设置"面板,然后切换到VRay选项卡,接着展开"摄影机"卷展栏,如图5-28所示。在"摄影机"卷展栏中勾选"景深"选项,然后勾选"从摄影机获得焦点距离"选项,接着设置"光圈"为5cm,如图5-29所示。

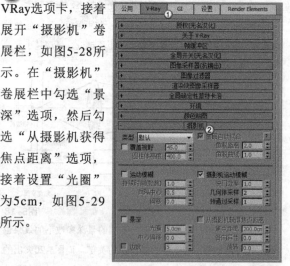

图5-28

图5-29

技巧与提示

勾选"从摄影机获得焦点距离"选项后,摄影机焦点位置的物体在画面中是最清晰的,而距离焦点越远的物体将会越模糊。

06 按F9键渲染当前场景，最终效果如图5-30所示。

图5-30

🎓 课堂案例

用目标摄影机制作运动模糊效果

场景位置	场景文件>CH05>02.max
实例位置	实例文件>CH05>课堂案例：用目标摄影机制作运动模糊效果.max
视频名称	课堂案例：用目标摄影机制作运动模糊效果.mp4
学习目标	学习如何用目标摄影机制作运动模糊特效

运动模糊效果如图5-31所示。

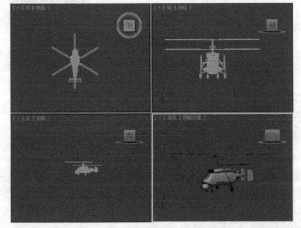

图5-31

01 打开"场景文件>CH05>02.max"文件，如图5-32所示。

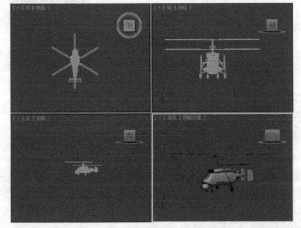

图5-32

🏃 技巧与提示

本场景已经设置好了一个螺旋桨旋转动画，在"时间轴"上单击"播放"按钮▶，可以观看旋转动画，图5-33所示是第3帧和第6帧的默认渲染效果。可以发现并没有用产生运动模糊效果。

图5-33

02 设置摄影机类型为"标准"，然后在左视图中创建一台目标摄影机，接着调节好目标点的位置，如图5-34所示。

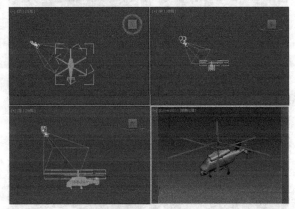

图5-34

03 选择目标摄影机，然后在"参数"卷展栏下设置"镜头"为43.456mm、"视野"为45°，接着设置"目标距离"为100000mm，如图5-35所示。

图5-35

04 按F10键打开"渲染设置"对话框，然后切换到V-Ray选项卡，接着展开"摄像机"卷展栏，最后勾选"运动模糊"选项，如图5-36所示。

图5-36

05 在透视图中按C键切换到摄影机视图,然后将时间线滑块拖曳到第1帧,接着按F9键渲染当前场景,可以发现此时产生了运动模糊效果,如图5-37所示。

图5-37

06 分别将时间滑块拖曳到第4、10、15帧的位置,然后渲染出这些单帧图,最终效果如图5-38所示。

图5-38

5.3.2 物理摄影机

物理摄影机是Autodesk公司与VRay制造商ChaosGroup共同开发的,可以为设计师提供新的渲染选项,也可以模拟用户熟悉的真实摄影机,例如快门速度、光圈、景深和曝光等功能。使用物理摄影机可以更加轻松地创建真实照片级图像和动画效果。物理摄影机也包含摄影机和目标点两个部件,如图5-39所示,其参数包含7个卷展栏,如图5-40所示。

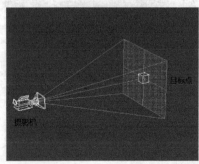

图5-39

图5-40

1.基本卷展栏

展开“基本”卷展栏,如图5-41所示。

图5-41

基本卷展栏参数介绍

目标: 启用该选项后,摄影机包括目标对象且与目标摄影机的使用方法相同,即可通过移动目标点来设置摄影机的拍摄对象;关闭该选项后,摄影机的使用方法与自由摄影机相似,可以通过变换摄影机的位置来控制摄影机的拍摄范围。

目标距离: 设置目标与焦平面之间的距离,该数值会影响聚焦和景深等效果。

视口显示: 该选项组用于设置摄影机在视图中的显示效果。“显示圆锥体”选项用于控制是否显示摄影机的拍摄锥面,包含“选定时”“始终”“从不”3个选项;“显示地平线”选项用于控制地平线是否在摄影机视图中显示为水平线(假设摄影机帧包括地平线)。

2.物理摄影机

展开“物理摄影机”卷展栏,如图5-42所示。

物理摄影机卷展栏参数介绍

① 胶片/传感器选项组

预设值: 选择胶片模式和电荷传感器的类型,功能类似于目标摄影机的“镜头”,其选项包括多种行业标准传感器设置,每个选项都有其默认的“宽度”值,“自定义”选项可以任意调整“宽度”值。

图5-42

宽度: 用于手动设置胶片模式的宽度。

② 镜头选项组

焦距: 设置镜头的焦距,默认值为40mm。

指定视野: 勾选该选项时,可以设置新的视野(FOV)值(以度为单位)。默认的视野值取决于所选的“胶片/传感器”的预设类型。

技巧与提示

当"指定视野"选项处于启用状态时，"焦距"选项将被禁用。但是如果更改"指定视野"的数值，"焦距"数值也会跟着发生变化。

缩放：在不更改摄影机位置的情况下缩放镜头。

光圈：设置摄影机的光圈值。该参数可以影响曝光和景深效果，光圈数越低，光圈越大，并且景深越窄。

③ 聚焦选项组

使用目标距离：勾选该选项后，将使用设置的"目标距离"值作为焦距。

自定义：勾选该选项后，将激活下面的"焦距距离"选项，此时可以手动设置焦距距离。

镜头呼吸：通过将镜头向焦距方向移动或远离焦距方向来调整视野。值为0时，表示禁用镜头呼吸效果，默认值为1。

启用景深：勾选该选项后，摄影机在不等于焦距的距离上会生成模糊效果，图5-43和图5-44所示分别是关闭景深与开启景深的渲染效果。景深效果的强度基于光圈设置。

关闭景深 图5-43 关闭景深 图5-44

④ 快门选项组

类型：用于选择测量快门速度时使用的单位，包括"帧"（通常用于计算机图形）、"秒""1/秒"（通常用于静态摄影）和"度"（通常用于电影摄影）4个选项。

持续时间：根据所选单位类型设置快门速度，该值可以影响曝光、景深和运动模糊效果。

偏移：启用该选项时，可以指定相对于每帧开始时间的快门打开时间。注意，更改该值会影响运动模糊效果。

启用运动模糊：启用该选项后，摄影机可以生成运动模糊效果。

3.曝光卷展栏

展开"曝光"卷展栏，如图5-45所示。

图5-45

曝光卷展栏参数设置

① 曝光增益选项组

手动：通过ISO值设置曝光增益，数值越高，曝光时间越长。当此选项处于激活状态时，将通过这里设定的数值、快门速度和光圈设置来计算曝光。

目标：设置与"光圈""快门"的"持续时间"和"手动"的"曝光增益"这3个参数组合相对应的单个曝光值。每次增加或降低EV值，对应也会分别减少或增加有效的曝光。目标的EV值越高，生成的图像越暗，反之则越亮。

② 白平衡选项组

光源：按照标准光源设置色彩平衡，默认设置为"日光（6500K）"。

温度：以"色温"的形式设置色彩平衡，以开尔文（K）表示。

自定义：用于设置任意的色彩平衡。

③ 启用渐晕选项组

数量：勾选"启用渐晕"选项后，可以激活该选项，用于设置渐晕的数量。该值越大，渐晕效果越强，默认值为1。

4.散景（景深）卷展栏

如果在"物理摄影机"卷展栏下勾选"启用景深"选项，那么出现在焦点之外的图像区域将生成"散景"效果（也称为"模糊圈"），如图5-46所示。当渲染景深的时候，或多或少都会产生一些散景效果，这主要与散景到摄影机的距离有关。另外，在物理摄影机中，镜头的形状会影响散景的形状。展开"散景（景深）"卷展栏，如图5-47所示。

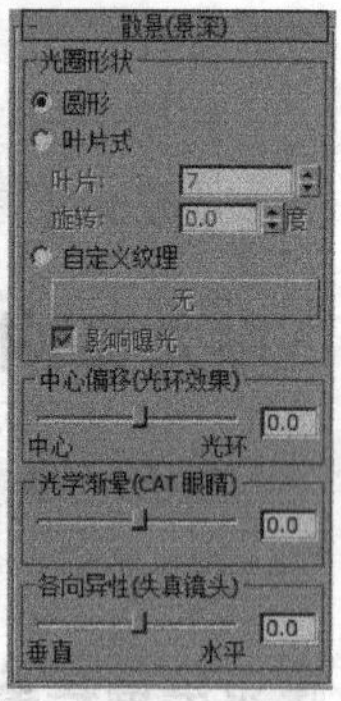

图5-46　　　　　　图5-47

散景（景深）卷展栏参数介绍

① 光圈形状选项组

圆形：将散景效果渲染成圆形光圈形状。

叶片式：将散景效果渲染成带有边的光圈。使用"叶片"选项可以设置每个模糊圈的边数；使用"旋转"选项可以设置每个模糊圈旋转的角度。

自定义纹理：使用贴图的图案来替换每种模糊圈。如果贴图是黑色背景的白色圈，则等效于标准模糊圈。

影响曝光：启用该选项时，自定义纹理将影响场景的曝光。

② 中心偏移（光环效果）选项组

中心–光环：使光圈透明度向"中心"（负值）或"光环"（正值）偏移，正值会增加焦外区域的模糊量，而负值会减小模糊量。如果调整该选项，可以让散景效果的表现更为明显。

③ 光学渐晕（CAT眼睛）选项组

：通过模拟"猫眼"效果让帧呈现渐晕效果，部分广角镜头可以形成这种效果。

④ 各向异性（失真镜头）选项组

垂直–水平：通过垂直（负值）或水平（正值）来拉伸光圈，从而模拟失真镜头。

5.透视控制卷展栏

展开"透视控制"卷展栏，如图5-48所示。

透视控制卷展栏参数介绍

镜头移动：沿"水平"或"垂直"方向移动摄影机视图，而不旋转或倾斜摄影机。

图5-48

倾斜校正：沿"水平"或"垂直"方向倾斜摄影机，在摄影机向上或向下倾斜的场景中，可以使用它们来更正透视。如果勾选"自动垂直倾斜校正"选项，摄影机将自动校正透视。

6.镜头扭曲卷展栏

展开"镜头扭曲"卷展栏，如图5-49所示。

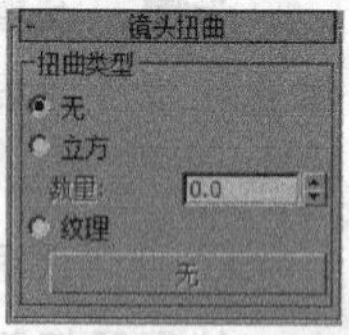

镜头扭曲卷展栏参数介绍

无：不应用扭曲。

图5-49

立方：勾选该选项后，将激活下面的"数量"参数。当"数量"值为0时不产生扭曲，为正值时将产生枕形扭曲，为负值时将产生筒体扭曲。

纹理：基于纹理贴图扭曲图像，单击下面的"无"按钮　　无　　加载纹理贴图，贴图的红色分量会沿x轴扭曲图像，绿色分量会沿y轴扭曲图像，蓝色分量将被忽略。

 课堂案例

用物理摄影机制作景深

场景位置	场景文件>CH05>03.max
实例位置	实例文件>CH05>课堂案例：用物理摄影机制作景深.max
视频名称	课堂案例：用物理摄影机制作景深.mp4
学习目标	学习如何用物理摄影机制作景深特效

物理摄影机景深效果如图5-50所示。

图5-50

01 打开本书学习资源中的"场景文件>CH05>03.max"文件，场景如图5-51所示。

02 设置摄影机类型为"标准"，然后在顶视图中创建一台物理摄影机，接着调整好目标点的方向，将目标点放在杂志处，如图5-52所示。

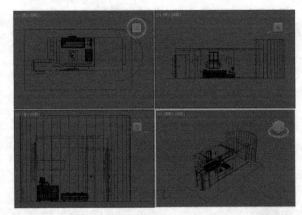

图5-51

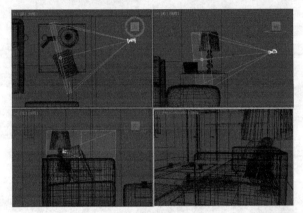

图5-52

03 选择物理摄影机，在"物理摄影机"卷展栏下设置"焦距"为35mm，然后设置"光圈"为f/6，接着在"曝光"卷展栏下设置"曝光增益"为"手动"，并设置ISO为200，如图5-53所示。

图5-53

04 切换到摄影机视图，然后按F9键测试渲染摄影机视图，效果如图5-54所示。

图5-54

05 下面制作景深效果。选择物理摄影机，在"物理摄影机"卷展栏下勾选"使用目标距离"选项（表示使用目标距离作为焦距），然后勾选"启用景深"选项，如图5-55所示。

06 按F10键打开"渲染设置"对话框，单击V-Ray选项卡，然后在"摄影机"卷展栏下勾选"景深"选项，接着勾选"从摄影机获得焦点距离"选项，如图5-56所示。

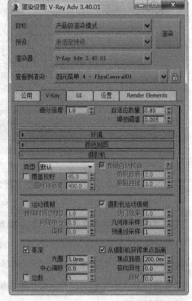

图5-55   图5-56

07 切换到摄影机视图，按F9键渲染当前场景，最终效果如图5-57所示。

图5-57

知 识 点 物理摄影机曝光控制

物理摄影机在曝光控制上，除了要设置摄影机本身的参数外，还需要在"环境与效果"面板中进行设置。

169

按8键打开"环境和效果"面板，然后在"曝光控制"卷展栏下选择"物理摄影机曝光控制"选项，接着在"物理摄影机曝光控制"卷展栏下选择"使用透视摄影机曝光"选项，如图5-58所示。

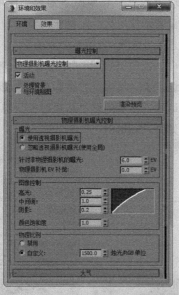

图5-58

本例在摄影机参数中使用ISO控制曝光，如图5-59所示。如果使用EV控制曝光，就需要将EV的数值与"环境和效果"面板中的"针对非物理摄影机的曝光"数值调为一致，如图5-60所示。因为在默认情况下，物理摄影机在创建时会覆盖场景中的其他曝光设置，即保持默认的曝光值6EV，所以这里需要将曝光值设置为与物理摄影机一致，否则会出现曝光错误的现象。

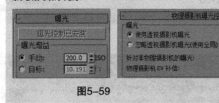

图5-59   图5-60

5.3.3 VRay物理摄影机

"VRay物理摄影机"在3ds Max 2016中不能直接创建，但打开一些原有携带了"VRay物理摄影机"的场景仍然可以对其进行修改和渲染，因此本书还是需要进行讲解。

VRay物理摄影机相当于一台真实的摄影机，有光圈、快门、曝光、ISO等调节功能，它可以对场景进行"拍照"。使用"VRay物理摄影机"工具 VR物理摄影机 在视图中拖曳光标可以创建一台VRay物理摄影机，可以观察到VRay物理摄影机同样包含摄影机和目标点两个部件，如图5-61所示。

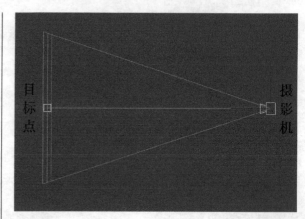

图5-61

VRay物理摄影机的参数包含5个卷展栏，如图5-62所示。

图5-62

1.基本参数卷展栏

展开"基本参数"卷展栏，如图5-63所示。

基本参数卷展栏重要选项介绍

类型：设置摄影机的类型，包含"照相机""摄影机（电影）""摄像机（DV）"3种类型。

照相机：用来模拟一台常规快门的静态画面照相机。

摄影机（电影）：用来模拟一台圆形快门的电影摄影机。

摄像机（DV）：用来模拟带CCD矩阵的快门摄像机。

图5-63

焦距（mm）：设置摄影机的焦长，同时也会影响到画面的感光强度。较大的数值产生的效果类似于长焦效果，且感光材料（胶片）会变暗，特别是在胶片的边缘区域；较小的数值产生的效果类似于广角效果，其透视感比较强，当然胶片也会变亮。

视野： 启用该选项后，可以调整摄影机的可视区域。

缩放因子： 控制摄影机视图的缩放。值越大，摄影机视图拉得越近。

横向/纵向偏移： 控制摄影机视图的横向和纵向上的偏移量。

光圈数： 设置摄影机的光圈大小，主要用来控制渲染图像的最终亮度。值越小，图像越亮；值越大，图像越暗，图5-64~图5-66所示分别是"光圈"值为10、11和14时的对比渲染效果。注意，光圈和景深也有关系，大光圈的景深小，小光圈的景深大。

图5-64

图5-65

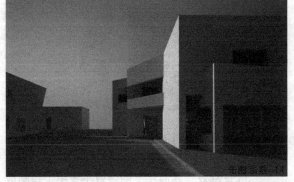

图5-66

目标距离： 摄影机到目标点的距离，默认情况下是关闭的。当关闭摄影机的"目标"选项时，就可以用"目标距离"来控制摄影机到目标点的距离。

纵向/横向移动： 控制摄影机在纵向/横向上的变形，主要用于纠正三点透视到两点透视。

指定焦点： 开启这个选项后，可以手动控制焦点。

曝光： 当勾选这个选项后，VRay物理摄影机中的"光圈数""快门速度（s^-1）""感光速度（ISO）"设置才会起作用。

光晕： 模拟真实摄影机里的光晕效果，图5-67和图5-68所示分别是勾选"光晕"和关闭"光晕"选项时的渲染效果。

图5-67

图5-68

白平衡： 和真实摄影机的功能一样，控制图像的色偏。例如在白天的效果中，设置一个桃色的白平衡颜色可以纠正阳光的颜色，从而得到正确的渲染颜色。

快门速度（s^-1）： 控制光的进光时间，值越小，进光时间越长，图像就越亮；值越大，进光时间就越短，图像就越暗，图5-69~图5-71所示分别是"快门速度（s^-1）"值为35、50和100时的对比渲染效果。

快门速度=35

图5-69

快门速度=50

图5-70

快门速度=100

图5-71

快门角度（度）： 当摄影机选择"摄影机（电影）"类型的时候，该选项才被激活，其作用和上面的"快门速度（s^-1）"的作用一样，主要用来控制图像的明暗。

快门偏移（度）： 当摄影机选择"摄影机（电影）"类型的时候，该选项才被激活，主要用来控制快门角度的偏移。

延迟（秒）： 当摄影机选择"摄像机（DV）"类型的时候，该选项才被激活，作用和上面的"快门速度（s^-1）"的作用一样，主要用来控制图像的亮暗，值越大，表示光越充足，图像也越亮。

胶片速度（ISO）： 控制图像的亮暗，值越大，表示ISO的感光系数越强，图像也越亮。一般白天效果比较适合用较小的ISO，而晚上效果比较适合用较大的ISO，图5-72~图5-74所示分别是"胶片速度（ISO）"值为80、120和160时的对比渲染效果。

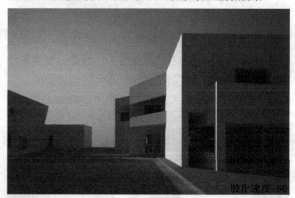

胶片速度=80

图5-72

胶片速度=120

图5-73

胶片速度=160

图5-74

2.散景特效卷展栏

"散景特效"卷展栏下的参数主要用于控制散

172

景效果，如图5-75所示。当渲染景深的时候，或多或少都会产生一些散景效果，这主要和散景到摄影机的距离有关，图5-76所示是使用真实摄影机拍摄的散景效果。

散景特效卷展栏重要选项介绍

叶片数： 控制散景产生的小圆圈的边，默认值为5表示散景的小圆圈为正五边形。如果关闭该选项，那么散景就是个圆形。

图5-75　　　　　　　　图5-76

旋转（度）： 控制散景小圆圈的旋转角度。

中心偏移： 控制散景偏移源物体的距离。

各向异性： 控制散景的各向异性，值越大，散景的小圆圈拉得越长，即变成椭圆。

3.采样卷展栏

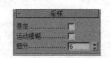

展开"采样"卷展栏，如图5-77所示。

图5-77

采样卷展栏重要选项介绍

景深： 控制是否开启景深效果。当某一物体聚焦清晰时，从该物体前面的某一段距离到其后面的某一段距离内的所有景物都是相当清晰的。

运动模糊： 控制是否开启运动模糊功能。这个功能只适用于具有运动对象的场景中，对静态场景不起作用。

细分： 设置"景深"或"运动模糊"的"细分"采样。数值越高，效果越好，但是会增加渲染时间。

5.4　本章小结

本章主要讲解了目标摄影机、物理摄影机和VRay物理摄影机的使用方法。3种摄影机都用于效果图制作，"物理摄影机"和"VRay物理摄影机"更接近于真实的摄影机，在设置的时候更加直接、方便。

5.5　课后习题

本章安排了两个课后习题。这两个课后习题都针对目标摄影机进行练习，一个针对"景深"功能，另外一个针对"运动模糊"功能。

课后习题1：制作景深桃花

场景位置　场景文件>CH05>04.max
实例位置　案例文件>CH05>课后习题1：制作景深桃花.max
视频名称　课后习题1：制作景深桃花.mp4
练习目标　练习如何用目标摄影机制作景深特效

景深桃花效果如图5-78所示。

图5-78

摄影机布局如图5-79所示。

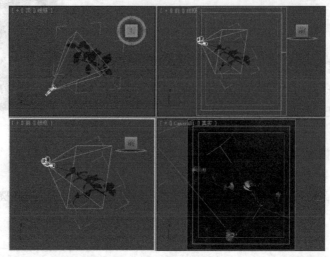

图5-79

课后习题2：制作运动模糊效果

场景位置　　场景文件>CH05>05.max
实例位置　　实例文件>CH05>课后习题2：制作运动模糊效果.max
视频名称　　课后习题2：制作运动模糊效果.mp4
练习目标　　练习如何用目标摄影机制作运动模糊特效

运动模糊效果如图5-80所示。

图5-80

摄影机布局如图5-81所示。

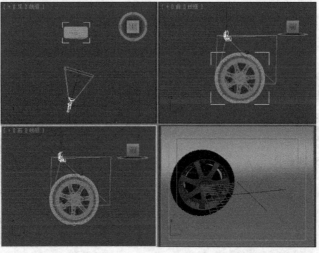

图5-81

第6章

材质与贴图技术

本章的内容异常重要，读者除了需要完全掌握"材质编辑器"对话框的使用方法以外，还需要掌握常用材质与贴图的使用方法，如"标准"材质、VRayMtl材质、"不透明度"贴图、"位图"贴图和"衰减"贴图等。

课堂学习目标

掌握"材质编辑器"对话框的使用方法

掌握常用材质的使用方法

掌握常用贴图的使用方法

6.1 初识材质

材质主要用于表现物体的颜色、质地、纹理、透明度和光泽等特性，依靠各种类型的材质可以制作出现实世界中的任何物体，如图6-1所示。

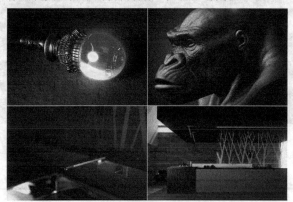

图6-1

通常，在制作新材质并将其应用于对象时，应该遵循以下步骤。

第1步：指定材质的名称。

第2步：选择材质的类型。

第3步：对于标准或光线追踪材质，应选择着色类型。

第4步：设置漫反射颜色、光泽度和不透明度等各种参数。

第5步：将贴图指定给要设置贴图的材质通道，并调整参数。

第6步：将材质应用于对象。

第7步：如有必要，应调整UV贴图坐标，以便正确定位对象的贴图。

第8步：保存材质。

技巧与提示

在3ds Max中，创建材质是一件非常简单的事情，任何模型都可以被赋予栩栩如生的材质，如在图6-2中，左图为白模，右图为赋予材质后的效果，可以明显观察到右图无论是在质感，还是在光感上都要好于左图。当编辑好材质后，用户还可以随时返回到"材质编辑器"对话框中对材质的细节进行调整，以获得最佳的材质效果。

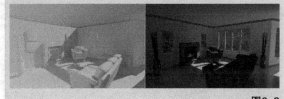

图6-2

6.2 材质编辑器

"材质编辑器"对话框非常重要，因为所有的材质都在这里完成。打开"材质编辑器"对话框的方法主要有以下两种。

第1种：执行"渲染>材质编辑器>精简材质编辑器"菜单命令或"渲染>材质编辑器>Slate材质编辑器"菜单命令，如图6-3所示。

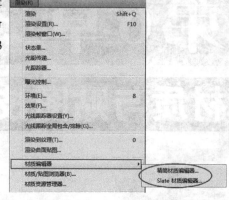

图6-3

第2种：直接按M键打开"材质编辑器"对话框，这是最常用的方法。

"材质编辑器"对话框分为4大部分，最顶端为菜单栏，充满材质球的窗口为示例窗，示例窗左侧和下部的两排按钮为工具栏，其余的是参数控制区，如图6-4所示。

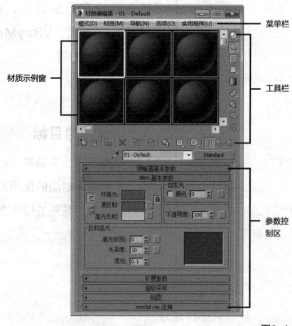

图6-4

6.2.1 菜单栏

"材质编辑器"对话框中的菜单栏包含5个菜单，分别是"模式"菜单、"材质"菜单、"导航"菜单、"选项"菜单和"实用程序"菜单。

1.模式菜单

"模式"菜单主要用来切换"精简材质编辑器"和"Slate材质编辑器"，如图6-5所示。

图6-5

模式菜单重要命令介绍

精简材质编辑器：这是一个简化了的材质编辑界面，它使用的对话框比"Slate材质编辑器"小，也是在3ds Max 2011版本之前唯一的材质编辑器，如图6-6所示。

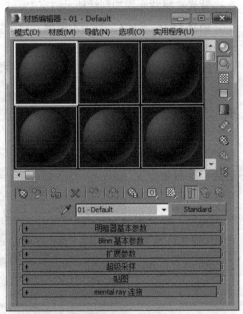

图6-6

技巧与提示

在实际工作中，一般都不会用到"Slate材质编辑器"，因此本书都用"精简材质编辑器"来进行讲解。

Slate材质编辑器：这是一个完整的材质编辑界面，在设计和编辑材质时使用节点和关联以图形方式显示材质的结构，如图6-7所示。

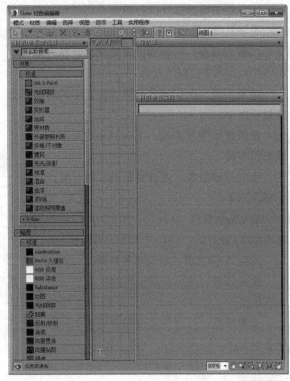

图6-7

技巧与提示

虽然"Slate材质编辑器"在设计材质时功能更强大，但"精简材质编辑器"在设计材质时更方便。

2.材质菜单

"材质"菜单主要用来获取材质、从对象选取材质等，如图6-8所示。

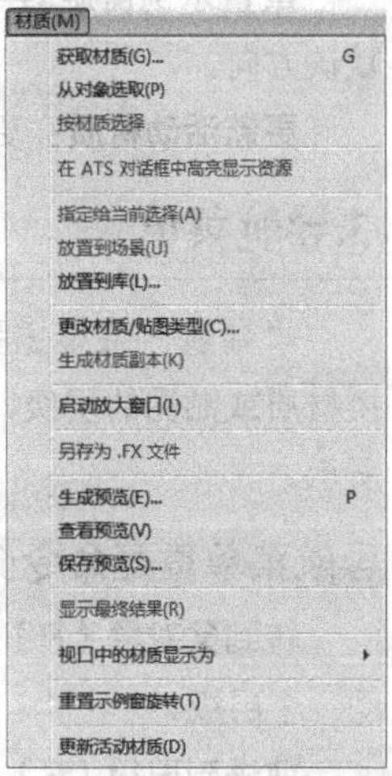

材质菜单重要命令介绍

获取材质：执行该命令可以打开"材质/贴图浏览器"对话框，在该对话框中可以选择材质或贴图。

从对象选取：执行该命令可以从场景对象中选择材质。

按材质选择：执行该命令可以基于"材质编辑器"对话框中的活动材质来选择对象。

图6-8

在ATS对话框中高亮显示资源：如果材质使用的是已跟踪资源的贴图，那么执行该命令可以打开"资源跟踪"对话框，同时资源会高亮显示。

指定给当前选择：执行该命令可以将当前材质应用于场景中的选定对象。

放置到场景：在编辑材质完成后，执行该命令可以更新场景中的材质效果。

放置到库：执行该命令可以将选定的材质添加到材质库中。

更改材质/贴图类型：执行该命令可以更改材质或贴图的类型。

生成材质副本：通过复制自身的材质，生成一个材质副本。

启动放大窗口：将材质示例窗口放大，并在一个单独的窗口中进行显示（双击材质球也可以放大窗口）。

另存为.FX文件：将材质另外保存为.FX文件。

生成预览：使用动画贴图为场景添加运动，并生成预览。

查看预览：使用动画贴图为场景添加运动，并查看预览。

保存预览：使用动画贴图为场景添加运动，并保存预览。

显示最终结果：查看所在级别的材质。

视口中的材质显示为：选择在视图中显示材质的方式，共有"没有贴图的明暗处理材质""有贴图的明暗处理材质""没有贴图的真实材质""有贴图的真实材质"4种方式。

重置示例窗旋转：使活动的示例窗对象恢复到默认方向。

更新活动材质：更新示例窗中的活动材质。

3.导航菜单

"导航"菜单主要用来切换材质或贴图的层级，如图6-9所示。

图6-9

导航菜单重要命令介绍

转到父对象（P）向上键：在当前材质中向上移动一个层级。

前进到同级（F）向右键：移动到当前材质中的相同层级的下一个贴图或材质。

后退到同级（B）向左键：与"前进到同级（F）向右键"命令类似，只是导航到前一个同级贴图，而不是导航到后一个同级贴图。

4.选项菜单

"选项"菜单主要用来更换材质球的显示背景等，如图6-10所示。

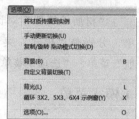

图6-10

选项菜单重要命令介绍

将材质传播到实例：将指定的任何材质传播到场景中对象的所有实例。

手动更新切换：使用手动的方式进行更新切换。

复制/旋转拖动模式切换：切换复制/旋转拖动的模式。

背景：将多颜色的方格背景添加到活动示例窗中。

自定义背景切换：如果已指定了自定义背景，该命令可以用来切换自定义背景的显示效果。

背光：将背光添加到活动示例窗中。

循环3×2、5×3、6×4示例窗：用来切换材质球的显示方式。

选项：打开"材质编辑器选项"对话框，如图6-11所示。在该对话框中可以启用材质动画、加载自定义背景、定义灯光亮度或颜色，以及设置示例窗数目等。

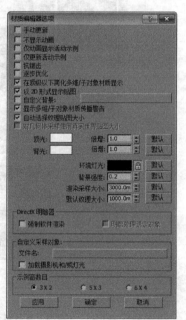

图6-11

5.实用程序菜单

"实用程序"菜单主要用来清理多维材质、重置"材质编辑器"对话框等，如图6-12所示。

图6-12

实用程序菜单重要命令介绍

渲染贴图：对贴图进行渲染。

按材质选择对象：可以基于"材质编辑器"对话框中的活动材质来选择对象。

清理多维材质：对"多维/子对象"材质进行分析，然后在场景中显示所有包含未分配任何材质ID的材质。

实例化重复的贴图：在整个场景中查找具有重复位图贴图的材质，并提供将它们实例化的选项。

重置材质编辑器窗口：用默认的材质类型替换"材质编辑器"对话框中的所有材质。

精简材质编辑器窗口：将"材质编辑器"对话框中所有未使用的材质设置为默认类型。

还原材质编辑器窗口：利用缓冲区的内容还原编辑器的状态。

6.2.2 材质球示例窗

材质球示例窗主要用来显示材质效果，通过它可以很直观地观察出材质的基本属性，如反光、纹理和凹凸等，如图6-13所示。

双击材质球会弹出一个独立的材质球显示窗口，可以将该窗口进行放大或缩小来观察当前设置的材质效果，如图6-14所示。

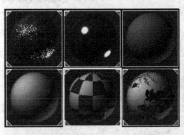

图6-13   图6-14

知 识 点　材质球示例窗的基本知识

在默认情况下，材质球示例窗中一共有12个材质球，可以拖曳滚动条显示出不在窗口中的材质球，同时也可以使用

鼠标中键来旋转材质球，这样可以观看到材质球其他位置的效果，如图6-15所示。

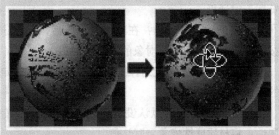

图6-15

使用鼠标左键可以将一个材质球拖曳到另一个材质球上，这样当前材质就会覆盖掉原有的材质，如图6-16所示。

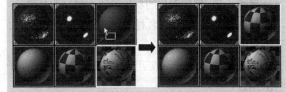

图6-16

使用鼠标左键可以将材质球中的材质拖曳到场景中的物体上（即将材质指定给对象），如图6-17所示。将材质指定给物体后，材质球上会显示4个缺角的符号，如图6-18所示。

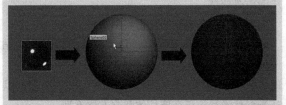

图6-17

图6-18

6.2.3 工具栏

下面讲解"材质编辑器"对话框中的两个工具栏，如图6-19所示。

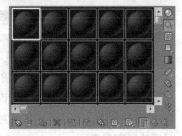

图6-19

179

工具栏工具介绍

获取材质：为选定的材质打开"材质/贴图浏览器"对话框。

将材质放入场景：在编辑好材质后，单击该按钮可以更新已应用于对象的材质。

将材质指定给选定对象：将材质指定给选定的对象。

重置贴图/材质为默认设置：删除修改的所有属性，将材质属性恢复到默认值。

生成材质副本：在选定的示例图中创建当前材质的副本。

使唯一：将实例化的材质设置为独立的材质。

放入库：重新命名材质并将其保存到当前打开的库中。

材质ID通道：为应用后期制作效果设置唯一的ID通道。

视口中显示明暗处理材质：在视口对象上显示2D材质贴图。

显示最终结果：在实例图中显示材质以及应用的所有层次。

转到父对象：将当前材质上移一级。

转到下一个同级项：选定同一层级的下一贴图或材质。

采样类型：控制示例窗显示的对象类型，默认为球体类型，还有圆柱体和立方体类型。

背光：打开或关闭选定示例窗中的背景灯光。

背景：在材质后面显示方格背景图像，这在观察透明材质时非常有用。

采样UV平铺：为示例窗中的贴图设置UV平铺显示。

视频颜色检查：检查当前材质中NTSC和PAL制式的不支持颜色。

生成预览：用于产生、浏览和保存材质预览渲染。

选项：打开"材质编辑器选项"对话框，在该对话框中可以启用材质动画、加载自定义背景、定义灯光亮度或颜色，以及设置示例窗数目等。

按材质选择：选定使用当前材质的所有对象。

材质/贴图导航器：单击该按钮可以打开"材质/贴图导航器"对话框，在该对话框中会显示当前材质的所有层级。

6.2.4 参数控制区

参数控制区用于调节材质的参数，基本上所有的材质参数都在这里调节。注意，不同的材质拥有不同的参数控制区，在下面的内容中将对各种重要材质的参数控制区进行详细讲解。

6.3 材质资源管理器

"材质资源管理器"主要用来浏览和管理场景中的所有材质。执行"渲染>材质资源管理器"菜单命令可以打开"材质管理器"对话框。"材质管理器"对话框分为"场景"面板和"材质"面板两大部分，如图6-20所示。"场景"面板主要用来显示场景对象的材质，而"材质"面板主要用来显示当前材质的属性和纹理。

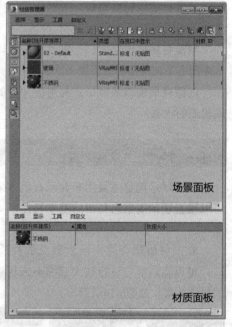

图6-20

技巧与提示

"材质管理器"对话框非常有用，使用它可以直观地观察到场景对象的所有材质，例如，在图6-21中，可以观察到场景中的对象包含3个材质，分别是"火焰"材质、"默认"材质和"蜡烛"材质。

图6-21

在"场景"面板中选择一个材质以后，在下面的"材质"面板中就会显示出与该材质相关的属性以及加载的纹理贴图，如图6-22所示。

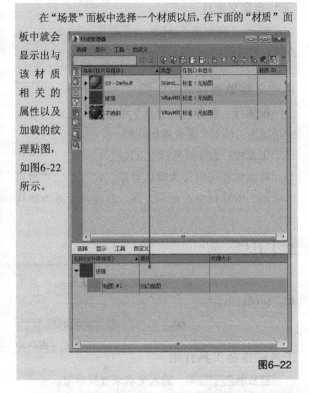

图6-22

6.3.1 场景面板

"场景"面板分为菜单栏、工具栏、显示按钮和列4大部分，如图6-23所示。

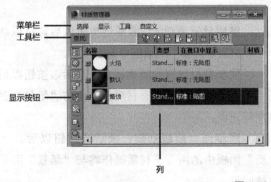

图6-23

1.菜单栏

<1>选择菜单

展开"选择"菜单，如图6-24所示。

图6-24

选择菜单重要命令介绍

全部选择：选择场景中的所有材质和贴图。

选定所有材质：选择场景中的所有材质。

选定所有贴图：选择场景中的所有贴图。

全部不选：取消选择的所有材质和贴图。

反选：颠倒当前选择，即取消当前选择的所有对象，而选择前面未选择的对象。

选择子对象：该命令只起到切换的作用。

查找区分大小写：通过搜索字符串的大小写来查处对象，比如house与House。

使用通配符查找：通过搜索字符串中的字符来查找对象，比如*和?等。

使用正则表达式查找：通过搜索正则表达式的方式来查找对象。

<2>显示菜单

展开"显示"菜单，如图6-25所示。

图6-25

显示菜单重要命令介绍

显示缩略图：启用该选项之后，"场景"面板中将显示出每个材质和贴图的缩略图。

显示材质：启用该选项之后，"场景"面板中将显示出每个对象的材质。

显示贴图：启用该选项之后，每个材质的层次下面都包括该材质所使用到的所有贴图。

显示对象：启用该选项之后，每个材质的层次下面都会显示出该材质所应用到的对象。

显示子材质/贴图：启用该选项之后，每个材质的层次下面都会显示用于材质通道的子材质和贴图。

显示未使用的贴图通道：启用该选项之后，每个材质的层次下面还会显示出未使用的贴图通道。

按材质排序：启用该选项之后，层次将按材质名称进行排序。

按对象排序：启用该选项之后，层次将按对象进行排序。

展开全部：展开层次以显示出所有的条目。

扩展选定对象：展开包含所选条目的层次。

展开对象：展开包含所有对象的层次。

塌陷全部：塌陷整个层次。

塌陷选定项：塌陷包含所选条目的层次。

塌陷材质：塌陷包含所有材质的层次。

塌陷对象：塌陷包含所有对象的层次。

<3>工具菜单

展开"工具"菜单，如图6-26所示。

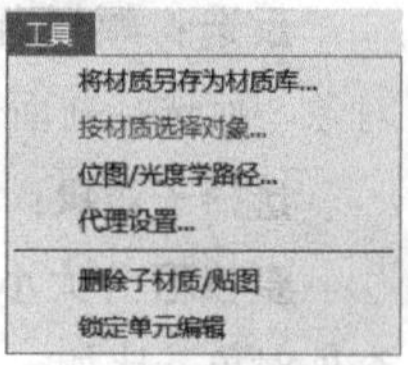

工具菜单重要命令介绍

将材质另存为材质库：将材质另存为材质库（即.mat文件）文件。

按材质选择对象：根据材质来选择场景中的对象。

位图/光度学路径：打开"位图/光度学路径编辑器"对话框，在该对话框中可以管理场景对象的位图的路径，如图6-27所示。

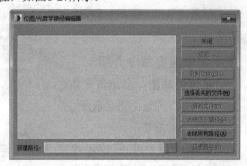

图6-27

代理设置：打开"全局设置和位图代理的默认"对话框，如图6-28所示，可以使用该对话框来管理3ds Max如何创建和并入到材质中的位图的代理版本。

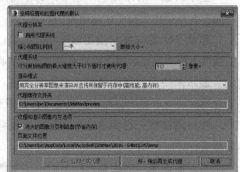

图6-28

删除子材质/贴图：删除所选材质的子材质或贴图。

锁定单元编辑：启用该选项之后，可以禁止在"材质管理器"对话框中编辑单元。

<4>自定义菜单

展开"自定义"菜单，如图6-29所示。

图6-29

自定义菜单重要命令介绍

配置行：打开"配置行"对话框，在该对话框中可以为"场景"面板添加队列。

工具栏：选择要显示的工具栏。

将当前布局保存为默认设置：保存当前"材质管理器"对话框中的布局方式，并将其设置为默认设置。

2.工具栏

工具栏中主要是一些对材质进行基本操作的工具，如图6-30所示。

图6-30

工具栏重要工具介绍

查找：输入文本来查找对象。

选择所有材质：选择场景中的所有材质。

选择所有贴图：选择场景中的所有贴图。

全部选择：选择场景中的所有材质和贴图。

全部不选：取消选择场景中的所有材质和贴图。

反选：颠倒当前选择。

锁定单元编辑：激活该按钮以后，可以禁止在"材质管理器"对话框中编辑单元。

同步到材质资源管理器：激活该按钮以后，"材质"面板中的所有材质操作将与"场景"面板保持同步。

同步到材质级别：激活该按钮以后，"材质"面板中的所有子材质操作将与"场景"面板保持同步。

3.显示按钮

显示按钮主要用来控制材质和贴图的显示方式，与"显示"菜单相对应，如图6-31所示。

显示按钮介绍

显示缩略图：激活该按钮后，"场景"面板中将显示出每个材质和贴图的缩略图。

图6-31

182

显示材质 ：激活该按钮后，"场景"面板中将显示出每个对象的材质。

显示贴图 ：激活该按钮后，每个材质的层次下面都包括该材质所使用到的所有贴图。

显示对象 ：激活该按钮后，每个材质的层次下面都会显示出该材质所应用到的对象。

显示子材质/贴图 ：激活该按钮后，每个材质的层次下面都会显示用于材质通道的子材质和贴图。

显示未使用的贴图通道 ：激活该按钮后，每个材质的层次下面还会显示出未使用的贴图通道。

按对象排序 /**按材质排序** ：让层次以对象或材质的方式来进行排序。

4.材质列表

材质列表主要用来显示场景材质的名称、类型、在视口中的显示方式以及材质的ID号，如图6-32所示。

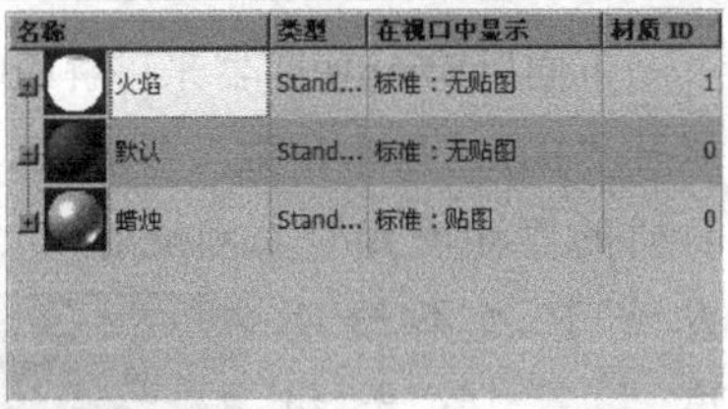

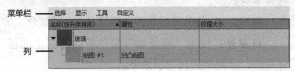

图6-32

材质列表介绍

名称： 显示材质、对象、贴图和子材质的名称。

类型： 显示材质、贴图或子材质的类型。

在视口中显示： 注明材质和贴图在视口中的显示方式。

材质ID： 显示材质的ID号。

6.3.2 材质面板

"材质"面板分为菜单栏和列两大部分，如图6-33所示。

图6-33

技巧与提示

"材质"面板中的命令含义可以参考"场景"面板中的命令。

6.4 常用材质

安装好VRay渲染器后，材质类型大致可分为27种。单击Standard（标准）按钮 Standard ，然后在弹出的"材质/贴图浏览器"对话框中可以观察到这27种材质类型，如图6-34所示。

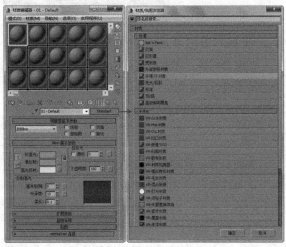

图6-34

本节材质介绍

材质名称	材质的主要作用	重要程度
标准材质	几乎可以模拟任何真实材质	高
混合材质	在模型的单个面上将两种材质通过一定的百分比进行混合	中
墨水材质	制作卡通效果	中
多维/子对象材质	采用几何体的子对象级别分配不同的材质	中
VRay发光材质	模拟自发光效果	中
VRay双面材质	使对象的外表面和内表面同时被渲染，并且可以使内外表面拥有不同的纹理贴图	中
VRay混合材质	可以让多个材质以层的方式混合来模拟物理世界中的复杂材质	中
VRayMtl材质	几乎可以模拟任何真实材质类型	高

技巧与提示

在下面的内容中，将针对实际工作中常用的一些材质类型进行详细讲解。

6.4.1 标准材质

"标准"材质是3ds Max默认的材质，也是使用频率非常高的材质之一，它几乎可以模拟真实世界中的任何材质，其参数设置面板如图6-35所示。

图6-35

183

1.明暗器基本参数卷展栏

在"明暗器基本参数"卷展栏下可以选择明暗器的类型，还可以设置"线框""双面""面贴图""面状"等参数，如图6-36所示。

图6-36

明暗器基本参数卷展栏重要参数介绍

明暗器列表：在该列表中包含了8种明暗器类型，如图6-37所示。

图6-37

各向异性：这种明暗器通过调节两个垂直于正向上可见高光尺寸之间的差值来提供了一种"重折光"的高光效果，这种渲染属性可以很好地表现毛发、玻璃和被擦拭的金属等物体。

Blinn：这种明暗器是以光滑的方式来渲染物体表面，是最常用的一种明暗器。

金属：这种明暗器适用于金属表面，它能提供金属所需的强烈反光。

多层："多层"明暗器与"各向异性"明暗器很相似，但"多层"明暗器可以控制两个高亮区，因此"多层"明暗器拥有对材质更多的控制，第1高光反射层和第2高光反射层具有相同的参数控制，可以对这些参数使用不同的设置。

Oren-Nayar-Blinn：这种明暗器适用于无光表面（如纤维或陶土），与Blinn明暗器几乎相同，通过它附加的"漫反射色级别"和"粗糙度"两个参数可以实现无光效果。

Phong：这种明暗器可以平滑面与面之间的边缘，也可以真实地渲染有光泽和规则曲面的高光，适用于高强度的表面和具有圆形高光的表面。

Strauss：这种明暗器适用于金属和非金属表面，与"金属"明暗器十分相似。

半透明明暗器：这种明暗器与Blinn明暗器类似，它们之间的最大区别在于该明暗器可以设置半透明效果，使光线能够穿透半透明的物体，并且在穿过物体内部时离散。

线框：以线框模式渲染材质，用户可以在"扩展参数"卷展栏下设置线框的"大小"参数，如图6-38所示。

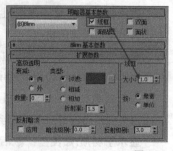

图6-38

双面：将材质应用到选定面，使材质成为双面。

面贴图：将材质应用到几何体的各个面。如果材质是贴图材质，则不需要贴图坐标，因为贴图会自动应用到对象的每一个面。

面状：使对象产生不光滑的明暗效果，把对象的每个面都作为平面来渲染，可以用于制作加工过的钻石、宝石和任何带有硬边的物体表面。

2.Blinn基本参数卷展栏

下面以Blinn明暗器来讲解明暗器的基本参数。展开"Blinn基本参数"卷展栏，在这里可以设置材质的"环境光""漫反射""高光反射""自发光""不透明度""高光级别""光泽度""柔化"等属性，如图6-39所示。

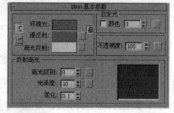

图6-39

Blinn基本参数卷展栏重要参数介绍

环境光：用于模拟间接光，也可以用来模拟光能传递。

漫反射："漫反射"是在光照条件较好的情况下（如在太阳光和人工光直射的情况下）物体反射出来的颜色，又被称作物体的"固有色"，也就是物体本身的颜色。

高光反射：物体发光表面高亮显示部分的颜色。

自发光：使用"漫反射"颜色替换曲面上的任何阴影，从而创建出白炽效果。

不透明度：控制材质的不透明度。

高光级别：控制"反射高光"的强度。数值越大，反射强度越强。

光泽度：控制镜面高亮区域的大小，即反光区域的大小。数值越大，反光区域越小。

柔化： 设置反光区和无反光区衔接的柔和度。0表示没有柔化效果；1表示应用最大量的柔化效果。

课堂案例

用标准材质制作发光材质

场景位置	场景文件>CH06>01.max
实例位置	实例文件>CH06>课堂实例：用标准材质制作发光材质.max
视频名称	课堂实例：用标准材质制作发光材质.mp4
学习目标	学习"标准"材质的用法

发光材质效果如图6-40所示。

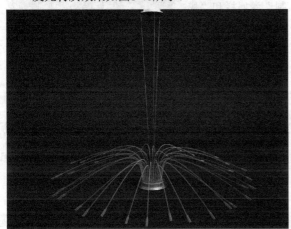

图6-40

发光材质的模拟效果如图6-41所示。

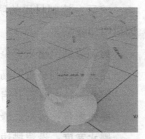

发光材质的基本属性主要有以下两点。

带有自发光属性。

具有衰减属性。

图6-41

01 打开"场景文件>CH06>01.max"文件，如图6-42所示。

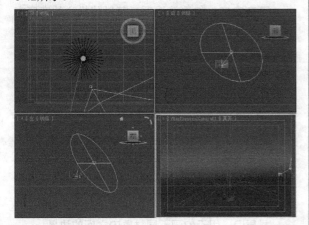

图6-42

02 选择一个空白材质球，然后设置材质类型为"标准"材质，接着将其命名为"发光材质"，具体参数设置如图6-43所示，制作好的材质球效果如图6-44所示。

设置步骤：

① 设置"漫反射"颜色为（红:31，绿:82，蓝:228）。

② 在"自发光"选项组下勾选"颜色"选项，然后设置颜色为（红:97，绿:156，蓝:245）。

③ 在"不透明度"贴图通道中加载一张"衰减"程序贴图。

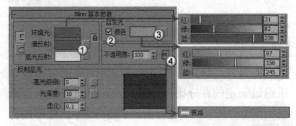

图6-43

图6-44

03 在视图中选择发光条墨水，然后在"材质编辑器"对话框中单击"将材质指定给选定对象"按钮，如图6-45所示。

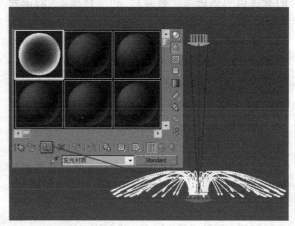

图6-45

185

04 按F9键渲染当前场景，最终效果如图6-46所示。

图6-46

6.4.2 混合材质

"混合"材质可以在模型的单个面上将两种材质通过一定的百分比进行混合，其材质参数设置面板如图6-47所示。混合材质在VRay3.4中已经不能自主加载，只有在已经携带了该材质的场景中，才能调节该材质，这里只做简单介绍。

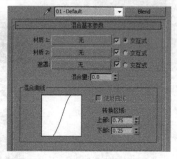

图6-47

混合材质重要参数介绍

材质1/材质2：可在其后面的材质通道中对两种材质分别进行设置。

遮罩：可以选择一张贴图作为遮罩。利用贴图的灰度值可以决定"材质1"和"材质2"的混合情况。

混合量：控制两种材质混合的百分比。如果使用遮罩，则"混合量"选项将不起作用。

交互式：用来选择哪种材质在视图中以实体着色方式显示在物体的表面。

混合曲线：对遮罩贴图中的黑白色过渡区进行调节。

使用曲线：控制是否使用"混合曲线"来调节混合效果。

上部：用于调节"混合曲线"的上部。

下部：用于调节"混合曲线"的下部。

6.4.3 Ink'n Paint（墨水油漆）材质

Ink'n Paint（墨水油漆）材质可以用来制作卡通效果，其参数包含"基本材质扩展"卷展栏、"绘制控制"卷展栏和"墨水控制"卷展栏，如图6-48所示。

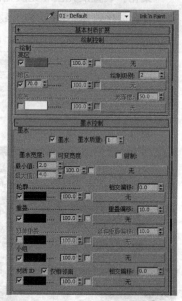

图6-48

墨水油漆材质重要参数介绍

亮区：用来调节材质的固有颜色，可以在后面的贴图通道中加载贴图。

暗区：控制材质的明暗度，可以在后面的贴图通道中加载贴图。

绘制级别：用来调整颜色的色阶。

高光：控制材质的高光区域。

墨水：控制是否开启描边效果。

墨水质量：控制边缘形状和采样值。

墨水宽度：设置描边的宽度。

最小值：设置墨水宽度的最小像素值。

最大值：设置墨水宽度的最大像素值。

可变宽度：勾选该选项后可以使描边的宽度在最大值和最小值之间变化。

钳制：勾选该选项后可以使描边宽度的变化范围限制在最大值与最小值之间。

轮廓：勾选该选项后可以使物体外侧产生轮廓线。

重叠：当物体与自身的一部分相交迭时使用。

延伸重叠：与"重叠"类似，但多用在较远的表面上。

小组：用于勾画物体表面光滑组部分的边缘。

材质ID：用于勾画不同材质ID之间的边界。

课堂案例

用墨水油漆材质制作卡通材质

场景位置	场景文件>CH06>02.max
实例位置	实例文件>CH06>课堂实例：用墨水油漆材质制作卡通材质.max
视频名称	CH06>课堂实例：用墨水油漆材质制作卡通材质.mp4
学习目标	学习Ink'n Paint（墨水油漆）材质的用法

卡通材质效果如图6-49所示。

图6-49

本例共需要制作3个材质，分别是草绿卡通材质、蓝色卡通材质和红色卡通材质，其模拟效果如图6-50~图6-52所示。

图6-50　　　　图6-51　　　　图6-52

卡通材质的基本属性主要有以下两点。

颜色为单一的单色；有一定的高光效果。

01 打开"场景文件>CH06>02.max"文件，如图6-53所示。

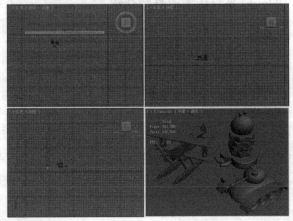

图6-53

02 选择一个空白材质球，然后设置材质类型为Ink'n Paint（墨水油漆）材质，并将材质命名为"草绿"，接着设置"亮区"颜色为（红:0，绿:110，蓝:13），最后设置"绘制级别"为5，具体参数设置如图6-54所示，制作好的材质球效果如图6-55所示。

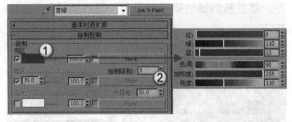

图6-54

图6-55

03 选择一个空白材质球，然后设置材质类型为Ink'n Paint（墨水油漆）材质，并将材质命名为"蓝色"，接着设置"亮区"颜色为（红:0，绿:0，蓝:255），最后设置"绘制级别"为5，具体参数设置如图6-56所示，制作好的材质球效果如图6-57所示。

图6-56

图6-57

04 选择一个空白材质球，然后设置材质类型为

187

Ink'n Paint（墨水油漆）材质，并将材质命名为"红色"，接着设置"亮区"颜色为（红:255，绿:0，蓝:0），最后设置"绘制级别"为5，具体参数设置如图6-58所示，制作好的材质球效果如图6-59所示。

⑤ 将制作好的材质分别指定给场景中对应的模型，然后按F9键渲染当前场景，最终效果如图6-60所示。

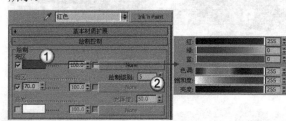

图6-58

图6-59

图6-60

6.4.4 多维/子对象材质

使用"多维/子对象"材质可以采用几何体的子对象级别分配不同的材质，其参数设置面板如图6-61所示。

图6-61

多维/子对象材质重要参数介绍

数量：显示包含在"多维/子对象"材质中的子材质的数量。

设置数量 设置数量 ：单击该按钮可以打开"设置材质数量"对话框，如图6-62所示。在该对话框中可以设置材质的数量。

图6-62

添加 添加 ：单击该按钮可以添加子材质。

删除 删除 ：单击该按钮可以删除子材质。

ID ID ：单击该按钮将对列表进行排序，其顺序开始于最低材质ID的子材质，结束于最高材质ID。

名称 名称 ：单击该按钮可以用名称进行排序。

子材质 子材质 ：单击该按钮可以通过显示于"子材质"按钮上的子材质名称进行排序。

启用/禁用：启用或禁用子材质。

子材质列表：单击子材质后面的"无"按钮 无 ，可以创建或编辑一个子材质。

6.4.5 VRay灯光材质

"VRay灯光材质"主要用来模拟自发光效果。当设置渲染器为VRay渲染器后，在"材质/贴图浏览器"对话框中可以找到"VRay灯光材质"，其参数设置面板如图6-63所示。

图6-63

VRay灯光材质重要参数介绍

颜色：设置对象自发光的颜色，后面的输入框用于设置自发光的"强度"。

不透明度：用贴图来指定发光体的不透明度。

背面发光：当勾选该选项时，可以让材质光源双面发光。

📷 课堂案例

用VRay灯光材质制作灯管材质

场景位置	场景文件>CH06>03.max
实例位置	实例文件>CH06>课堂实例：用VRay灯光材质制作灯管材质.max
视频名称	课堂实例：用VRay灯光材质制作灯管材质.mp4
学习目标	学习"VRay灯光材质"的用法

灯管材质效果如图6-64所示。

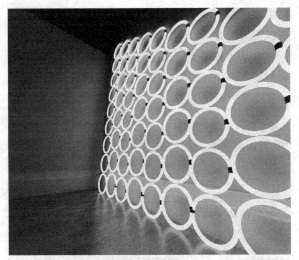

图6-64

本例共需要制作两个材质，分别是自发光材质（灯管材质）和地板材质，其模拟效果如图6-65和图6-66所示。

图6-65

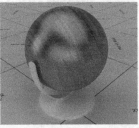

图6-66

自发光材质的基本属性主要有以下两点。

带有自发光属性；发光强度不是很大。

地板材质的基本属性主要有以下两点。

带有木质纹理；有一定的反光效果。

01 打开"场景文件>CH06>03.max"文件，如图6-67所示。

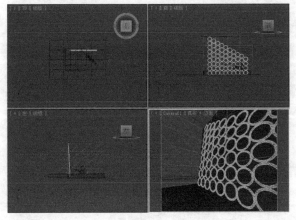

图6-67

02 下面制作灯管材质。选择一个空白材质球，然后设置材质类型为"VRay灯光材质"，接着在"参数"卷展栏下设置发光的"强度"为2.5，如图6-68所示，制作好的材质球效果如图6-69所示。

图6-68

图6-69

03 下面制作地板材质。选择一个空白材质球，然后设置材质类型为VRayMtl材质，具体参数设置如图6-70所示，制作好的材质球效果如图6-71所示。

设置步骤

① 在"漫反射"贴图通道中加载一张"实例文件>CH06>实战：利用VRay灯光材质制作灯管材质>地板.jpg"文件，然后在"坐标"卷展栏下设置"瓷砖"的u和v为5。

② 设置"反射"颜色为（红:64，绿:64，蓝:64），然后设置"反射光泽度"为0.8。

04 将制作好的材质分别指定给相应的模型，然后按F9键渲染当前场景，最终效果如图6-72所示。

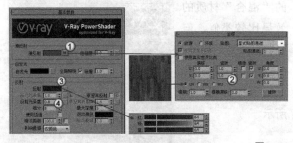

图6-70

图6-71

图6-72

6.4.6 VRay双面材质

"VRay双面材质"可以使对象的外表面和内表面同时被渲染，并且可以使内外表面拥有不同的纹理贴图，其参数设置面板如图6-73所示。

图6-73

VRay双面材质重要参数介绍

正面材质：用来设置物体外表面的材质。

背面材质：用来设置物体内表面的材质。

半透明度：用来设置"正面材质"和"背面材质"的混合程度，可以直接设置混合值，也可以用贴图来代替。值为0时，"正面材质"在外表面，"背面材质"在内表面；值在0~100之间时，两面材质可以相互混合；值为100时，"背面材质"在外表面，"正面材质"在内表面。

6.4.7 VRay混合材质

"VRay混合材质"可以让多个材质以层的方式混合来模拟物理世界中的复杂材质。"VRay混合材质"和3ds Max里的"混合"材质的效果比较类似，但是其渲染速度比3ds Max的快很多，其参数面板如图6-74所示。

图6-74

VRay混合材质重要参数介绍

基本材质：可以理解为最基层的材质。

镀膜材质：表面材质，可以理解为基本材质上面的材质。

混合数量：这个混合数量是表示"镀膜材质"混合多少到"基本材质"上面，如果颜色给白色，那么这个"镀膜材质"将全部混合上去，而下面的"基本材质"将不起作用；如果颜色给黑色，那么

这个"镀膜材质"自身就没什么效果。混合数量也可以由后面的贴图通道来代替。

加法（虫漆）模式：选择这个选项，"VRay混合材质"将和3ds Max里的"虫漆"材质效果类似，一般情况下不勾选它。

📚课堂案例

用VRay混合材质制作生锈椅子

场景位置	场景文件>CH06>04.max
实例位置	实例文件>CH06>课堂实例：用VRay混合材质制作生锈椅子.max
视频名称	课堂实例：用VRay混合材质制作生锈椅子.mp4
学习目标	学习"VRay混合材质"的用法

生锈椅子效果如图6-75所示。

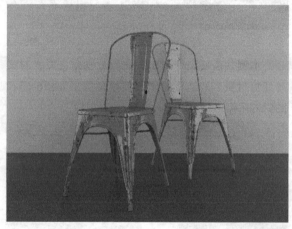

图6-75

材质的模拟效果如图6-76所示。

生锈椅子材质的基本属性主要有以下两点。

两种不同材质混合。

拥有不同的反射和凹凸。

图6-76

01 打开"场景文件>CH06>04.max"文件，如图6-77所示。

图6-77

190

02 在"材质编辑器"中新建一个"VRay混合"材质球,然后将其命名为"生锈", 接着在"基本材质"通道中加载一个VRayMtl材质,具体参数设置如图6-78所示。

设置步骤

①设置"漫反射"颜色为(红:12,绿:73,蓝:45)。

②设置"反射"颜色为(红:102,绿:102,蓝:102),然后设置"反射光泽"为0.85、"菲涅耳折射率"为2.5。

③展开"双向反射分布函数"卷展栏,设置类型为"微面GTR(GGX)"。

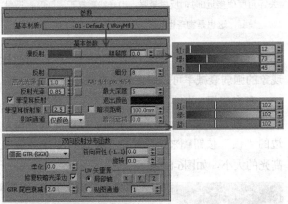

图6-78

🏃 **技巧与提示**

与"混合"材质相同,在加载"VRay混合材质"时,系统也会弹出一个"替换材质"对话框,这里同样选择"丢弃旧材质?"选项,如图6-79所示。

图6-79

03 返回到"VRay混合材质"参数设置面板,然后在第1个"镀膜材质"通道中加载一个VRayMtl材质,如图6-80所示。

设置步骤

① 在"漫反射"通道加载一张本书学习资源中的"实例文件> CH08>课堂实例:制作生锈椅子>铁锈.jpg"文件。

② 设置"反射"颜色为(红:25,绿:25,蓝:25),然后设置"反射光泽"为0.6。

04 返回到"VRay混合材质"参数设置面板,然后在第1个"混合数量"通道中加载一张学习资源中的"实例文件> CH06>课堂实例:用VRay混合材质制作生锈椅子>铁锈遮罩.jpg"贴图,具体参数如图6-81所示,制作好的材质球效果如图6-82所示。

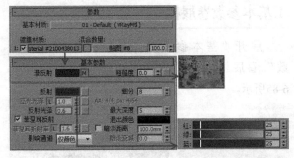

图6-80

图6-81　　　　　图6-82

05 将制作好的材质指定给椅子模型,然后按F9键渲染当前场景,最终效果如图6-83所示。

图6-83

🏃 **技巧与提示**

实例中黄色椅子材质的制作方法与绿色椅子类似,读者可按照实例的讲解方法制作,也可以查看实例文件。

6.4.8 VRayMtl材质

VRayMtl材质是使用频率非常高的一种材质,也是使用范围非常广的一种材质,常用于制作室内外效果图。VRayMtl材质除了能完成一些反射和折射效果外,还能出色地表现出SSS以及BRDF等效果,其参数设置面板如图6-84所示。

图6-84

1.基本参数卷展栏

展开"基本参数"卷展栏,如图6-85所示。

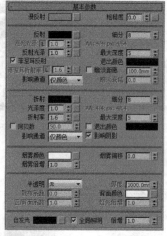

图6-85

基本参数卷展栏重要参数介绍

① 漫反射组

漫反射:物体的漫反射用来决定物体的表面颜色。通过单击它的色块,可以调整自身的颜色。单击右边的■按钮可以选择不同的贴图类型。

粗糙度:数值越大,粗糙效果越明显,可以用该选项来模拟绒布的效果。

② 反射组

反射:这里的反射是靠颜色的灰度来控制,颜色越白反射越亮,越黑反射越弱;而这里选择的颜色则是反射出来的颜色,和反射的强度是分开来计算的。单击旁边的■按钮,可以使用贴图的灰度来控制反射的强弱,如图6-86所示。

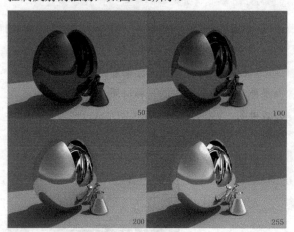

图6-86

菲涅耳反射:勾选该选项后,反射强度会与

物体的入射角度有关系,入射角度越小,反射越强烈。当垂直入射的时候,反射强度最弱。同时,菲涅耳反射的效果也和下面的"菲涅耳折射率"有关。当"菲涅耳折射率"为0或100时,将产生完全反射;而当"菲涅耳折射率"从1变化到0时,反射越强烈;同样,当菲涅耳折射率从1变化到100时,反射也越强烈。

菲涅耳折射率:在"菲涅耳反射"中,菲涅耳现象的强弱衰减率可以用该选项来调节。

高光光泽:控制材质的高光大小,默认情况下和"反射光泽度"一起关联控制,可以通过单击旁边的"锁"按钮■来解除锁定,从而可以单独调整高光的大小,如图6-87所示。

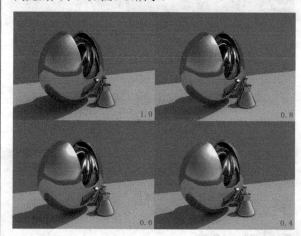

图6-87

反射光泽:通常也被称为"反射模糊"。物理世界中所有的物体都有反射光泽度,只是或多或少而已。默认值1表示没有模糊效果,而比较小的值表示模糊效果越强烈。单击右边的■按钮,可以通过贴图的灰度来控制反射模糊的强弱,如图6-88所示。

细分:用来控制"反射光泽度"的品质,较高的值可以取得较平滑的效果,而较低的值可以让模糊区域产生颗粒效果。注意,细分值越大,渲染速度越慢,如图6-89所示。

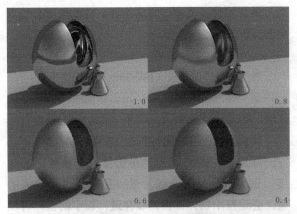

图6-88

图6-89

使用插值： 当勾选该参数时，VRay能够使用类似于"发光图"的缓存方式来加快反射模糊的计算。

最大深度： 是指反射的次数，数值越高，效果越真实，但渲染时间也越长。

> **技巧与提示**
>
> 渲染室内的玻璃或金属物体时，反射次数需要设置大一些；渲染地面和墙面时，反射次数可以设置少一些，这样可以提高渲染速度。

退出颜色： 当物体的反射次数达到最大次数时就会停止计算反射，这时由于反射次数不够造成的反射区域的颜色就用退出色来代替。

③折射组

折射： 和反射的原理一样，颜色越白，物体越透明，进入物体内部产生折射的光线也就越多；颜色越黑，物体越不透明，产生折射的光线也就越少。单击右边的■按钮，可以通过贴图的灰度来控制折射的强弱，如图6-90所示。

折射率： 设置透明物体的折射率，如图6-91所示。

> **技巧与提示**
>
> 真空的折射率是1，水的折射率是1.33，玻璃的折射率是1.5，水晶的折射率是2，钻石的折射率是 2.4，这些都是制作效果图常用的折射率。

图6-90

图6-91

光泽度： 用来控制物体的折射模糊程度。值越小，模糊程度越明显；默认值1不产生折射模糊。单击右边的■按钮，可以通过贴图的灰度来控制折射模糊的强弱，如图6-92所示。

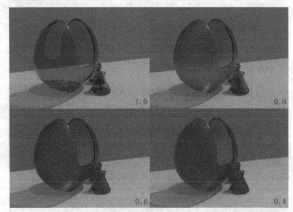

图6-92

最大深度： 和反射中的最大深度原理一样，用来控制折射的最大次数。

细分： 用来控制折射模糊的品质，较高的值可以得到比较光滑的效果，但是渲染速度会变慢；而较低的值可以使模糊区域产生杂点，但是渲染速度会变快。

退出颜色：当物体的折射次数达到最大次数时就会停止计算折射，这时由于折射次数不够造成的折射区域的颜色就用退出色来代替。

使用插值：当勾选该选项时，VRay能够使用类似于"发光贴图"的缓存方式来加快"光泽度"的计算。

影响阴影：这个选项用来控制透明物体产生的阴影。勾选该选项时，透明物体将产生真实的阴影。注意，这个选项仅对"VRay灯光"和"VRay阴影"有效。

烟雾颜色：这个选项可以让光线通过透明物体后变少，就好像和物理世界中的半透明物体一样。这个颜色值和物体的尺寸有关，厚的物体颜色需要设置淡一点才有效果。

技巧与提示

默认情况下的"烟雾颜色"为白色，是不起任何作用的，也就是说白色的雾对不同厚度的透明物体的效果是一样的。在图6-93中，"烟雾颜色"为淡绿色，"烟雾倍增"为0.08，由于玻璃的侧面比正面尺寸厚，所以侧面的颜色就会深一些，这样的效果与现实中的玻璃效果是一样的。

图6-93

烟雾倍增：可以理解为烟雾的浓度。值越大，雾越浓，光线穿透物体的能力越差。不推荐使用大于1的值，如图6-94所示。

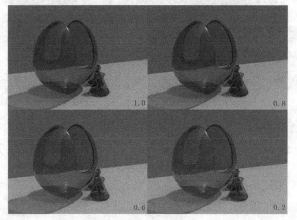

图6-94

烟雾偏移：控制烟雾的偏移，较低的值会使烟雾向摄影机的方向偏移。

④ 半透明组

类型：半透明效果（也叫3S效果）的类型有3种，一种是"硬（腊）模型"，比如蜡烛；一种是"软（水）模型"，比如海水；还有一种是"混合模型"。

背面颜色：用来控制半透明效果的颜色。

厚度：用来控制光线在物体内部被追踪的深度，也可以理解为光线的最大穿透能力。较大的值，会让整个物体都被光线穿透；较小的值，可以让物体比较薄的地方产生半透明现象。

散布系数：物体内部的散射总量。0表示光线在所有方向被物体内部散射；1表示光线在一个方向被物体内部散射，而不考虑物体内部的曲面。

正/背面系数：控制光线在物体内部的散射方向。0表示光线沿着灯光发射的方向向前散射；1表示光线沿着灯光发射的方向向后散射；0.5表示这两种情况各占一半。

灯光倍增：设置光线穿透能力的倍增值。值越大，散射效果越强。

技巧与提示

半透明参数所产生的效果通常也叫3S效果。半透明参数产生的效果与雾参数所产生的效果有一些相似，很多用户分不太清楚。其实半透明参数所得到的效果包括了雾参数所产生的效果，更重要的是它还能得到光线的次表面散射效果，也就是说当光线直射到半透明物体时，光线会在半透明物体内部进行分散，然后会从物体的四周发散出来。也可以理解为半透明物体为二次光源，能模拟现实世界中的效果，如图6-95所示。

图6-95

2.双向反射分布函数卷展栏

展开"双向反射分布函数"卷展栏，如图6-96所示。

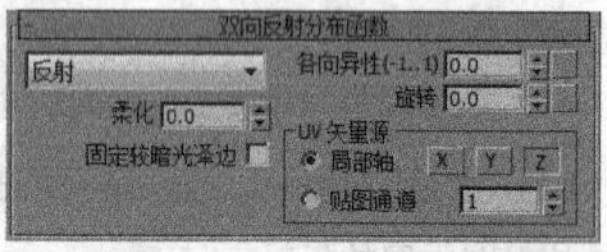

图6-96

双向反射分布函数卷展栏重要参数介绍

明暗器列表：包含4种明暗器类型，分别是"多面""反射""沃德""微面GTR（GGX）"。"多面"的高光区域最小，适合硬度很高的物体；"反射"的高光区域次之，适合大多数物体；"沃德"的高光区域最大，适合表面柔软或粗糙的物体；"微面GTR（GGX）"是VRay3.2新增，适合金属类材质。

各向异性：控制高光区域的形状，可以用该参数来设置拉丝效果。

旋转：控制高光区的旋转方向。

UV矢量源：控制高光形状的轴向，也可以通过贴图通道来设置。

局部轴：有x、y、z3个轴可供选择。

贴图通道：可以使用不同的贴图通道与UVW贴图进行关联，从而实现一个物体在多个贴图通道中使用不同的UVW贴图，这样可以得到各自相对应的贴图坐标。

> **技巧与提示**
>
> 关于双向反射现象，在物理世界中随处可见。例如在图6-97中，我们可以看到不锈钢锅底的高光形状是由两个锥形构成的，这就是双向反射现象。这是因为不锈钢表面是一个有规律的均匀的凹槽（如常见的拉丝不锈钢效果），当光反射到这样的表面上时，就会产生双向反射现象。

图6-97

3.选项卷展栏

展开"选项"卷展栏，如图6-98所示。

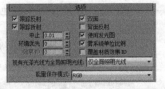

图6-98

选项卷展栏重要参数介绍

跟踪反射：控制光线是否追踪反射。如果不勾选该选项，VRay将不渲染反射效果。

跟踪折射：控制光线是否追踪折射。如果不勾

选该选项，VRay将不渲染折射效果。

中止：中止选定材质的反射和折射的最小阈值。

环境优先：控制"环境优先"的数值。

双面：控制VRay渲染的面是否为双面。

背面反射：勾选该选项时，将强制VRay计算反射物体的背面产生反射效果。

使用发光图：控制选定的材质是否使用"发光贴图"。

视有光泽光线为全局照明光线：该选项在效果图制作中一般都默认设置为"仅全局照明光线"。

能量保存模式：该选项在效果图制作中一般都默认设置为RGB模型，因为这样可以得到彩色效果。

4.贴图卷展栏

展开"贴图"卷展栏，如图6-99所示。

图6-99

贴图卷展栏重要参数介绍

凹凸：主要用于制作物体的凹凸效果，在后面的通道中可以加载一张凹凸贴图。

置换：主要用于制作物体的置换效果，在后面的通道中可以加载一张置换贴图。

不透明度：主要用于制作不透明物体。

环境：主要是针对上面的一些贴图而设定的，例如反射、折射等，只是在其贴图的效果上加入了环境贴图效果。

> **技巧与提示**
>
> 如果制作场景中的某个物体不存在环境效果，就可以用"环境"贴图通道来完成。例如在图6-100中，如果在"环境"贴图通道中加载一张位图贴图，那么就需要将"坐标"类型设置为"环境"才能正确使用，如图6-101所示。

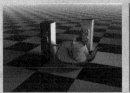

图6-100

图6-101

5.反射插值卷展栏

展开"反射插值"卷展栏，如图6-102所示。该卷展栏下的参数只有在"基本参数"卷展栏中的"反射"选项组下勾选"使用插值"选项时才起作用。

图6-102

反射插值卷展栏重要参数介绍

最小比率：在反射对象不丰富（颜色单一）的区域使用该参数所设置的数值进行插补。数值越高，精度就越高，反之精度就越低。

最大比率：在反射对象比较丰富（图像复杂）的区域使用该参数所设置的数值进行插补。数值越高，精度就越高，反之精度就越低。

颜色阈值：指的是插值算法的颜色敏感度。值越大，敏感度就越低。

法线阈值：指的是物体的交接面或细小的表面的敏感度。值越大，敏感度就越低。

插值采样：用于设置反射插值时所用的样本数量。值越大，效果越平滑模糊。

> 📖 **技巧与提示**
>
> 由于"折射插值"卷展栏中的参数与"反射插值"卷展栏中的参数相似，因此这里不再进行讲解。"折射插值"卷展栏中的参数只有在"基本参数"卷展栏中的"折射"选项组下勾选"使用插值"选项时才起作用。

🎬 课堂案例

用VRayMtl材质制作陶瓷材质

场景位置	场景文件>CH06>05.max
实例位置	实例文件>CH06>课堂实例：用VRayMtl材质制作陶瓷材质.max
视频名称	课堂实例：用VRayMtl材质制作陶瓷材质.mp4
学习目标	学习如何用VRayMtl材质制作陶瓷材质

陶瓷材质效果如图6-103所示。

图6-103

陶瓷材质的模拟效果如图6-104和图6-105所示。

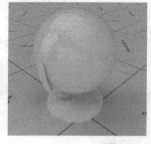

图6-104　　　　　　　　图6-105

白色陶瓷材质的基本属性主要有以下两点。

具有很强的反射效果。

表面光滑。

红色陶瓷材质的基本属性主要有以下两点。

具有很强的反射效果。

表面半哑光，高光范围较大。

01 打开"场景文件>CH06>05.max"文件，如图6-106所示。

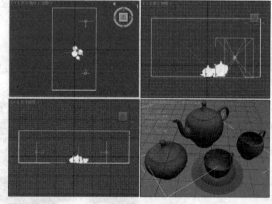

图6-106

02 选择一个空白材质球，然后设置材质类型为VRayMtl材质，具体参数设置如图6-107所示，材质球效果如图6-108所示。

设置步骤

① 设置"漫反射"颜色为（红:228，绿:228，蓝:228）。

② 设置"反射"颜色为（红:255，绿:255，蓝:255），然后设置"反射光泽"为0.9。

图6-107

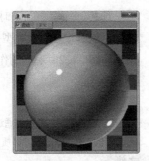

图6-108

03 选择一个空白材质球，然后设置材质类型为VRayMtl材质，具体参数设置如图6-109所示。

设置步骤

① 设置"漫反射"颜色为（红:155，绿:10，蓝:10）。

② 设置"反射"颜色为（红:255，绿:255，蓝:255），然后设置"反射光泽"为0.85。

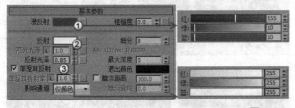

图6-109

04 展开"双向反射分布函数"卷展栏，然后设置"类型"为"沃德"，如图6-110所示，材质球效果如图6-111所示。

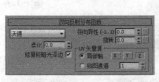

图6-110   图6-111

05 将制作好的材质指定给场景中的模型，然后按F9键渲染当前场景，最终效果如图6-112所示。

图6-112

用VRayMtl材质制作杂志材质

场景位置	场景文件>CH06>06.max
实例位置	实例文件>CH06>课堂实例：用VRayMtl材质制作杂志材质.max
视频名称	课堂实例：用VRayMtl材质制作杂志材质.mp4
学习目标	学习如何用VRayMtl材质制作杂志材质

杂志材质效果如图6-113所示。

图6-113

本例共需要制作3个杂志材质，其模拟效果如图6-114~图6-116所示。

图6-114   图6-115   图6-116

杂志材质的基本属性主要有以下两点。

具有书本纹理。

具有一定的反射效果。

01 打开"场景文件>CH06>06.max"文件，如图6-117所示。

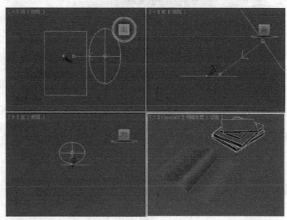

图6-117

197

02 选择一个空白材质球, 然后设置材质类型为VRay Mtl材质, 接着将材质命名为"杂志01", 具体参数设置如图6-118所示, 制作好的材质球效果如图6-119所示。

设置步骤

① 在"漫反射"贴图通道中加载一张"实例文件>CH06>课堂实例: 用VRayMtl材质制作杂志材质>011.jpg"文件。

② 设置"反射"颜色为(红:35, 绿:35, 蓝:35), 然后设置"反射光泽"为0.72。

图6-118

图6-119

03 选择一个空白材质球, 然后将其命名为"杂志02", 接着设置材质类型为VRayMtl材质, 具体参数设置如图6-120所示, 制作好的材质球效果如图6-121所示。

设置步骤

① 在"漫反射"贴图通道中加载一张"实例文件>CH06>课堂实例: 用VRayMtl材质制作杂志材质>杂志022.jpg"文件。

② 设置"反射"颜色为(红:35, 绿:35, 蓝:35), 然后设置"反射光泽"为0.72。

图6-120

图6-121

04 选择一个空白材质球, 然后将其命名为"杂志03", 接着设置材质类型为VRayMtl材质, 具体参数设置如图6-122所示, 制作好的材质球效果如图6-123所示。

设置步骤

① 在"漫反射"贴图通道中加载一张"实例文件>CH06>课堂实例: 用VRayMtl材质制作杂志材质>杂志03.jpg"文件。

② 设置"反射"颜色为(红:35, 绿:35, 蓝:35), 然后设置"反射光泽"为0.72。

05 将制作好的材质分别指定给场景中的杂志模型, 然后按F9键渲染当前场景, 最终效果如图6-124所示。

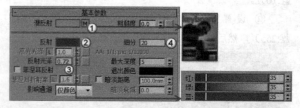

图6-122

图6-123   图6-124

📖 课堂案例

用VRayMtl材质制作金属材质

场景位置	场景文件>CH06>07.max
实例位置	实例文件>CH06>课堂实例: 用VRayMtl材质制作金属材质.max
视频名称	课堂实例: 用VRayMtl材质制作金属材质.mp4
学习目标	学习如何用VRayMtl材质制作金属材质

金属材质效果如图6-125所示。

图6-125

金属材质的模拟效果如图6-126所示。

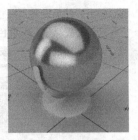

金属材质的基本属性主要有以下两点。

有一定的高光效果。

有一定的模糊反射。

图6-126

①1 打开"场景文件>CH06>07.max"文件,如图6-127所示。

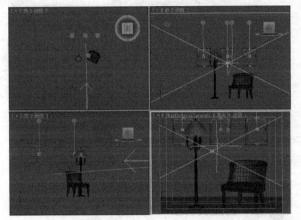

图6-127

②2 选择一个空白材质球,然后设置材质类型为VRayMtl材质,并将其命名为"砂金",具体参数设置如图6-128所示。

设置步骤

① 设置"漫反射"颜色为(红:152,绿:97,蓝:49)。

② 设置"反射"颜色为(红:139,绿:136,蓝:99),然后设置"高光光泽"为0.85、"反射光泽"为0.8、"细分"为15。

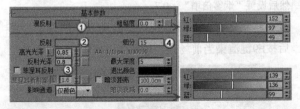

图6-128

③3 展开"双向反射分布函数"卷展栏,然后设置类型为"微面GTR（GGX）",如图6-129所示,制作好的材质球效果如图6-130所示。

④4 将制作好的材质分别指定给场景中的模型,然后按F9键渲染当前场景,最终效果如图6-131所示。

图6-129

图6-130　　　　图6-131

课堂案例

用VRayMtl材质制作玻璃材质

场景位置	场景文件>CH06>08.max
实例位置	实例文件>CH06>课堂实例：用VRayMtl材质制作玻璃材质.max
视频名称	课堂实例：用VRayMtl材质制作玻璃材质.mp4
学习目标	学习如何用VRayMtl材质制作玻璃材质

玻璃材质效果如图6-132所示。

图6-132

玻璃材质的模拟效果如图6-133~图6-135所示。

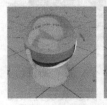

图6-133　　图6-134　　图6-135

玻璃材质的基本属性主要有以下两点。

有较强的反射效果。

有较强的折射效果。

①1 打开"场景文件>CH06>08.max"文件,如图6-136所示。

图6-136

02 在"材质编辑器"中新建一个VRayMtl材质球,然后将其命名为"玻璃1",具体参数设置如图6-137所示,制作好的材质球效果如图6-138所示。

设置步骤

① 设置"漫反射"颜色为(红:15,绿:15,蓝:15)。

② 设置"反射"颜色为(红:255,绿:255,蓝:255),然后设置"反射光泽"为0.9、"细分"为16。

③ 设置"折射"颜色为(红:255,绿:255,蓝:255),然后设置"折射率"为2、"细分"为16。

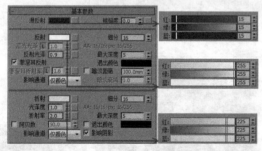

图6-137

图6-138

03 在"材质编辑器"中新建一个VRayMtl材质球,然后将其命名为"玻璃2",其参数设置如图6-139所示,材质球效果如图6-140所示。

设置步骤

① 设置"漫反射"颜色为(红:15,绿:15,蓝:15)。

② 设置"反射"颜色为(红:255,绿:255,蓝:255),然后设置"反射光泽"为0.75、"细分"为16。

③ 设置"折射"颜色为(红:168,绿:168,

蓝:168),然后设置"折射率"为1.517、"细分"为16。

④ 设置"烟雾颜色"为(红:171,绿:157,蓝:153),然后设置"烟雾倍增"为0.8。

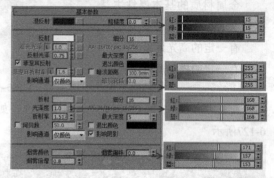

图6-139

图6-140

04 在"材质编辑器"中新建一个VRayMtl材质球,然后将其命名为"玻璃3",其参数设置如图6-141所示,材质球效果如图6-142所示。

设置步骤

① 设置"漫反射"颜色为(红:15,绿:15,蓝:15)。

② 设置"反射"颜色为(红:255,绿:255,蓝:255),然后设置"反射光泽"为0.9、"细分"为16。

③ 设置"折射"颜色为(红:221,绿:221,蓝:221),然后设置"折射率"为1.517、"细分"为16。

④ 设置"烟雾颜色"为(红:210,绿:40,蓝:40),然后设置"烟雾倍增"为0.7。

05 将制作好的材质分别指定给场景中的模型,然后按F9键渲染当前场景,最终效果如图6-143所示。

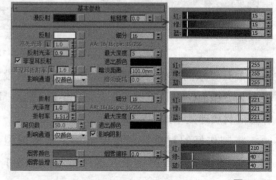

图6-141

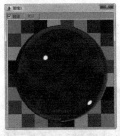

图6-142   图6-143

课堂案例

用VRayMtl材质制作银材质

场景位置	场景文件>CH06>09.max
实例位置	实例文件>CH06>课堂实例：用VRayMtl材质制作银材质.max
视频名称	课堂实例：用VRayMtl材质制作银材质.mp4
学习目标	学习如何用VRayMtl材质制作银材质

银材质效果如图6-144所示。

图6-144

银材质的模拟效果如图6-145所示。

银材质的基本属性主要有以下两点。

具有高光效果。

有较强的反射效果。

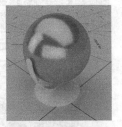

图6-145

① 打开"场景文件>CH06>09.max"文件，如图6-146所示。

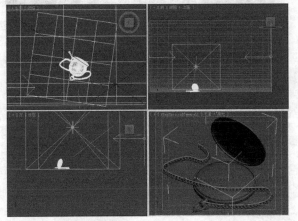

图6-146

② 选择一个空白材质球，然后设置材质类型为VRayMtl材质，接着将其命名为"银"，具体参数设置如图6-147所示。

设置步骤

① 设置"漫反射"颜色为（红:103，绿:103，蓝:103）。

② 设置"反射"颜色为（红:98，绿:98，蓝:98），然后设置"反射光泽"为0.8、"细分"为20。

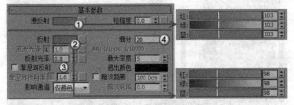

图6-147

③ 展开"双向反射分布函数"卷展栏，然后设置类型为"微面GTR（GGX）"，如图6-148所示，制作好的材质球效果如图6-149所示。

图6-148   图6-149

④ 将制作好的材质指定给场景中的模型，然后按F9键渲染当前场景，最终效果如图6-150所示。

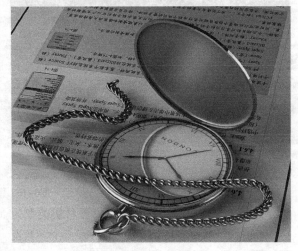

图6-150

用VRayMtl材质制作镜子材质

场景位置	场景文件>CH06>10.max
实例位置	实例文件>CH06>课堂实例：用VRayMtl材质制作镜子材质.max
视频名称	课堂实例：用VRayMtl材质制作镜子材质.mp4
学习目标	学习如何用VRayMtl材质制作镜子材质

镜子材质效果如图6-151所示。

图6-151

镜子材质的模拟效果如图
6-152所示。

镜子材质的基本属性主要
有以下两点。

表面非常光滑。

具有很强烈的反射效果。

图6-152

① 打开"场景文件>CH06>10.max"文件，如图
6-153所示。

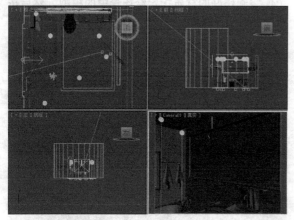

图6-153

② 选择一个空白材质球，然后设置材质类型为
VRayMtl材质，接着将其命名为"镜子"，具体参数设
置如图6-154所示，制作好的材质球效果如图6-155所示。

设置步骤

① 设置"漫反射"颜色为黑色。

② 设置"反射"颜色为白色。

③ 将制作好的材质指定给场景中的镜面模型，然
后按F9键渲染当前场景，最终效果如图6-156所示。

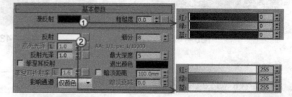

图6-154

图6-155

图6-156

用VRayMtl材质制作塑料材质

场景位置	场景文件>CH06>11.max
实例位置	实例文件>CH06>课堂实例：用VRayMtl材质制作塑料材质.max
视频名称	课堂实例：用VRayMtl材质制作塑料材质.mp4
学习目标	学习如何用VRayMtl材质制作塑料材质

塑料材质效果如图6-157所示。

图6-157

本例共需要制作3种不同颜色的塑料材质，其模
拟效果如图6-158~图6-160所示。

图6-158

图6-159

图6-160

塑料材质的基本属性主要有以下两点。

具有衰减属性。

有一定的高光效果。

01 打开"场景文件>CH06>11.max"文件，如图6-161所示。

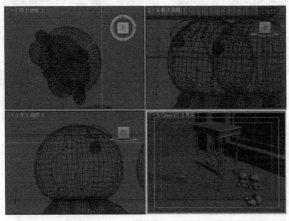

图6-161

02 选择一个空白材质球，然后设置材质类型为VRayMtl材质，并将其命名为"黄色塑料"，具体参数设置如图6-162所示，制作好的材质球效果如图6-163所示。

设置步骤

① 设置"漫反射"颜色为（红:235，绿:247，蓝:34）。

② 在"反射"贴图通道中加载一张"衰减"程序贴图，然后在"衰减参数"卷展栏下设置"衰减类型"为Fresnel，接着设置"高光光泽"为0.8、"反射光泽"为0.7、"细分"为15。

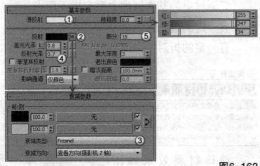

图6-162

图6-163

技巧与提示

其他两个塑料材质的设置方法与黄色塑料材质的设置方法基本相同，只需要将"漫反射"颜色修改为蓝色（红:34，绿:159，蓝:255）和红色（红:255，绿:60，蓝:34），制作好的材质球效果如图6-164和图6-165所示。

图6-164   图6-165

03 将制作好的材质指定给场景中的模型，然后按F9键渲染当前场景，最终效果如图6-166所示。

图6-166

课堂案例

用VRayMtl材质制作不锈钢材质

场景位置	场景文件>CH06>12.max
实例位置	实例文件>CH06>课堂实例：用VRayMtl材质制作不锈钢材质.max
视频名称	课堂实例：用VRayMtl材质制作不锈钢材质.mp4
学习目标	学习如何用VRayMtl材质制作不锈钢材质

不锈钢材质效果如图6-167所示。

图6-167

不锈钢模拟效果如图6-168所示。

不锈钢材质的基本属性主要有以下两点。

具有较强反射。

有一定的磨砂效果。

图6-168

01 打开"场景文件>CH06>12.max"文件,如图6-169所示。

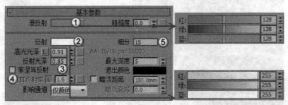

图6-169

02 选择一个空白材质球,然后设置材质类型为VRayMtl材质,接着将其命名为"不锈钢",具体参数设置如图6-170所示。

设置步骤

① 设置"漫反射"颜色为(红:128,绿:128,蓝:128)。

② 设置"反射"颜色为白色,然后设置"高光光泽"为0.91、"反射光泽"为0.85,接着取消勾选"菲涅耳反射"选项,再设置"细分"为15。

图6-170

03 展开"双向反射分布函数"卷展栏,然后设置类型为"微面GTR(GGX)",如图6-171所示,材质球效果如图6-172所示。

04 将制作好的材质指定给场景中的模型,然后按F9键渲染当前场景,最终效果如图6-173所示。

图6-171

图6-172　　　　　　图6-173

🎬 课堂练习

用VRayMtl材质制作灯罩材质

场景位置	场景文件>CH06>13.max
实例位置	实例文件>CH06>课堂练习:用VRayMtl材质制作灯罩材质.max
视频名称	课堂练习:用VRayMtl材质制作灯罩材质.mp4
学习目标	练习如何用VRayMtl材质制作灯罩材质

灯罩材质效果如图6-174所示。

灯罩材质的模拟效果如图6-175所示。

 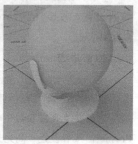

图6-174　　　　　　图6-175

灯罩材质的基本属性主要有以下两点。

有一定的透光性。

有一定的折射效果。

🎬 课堂练习

用VRayMtl材质制作地砖材质

场景位置	场景文件>CH06>14.max
实例位置	实例文件>CH06>课堂练习:用VRayMtl材质制作地砖材质.max
视频名称	课堂练习:用VRayMtl材质制作地砖材质.mp4
学习目标	练习如何用VRayMtl材质制作地砖材质

地砖材质效果如图6-176所示。

图6-176

地砖材质的模拟效果如图6-177所示。

地砖材质的基本属性主要有以下3点。

带有大理石纹理。

有比较强烈的高光效果。

有一定的反射效果。

图6-177

用VRayMtl材质制作变形金刚材质

场景位置	场景文件>CH06>15.max
实例位置	实例文件>CH06>课堂练习：用VRayMtl材质制作变形金刚材质.max
视频名称	课堂练习：用VRayMtl材质制作变形金刚材质.mp4
学习目标	练习如何用VRayMtl材质制作变形金刚材质

变形金刚材质效果如图6-178所示。

图6-178

本例共需要制作两种材质，分别是盔甲材质和关节材质，如图6-179和图6-180所示。

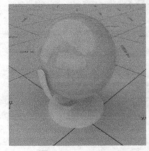
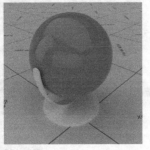

图6-179　　　　图6-180

变形金刚材质的基本属性主要有以下两点。

颜色很单一。

具有强烈的反射效果。

用VRayMtl材质制作玻璃材质

场景位置	场景文件>CH06>16.max
实例位置	实例文件>CH06>课堂练习：用VRayMtl材质制作玻璃材质.max
视频名称	课堂练习：用VRayMtl材质制作玻璃材质.mp4
学习目标	练习如何用VRayMtl材质制作玻璃材质

玻璃材质效果如图6-181所示。

图6-181

本例共需要制作两种玻璃材质，分别是酒瓶材质和花瓶材质，其模拟效果如图6-182和图6-183所示。

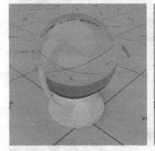
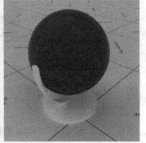

图6-182　　　　图6-183

玻璃材质的基本属性主要有以下两点。

颜色很单一。

具有强烈的反射效果。

6.5　常用贴图

贴图主要用于表现物体材质表面的纹理，利用贴图可以不用增加模型的复杂程度就可以表现对象的细节，并且可以创建反射、折射、凹凸和镂空等多种效果。通过贴图可以增强模型的质感，完善模型的造型，使三维场景更加接近真实的环境，如图6-184所示。

图6-184

展开VRayMtl材质的"贴图"卷展栏，在该卷展栏下有很多贴图通道，在这些贴图通道中可以加载贴图来表现物体的相应属性，如图6-185所示。

图6-185

随意单击一个通道，在弹出的"材质/贴图浏览器"对话框中可以观察到很多贴图，主要包括"标准"贴图和VRay的贴图，如图6-186所示。

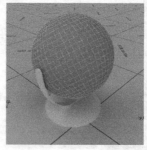

图6-186

各种贴图简介

combustion：可以同时使用Autodesk Combustion软件和3ds Max以交互方式创建贴图。使用Combustion在位图上进行绘制时，材质将在"材质编辑器"对话框和明暗处理视口中自动更新。

Perlin大理石：通过两种颜色混合，产生类似于珍珠岩的纹理，如图6-187所示。

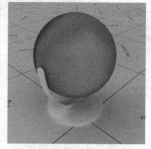

图6-187

RGB倍增：通常用作凹凸贴图，但是要组合两个贴图，以获得正确的效果。

RGB染色：可以调整图像中3种颜色通道的值。3种色样代表3种通道，更改色样可以调整其相关颜色通道的值。

Substance：使用这个纹理库，可获得各种范围的材质。

VRay颜色：可以用来设置任何颜色。

VRayHDRI：VRayHDRI可以翻译为高动态范围贴图，主要用来设置场景的环境贴图，即把HDRI当作光源来使用。

VRay合成纹理：可以通过两个通道里贴图色度、灰度的不同来进行加、减、乘、除等操作。

VRay边纹理：是一个非常简单的程序贴图，效果和3ds Max里的线框材质类似，常用于渲染线框图，如图6-188所示。

凹痕：这是一种3D程序贴图。在扫描线渲染过程中，"凹痕"贴图会根据分形噪波产生随机图案，如图6-189所示。

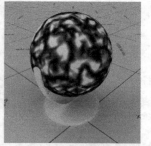

图6-188　　　　　　图6-189

斑点：这是一种3D贴图，可以生成斑点状表面图案，如图6-190所示。

薄壁折射：模拟缓进或偏移效果，如果查看通过一块玻璃的图像就会看到这种效果。

波浪：这是一种可以生成水花或波纹效果的3D贴图，如图6-191所示。

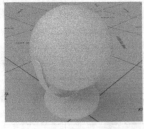 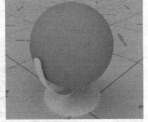

图6-190　　　　　　　　图6-191

大理石：针对彩色背景生成带有彩色纹理的大理石曲面，如图6-192所示。

顶点颜色：根据材质或原始顶点的颜色来调整RGB或RGBA纹理，如图6-193所示。

 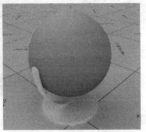

图6-192　　　　　　　　图6-193

反射/折射：可以产生反射与折射效果。

光线追踪：可以模拟真实的完全反射与折射效果。

合成：可以将两个或两个以上的子材质合成在一起。

灰泥：用于制作腐蚀生锈的金属和破败的物体，如图6-194所示。

图6-194

混合：将两种贴图混合在一起，通常用来制作一些多个材质渐变融合或覆盖的效果。

渐变：使用3种颜色创建渐变图像，如图6-195所示。

渐变坡度：可以产生多色渐变效果，如图6-196所示。

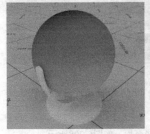 

图6-195　　　　　　　　图6-196

粒子年龄：专门用于粒子系统，通常用来制作彩色粒子流动的效果。

粒子运动模糊：根据粒子速度产生模糊效果。

每像素摄影机贴图：将渲染后的图像作为物体的纹理贴图，以当前摄影机的方向贴在物体上，可以进行快速渲染。

木材：用于制作木材效果，如图6-197所示。

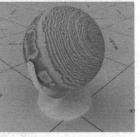

图6-197

平面镜：使共平面的表面产生类似于镜面反射的效果。

平铺：可以用来制作平铺图像，如地砖，如图6-198所示。

泼溅：产生类似油彩飞溅的效果，如图6-199所示。

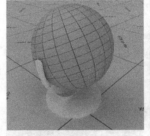 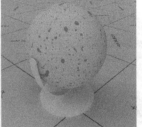

图6-198　　　　　　　　图6-199

棋盘格：可以产生黑白交错的棋盘格图案，如图6-200所示。

输出：专门用来弥补某些无输出设置的贴图。

衰减：基于几何体曲面上面法线的角度衰减来生成从白到黑的过渡效果，如图6-201所示。

 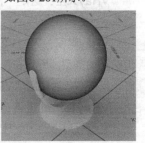

图6-200　　　　　　　　图6-201

位图：通常在这里加载磁盘中的位图贴图，这是一种最常用的贴图。

细胞：可以用来模拟细胞图案，如图6-202所示。

向量置换：可以在3个维度上置换网格，与法线贴图类似。

烟雾：产生丝状、雾状或絮状等无序的纹理效果，如图6-203所示。

 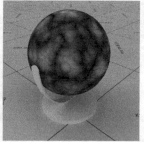

图6-202　　　　　　　　　　图6-203

颜色修正：用来调节材质的色调、饱和度、亮度和对比度。

噪波：通过两种颜色或贴图的随机混合，产生一种无序的杂点效果，如图6-204所示。

遮罩：使用一张贴图作为遮罩。

漩涡：可以创建两种颜色的漩涡形效果，如图6-205所示。

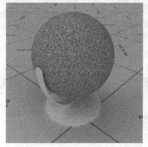 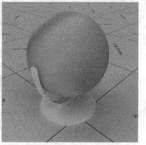

图6-204　　　　　　　　　　图6-205

VRay法线贴图：可以用来制作真实的凹凸纹理效果。

VRay天空：这是一种环境贴图，用来模拟天空效果。

VRay贴图：因为VRay不支持3ds Max里的光线追踪贴图类型，所以在使用3ds Max的"标准"材质时，反射和折射就用"VRay贴图"来代替。

VRay位图过滤器：是一个非常简单的程序贴图，它可以编辑贴图纹理的x、y轴向。

VRay污垢：可以用来模拟真实物理世界中的物体上的污垢效果，如墙角上的污垢、铁板上的铁锈等效果。

大致介绍完各种贴图的作用以后，下面针对实际工作中最常用的一些贴图进行详细讲解。

本节贴图介绍

贴图名称	贴图的主要作用	重要程度
不透明度贴图	控制材质是否透明、不透明或者半透明	高
棋盘格贴图	模拟双色棋盘效果	中
位图贴图	加载各种位图贴图	高
渐变贴图	设置3种颜色的渐变效果	高
平铺贴图	创建类似于瓷砖的贴图	中
衰减贴图	控制材质强烈到柔和的过渡效果	高
噪波贴图	将噪波效果添加到物体的表面	中
斑点贴图	模拟具有斑点的物体	中
泼溅贴图	模拟油彩泼溅效果	中
混合贴图	模拟材质之间的混合效果	中
细胞贴图	模拟细胞图案	中
法线凹凸贴图	表现高精度模型的凹凸效果	中
VRayHDRI贴图	模拟场景的环境贴图	中

技巧与提示

在下面的内容中，将针对实际工作中常用的一些贴图类型进行详细讲解。

6.5.1 不透明度贴图

"不透明度"贴图主要用于控制材质是否透明、不透明或者半透明，遵循了"黑透、白不透"的原理，如图6-206所示。

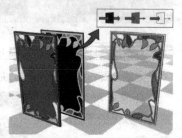

图6-206

知识点　不透明度贴图的原理

"不透明度"贴图的原理是通过在"不透明度"贴图通道中加载一张黑白图像，遵循"黑透、白不透"的原理，即黑白图像中黑色部分为透明，白色部分为不透明。如在图6-207中，场景中并没有真实的树木模型，而是使用了很多面片和"不透明度"贴图来模拟真实的叶子和花瓣模型。

图6-207

下面详细讲解使用"不透明度"贴图模拟树木模型的制作流程。

第1步：在场景中创建一些面片，如图6-208所示。

图6-208

第2步：打开"材质编辑器"对话框，然后设置材质类型为"标准"材质，接着在"贴图"卷展栏下的"漫反射颜色"贴图通道中加载一张树贴图，最后在"不透明度"贴图通道中加载一张树的黑白贴图，如图6-209所示，制作好的材质球效果如图6-210所示。

图6-209

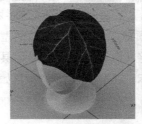

图6-210

第3步：将制作好的材质指定给面片，如图6-211所示，然后按F9键渲染场景，可以观察到面片已经变成了真实的树木效果，如图6-212所示。

图6-211　　　　图6-212

课堂案例

用不透明度贴图制作叶片材质

场景位置	场景文件>CH06>17.max
实例位置	实例文件>CH06>课堂实例：用不透明度贴图制作叶片材质.max
视频名称	课堂实例：用不透明度贴图制作叶片材质.mp4
学习目标	学习"不透明度"贴图的用法

叶片材质效果如图6-213所示。

图6-213

本例共需要制作两种不同的叶片材质，其模拟效果如图6-214和图6-215所示。

图6-214　　　　图6-215

叶片材质的基本属性主要有以下两点。

带有明显的叶脉纹理。

有一定的高光反射效果。

01 打开"场景文件>CH06>17.max"文件，如图6-216所示。

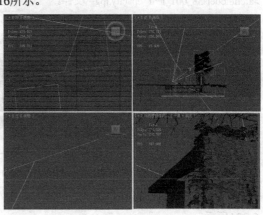

图6-216

图6-221

02 选择一个空白材质球，然后设置材质类型为"标准"材质，接着将其命名为"叶子1"，具体参数设置如图6-217所示，制作好的材质球效果如图6-218所示。

设置步骤

① 在"漫反射"贴图通道中加载一张"实例文件>CH06>课堂实例：用不透明度贴图制作叶片材质>oreg_ivy.jpg"文件。

② 在"不透明度"贴图通道中加载一张"实例文件>CH06>课堂实例：用不透明度贴图制作叶片材质> oreg_ivy副本.jpg"文件。

③ 在"反射高光"选项组下设置"高光级别"为40、"光泽度"为50。

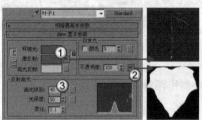

图6-217　　　　图6-218

03 选择一个空白材质球，然后设置材质类型为"标准"材质，接着将其命名为"叶子2"，具体参数设置如图6-219所示，制作好的材质球效果如图6-220所示。

设置步骤

① 在"漫反射"贴图通道中加载一张"实例文件>CH06>课堂实例：用不透明度贴图制作叶片材质>archmodels58_001_leaf_diffuse.jpg"文件。

② 在"不透明度"贴图通道中加载一张"实例文件>CH06>课堂实例：用不透明度贴图制作叶片材质>archmodels58_001_leaf_opacity.jpg"文件。

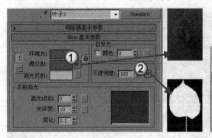

图6-219　　　　图6-220

04 将制作好的材质分别指定给相应的树叶模型，然后按F9键渲染当前场景，最终效果如图6-221所示。

6.5.2　棋盘格贴图

"棋盘格"贴图可以用来制作双色棋盘效果，也可以用来检测模型的UV是否合理。如果棋盘格有拉伸现象，那么拉伸处的UV也有拉伸现象，如图6-222所示。

太疏

太密

图6-222

知 识 点　棋盘格贴图的使用方法

在"漫反射"贴图通道中加载一张"棋盘格"贴图，如图6-223所示。

图6-223

加载"棋盘格"贴图后，系统会自动切换到"棋盘格"参数设置面板，如图6-224所示。

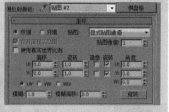

图6-224

在这些参数中，使用频率最高的是"瓷砖"选项，该选项可以用来改变棋盘格的平铺数量，如图6-225和图6-226所示。

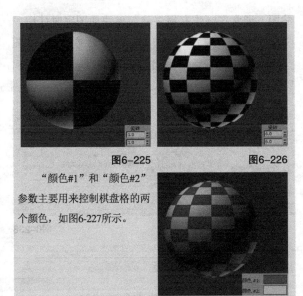

图6-225   图6-226

"颜色#1"和"颜色#2"
参数主要用来控制棋盘格的两
个颜色,如图6-227所示。

图6-227

6.5.3 位图贴图

位图贴图是一种最基本的贴图类型,也是最常
用的贴图类型。位图贴
图支持很多种格式,包
括FLC、AVI、BMP、
GIF、JPEG、PNG、PSD
和TIFF等主流图像格
式,如图6-228所示。还
有一些常见的位图贴图,
如图6-229所示。

所有格式
AVI 文件 (*.avi)
Mpeg 文件 (*.mpg,*.mpeg)
BMP 图像文件 (*.bmp)
Kodak Cineon (*.cin)
Combustion* by Discreet (*.cws)
OpenEXR 图像文件 (*.exr,*.fxr)
GIF 图像文件 (*.gif)
辐射图像文件(HDRI) (*.hdr,*.pic)
IFL 图像文件 (*.ifl)
JPEG 文件 (*.jpg,*.jpe,*.jpeg)
PNG 图像文件 (*.png)
Adobe PSD Reader (*.psd)
MOV QuickTime 文件 (*.mov)
SGI 文件 (*.rgb,*.rgba,*.sgi,*.int,*.inta,*.bw)
RLA 图像文件 (*.rla)
RPF 图像文件 (*.rpf)
Targa 图像文件 (*.tga,*.vda,*.icb,*.vst)
TIF 图像文件 (*.tif)
YUV 图像文件 (*.yuv)
V-Ray image format (*.vrimg)
DDS 图像文件 (*.dds)
所有文件(*.*)

图6-228

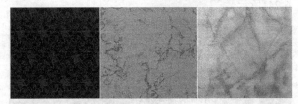

图6-229

课堂案例

用位图贴图制作沙发材质

场景位置	场景文件>CH06>18.max
实例位置	实例文件>CH06>课堂实例:用位图贴图制作沙发材质.max
视频名称	课堂实例:用位图贴图制作沙发材质.mp4
学习目标	学习位图贴图的用法

沙发材质效果如图6-230所示。
沙发材质的模拟效果如图6-231所示。

图6-230   图6-231

沙发材质的基本属性主要有以下3点。
带有花纹效果。
有一定的模糊反射。
有一定的凹凸效果。

01 打开"场景文件>CH06>18.max"文件,如图
6-232所示。

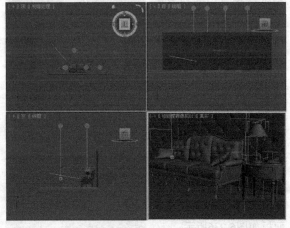

图6-232

02 选择一个空白材质球,然后设置材质类型为
VRayMtl材质,接着将其命名为"沙发",具体参数
设置如图6-233所示,制作好的材质球效果如图6-234
所示。

设置步骤

① 在"漫反射"贴图通道中加载一张"实例
文件>CH06>课堂实例:用位图贴图制作沙发材质>布
纹.jpg"文件。

② 在"反射"贴图通道中加载一张"衰减"程序贴
图,然后在"衰减参数"卷展栏下设置"衰减类型"为
Fresnel,接着设置"侧"通道的颜色为(红:200,绿:200,
蓝:200),最后设置"反射光泽"为0.54、"细分"为
15,并取消勾选"菲涅耳反射"选项。

③ 展开"贴图"卷展栏,然后在"凹凸"贴图通道
中加载一张"实例文件>CH06>课堂实例:用位图贴图制作
沙发材质>凹凸.jpg"文件,接着设置凹凸的强度为90。

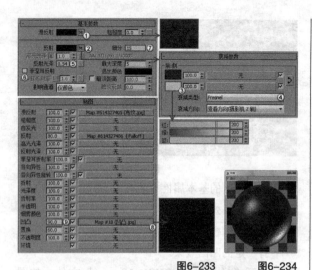

图6-233　　图6-234

03 将制作好的材质指定给场景中的沙发模型，然后按F9键渲染当前场景，最终效果如图6-235所示。

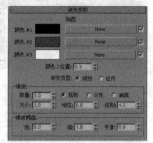

图6-235

6.5.4 渐变贴图

使用"渐变"程序贴图可以设置3种颜色的渐变效果，其参数设置面板如图6-236所示。

图6-236

技巧与提示

渐变颜色可以任意修改，修改后的物体材质颜色也会随之而改变，如图6-237所示。

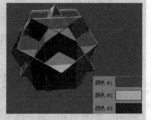

图6-237

6.5.5 平铺贴图

使用"平铺"程序贴图可以创建类似于瓷砖的

贴图，通常在制作有很多建筑砖块的图案时使用，其参数设置面板如图6-238所示。

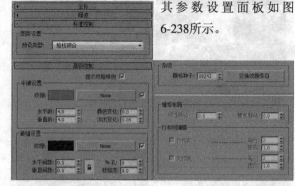

图6-238

课堂案例

用平铺贴图制作地砖材质

场景位置	场景文件>CH06>19.max
实例位置	实例文件>CH06>课堂实例：用平铺贴图制作地砖材质.max
视频名称	课堂实例：用平铺贴图制作地砖材质.mp4
学习目标	学习"平铺"程序贴图的用法

地砖材质效果如图6-239所示。

地砖材质的模拟效果如图6-240所示。

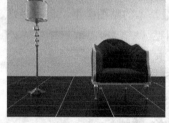

图6-239　　　　　　图6-240

地砖材质的基本属性主要有以下两点。

具有较强的反射效果。

具有少量的凹凸效果。

01 打开"场景文件>CH06>19.max"文件，如图6-241所示。

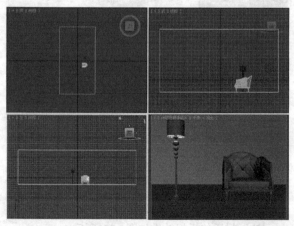

图6-241

02 选择一个空白材质球，然后设置材质类型为VRayMtl材质，接着将其命名为"地砖"，再展开"基本参数"卷展栏，具体参数设置如图6-242所示。

设置步骤

① 在"漫反射"贴图通道中加载一张"平铺"程序贴图。

② 展开"高级控制"卷展栏，然后在"纹理"贴图通道中加载一张本书学习资源中的"实例文件>CH06>课堂案例：制作地面材质>地面.jpg"文件，接着设置"水平数"和"垂直数"为20，再设置砖缝的"纹理"颜色为（红:223，绿:223，蓝:223），最后设置"水平间距"和"垂直间距"为0.02。

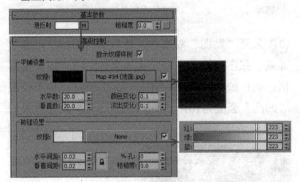

图6-242

03 返回VRay材质的"基本参数"卷展栏，然后设置"反射"颜色为（红:20，绿:20，蓝:20），接着设置"反射光泽"为0.85、"细分"为20，最后设置"最大深度"为2，如图6-243所示。

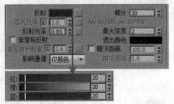

图6-243

04 展开"贴图"卷展栏，然后将"漫反射"通道中的贴图向下复制到"凹凸"通道上，接着设置凹凸的强度为5，如图6-244所示，材质球效果如图6-245所示。

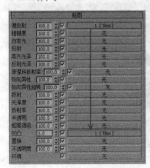

图6-244　　图6-245

05 将制作好的材质指定给场景中的地板模型，然后按F9键渲染当前场景，最终效果如图6-246所示。

图6-246

6.5.6 衰减贴图

"衰减"程序贴图可以用来控制材质强烈到柔和的过渡效果，使用频率比较高，其参数设置面板如图6-247所示。

图6-247

衰减程序贴图重要参数介绍

衰减类型：设置衰减的方式，共有以下5种。

垂直/平行：在与衰减方向相垂直的面法线和与衰减方向相平行的法线之间设置角度衰减范围。

朝向/背离：在面向衰减方向的面法线和背离衰减方向的法线之间设置角度衰减范围。

Fresnel：基于IOR（折射率）在面向视图的曲面上产生暗淡反射，而在有角的面上产生较明亮的反射。

阴影/灯光：基于落在对象上的灯光，在两个子纹理之间进行调节。

距离混合：基于"近端距离"值和"远端距离"值，在两个子纹理之间进行调节。

衰减方向：设置衰减的方向。

混合曲线：设置曲线的形状，可以精确地控制由任何衰减类型所产生的渐变。

213

用衰减贴图制作绒布材质

场景位置	场景文件>CH06>20.max
实例位置	实例文件>CH06>课堂实例：用衰减贴图制作绒布材质.max
视频名称	课堂实例：用衰减贴图制作绒布材质.mp4
学习目标	学习"衰减"程序贴图的用法

绒布材质效果如图6-248所示。

绒布材质的模拟效果如图6-249所示。

 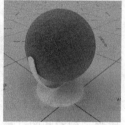

图6-248　　　　　　　　图6-249

绒布材质的基本属性主要有以下两点。

具有渐变效果。

具有一定的反射，表面粗糙。

01 打开"场景文件>CH06>20.max"文件，如图6-250所示。

02 在"材质编辑器"中新建一个VRayMtl材质球，然后将其命名为"绒布"，具体参数设置如图6-251所示。

设置步骤

① 在"漫反射"贴图通道中加载一张"衰减"贴图。

② 进入"衰减"贴图，然后在"前"通道与"侧"通道中加载一张本书学习资源中的"实例文件>CH06>课堂案例：制作绒布沙发>绒布.jpg"贴图，然后设置"侧"通道强度为80，接着设置"衰减类型"为"垂直/平行"。

图6-251

03 返回VRay材质的"基本参数"面板，然后设置参数，如图6-252所示。

设置步骤

① 在"反射"通道中加载一张"衰减"贴图。

② 进入"衰减"贴图，然后设置"衰减类型"为Fresnel。

③ 设置"反射光泽"为0.65，然后设置"细分"为16，最后取消勾选"菲涅耳反射"选项。

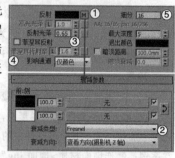

图6-252

技巧与提示

反射通道中加载了Fresnel类型的衰减贴图，就不能勾选"菲涅耳反射"选项。两者的作用是相同的。

04 展开"贴图"卷展栏，然后在"凹凸"通道中加载一张学习资源中的"实例文件> CH06>课堂案例：制作绒布沙发>绒布凹凸.jpg"文件，接着设置"凹凸"强度为10，如图6-253所示，材质球效果如图6-254所示。

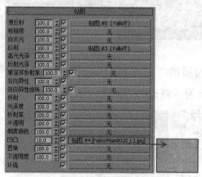

图6-253　　　　　　　　图6-254

05 将材质指定给模型，并在"修改面板"中为其加载一个"UVW贴图"修改器，其参数设置如图6-255所示。

06 按F9键渲染摄影机视图，最终渲染效果如图6-256所示。

图6-255　　　　　　　　图6-256

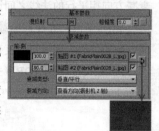

图6-250

6.5.7 噪波贴图

使用"噪波"程序贴图可以将噪波效果添加到物体的表面，以突出材质的质感。"噪波"程序贴图通过应用分形噪波函数来扰动像素的UV贴图，从而表现出非常复杂的物体材质，其参数设置面板如图6-257所示。

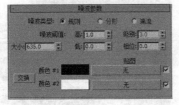

图6-257

噪波程序贴图重要参数介绍

噪波类型：共有3种类型，分别是"规则""分形""湍流"。

规则：生成普通噪波，如图6-258所示。

分形：使用分形算法生成噪波，如图6-259所示。

湍流：生成应用绝对值函数来制作故障线条的分形噪波，如图6-260所示。

图6-258　　　　图6-259　　　　图6-260

大小：以3ds Max为单位设置噪波函数的比例。

噪波阈值：控制噪波的效果，取值范围为0~1。

级别：决定有多少分形能量用于分形和湍流噪波函数。

相位：控制噪波函数的动画速度。

交换：交换两个颜色或贴图的位置。

颜色#1/2：可以从两个主要噪波颜色中进行选择，将通过所选的两种颜色来生成中间颜色值。

课堂案例
用噪波贴图制作茶水材质

场景位置	场景文件>CH06>21.max
实例位置	实例文件>CH06>课堂实例：用噪波贴图制作茶水材质.max
视频名称	课堂实例：用噪波贴图制作茶水材质.mp4
学习目标	学习"噪波"程序贴图的用法

茶水材质效果如图6-261所示。

本例共需要制作两个材质，分别是青花瓷材质和茶水材质，其模拟效果如图6-262和图6-263所示。

图6-261

 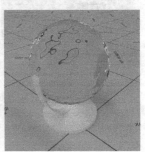

图6-262　　　　　　　　图6-263

青花瓷材质的基本属性主要有以下两点。

带有花纹纹理。

具有一定的反射效果。

茶水材质的基本属性主要有以下3点。

具有强烈的反射效果。

具有强烈的折射效果。

具有很杂乱的噪波效果。

01　打开"场景文件>CH06>21.max"文件，如图6-264所示。

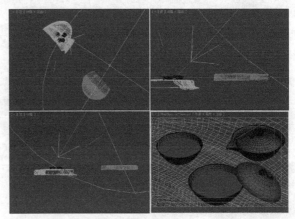

图6-264

02　下面制作青花瓷材质。选择一个空白材质球，然后设置材质类型为VRayMtl材质，接着将其命名为

"青花瓷"，具体参数设置如图6-265所示，制作好的材质球效果如图6-266所示。

设置步骤

① 在"漫反射"贴图通道中加载一张"实例文件>CH06>课堂实例：用噪波贴图制作茶水材质>青花瓷.jpg"文件，然后在"坐标"卷展栏下设置"模糊"为0.01，接着设置"瓷砖"的U为2。

② 设置"反射"颜色为白色。

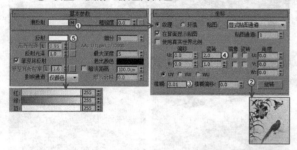

图6-265

图6-266

03 下面制作茶水材质。选择一个空白材质球，设置材质类型为VRayMtl材质，具体参数设置如图6-267所示，制作好的材质球效果如图6-268所示。

设置步骤

① 设置"漫反射"颜色为黑色。

② 设置"反射"颜色为（红：221，绿：255，蓝：223），接着设置"细分"为30。

③ 设置"折射"颜色为（红：253，绿：255，蓝：252），然后设置"折射率"为1.2、"细分"为30，接着设置"烟雾颜色"为（红：246，绿：255，蓝：226），最后设置"烟雾倍增"为0.2。

④ 展开"贴图"卷展栏，在"凹凸"贴图通道中加载一张"噪波"程序贴图，然后在"坐标"卷展栏下设置"瓷砖"的x、y、z为0.1，接着在"噪波参数"卷展栏下设置"噪波类型"为"分形"、"大小"为30，最后设置凹凸的强度为20。

04 将制作好的材质指定给场景中相应的模型，然后按F9键渲染当前场景，最终效果如图6-269所示。

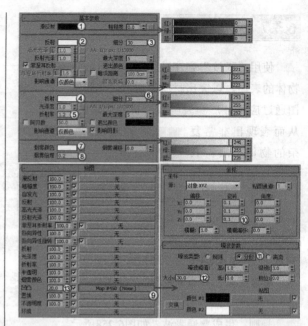

图6-267

图6-268 　　　　　　　　　图6-269

6.5.8 斑点贴图

"斑点"程序贴图常用来制作具有斑点的物体，其参数设置面板如图6-270所示。

图6-270

斑点程序贴图重要参数介绍

大小：调整斑点的大小。

交换 交换：交换两个颜色或贴图的位置。

颜色#1：设置斑点的颜色。

颜色#2：设置背景的颜色。

6.5.9 泼溅贴图

"泼溅"程序贴图可以用来制作油彩泼溅的效果，其参数设置面板如图6-271所示。

泼溅程序贴图重要参数介绍

大小：设置泼溅的大小。

图6-271

迭代次数：设置计算分形函数的次数。数值越高，泼溅效果越细腻，但是会增加计算时间。

阈值：确定"颜色#1"与"颜色#2"的混合量。值为0时，仅显示"颜色#1"；值为1时，仅显示"颜色#2"。

交换：交换两个颜色或贴图的位置。

颜色#1：设置背景的颜色。

颜色#2：设置泼溅的颜色。

6.5.10 混合贴图

"混合"程序贴图可以用来制作材质之间的混合效果，其参数设置面板如图6-272所示。

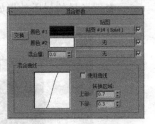

混合程序贴图重要参数介绍

图6-272

交换：交换两个颜色或贴图的位置。

颜色#1/2：设置混合的两种颜色。

混合量：设置混合的比例。

混合曲线：用曲线来确定对混合效果的影响。

转换区域：调整"上部"和"下部"的级别。

6.5.11 细胞贴图

"细胞"程序贴图主要用于制作各种具有视觉效果的细胞图案，如马赛克、瓷砖、鹅卵石和海洋表面等，其参数设置面板如图6-273所示。

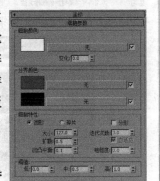

细胞程序贴图重要参数介绍

图6-273

细胞颜色：该选项组中的参数主要用来设置细胞的颜色。

颜色：为细胞选择一种颜色。

无：将贴图指定给细胞，而不使用实心颜色。

变化：通过随机改变红、绿、蓝颜色值来更改细胞的颜色。"变化"值越大，随机效果越明显。

分界颜色：设置细胞间的分界颜色。细胞分界是两种颜色或两个贴图之间的斜坡。

细胞特性：该选项组中的参数主要用来设置细胞的一些特征属性。

圆形/碎片：用于选择细胞边缘的外观。

大小：更改贴图的总体尺寸。

扩散：更改单个细胞的大小。

凹凸平滑：将细胞贴图用作凹凸贴图时，在细胞边界处可能会出现锯齿效果。如果发生这种情况，可以适当增大该值。

分形：将细胞图案定义为不规则的碎片图案。

迭代次数：设置应用分形函数的次数。

自适应：启用该选项后，分形"迭代次数"将自适应地进行设置。

粗糙度：将"细胞"贴图用作凹凸贴图时，该参数用来控制凹凸的粗糙程度。

阈值：该选项组中的参数用来限制细胞和分解颜色的大小。

低：调整细胞最低大小。

中：相对于第2分界颜色，调整最初分界颜色的大小。

高：调整分界的总体大小。

6.5.12 VRay法线贴图

VRay法线贴图程序贴图多用于表现高精度模型的凹凸效果，其参数设置面板如图6-274所示。

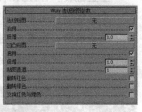

VRay法线贴图重要参数介绍

图6-274

法线贴图：可以在其后面的通道中加载法线贴图。

启用：勾选后启用法线贴图通道。

倍增：控制法线贴图的强度。

凹凸贴图：包含其他用于修改凹凸或位移的贴图。

启用：勾选后启用凹凸贴图通道。

倍增： 控制凹凸贴图的强度。

贴图通道： 贴图所在的通道ID号。

翻转红色： 翻转红色通道。

翻转绿色： 翻转绿色通道。

交换红色与绿色： 交换红色和绿色通道，这样可使法线贴图旋转90°。

6.5.13 VRayHDRI贴图

VRayHDRI可以翻译为高动态范围贴图，主要用来设置场景的环境贴图，即把HDRI当作光源来使用，其参数设置面板如图6-275所示。

图6-275

VRayHDRI贴图重要参数介绍

位图： 单击后面的"浏览"按钮 浏览 可以指定一张HDRI贴图。

贴图类型： 控制HDRI的贴图方式，共有以下5种。

角度： 主要用于使用了对角拉伸坐标方式的HDRI。

立方： 主要用于使用了立方体坐标方式的HDRI。

球体： 主要用于使用了球形坐标方式的HDRI。

球状镜像： 主要用于使用了镜像球体坐标方式的HDRI。

3ds Max标准： 主要用于对单个物体指定环境贴图。

水平旋转： 控制HDRI在水平方向的旋转角度。

水平翻转： 让HDRI在水平方向上翻转。

垂直旋转： 控制HDRI在垂直方向的旋转角度。

垂直翻转： 让HDRI在垂直方向上翻转。

全局倍增： 用来控制HDRI的亮度。

渲染倍增： 设置渲染时的光强度倍增。

伽玛值： 设置贴图的伽玛值。

6.6 本章小结

本章主要讲解了常用材质与贴图的使用方法。虽然3ds Max有很多材质与贴图，但是有重要与次要之分。对于材质类型，读者务必要掌握"标准"材质和VRayMtl材质的使用方法；对于贴图类型，读者务必要掌握"不透明度"贴图、位图贴图和"衰减"程序贴图的使用方法。只有掌握了这些最重要的材质与贴图的使用方法与相关技巧，那么再用其他材质与贴图类型制作相应材质时才能得心应手。

6.7 课后习题

本章只安排了两个课后习题。这两个课后习题的场景包含大量需要制作的材质，这些材质都是在实际工作中经常会遇到的材质类型，请读者务必勤加练习。另外，这两个习题就不给出材质设置的参考图了，读者可打开源文件进行参考。

课后习题1：餐厅材质

场景位置	场景文件>CH06>22.max
实例位置	实例文件>CH06>课后习题1：餐厅材质.max
视频名称	课后习题1：餐厅材质.flv
练习目标	练习各种常用材质的制作方法

餐厅场景的材质效果如图6-276所示。

图6-276

课后习题2：办公室材质

场景位置	场景文件>CH06>23.max
实例位置	实例文件>CH06>课后习题2：办公室材质.max
视频名称	课后习题2：办公室材质.flv
练习目标	练习各种常用材质的制作方法

办公室场景的材质效果如图6-277所示。

图6-277

第7章

环境和效果

本章是一个过渡性的章节，主要讲解环境和效果的用法，是为下一章的渲染做准备，因为"环境和效果"功能可以为场景添加真实的环境以及一些如火、雾、体积光、镜头效果和胶片颗粒等特效。本章的内容其实很简单，大多数技术都是相通的，只要掌握了其中一种技术，其他的就可以无师自通。

课堂学习目标

掌握环境系统的应用
掌握效果系统的应用

7.1 环境

在现实世界中，所有物体都不是独立存在的，周围都存在相对应的环境。身边最常见的环境有闪电、大风、沙尘、雾、光束等，如图7-1所示。环境对场景的氛围起到了至关重要的作用。在3ds Max 2016中，可以为场景添加云、雾、火、体积雾和体积光等环境效果。

图7-1

本节环境技术介绍

环境名称	环境的主要作用	重要程度
背景与全局照明	设置场景的环境/背景效果	高
曝光控制	调整渲染的输出级别和颜色范围的插件组件	中
大气	模拟云、雾、火和体积光等环境效果	高

7.1.1 背景与全局照明

一幅优秀的作品，不仅要有着精细的模型、真实的材质和合理的渲染参数，同时还要求有符合当前场景的背景和全局照明效果，这样才能烘托出场景的气氛。在3ds Max中，背景与全局照明都在"环境和效果"对话框中进行设定。

打开"环境和效果"对话框的方法主要有以下3种。

第1种：执行"渲染>环境"菜单命令。

第2种：执行"渲染>效果"菜单命令。

第3种：按大键盘上的8键。

打开的"环境和效果"对话框如图7-2所示。

背景与全局照明重要参数介绍

① 背景组

颜色： 设置环境的背景颜色。

环境贴图： 在其贴图通道中加载一张"环境"贴图来作为背景。

使用贴图： 使用一张贴图作为背景。

② 全局照明组

染色： 如果该颜色不是白色，那么场景中的所有灯光（环境光除外）都将被染色。

图7-2

级别： 增强或减弱场景中所有灯光的亮度。值为1时，所有灯光保持原始设置；增加该值可以加强场景的整体照明；减小该值可以减弱场景的整体照明。

环境光： 设置环境光的颜色。

🎬 课堂案例

为效果图添加环境贴图	
场景位置	场景文件>CH07>01.max
实例位置	实例文件>CH07>课堂实例：为效果图添加环境贴图.max
视频名称	课堂实例：为效果图添加环境贴图.mp4
学习目标	学习如何为场景添加环境贴图

为效果图添加的环境贴图效果如图7-3所示。

图7-3

01 打开"场景文件>CH07>01.max"文件，如图7-4所示。

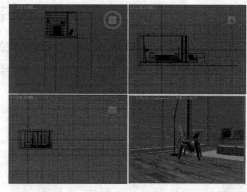

图7-4

220

02 按下大键盘上的8键，打开"环境和效果"对话框，然后在"环境贴图"选项组下单击"无"按钮 无 ，接着在弹出的"材质/贴图浏览器"对话框中单击"位图"选项，最后在弹出的"选择位图图像文件"对话框中选择"实例文件>CH07>课堂实例：为效果图添加环境贴图>背景.jpg文件"，如图7-5所示。

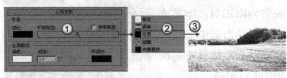

图7-5

技巧与提示

在默认情况下，背景颜色都是黑色，也就是说渲染出来的背景颜色是黑色。如果更改背景颜色，则渲染出来的背景颜色也会跟着改变。

03 按C键切换到摄影机视图，然后按F9键渲染当前场景，最终效果如图7-6所示。

图7-6

技巧与提示

背景图像可以直接渲染出来，当然也可以在Photoshop中进行合成，不过这样比较麻烦，能在3ds Max中完成的尽量在3ds Max中完成。

7.1.2 曝光控制

"曝光控制"是用于调整渲染的输出级别和颜色范围的插件组件，就像调整胶片曝光一样。展开"曝光控制"卷展栏，可以观察到3ds Max 2016的曝光控制类型共有7种，如图7-7所示。

图7-7

曝光控制类型介绍

mr摄影曝光控制：可以提供像摄影机一样的控制，包括快门速度、光圈和胶片速度以及对高光、中间调和阴影的图像控制。

VRay曝光控制：用来控制VRay的曝光效果，可调节曝光值、快门速度、光圈等数值。

对数曝光控制：用于亮度、对比度，以及在有天光照明的室外场景中。"对数曝光控制"类型适用于"动态阈值"非常高的场景。

伪彩色曝光控制：实际上是一个照明分析工具，可以直观地观察和计算场景中的照明级别。

物理摄影机曝光控制：提供物理摄影机的曝光校正。

线性曝光控制：可以从渲染中进行采样，并且可以使用场景的平均亮度来将物理值映射为RGB值。"线性曝光控制"最适合用在动态范围很低的场景中。

自动曝光控制：可以从渲染图像中进行采样，并生成一个直方图，以便在渲染的整个动态范围中提供良好的颜色分离。

1.自动曝光控制

在"曝光控制"卷展栏下设置曝光控制类型为"自动曝光控制"，其参数设置面板如图7-8所示。

图7-8

自动曝光控制重要参数介绍

活动：控制是否在渲染中开启曝光控制。

处理背景与环境贴图：启用该选项时，场景背景贴图和场景环境贴图将受曝光控制的影响。

渲染预览 渲染预览 ：单击该按钮可以预览要渲染的缩略图。

亮度：调整转换颜色的亮度，范围是0~200，默认值为50。

对比度：调整转换颜色的对比度，范围是0~100，默认值为50。

曝光值：调整渲染的总体亮度，范围是-5~5。负值可以使图像变暗，正值可使图像变亮。

物理比例：设置曝光控制的物理比例，主要用在非物理灯光中。

颜色修正：勾选该选项后，"颜色修正"会改变所有颜色，使色样中的颜色显示为白色。

 221

降低暗区饱和度级别：勾选该选项后，渲染出来的颜色会变暗。

2.对数曝光控制

在"曝光控制"卷展栏下设置曝光控制类型为"对数曝光控制"，其参数设置面板如图7-9所示。

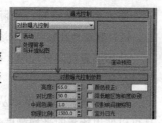

图7-9

对数曝光控制重要参数介绍

仅影响间接照明：启用该选项时，"对数曝光控制"仅应用于间接照明的区域。

室外日光：启用该选项时，可以转换适合室外场景的颜色。

> **技巧与提示**
>
> "对数曝光控制"的其他参数可以参考"自动曝光控制"。

3.伪彩色曝光控制

在"曝光控制"卷展栏下设置曝光控制类型为"伪彩色曝光控制"，其参数设置面板如图7-10所示。

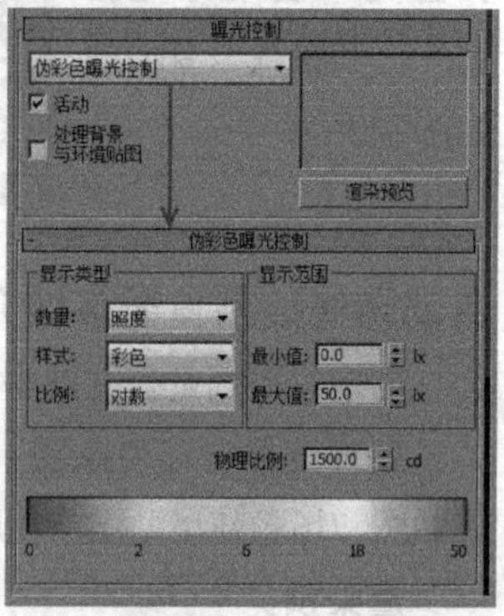

伪彩色曝光控制重要参数介绍

数量：设置所测量的值。

图7-10

照度：显示曲面上的入射光的值。

亮度：显示曲面上的反射光的值。

样式：选择显示值的方式。

彩色：显示光谱。

灰度：显示从白色到黑色范围的灰色色调。

比例：选择用于映射值的方法。

对数：使用对数比例。

线性：使用线性比例。

最小值：设置在渲染中要测量和表示的最小值。

最大值：设置在渲染中要测量和表示的最大值。

物理比例：设置曝光控制的物理比例，主要用于非物理灯光。

光谱条：显示光谱与强度的映射关系。

4.线性曝光控制

"线性曝光控制"从渲染图像中采样，使用场景的平均亮度将物理值映射为RGB值，非常适合用于动态范围很低的场景，其参数设置面板如图7-11所示。

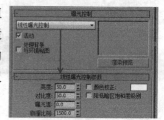

图7-11

> **技巧与提示**
>
> "线性曝光控制"的参数与"自动曝光控制"的参数完全相同，因此这里不再重复讲解。

5.物理摄影机曝光控制

"物理摄影机曝光控制"是3ds Max 2016新加入的功能，配合新加入的"物理摄影机"一起使用，其参数设置面板如图7-12所示。

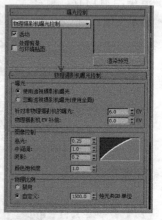

图7-12

物理摄影机曝光控制重要参数介绍

使用透视摄影机曝光：每个摄影机"曝光"卷展栏中的控制可以调整曝光控制的效果。

忽略透视摄影机曝光(使用全局)：每个摄影机"曝光"卷展栏中的控制被忽略，且曝光控制设置会影响所有物理摄影机渲染。

针对非物理摄影机的曝光：设置旧版摄影机的曝光值。默认值为6.0。

物理摄影机EV补偿：设置物理摄影机的曝光值。默认值为 0.0，但默认情况下，此值将由每个摄影机的 EV 设置（默认值为6.0）覆盖。如果选择

"忽略透视摄影机曝光(使用全局)",此设置将被禁用。要设置默认值以外的全局 EV,请在选择"忽略透视摄影机曝光"之前更改此值。

高光/中间调/阴影: 使用这些微调器可调整颜色-响应曲线。

颜色饱和度: 在渲染中更改颜色饱和度。如果值大于 1.0,会增加颜色饱和度。如果值小于 1.0,会降低颜色饱和度。默认值为 1.0。

7.1.3 大气

3ds Max中的大气环境效果可以用来模拟自然界中的云、雾、火和体积光等环境效果。使用这些特殊环境效果可以逼真地模拟出自然界中的各种气候,同时还可以增强场景的景深感,使场景显得更为广阔,有时还能起到烘托场景气氛的作用,其参数设置面板如图7-13所示。

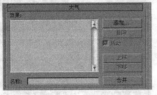

图7-13

大气重要参数介绍

效果: 显示已添加的效果名称。

名称: 为列表中的效果自定义名称。

添加 添加... :单击该按钮可以打开"添加大气效果"对话框,在该对话框中可以添加大气效果,如图7-14所示。

图7-14

删除 删除 :在"效果"列表中选择效果以后,单击该按钮可以删除选中的大气效果。

活动: 勾选该选项可以启用添加的大气效果。

上移 上移 /**下移** 下移 :更改大气效果的应用顺序。

合并 合并 :合并其他3ds Max场景文件中的效果。

1.火效果

使用"火效果"环境可以制作出火焰、烟雾和爆炸等效果,如图7-15所示。"火效果"不产生任何照明效果,若要模拟产生的灯光效果,可以使用灯光来实现,其参数设置面板如图7-16所示。

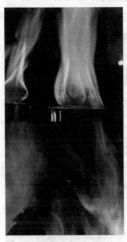

图7-15　　　　　　　　　　图7-16

火效果重要参数介绍

拾取Gizmo 拾取 Gizmo :单击该按钮可以拾取场景中要产生火效果的Gizmo对象。

移除Gizmo 移除 Gizmo :单击该按钮可以移除列表中所选的Gizmo。移除Gizmo后,Gizmo仍在场景中,但是不再产生火效果。

内部颜色: 设置火焰中最密集部分的颜色。

外部颜色: 设置火焰中最稀薄部分的颜色。

烟雾颜色: 当勾选"爆炸"选项时,该选项才可用,主要用来设置爆炸的烟雾颜色。

火焰类型: 共有"火舌"和"火球"两种类型。"火舌"是沿着中心使用纹理创建带方向的火焰,这种火焰类似于篝火,其方向沿着火焰装置的局部z轴;"火球"是创建圆形的爆炸火焰。

拉伸: 将火焰沿着装置的z轴进行缩放,该选项最适合创建"火舌"火焰。

规则性: 修改火焰填充装置的方式,范围是1~0。

火焰大小: 设置装置中各个火焰的大小。装置越大,需要的火焰也越大,使用15~30范围内的值可以获得最佳的火效果。

火焰细节: 控制每个火焰中显示的颜色更改量和边缘的尖锐度,范围是0~10。

223

密度：设置火焰效果的不透明度和亮度。

采样：设置火焰效果的采样率。值越高，生成的火焰效果越细腻，但是会增加渲染时间。

相位：控制火焰效果的速率。

漂移：设置火焰沿着火焰装置的z轴的渲染方式。

爆炸：勾选该选项后，火焰将产生爆炸效果。

设置爆炸 设置爆炸... ：单击该按钮可以打开"设置爆炸相位曲线"对话框，在该对话框中可以调整爆炸的"开始时间"和"结束时间"。

烟雾：控制爆炸是否产生烟雾。

剧烈度：改变"相位"参数的涡流效果。

课堂案例

用火效果制作燃烧的蜡烛

场景位置	场景文件>CH07>02.max
实例位置	实例文件>CH07>课堂实例：用火效果制作燃烧的蜡烛.max
视频名称	课堂实例：用火效果制作燃烧的蜡烛.mp4
学习目标	学习"火效果"的用法

蜡烛燃烧效果如图7-17所示。

图7-17

① 打开"场景文件>CH07>02.max"文件，如图7-18所示。

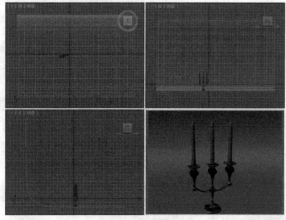

图7-18

② 按F9键测试渲染当前场景，效果如图7-19所示。

③ 在"创建"面板中单击"辅助对象"按钮 ，然后设置辅助对象类型为"大气装置"，接着单击"球体Gizmo"按钮 球体Gizmo ，如图7-20所示。

图7-19　　　　　　　　图7-20

④ 在顶视图中创建一个球体Gizmo（放在蜡烛的火焰上），如图7-21所示，然后在"球体Gizmo参数"卷展栏下设置"半径"为1.95mm，接着勾选"半球"选项，如图7-22所示。

⑤ 按R键选择"选择并均匀缩放"工具 ，然后在左视图中将球体Gizmo缩放成如图7-23所示的形状。

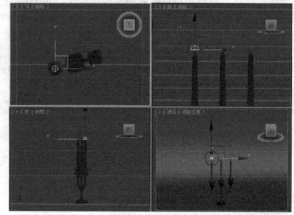

图7-21

图7-22　　　　　　　　图7-23

⑥ 按大键盘上的8键，打开"环境和效果"对话框，然后在"大气"卷展栏下单击"添加"按钮 添加... ，接着在弹出的"添加大气效果"对话框中选择"火效果"选项，如图7-24所示。

图7-24

07 在"效果"列表框中选择"火效果"选项，然后在"火效果参数"卷展栏下单击"拾取Gizmo"按钮 拾取 Gizmo，接着在视图中拾取球体Gizmo，最后设置"火焰大小"为400、"火焰细节"为10、"密度"为700、"采样"为20、"相位"为10、"漂移"为5，具体参数设置如图7-25所示。

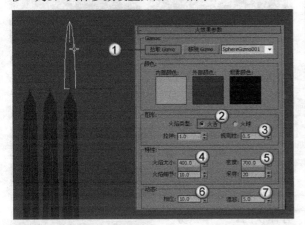

图7-25

08 选择球体Gizmo，然后按住Shift键使用"选择并移动"工具 移动复制两个到另外两只蜡烛的火焰上，如图7-26所示。

09 按F9键渲染当前场景，最终效果如图7-27所示。

图7-26   图7-27

2.雾

使用3ds Max的"雾"环境可以创建出雾、烟雾和蒸汽等特殊环境效果，如图7-28所示。

图7-28

"雾"效果的类型分为"标准"和"分层"两种，其参数设置面板如图7-29所示。

雾效果重要参数介绍

颜色： 设置雾的颜色。

环境颜色贴图： 从贴图导出雾的颜色。

使用贴图： 使用贴图来产生雾效果。

图7-29

环境不透明度贴图： 使用贴图来更改雾的密度。

雾化背景： 将雾应用于场景的背景。

标准： 使用标准雾。

分层： 使用分层雾。

指数： 随距离按指数增大密度。

近端%： 设置雾在近距范围的密度。

远端%： 设置雾在远距范围的密度。

顶： 设置雾层的上限（使用世界单位）。

底： 设置雾层的下限（使用世界单位）。

密度： 设置雾的总体密度。

衰减顶/底/无： 添加指数衰减效果。

地平线噪波： 启用"地平线噪波"系统。"地平线噪波"系统仅影响雾层的地平线，用来增强雾的真实感。

大小： 应用于噪波的缩放系数。

角度： 确定受影响的雾与地平线的角度。

相位： 用来设置噪波动画。

课堂案例

用雾效果制作海底烟雾

场景位置	场景文件>CH07>03.max
实例位置	实例文件>CH07>课堂实例：用雾效果制作海底烟雾.max
视频名称	课堂实例：用雾效果制作海底烟雾.mp4
学习目标	学习"雾"效果的用法

海底烟雾效果如图7-30所示。

图7-30

01 打开"场景文件>CH07>03.max"文件，如图7-31所示。

图7-31

02 按F9键测试渲染当前场景，效果如图7-32所示。

图7-32

03 按大键盘上的8键，打开"环境和效果"对话框，然后在"大气"卷展栏下单击"添加"按钮，接着在弹出的"添加大气效果"对话框中选择"雾"选项，如图7-33所示。

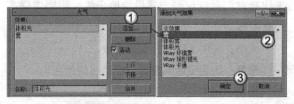

图7-33

技巧与提示

其实本例的场景中已经加载了一个"体积光"效果和一个"雾"效果，这里再加载一个"雾"效果是为了雾化场景。

04 选择加载的"雾"效果，然后单击两次"上移"按钮 上移 ，使其产生的效果处于画面的最前面，如图7-34所示。

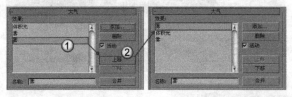

图7-34

05 展开"雾"参数卷展栏，然后在"标准"选项

组下设置"远端%"为50，如图7-35所示。

06 按F9键测试渲染当前场景，最终效果如图7-36所示。

图7-35　　　　　　图7-36

3.体积雾

"体积雾"环境可以允许在一个限定的范围内设置和编辑雾效果。

"体积雾"和"雾"最大的一个区别在于"体积雾"是三维的雾，是有体积的。"体积雾"多用来模拟烟云等有体积的气体，其参数设置面板如图7-37所示。

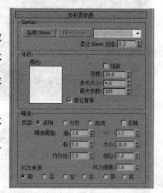

图7-37

体积雾重要参数介绍

拾取Gizmo 拾取 Gizmo ：单击该按钮可以拾取场景中要产生体积雾效果的Gizmo对象。

移除Gizmo 移除 Gizmo ：单击该按钮可以移除列表中所选的Gizmo。移除Gizmo后，Gizmo仍在场景中，但是不再产生体积雾效果。

柔化Gizmo边缘：柔化体积雾效果的边缘。值越大，边缘越柔滑。

颜色：设置雾的颜色。

指数：随距离按指数增大密度。

密度：控制雾的密度，范围为0~20。

步长大小：确定雾采样的粒度，即雾的"细度"。

最大步数：限制采样量，以便雾的计算不会永远执行。该选项适合于雾密度较小的场景。

雾化背景：将体积雾应用于场景的背景。

类型：有"规则""分形""湍流""反转"4种类型可供选择。

噪波阈值：限制噪波效果，范围是0~1。

级别：设置噪波迭代应用的次数，范围是1~6。

大小：设置烟卷或雾卷的大小。

相位：控制风的种子。如果"风力强度"大于0，雾体积会根据风向来产生动画。

风力强度：控制烟雾远离风向（相对于相位）的速度。

风力来源：定义风来自于哪个方向。

课堂案例

用体积雾制作沙尘雾

场景位置	场景文件>CH07>04.max
实例位置	实例文件>CH07>课堂实例：用体积雾制作沙尘雾.max
视频名称	课堂实例：用体积雾制作沙尘雾.mp4
学习目标	学习"体积雾"效果的用法

沙尘雾效果如图7-38所示。

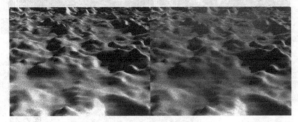

图7-38

01 打开"场景文件>CH07>04.max"文件，如图7-39所示。

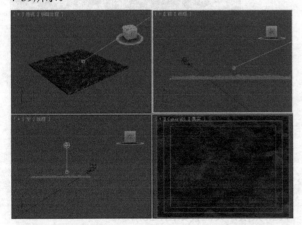

图7-39

02 按F9键测试渲染当前场景，效果如图7-40所示。

03 在"创建"面板中单击"辅助对象"按钮，然后设置辅助对象类型为"大气装置"，再单击"球体Gizmo"按钮 球体Gizmo ，在顶视图中创建一个球体Gizmo，接着在"球体Gizmo参数"卷展栏下设置"半径"为124.084mm，如图7-41所示，效果如图7-42所示。

图7-40   图7-41

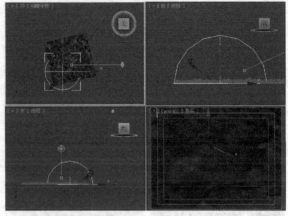

图7-42

04 按大键盘上的8键，打开"环境和效果"对话框，然后展开"大气"卷展栏，接着单击"添加"按钮 添加... ，最后在弹出的"添加大气效果"对话框中选择"体积雾"选项，如图7-43所示。

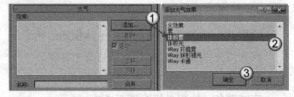

图7-43

05 在"效果"列表中选择"体积雾"选项，然后在"体积雾参数"卷展栏下单击"拾取Gizmo"按钮 拾取Gizmo ，接着在视图中拾取球体Gizmo，再勾选"指数"选项，最后设置"最大步数"为150，具体参数设置如图7-44所示。

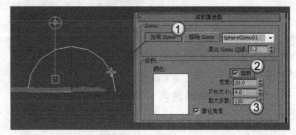

图7-44

06 按F9键渲染当前场
景，最终效果如图7-45
所示。

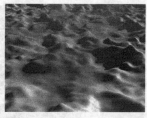

图7-45

4.体积光

"体积光"环境可以用来制作带有光束的光
线，可以指定给灯光（部分灯光除外，如VRay太
阳）。这种体积光可以被物体遮挡，从而形成光芒
透过缝隙的效果，常用
来模拟树与树之间的缝
隙中透过的光束，如图
7-46所示，其参数设置
面板如图7-47所示。

图7-46

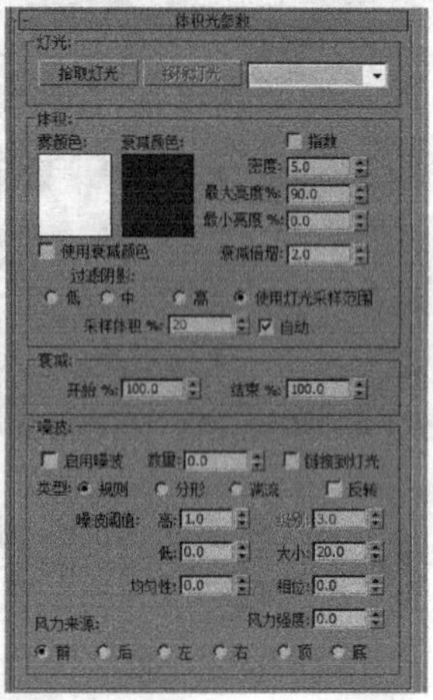

图7-47

体积光重要参数介绍

拾取灯光 拾取灯光 ：拾取要产生体积光的光源。

移除灯光 移除灯光 ：将灯光从列表中移除。

雾颜色：设置体积光产生的雾的颜色。

衰减颜色：体积光随距离而衰减。

使用衰减颜色：控制是否开启"衰减颜色"功能。

指数：随距离按指数增大密度。

密度：设置雾的密度。

最大/最小亮度%：设置可以达到的最大和最小
的光晕效果。

衰减倍增：设置"衰减颜色"的强度。

过滤阴影：通过提高采样率（以增加渲染时
间为代价）来获得更高质量的体积光效果，包括
"低""中""高"3个级别。

使用灯光采样范围：根据灯光阴影参数中的
"采样范围"值来使体积光中投射的阴影变模糊。

采样体积%：控制体积的采样率。

自动：自动控制"采样体积%"的参数。

开始%/结束%：设置灯光效果开始和结束衰减
的百分比。

启用噪波：控制是否启用噪波效果。

数量：应用于雾的噪波的百分比。

链接到灯光：将噪波效果链接到灯光对象。

用体积光为场景添加体积光

场景位置　场景文件>CH07>05.max
实例位置　实例文件>CH07>课堂实例：用体积光为场景添加体积光.max
视频名称　课堂实例：用体积光为场景添加体积光.mp4
学习目标　学习"体积光"效果的用法

体积光效果如图7-48所示。

图7-48

01 打开"场景文件>CH07>05.max"文件，如图
7-49所示。

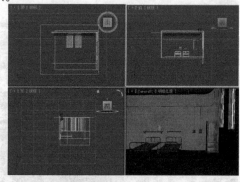

图7-49

02 设置灯光类型为VRay，然后在天空中创建一盏
VRay太阳，其位置如图7-50所示。

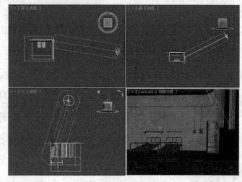

图7-50

03 选择VRay太阳，然后在"VRay太阳参数"卷展栏下设置"强度倍增"为0.06、"阴影细分"为8、"光子发射半径"为494.81mm，具体参数设置如图7-51所示，接着按F9键测试渲染当前场景，效果如图7-52所示。

图7-51　　　　　　　　　　　图7-52

技巧与提示

测试渲染出来的效果非常黑暗，这是因为窗户外面有个面片将灯光遮挡住了，下面来修改这个面片的属性。

04 选择窗户外面的面片，然后单击鼠标右键，接着在弹出的菜单中选择"对象属性"命令，最后在弹出的"对象属性"对话框中关闭"投影阴影"选项，如图7-53所示。

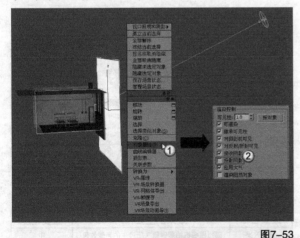

图7-53

05 按F9键测试渲染当前场景，效果如图7-54所示。

图7-54

06 在前视图中创建一盏VRay灯光作为辅助灯光，其位置如图7-55所示。

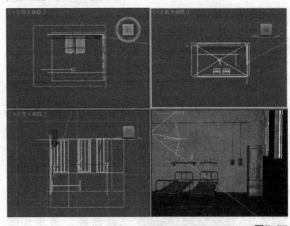

图7-55

07 选择上一步创建的VRay灯光，然后进入"修改"面板，接着展开"参数"卷展栏，具体参数设置如图7-56所示。

设置步骤

① 在"常规"选项组下设置"类型"为"平面"，然后设置"1/2长"为975.123mm、"1/2宽"为548.855mm。

② 在"选项"选项组下勾选"不可见"选项。

图7-56

08 设置灯光类型为"标准"，然后在天空中创建一盏目标平行光，其位置如图7-57所示（与VRay太阳的位置相同）。

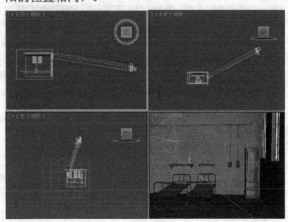

图7-57

09 选择上一步创建的目标平行光，然后进入"修改"面板，具体参数设置如图7-58所示。

设置步骤

① 展开"常规参数"卷展栏，然后设置阴影类型为VRayShadow（VRay阴影）。

② 展开"强度/颜色/衰减"卷展栏，然后设置"倍增"为0.9。

③ 展开"平行光参数"卷展栏，然后设置"聚光区/光束"为150mm、"衰减区/区域"为300mm。

④ 展开"高级效果"卷展栏，然后在"投影贴图"通道中加载一张"实例文件>CH07>课堂实例：用体积光为场景添加体积光>55.jpg"文件。

10 按F9键测试渲染当前场景，效果如图7-59所示。

图7-58　　　　图7-59

🛠 **技巧与提示**

虽然在"投影贴图"通道中加载了黑白贴图，但是灯光还没有产生体积光束效果。

11 按大键盘上的8键，打开"环境和效果"对话框，然后展开"大气"卷展栏，接着单击"添加"按钮 ▇添加... ，最后在弹出的"添加大气效果"对话框中选择"体积光"选项，如图7-60所示。

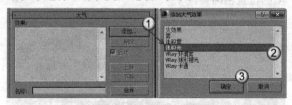

图7-60

12 在"效果"列表中选择"体积光"选项，在"体积光参数"卷展栏下单击"拾取灯光"按钮 拾取灯光 ，然后在场景中拾取目标平行灯光，接着设置"雾颜色"为（红:247，绿:232，蓝:205），再勾选"指数"选项，并设置"密度"为3.8，最后设置"过滤阴影"为"中"，具体参数设置如图7-61所示。

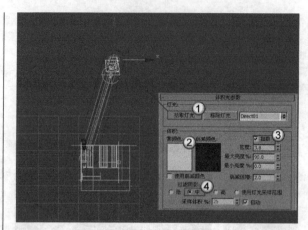

图7-61

13 按F9键渲染当前场景，最终效果如图7-62所示。

图7-62

7.2　效果

在"效果"面板中可以为场景添加Hair和Fur（头发和毛发）、"镜头效果""模糊""亮度和对比度""色彩平衡""景深""文件输出""胶片颗粒""照明分析图像叠加""运动模糊""VRay镜头特效"效果，如图7-63所示。

图7-63

本节效果技术介绍

效果名称	效果的主要作用	重要程度
镜头效果	模拟照相机拍照时镜头所产生的光晕效果	中
模糊	使渲染画面变得模糊	中
亮度和对比度	调整画面的亮度和对比度	中
色彩平衡	调整画面的色彩	中
胶片颗粒	为场景添加胶片颗粒	中

🛠 **技巧与提示**

本节仅对"镜头效果""模糊""亮度和对比度""色彩平衡""胶片颗粒"效果进行讲解。

7.2.1 镜头效果

使用"镜头效果"可以模拟照相机拍照时镜头所产生的光晕效果，这些效果包括光晕、光环、射线、自动二级光斑、手动二级光斑、星形和条纹，如图7-64所示。

图7-64

技巧与提示

在"镜头效果参数"卷展栏下选择镜头效果，单击 ▇ 按钮可以将其加载到右侧的列表中，以应用镜头效果；单击 ◁ 按钮可以移除加载的镜头效果。

"镜头效果"包含一个"镜头效果全局"卷展栏，该卷展栏分为"参数"和"场景"两大面板，如图7-65和图7-66所示。

图7-65　　　　　　　図7-66

镜头效果全局卷展栏重要参数介绍

① 参数面板

加载 ▇ ：单击该按钮可以打开"加载镜头效果文件"对话框，在该对话框中可选择要加载的lzv文件。

保存 ▇ ：单击该按钮可以打开"保存镜头效果文件"对话框，在该对话框中可以保存lzv文件。

大小：设置镜头效果的总体大小。

强度：设置镜头效果的总体亮度和不透明度。值越大，效果越亮越不透明；值越小，效果越暗越透明。

种子：为"镜头效果"中的随机数生成器提供不同的起点，并创建略有不同的镜头效果。

角度：当效果与摄影机的相对位置发生改变时，该选项用来设置镜头效果从默认位置的旋转量。

挤压：在水平方向或垂直方向挤压镜头效果的总体大小。

拾取灯光 ▇ ：单击该按钮可以在场景中拾取灯光。

移除 ▇ ：单击该按钮可以移除所选择的灯光。

② 场景面板

影响Alpha：如果图像以32位文件格式来渲染，那么该选项用来控制镜头效果是否影响图像的Alpha通道。

影响Z缓冲区：存储对象与摄影机的距离。z缓冲区用于光学效果。

距离影响：控制摄影机或视口的距离对光晕效果的大小和强度的影响。

偏心影响：产生摄影机或视口偏心的效果，影响其大小或强度。

方向影响：聚光灯相对于摄影机的方向，影响其大小或强度。

内径：设置效果周围的内径，另一个场景对象必须与内径相交才能完全阻挡效果。

外半径：设置效果周围的外径，另一个场景对象必须与外径相交才能开始阻挡效果。

大小：减小所阻挡的效果的大小。

强度：减小所阻挡的效果的强度。

受大气影响：控制是否允许大气效果阻挡镜头效果。

课堂案例

用镜头效果制作镜头特效	
场景位置	场景文件>CH07>06.max
实例位置	实例文件>CH07>课堂实例：用镜头效果制作镜头特效.max
视频名称	课堂实例：用镜头效果制作镜头特效.mp4
学习目标	学习"镜头效果"的用法

镜头特效如图7-67所示。

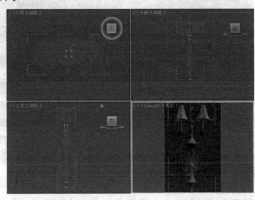

图7-67

01 打开"场景文件>CH07>06.max"文件，如图7-68所示。

图7-68

02 按大键盘上的8键，打开"环境和效果"对话框，然后在 "效果"选项卡下单击"添加"按钮 添加... ，接着在弹出的"添加效果"对话框中选择"镜头效果"选项，如图7-69所示。

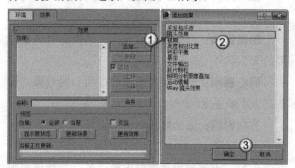

图7-69

03 选择"效果"列表框中的"镜头效果"选项，然后在"镜头效果参数"卷展栏下的左侧列表中选择"光晕"选项，接着单击 > 按钮将其加载到右侧的列表中，如图7-70所示。

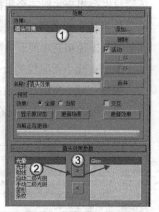

图7-70

04 展开"镜头效果全局"卷展栏，然后单击"拾取灯光"按钮 拾取灯光 ，接着在视图中拾取两盏泛光灯，如图7-71所示。

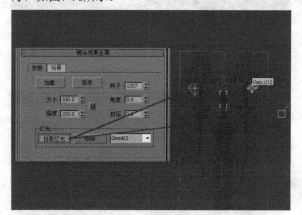

图7-71

05 展开"光晕元素"卷展栏，然后在"参数"选项卡下设置"强度"为60，接着在"径向颜色"选项组下设置"边缘颜色"为（红:255，绿:144，

蓝:0），具体参数设置如图7-72所示。

06 返回到"镜头效果参数"卷展栏，然后将左侧的"条纹"效果加载到右侧的列表中，接着在"条纹元素"卷展栏下设置"强度"为5，如图7-73所示。

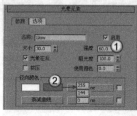

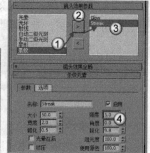

图7-72   图7-73

07 返回到"镜头效果参数"卷展栏，然后将左侧的"射线"效果加载到右侧的列表中，接着在"射线元素"卷展栏下设置"强度"为28，如图7-74所示。

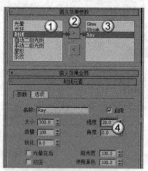

图7-74

08 返回到"镜头效果参数"卷展栏，然后将左侧的"手动二级光斑"效果加载到右侧的列表中，接着在"手动二级光斑元素"卷展栏下设置"强度"为35，如图7-75所示，最后按F9键渲染当前场景，效果如图7-76所示。

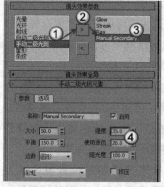

图7-75   图7-76

技巧与提示

　　前面的步骤是制作各种效果的叠加效果，下面制作单个特效。

09 将前面制作好的场景文件保存好，然后重新打开"场景文件>CH07>06.max"文件,下面制作射线特效。在"效果"卷展栏下加载一个"镜头效果",然后在"镜头效果参数"卷展栏下将"射线"(Ray)效果加载到右侧的列表中,接着在"射线元素"卷展栏下设置"强度"为80,具体参数设置如图7-77所示,最后按F9键渲染当前场景,效果如图7-78所示。

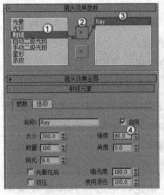 

图7-77　　　　　　　　　　　　图7-78

⑩ 下面制作手动二级光斑特效。将上一步制作好的场景文件保存好,然后重新打开"场景文件>CH07>06.max"文件。在"效果"卷展栏下加载一个"镜头效果",然后在"镜头效果参数"卷展栏下将"手动二级光斑"效果加载到右侧的列表中,接着在"手动二级光斑元素"卷展栏下设置"强度"为400、"边数"为"六",具体参数设置如图7-79所示,最后按F9键渲染当前场景,效果如图7-80所示。

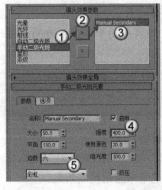 

图7-79　　　　　　　　　　　　图7-80

⑪ 下面制作条纹特效。将上一步制作好的场景文件保存好,然后重新打开"场景文件>CH07>06.

max"文件。在"效果"卷展栏下加载一个"镜头效果",然后在"镜头效果参数"卷展栏下将"条纹"效果加载到右侧的列表中,接着在"条纹元素"卷展栏下设置"强度"为300、"角度"为45,具体参数设置如图7-81所示,最后按F9键渲染当前场景,效果如图7-82所示。

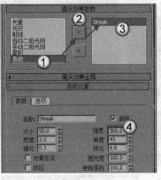 

图7-81　　　　　　　　　　　　图7-82

⑫ 下面制作星形特效。将上一步制作好的场景文件保存好,然后重新打开"场景文件>CH07>06.max"文件。在"效果"卷展栏下加载一个"镜头效果",然后在"镜头效果参数"卷展栏下将"星形"效果加载到右侧的列表中,接着在"星形元素"卷展栏下设置"强度"为250、"宽度"为1,具体参数设置如图7-83所示,最后按F9键渲染当前场景,效果如图7-84所示。

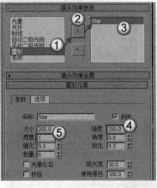 

图7-83　　　　　　　　　　　　图7-84

⑬ 下面制作自动二级光斑特效。将上一步制作好的场景文件保存好,然后重新打开"场景文件>CH07>06.max"文件。在"效果"卷展栏下加载一个"镜头效果",然后在"镜头效果参数"卷展栏下将"自动二级光斑"效果加载到右侧的列表中,接着在"自动二级光斑元素"卷展栏下设置"最大"为80、"强度"为200、"数量"为4,具体参数设置如图7-85所示,最后按F9

键渲染当前场景，效果如图7-86所示。

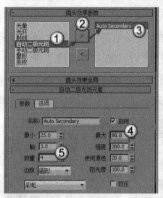
图7-85

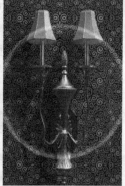
图7-86

7.2.2 模糊

使用"模糊"效果可以通过3种不同的方法使图像变得模糊，分别是"均匀型""方向型""径向型"。

"模糊"效果根据"像素选择"选项卡下所选择的对象来应用各个像素，使整个图像变模糊，其参数包含"模糊类型"和"像素选择"两大部分，如图7-87和图7-88所示。

图7-87

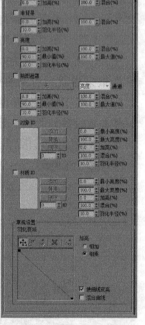
图7-88

模糊参数卷展栏重要选项介绍

① 模糊类型面板

均匀型：将模糊效果均匀应用在整个渲染图像中。

像素半径：设置模糊效果的半径。

影响Alpha：启用该选项时，可以将"均匀型"模糊效果应用于Alpha通道。

方向型：按照"方向型"参数指定的任意方向应用模糊效果。

U/V向像素半径（%）：设置模糊效果的水平/垂直强度。

U/V向拖痕（%）：通过为u/v轴的某一侧分配更大的模糊权重来为模糊效果添加方向。

旋转（度）：通过"U向像素半径（%）"和"V向像素半径（%）"来应用模糊效果的u向像素和V向像素的轴。

影响Alpha：启用该选项时，可以将"方向型"模糊效果应用于Alpha通道。

径向型：以径向的方式应用模糊效果。

像素半径（%）：设置模糊效果的半径。

拖痕（%）：通过为模糊效果的中心分配更大或更小的模糊权重来为模糊效果添加方向。

X/Y原点：以"像素"为单位，对渲染输出的尺寸指定模糊的中心。

无 　无 　：指定以中心作为模糊效果中心的对象。

清除按钮 　清除 　：移除对象名称。

影响Alpha：启用该选项时，可以将"径向型"模糊效果应用于Alpha通道。

使用对象中心：启用该选项后，"无"按钮 　无 　指定的对象将作为模糊效果的中心。

② 像素选择面板

整个图像：启用该选项后，模糊效果将影响整个渲染图像。

加亮（%）：加亮整个图像。

混合（%）：将模糊效果和"整个图像"参数与原始的渲染图像进行混合。

非背景：启用该选项后，模糊效果将影响除背景图像或动画以外的所有元素。

羽化半径（%）：设置应用于场景的非背景元素的羽化模糊效果的百分比。

亮度：影响亮度值介于"最小值（%）"和"最大值（%）"微调器之间的所有像素。

最小/大值（%）：设置每个像素要应用模糊效果所需的最小和最大亮度值。

贴图遮罩：通过在"材质/贴图浏览器"对话框中选择的通道和应用的遮罩来应用模糊效果。

对象ID：如果对象匹配过滤器设置，会将模糊效果应用于对象或对象中具有特定对象ID的部分（在G缓冲区中）。

材质ID: 如果材质匹配过滤器设置,会将模糊效果应用于该材质或材质中具有特定材质效果通道的部分。

常规设置羽化衰减: 使用曲线来确定基于图形的模糊效果的羽化衰减区域。

🎬 **课堂案例**

用模糊效果制作奇幻特效

场景位置	场景文件>CH07>07.max
实例位置	实例文件>CH07>课堂实例:用模糊效果制作奇幻特效.max
视频名称	课堂实例:用模糊效果制作奇幻特效.mp4
学习目标	学习"模糊"效果的用法

奇幻特效如图7-89所示。

图7-89

① 打开"场景文件>CH07>07.max"文件,如图7-90所示。

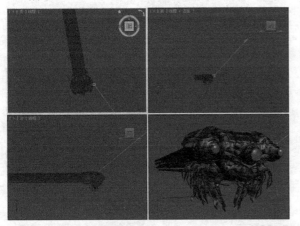

图7-90

② 按大键盘上的8键,打开"环境和效果"对话框,然后在"效果"卷展栏下加载一个"模糊"效果,如图7-91所示。

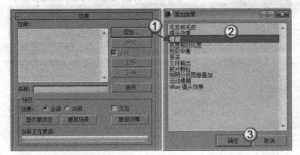

图7-91

③ 展开"模糊参数"卷展栏,单击"像素选择"选项卡,然后勾选"材质ID"选项,接着设置ID为8,单击"添加"按钮 添加 (添加材质ID 8),再设置"最小亮度"为60%、"最大亮度"为100%、"加亮"为100%、"混合"为50%、"羽化半径"为30%,最后在"常规设置羽化衰减"选项组下将曲线调节成"抛物线"形状,如图7-92所示。

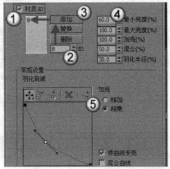

图7-92

④ 按M键打开"材质编辑器"对话框,然后选择第1个材质,接着在"多维/子对象基本参数"卷展栏下单击ID 2材质通道,再单击"材质ID通道"按钮 ◙,最后设置ID为8,如图7-93所示。

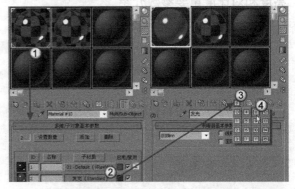

图7-93

⑤ 选择第2个材质,然后在"多维/子对象基本参数"卷展栏下单击ID 2材质通道,接着单击"材质ID通道"按钮 ◙,最后设置ID为8,如图7-94所示。

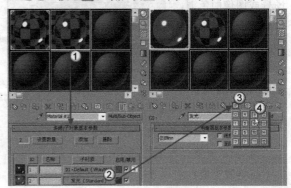

图7-94

06 按F9键渲染当前场景，最终效果如图7-95所示。

图7-95

7.2.3 亮度和对比度

使用"亮度和对比度"效果可以调整图像的亮度和对比度，其参数设置面板如图7-96所示。

图7-96

亮度和对比度重要参数介绍

亮度： 增加或减少所有色元（红色、绿色和蓝色）的亮度，取值范围是0~1。

对比度： 压缩或扩展最大黑色和最大白色之间的范围，其取值范围是0~1。

忽略背景： 是否将效果应用于除背景以外的所有元素。

7.2.4 色彩平衡

使用"色彩平衡"效果可以通过调节"青-红""洋红-绿""黄-蓝"3个通道来改变场景或图像的色调，其参数设置面板如图7-97所示。

图7-97

色彩平衡重要参数介绍

青-红： 调整"青-红"通道。

洋红-绿： 调整"洋红-绿"通道。

黄-蓝： 调整"黄-蓝"通道。

保持发光度： 启用该选项后，在修正颜色的同时将保留图像的发光度。

忽略背景： 启用该选项后，可以在修正图像时不影响背景。

7.2.5 胶片颗粒

"胶片颗粒"效果主要用于在渲染场景中重新创建胶片颗粒，同时还可以作为背景的源材质与软件中创建的渲染场景相匹配，其参数设置面板如图7-98所示。

图7-98

胶片颗粒重要参数介绍

颗粒： 设置添加到图像中的颗粒数，其取值范围是0~1。

忽略背景： 屏蔽背景，使颗粒仅应用于场景中的几何体对象。

老电影画面效果如图7-99所示。

图7-99

01 打开"场景文件>CH07>08.max"文件，如图7-100所示。

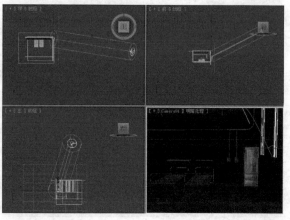

图7-100

(02) 按F9键测试渲染当前场景，效果如图7-101所示。

(03) 按大键盘上的8键，打开"环境和效果"对话框，然后在"效果"卷展栏下加载一个"胶片颗粒"效果，如图7-102所示。

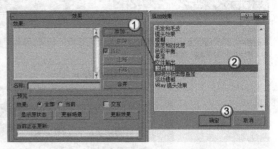

图7-101　　　　　　　　　　　　　　　　　　图7-102

(04) 展开"胶片颗粒参数"卷展栏，然后设置"颗粒"为0.5，如图7-103所示。

(05) 按F9键测试渲染当前场景，最终效果如图7-104所示。

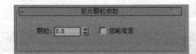

图7-103　　　　　　　　　　　　　　　　　　图7-104

7.3　本章小结

本章主要讲解了3ds Max 2016的"环境和效果"技术。掌握好了这项技术，可以为渲染画面添加更真实的环境和特效。在这些技术中，要重点掌握环境贴图的加载方法以及火效果、雾、体积雾、体积光、镜头效果、模糊效果和胶片颗粒效果的用法。

7.4　课后习题

本章安排了4个课后习题。这4个课后习题都很简单，主要是针对环境贴图的加载方法以及火效果、雾效果和胶片颗粒效果的用法进行练习。

课后习题1：加载环境贴图

场景位置	场景文件>CH07>09.max
实例位置	实例文件>CH07>课后习题1：加载环境贴图.max
视频名称	课后习题1：加载环境贴图.mp4
练习目标	练习环境贴图的加载方法

加载的环境贴图效果如图7-105所示。

图7-105

课后习题2：燃烧的火柴

场景位置	场景文件>CH07>10.max
实例位置	实例文件>CH07>课后习题2：燃烧的火柴.max
视频名称	课后习题2：燃烧的火柴.mp4
练习目标	练习"火效果"的用法

燃烧的火柴效果如图7-106所示。

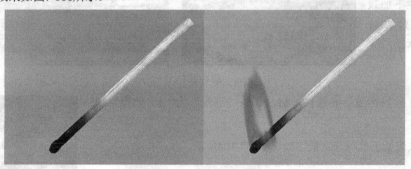

图7-106

课后习题3：制作雪山雾

场景位置	场景文件>CH07>11.max
实例位置	实例文件>CH07>课后习题3：制作雪山雾.max
视频名称	课后习题3：制作雪山雾.mp4
练习目标	练习"雾"效果的用法

雪山雾效果如图7-107所示。

图7-107

课后习题4：制作胶片颗粒特效图

场景位置	场景文件>CH07>12.max
实例位置	实例文件>CH07>课后习题4：制作胶片颗粒特效.max
视频名称	课后习题4：制作胶片颗粒特效.mp4
练习目标	练习"胶片颗粒"效果的用法

胶片颗粒特效如图7-108所示。

图7-108

第8章

灯光/材质/渲染综合运用

本章将进入制作静帧作品的最后一个环节——渲染。本章的重要性不言而喻，即使有再良好的光照、再精美的材质，如果没有合理的渲染参数，那么依然得不到优秀的渲染作品。本章主讲VRay渲染技术，并结合3个综合课堂实例（1个家装实例、1个工装实例和1个大型CG实例）来全面介绍VRay灯光、VRay材质和VRay渲染参数的设置方法与技巧。本章内容非常重要，请读者务必对VRay的各种重要技术多加领会、勤加练习。

课堂学习目标

了解默认扫描线渲染器和mental ray渲染器的使用方法
全面掌握VRay重要参数的含义及渲染参数的设置方法

8.1 渲染的基本常识

使用3ds Max创作作品时，一般都遵循"建模→灯光→材质→渲染"这个步骤，渲染是最后一道工序（后期处理除外）。渲染的英文是Render，翻译为"着色"，也就是对场景进行着色的过程，它是通过复杂的运算，将虚拟的三维场景投射到二维平面上，这个过程需要对渲染器进行复杂的设置，图8-1所示是一些比较优秀的渲染作品。

图8-1

8.1.1 渲染器的类型

渲染场景的引擎有很多种，如VRay渲染器、Renderman渲染器、mental ray渲染器、Brazil渲染器、FinalRender渲染器、Maxwell渲染器和Lightscape渲染器等。

3ds Max 2016默认的渲染器有"iray渲染器""mental ray渲染器""Quicksilver硬件渲染器""默认扫描线渲染器""VUE文件渲染器"，在安装好VRay渲染器之后也可以使用VRay渲染器来渲染场景。当然也可以安装一些其他的渲染插件，如Renderman、Brazil、FinalRender、Maxwell和Lightscape等。

技巧与提示

在众多的渲染器当中，以VRay渲染器最为重要（3ds Max以VRay渲染器为主），这也是本书主讲的渲染器。

8.1.2 渲染工具

在"主工具栏"右侧提供了多个渲染工具，如图8-2所示。

图8-2

渲染设置：单击该按钮可以打开"渲染设置"对话框，基本上所有的渲染参数都在该对话框中完成。

渲染帧窗口：单击该按钮可以打开"渲染帧窗口"对话框，在该对话框中可以选择渲染区域、切换通道和储存渲染图像等任务。

知识点 详解"渲染帧窗口"对话框

单击"渲染帧窗口"按钮，3ds Max会弹出"渲染帧窗口"对话框，如图8-3所示。下面详细介绍该对话框的用法。

图8-3

要渲染的区域：该下拉列表中提供了要渲染的区域选项，包括"视图""选定""区域""裁剪""放大"。

编辑区域：可以调整控制手柄来重新调整渲染图像的大小。

自动选定对象区域：激活该按钮后，系统会将"区域""裁剪""放大"自动设置为当前选择。

视口：显示当前渲染的是哪个视图。若渲染的是透视图，那么在这里就显示为透视图。

锁定到视口：激活该按钮后，系统就只渲染视图列表中的视图。

渲染预设：可以从下拉列表中选择与预设渲染相关的选项。

渲染设置：单击该按钮可以打开"渲染设置"对话框。

环境和效果对话框（曝光控制）：单击该按钮可以打开"环境和效果"对话框，在该对话框中可以调整曝光控制的类型。

产品级/迭代："产品级"是使用"渲染帧窗口"对话框、"渲染设置"对话框等所有当前设置进行渲染；"迭代"是忽略网络渲染、多帧渲染、文件输出、导出至MI文件以及电子邮件通知，同时使用扫描线渲染器进行渲染。

渲染 渲染：单击该按钮可以使用当前设置来渲染场景。

保存图像：单击该按钮可以打开"保存图像"对话框，在该对话框中可以保存多种格式的渲染图像。

复制图像：单击该按钮可以将渲染图像复制到剪贴板上。

克隆渲染帧窗口：单击该按钮可以克隆一个"渲染帧窗口"对话框。

打印图像：将渲染图像发送到Windows定义的打印机中。

清除：清除"渲染帧窗口"对话框中的渲染图像。

启用红色/绿色/蓝色通道：显示渲染图像的红/绿/蓝通道，图8-4、图8-5和图8-6所示分别是单独开红色、绿色、蓝色通道的图像效果。

图8-4　　　　图8-5　　　　图8-6

显示Alpha通道：显示图像的Aplha通道。

单色：单击该按钮可以将渲染图像以8位灰度的模式显示出来，如图8-7所示。

图8-7

切换UI叠加：激活该按钮后，如果"区域""裁剪"或"放大"区域中有一个选项处于活动状态，则会显示表示相应区域的帧。

切换UI：激活该按钮后，"渲染帧窗口"对话框中的所有工具与选项均可使用；关闭该按钮后，不会显示对话框顶部的渲染控件以及对话框下部单独面板上的mental ray控件，如图8-8所示。

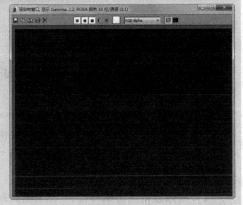

图8-8

渲染产品：单击该按钮可以使用当前的产品级渲染设置来渲染场景。

渲染迭代：单击该按钮可以在迭代模式下渲染场景。

ActiveShade（动态着色）：单击该按钮可以在浮动的窗口中执行"动态着色"渲染。

8.2 默认扫描线渲染器

"默认扫描线渲染器"是一种多功能渲染器，可以将场景渲染为从上到下生成的一系列扫描线，如图8-9所示。"默认扫描线渲染器"的渲染速度特别快，但是渲染功能不强。

按F10键打开"渲染设置"对话框，3ds Max默认的渲染器就是"默认扫描线渲染器"，如图8-10所示。

图8-9　　　　　　　　图8-10

技巧与提示

"默认扫描线渲染器"的参数共有"公用"、"渲染器"、Render Elements（渲染元素）、"光线跟踪器"和"高级照明"5大选项卡。在一般情况下，都不会使用默认的扫描线渲染器，因为其渲染质量不高，并且渲染参数也特别复杂，因此这里不讲解其参数，大家只需要知道有这么一个渲染器就行了。

8.3 mental ray渲染器

mental ray是早期出现的两个重量级的渲染器之一（另外一个是Renderman），为德国Mental Images公司的产品。在刚推出的时候，集成在著名的3D动画软件Softimage3D中作为其内置的渲染引擎。正是凭借着mental ray高效的速度和质量，Softimage3D一直在好莱坞电影制作中作为首选制作软件。

相对于Renderman而言，mental ray的操作更加简便，效率也更高，因为Renderman渲染系统需要使用编程技术来渲染场景，而mental ray只需要在程序中设定好参数，然后便会"智能"地对需要渲染的场景进行自动计算，所以mental ray渲染器也叫"智能"渲染器。

自mental ray渲染器诞生以来，CG艺术家就利用它制作出了很多令人惊讶的作品，图8-11所示是一些比较优秀的mental ray渲染作品。

图8-11

如果要将当前渲染器设置为mental ray渲染器，可以按F10键打开"渲染设置"对话框，然后在"渲染器"下拉菜单中选择"mental ray渲染器"选项，如图8-12所示。

将渲染器设置为mental ray渲染器后，在"渲染设置"对话框中将会出现"公用""渲染器""间

图8-12

接照明""处理"和Render Elements（渲染元素）5大选项卡。下面对"间接照明"和"渲染器"两个选项卡下的参数进行讲解。

本节mental ray渲染技术介绍

技术名称	主要作用	重要程度
最终聚焦	模拟指定点的全局照明	中
焦散和全局照明（GI）	设置焦散和全局照明效果	中
采样质量	设置反锯齿渲染图像时执行采样的方式	中

8.3.1 全局照明

"全局照明"选项卡下的参数主要用来控制焦散、全局照明和最终聚集等，如图8-13所示。

图8-13

1.最终聚集卷展栏

"最终聚集"是一项技术，用于模拟指定点的全局照明。对于漫反射场景，最终聚集通常可以提高全局照明解决方案的质量。如果不使用最终聚集，漫反射曲面上的全局照明由该点附近的光子密度（和能量）来估算；如果使用最终聚集，将发送许多新的光线来对该点上的半球进行采样，以决定直接照明。

展开"最终聚集"卷展栏，如图8-14所示。

图8-14

最终聚集卷展栏重要参数介绍

① 基本组

启用最终聚集：开启该选项后，mental ray渲染器会使用最终聚集来创建全局照明或提高渲染质量。

倍增/色样：控制累积的间接光的强度和颜色。

最终聚集精度预设：为最终聚集提供快速、轻松的解决方案，包括"草图级""低""中""高"及"很高"5个级别。

按分段数分割摄影机路径：在上面的列表中选择"沿摄影机路径的位置投影点"选项时，该选项

才被激活。

初始最终聚集点密度： 最终聚集点密度的倍增。增加该值会增加图像中最终聚集点的密度。

每最终聚集点光线数目： 设置使用多少光线来计算最终聚集中的间接照明。

插值的最终聚集点数： 控制用于图像采样的最终聚集点数。

漫反射反弹次数： 设置mental ray为单个漫反射光线计算的漫反射光反弹的次数。

权重： 控制漫反射反弹有多少间接光照影响最终聚集的解决方案。

② 高级组

噪波过滤（减少斑点）： 使用从同一点发射的相邻最终聚集光线的中间过滤器。可以从后面的下拉列表中选择一个预设，包含"无""标准""高""很高""极端高"5个选项。

最大深度： 限制反射和折射的组合。当光线的反射和折射总数等于"最大深度"数值时将停止。

最大反射： 设置光线可以反射的次数。0表示不会发生反射；1表示光线只可以反射一次；2表示光线可以反射两次，以此类推。

最大折射： 设置光线可以折射的次数。0表示不发生折射；1表示光线只可以折射一次；2表示光线可以折射两次，以此类推。

使用衰减（限制光线距离）： 启用该选项后，可以利用"开始"和"停止"数值限制使用环境颜色前用于重新聚集的光线的长度。

2.焦散和光子贴图（GI）卷展栏

展开"焦散和光子贴图（GI）"卷展栏，如图8-15所示。在该卷展栏下可以设置焦散和全局照明效果。

图8-15

焦散和光子贴图（GI）卷展栏重要参数介绍

① 焦散组

启用： 启用该选项后，mental ray渲染器会计算焦散效果。

倍增/色样： 控制焦散累积的间接光的强度和颜色。

每采样最大光子数： 设置用于计算焦散强度的光子个数。

最大采样半径： 启用该选项后，可以设置光子大小。

过滤器： 指定锐化焦散的过滤器，包括"长方体""圆锥体"和Gauss（高斯）3种过滤器。

过滤器大小： 选择"圆锥体"作为焦散过滤器时，该选项用来控制焦散的锐化程度。

当焦散启用时不透明阴影： 启用该选项后，阴影为不透明。

② 光子贴图（CI）

启用： 启用该选项后，mental ray渲染器会计算全局照明。

每采样最大光子数： 设置用于计算焦散强度的光子个数。增大该值可以使焦散产生较少的噪点，但图像会变得模糊。

最大采样半径： 启用该选项后，可以使用微调器来设置光子大小。

合并附近光子（保存内存）： 启用该选项后，可以减少光子贴图的内存使用量。

最终聚集的优化（较慢GI）： 如果在渲染场景之前启用该选项，那么mental ray渲染器将计算信息，以加速重新聚集的进程。

③ 体积组

每采样最大光子数： 设置用于着色体积的光子数，默认值为100。

最大采样半径： 启用该选项时，可以设置光子的大小。

④ 跟踪深度组

最大深度： 限制反射和折射的组合。当光子的反射和折射总数等于"最大深度"设置的数值时将停止。

最大反射： 设置光子可以反射的次数。0表示不会发生反射；1表示光子只能反射一次；2表示光子可以反射两次，以此类推。

最大折射： 设置光子可以折射的次数。0表示不发生折射；1表示光子只能折射一次；2表示光子可以折射两次，以此类推。

⑤ 灯光属性组

每个灯光的平均焦散光子数： 设置用于焦散的每束光线所产生的光子数量。

每个灯光的平均全局照明光子数： 设置用于全局照明的每束光线产生的光子数量。

衰退： 当光子移离光源时，该选项用于设置光子能量的衰减方式。

所有对象均产生并接收全局照明和焦散。

8.3.2 渲染器

"渲染器"选项卡下的参数可以用来设置采样质量、渲染算法、摄影机效果、阴影与置换等，如图8-16所示。

下面重点讲解"采样质量"卷展栏下的参数，如图8-17所示。该卷展栏主要用来设置mental ray渲染器为反锯齿渲染图像时执行采样的方式。

图8-16

图8-17

采样质量卷展栏重要参数介绍

① 每像素采样组

最小： 设置最小采样率。该值代表每个像素的采样数量，大于或等于1时表示对每个像素进行一次或多次采样；分数值代表对*n*个像素进行一次采样（例如，对于每4个像素，1/4就是最小的采样数）。

最大： 设置最大采样率。

② 过滤器组

类型： 指定过滤器的类型。

宽度/高度： 设置过滤器的大小。

③ 对比度/噪波阈值组

R/G/B： 指定红、绿、蓝采样组件的阈值。

A： 指定采样Alpha组件的阈值。

④ 选项组

锁定采样： 启用该选项后，mental ray渲染器对于动画的每一帧都使用同样的采样模式。

抖动： 开启该选项后可以避免出现锯齿现象。

渲染块宽度： 设置每个渲染块的大小（以"像素"为单位）。

渲染块顺序： 指定 mental ray渲染器选择下一个渲染块的方法。

帧缓冲区类型： 选择输出帧缓冲区的位深的类型。

🎨 课堂案例

用mental ray渲染器渲染牛奶场景

场景位置	场景文件>CH08>01.max
实例位置	实例文件>CH08>课堂实例：用mental ray渲染器渲染牛奶场景.max
视频名称	课堂实例：用mental ray渲染器渲染牛奶场景.mp4
学习目标	学习如何设置mental ray渲染器的渲染参数

牛奶场景渲染效果如图8-18所示。

图8-18

01 打开"场景文件>CH08>01.max"文件，如图8-19所示。

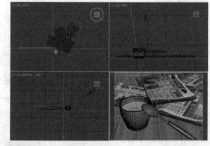

图8-19

02 设置灯光类型为"标准"，然后在左视图中创建一盏mr Area Spot，其位置如图8-20所示。

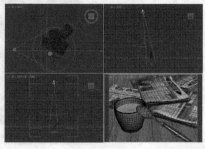

图8-20

技巧与提示

　　在使用mental ray渲染器渲染场景时，最好使用mental ray类型的灯光，因为这种灯光与mental ray渲染器衔接得非常好，渲染速度比其他灯光要快很多。这里创建的这盏mr Area Spot采用默认设置。

03 下面设置渲染参数。按F10键打开"渲染设置"对话框，然后设置渲染器为mental ray渲染器，接着在"公用"选项卡下展开"公用参数"卷展栏，最后设置"宽度"为1200、"高度"为900，如图8-21所示。

04 单击"渲染器"选项卡，然后在"采样质量"卷展栏下设置"最小"为1、"最大"为16，接着在"选项"选项组下关闭"抖动"选项，最后设置"帧缓冲区类型"为"浮点数（每通道32位数）"，具体参数设置如图8-22所示。

| 图8-21 | 图8-22 |

05 单击"全局照明"选项卡，展开"焦散和光子贴图（GI）"卷展栏，然后在"焦散"选项组下勾选"启用"，接着设置"每采样最大光子数"为30，最后在"光子贴图（GI）"选项组下勾选"启用"选项，并设置"每采样最大光子数"为500，具体参数设置如图8-23所示。

图8-23

06 按大键盘上的8键，打开"环境和效果"对话框，然后在"曝光控制"卷展栏下设置曝光类型为"对数曝光控制"，接着在"对数曝光控制参数"卷展栏下设置"亮度"为50、"对比度"为70、"中间色调"为1、"物理比例"为1500，具体参数设置如图8-24所示。

07 在透视图中按C键切换到摄影机视图，然后按F9键渲染当前场景，最终效果如图8-25所示。

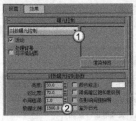

| 图8-24 | 图8-25 |

8.4 VRay渲染器

　　VRay渲染器是保加利亚的Chaos Group公司开发的一款高质量渲染引擎，主要以插件的形式应用在3ds Max、Maya、SketchUp等软件中。由于VRay渲染器可以真实地模拟现实光照，并且操作简单，可控性也很强，因此被广泛应用于建筑表现、工业设计和动画制作等领域。

　　VRay的渲染速度与渲染质量比较均衡，也就是说在保证较高渲染质量的前提下也具有较快的渲染速度，所以它是目前效果图制作领域最为流行的渲染器，如图8-26所示。

图8-26

　　安装好VRay渲染器之后，若想使用该渲染器来渲染场景，可以按F10键打开"渲染设置"对话框，然后在"渲染器"的下拉菜单中选择VRay渲染器，如图8-27所示。

图8-27

VRay渲染器的参数主要包括"公用"、VRay、GI、"设置"和Render Elements（渲染元素）5大选项卡。下面重点对V-Ray、GI和"设置"选项卡进行详细介绍。

本节VRay渲染技术介绍

技术名称	主要作用	重要程度
帧缓冲区	代替3ds Max自身的帧缓冲功能	低
全局开关	对灯光、材质、置换等进行全局设置	高
图像采样器（抗锯齿）	决定图像的渲染精度和渲染时间	高
图像过滤器	根据每个像素以及与它相邻像素的明暗差异来使不同像素使用不同的样本数量	高
环境	设置天光的亮度、反射、折射和颜色	高
颜色贴图	控制整个场景的颜色和曝光方式	高
GI	使光线在物体与物体间互相反弹，从而让光线计算更加准确	高
发光图	描述了三维空间中的任意一点以及全部可能照射到这点的光线	高
灯光缓存	将最后的光发散到摄影机后得到最终图像	高
焦散	制作焦散特效	中
全局确定性蒙特卡洛	控制整体的渲染质量和速度	高
默认置换	用灰度贴图来实现物体表面的凹凸效果	中
系统	影响渲染的显示和提示功能	高

8.4.1 VRay

VRay选项卡下包含9个卷展栏，如图8-28所示。下面重点讲解"帧缓冲区""全局开关""图像采样器（抗锯齿）""图像过滤器""环境""颜色贴图"6个卷展栏下的参数。

图8-28

1.帧缓冲区卷展栏

"帧缓冲区"卷展栏下的参数可以代替3ds Max自身的帧缓冲窗口。这里可以设置渲染图像的大小，以及保存渲染图像等，如图8-29所示。

图8-29

帧缓冲区卷展栏重要参数介绍

① 帧缓冲区组

启用内置帧缓冲区：当选择这个选项的时候，用户就可以使用VRay自身的渲染窗口。同时需要注意，应该关闭3ds Max默认的"渲染帧窗口"选项，这样可以节约一些内存资源，如图8-30所示。

图8-30

> **知识点** 详解"VRay帧缓冲区"对话框
>
> 在"帧缓冲区"卷展栏下勾选"启用内置帧缓冲区"选项后，按F9键渲染场景，3ds Max会弹出"VRay帧缓冲区"对话框，如图8-31所示。

图8-31

切换颜色显示模式：分别为"切换到RGB通道""查看红色通道""查看绿色通道""查看蓝色通道""切换到alpha通道""灰度模式"。

保存图像：将渲染好的图像保存到指定的路径中。

载入图像：载入VRay图像文件。

清除图像：清除帧缓冲区中的图像。

复制到3ds Max的帧缓冲区：单击该按钮可以将VRay帧缓冲区中的图像复制到3ds Max中的帧缓冲区中。

渲染时跟踪鼠标：强制渲染鼠标所指定的区域，这样可以快速观察到指定的渲染区域。

区域渲染：使用该按钮可以在VRay帧缓冲区中拖出一个渲染区域，再次渲染时就只渲染这个区域内的物体。

渲染上次：执行上一次的渲染。

打开颜色校正控制：单击该按钮会弹出"颜色校正"对话框，在该对话框中可以校正渲染图像的颜色。

强制颜色钳制：单击该按钮可以对渲染图像中超出显示范围的色彩不进行警告。

打开像素信息对话框：单击该按钮会弹出一个与像素相关的信息通知对话框。

使用颜色对准校正：在"颜色校正"对话框中调整明

度的阈值后，单击该按钮可以将最后调整的结果显示或不显示在渲染的图像中。

使用颜色曲线校正 ![image]：在"颜色校正"对话框中调整好曲线的阈值后，单击该按钮可以将最后调整的结果显示或不显示在渲染的图像中。

使用曝光校正 ![image]：控制是否对曝光进行修正。

内存帧缓冲区：当勾选该选项时，可以将图像渲染到内存中，然后再由帧缓冲区窗口显示出来，这样可以方便用户观察渲染的过程；当关闭该选项时，不会出现渲染框，而直接保存到指定的硬盘文件夹中，这样的好处是可以节约内存资源。

② 输出分辨率组

从Max获取分辨率：当勾选该选项时，将从"公用"选项卡的"输出大小"选项组中获取渲染尺寸；当关闭该选项时，将从VRay渲染器的"输出分辨率"选项组中获取渲染尺寸。

宽度：设置像素的宽度。

高度：设置像素的高度。

交换 ![交换]：交换"宽度"和"高度"的数值。

图像纵横比：设置图像的长宽比例，单击后面的"锁"按钮 ![锁] 可以锁定图像的长宽比。

像素纵横比：控制渲染图像的像素长宽比。

③ VRay原态图像文件（raw）组

V-RayRaw图像文件：控制是否将渲染后的文件保存到所指定的路径中。勾选该选项后，渲染的图像将以raw格式进行保存。

> **技巧与提示**
>
> 在渲染较大的场景时，计算机会负担很大的渲染压力，而勾选"渲染为VRay原始格式图像"选项后（需要设置好渲染图像的保存路径），渲染图像会自动保存到设置的路径中。

④ 分离渲染通道组

单独的渲染通道：控制是否单独保存渲染通道。

保存RGB：控制是否保存RGB色彩。

保存Alpha：控制是否保存Alpha通道。

浏览 ![浏览...]：单击该按钮可以保存RGB和Alpha文件。

2.全局开关卷展栏

"全局开关"展卷栏下的参数主要用来对场景中的灯光、材质、置换等进行全局设置，如是否使用默认灯光、是否开阴影、是否开模糊等，如图8-32所示。

图8-32

全局开关卷展栏重要参数介绍

置换：勾选该选项后，材质的置换通道才能启用。

灯光：勾选该选项后，场景的灯光才能生效。

阴影：勾选该选项后，灯光才能产生阴影。

仅显示全局照明（GI）：勾选该选项后，渲染效果只有全局照明的效果。

隐藏灯光：勾选该选项后，被隐藏的灯光也产生照明效果。

不渲染最终的图像：渲染光子文件时需要勾选该选项。

反射/折射：勾选该选项后，反射和折射效果才能产生。

覆盖深度：勾选该选项后，所有反射和折射的深度都不会超过这个数值。

光泽效果：勾选该选项后，才能产生高光效果。

覆盖材质：勾选该选项后，用指定的材质覆盖场景中的所有材质，后方的"排除"按钮可以选择需要排除的对象。

最大光线强度：用于抑制反射采样不足形成的亮白噪点，会略微降低成图亮度。

3.图像采样器（抗锯齿）卷展栏

抗锯齿在渲染设置中是一个必须调整的参数，其数值的大小决定了图像的渲染精度和渲染时间，但抗锯齿与全局照明精度的高低没有关系，只作用于场景物体的图像和物体的边缘精度，其参数设置面板如图8-33所示。

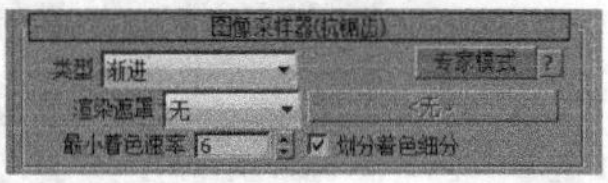

图8-33

图像采样器（抗锯齿）卷展栏重要参数介绍

类型：包含"渐进"和"渲染块"两种模式，如图8-34所示。

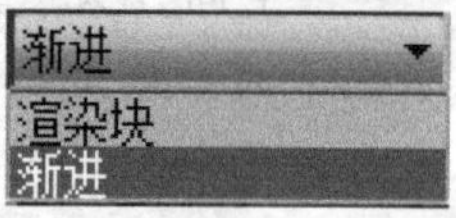

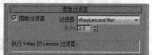

图8-34

渲染块：VRay3.4渲染器整合了原有的"固定""自适应""自适应采样"3种模式于一体，通过"渲染块图像采样器"卷展栏中的参数进行设置。

渐进：渐进的采样方式不同于渲染块的计算模式，它是全局性的由粗糙到精细，直到满足最大样本数为止。计算速度相对于渲染块要慢。

渲染遮罩：可以按照要求渲染指定区域，下拉菜单如图8-35所示。

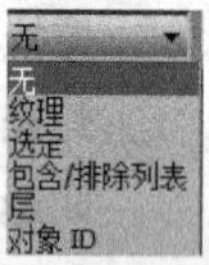

图8-35

最小着色速率：该参数决定了所有反射模糊、折射模糊和阴影采样的细分。该参数数值越大，渲染时间越长，效果也越好，但此参数不会影响对象边缘的抗锯齿。

4.图像过滤器卷展栏

"图像过滤器"卷展栏中的参数可以控制图像锯齿的大小，如图8-36所示。

图8-36

图像过滤器卷展栏重要参数介绍

图像过滤器：当勾选该选项以后，可以从右侧的下拉列表中选择一个抗锯齿过滤器来对场景进行抗锯齿处理；如果不勾选该选项，那么渲染时将使用纹理抗锯齿过滤器。抗锯齿过滤器的类型有以下17种，如图8-37所示。

区域：用区域大小来计算抗锯齿，如图8-38所示。

图8-37

图8-38

清晰四方形：来自Neslon Max算法的清晰9像素重组过滤器。

Catmull-Rom：一种具有边缘增强的过滤器，可以产生较清晰的图像效果，是常用的图像过滤器之一，如图8-39所示。

图8-39

图版匹配/MAX R2：使用3ds Max R2的方法（无贴图过滤）将摄影机和场景或"无光/投影"元素与未过滤的背景图像相匹配。

四方形：和"清晰四方形"相似，能产生一定的模糊效果。

立方体：基于立方体的25像素过滤器，能产生一定的模糊效果。

视频：适合制作视频动画的一种抗锯齿过滤器。

柔化：用于轻微模糊效果的一种抗锯齿过滤器。

Cook变量：一种通用过滤器，较小的数值可以得到清晰的图像效果。

混合：一种用混合值来确定图像清晰或模糊的抗锯齿过滤器。

Blackman：一种没有边缘增强效果的抗锯齿过滤器。

Mitchell-Netravali：一种常用的过滤器，能产生微量模糊的图像效果，如图8-40所示。

图8-40

VRayLanczosFilter：大小参数可以调节，当数值为2时，图像柔和细腻且边缘清晰；当数值为20时，图像类似于PS中的高斯模糊＋单反相机的景深和散景效果，如图8-41和图8-42所示。

大小：2

图8-41

大小：20

图8-42

VRaySincFilter：大小参数可以调节，当数值为3时，图像边缘清晰，不同颜色之间过渡柔和，但是品质一般；数值为20时，图像锐利，不同颜色之间的过渡也稍显生硬，高光点出现黑白色旋涡状效果且被放大，如图8-43和图8-44所示。

图8-43   图8-44

VRayBoxFilter：当参数为1.5时，场景边缘较为模糊，阴影和高光的边缘也是模糊的，质量一般；参数为20时，图像彻底模糊了，场景色调会略微偏冷(白蓝色)。

VRayTriangleFilter：当参数为2时，图像柔和，比盒子过滤器稍清晰一点；当参数为20时，图像彻底模糊，但是模糊程度赶不上盒子过滤器，且场景色调略微偏暖。

大小：设置过滤器的大小。

> **技巧与提示**
>
> 通常情况下，在效果图制作中采用的过滤器都是Mitchell-Netravali和Catmull-Rom。

5. 渲染块图像采样器卷展栏

当"图形采样器（抗锯齿）"的类型选择"渲染块"选项时，才会出现"渲染块图像采样器"卷展栏，其参数面板如图8-45所示。

图8-45

渲染块图像采样器卷展栏重要参数介绍

最小细分：控制全局允许的最小细分数值，默认为1不变。

最大细分：控制全局允许的最大细分数。如果不勾选该选项，渲染速度最快，但质量最低，可以参照"固定"采样器的渲染效果。勾选该选项后，默认"最大细分"为24，渲染速度较慢，但质量很好。一般设置数值为4时，可以参照"自适应"采样器的渲染效果。

噪波阈值：控制图像的噪点数量，数值越小，噪点数越少，渲染速度越慢。

渲染块宽度：控制渲染图像时的格子宽度，单位是像素。

渲染块高度：控制渲染图像时的格子高度，单位是像素。

6. 全局确定性蒙特卡洛卷展栏

"全局确定性蒙特卡洛"面板中的参数用于控制成图中的噪点大小，其参数面板如图8-46所示。

图8-46

全局确定性蒙特卡洛卷展栏重要参数介绍

锁定噪波图案：用于动画制作，效果图中不会使用该功能。

使用局部细分：勾选该选项后，灯光和材质球中的"细分"选项才能被激活使用。

细分倍增：用于整体增加场景中灯光或材质的细分数，默认为1。图8-47和图8-48是"细分倍增"为1和2时的对比效果。

图8-47   图8-48

最小采样：此参数决定了每一个像素首次使用的样本数，数值越大，噪点越少，渲染速度也越慢。默认值为16，如图8-49和图8-50所示。

图8-49   图8-50

自适应数量：当值为1时，将会采用"最小采样"控制的样本数作为最小值；当值为0时，将采用"最大细分"控制的样本数。

噪波阈值：用于判断单个像素的色差，数值越小，噪点越少，渲染速度越慢，如图8-51和图8-52所示。

噪波阈值：0.1　　　　　　　噪波阈值：0.001

图8-51　　　　　　　　图8-52

7.环境卷展栏

"环境"卷展栏分为"全局照明环境（天光）覆盖""反射/折射环境覆盖""折射环境覆盖"3个选项组，如图8-53所示。在该卷展栏下可以设置天光的亮度、反射、折射和颜色等。

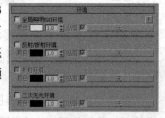

图8-53

环境卷展栏重要参数介绍

全局照明（GI）环境：控制是否开启VRay的天光。当使用这个选项以后，3ds Max默认的天光效果将不起光照作用。

颜色：设置天光的颜色。

倍增：设置天光亮度的倍增。值越高，天光的亮度越高。

无 无 ：选择贴图来作为天光的光照。

反射/折射环境：当勾选该选项后，当前场景中的反射环境将由它来控制。

折射环境：当勾选该选项后，当前场景中的折射环境由它来控制。

二次无光环境：勾选该选项后，在反射/折射计算中使用指定的颜色和纹理。

8.颜色贴图卷展栏

"颜色贴图"卷展栏下的参数主要用来控制整个场景的颜色和曝光方式，如图8-54所示。

图8-54

颜色贴图卷展栏重要参数介绍

类型：提供不同的曝光模式，包括"线性倍增""指数""HSV指数""强度指数""伽玛校正""强度伽玛""莱因哈德"7种模式，如图8-55所示。

图8-55

线性倍增：这种模式将基于最终色彩亮度来进行线性的倍增，可能会导致靠近光源的点过分明亮，如图8-56所示。"线性倍增"模式包括3个局部参数，"暗色倍增"是对暗部的亮度进行控制，加大该值可以提高暗部的亮度；"明亮倍增"是对亮部的亮度进行控制，加大该值可以提高亮部的亮度；"伽玛"主要用来控制图像的伽玛值。

指数：这种曝光是采用指数模式，它可以降低靠近光源处表面的曝光效果，同时场景颜色的饱和度会降低，如图8-57所示。"指数"模式的局部参数与"线性倍增"一样。

图8-56　　　　　　　　图8-57

HSV指数：与"指数"曝光比较相似，不同点在于可以保持场景物体的颜色饱和度，但是这种方式会取消高光的计算，如图8-58所示。"HSV指数"模式的局部参数与"线性倍增"一样。

强度指数：这种方式是对上面两种指数曝光的结合，既抑制了光源附近的曝光效果，又保持了场景物体的颜色饱和度，如图8-59所示。"强度指数"模式的局部参数与"线性倍增"相同。

图8-58　　　　　　　　图8-59

伽玛校正：采用伽玛来修正场景中的灯光衰减和贴图色彩，其效果和"线性倍增"曝光模式类似，如图8-60所示。"伽玛校正"模式包括"倍增""反向伽玛""伽玛值"3个局部参数,"倍增"主要用来控制图像的整体亮度倍增;"反向伽玛"是VRay内部转化的,如输入2.2就是和显示器的伽玛2.2相同;"伽马值"主要用来控制图像的伽玛值。

强度伽玛:这种曝光模式不仅拥有"伽玛校正"的优点,同时还可以修正场景灯光的亮度,如图8-61所示。

图8-60　　　　　　图8-61

莱因哈德:这种曝光方式可以把"线性倍增"和"指数"曝光混合起来。它包括一个"加深值"局部参数,主要用来控制"线性倍增"和"指数"曝光的混合值,0表示"线性倍增"不参与混合;1表示"指数"不参加混合;0.5表示"线性倍增"和"指数"曝光效果各占一半,如图8-62所示。

图8-62

子像素贴图:在实际渲染时,物体的高光区与非高光区的界限处会有明显的黑边,而开启"子像素贴图"选项后就可以缓解这种现象。

钳制输出:当勾选这个选项后,在渲染图中有些无法表现出来的色彩会通过限制来自动纠正。但是当使用HDRI(高动态范围贴图)的时候,如果限制了色彩的输出,就会出现一些问题。

影响背景:控制是否让曝光模式影响背景。当关闭该选项时,背景不受曝光模式的影响。

线性工作流:当使用线性工作流时,可以勾选该选项。

8.4.2 GI

GI选项卡下包含4个参数卷展栏,如图8-63所示。

图8-63

1.全局照明卷展栏

在VRay渲染器中,没有开启"全局照明"时的效果就是直接照明效果,开启后就可以得到间接照明效果。开启"全局照明"后,光线会在物体与物体间互相反弹,因此光线计算会更加准确,图像也更加真实,其参数设置面板如图8-64所示。

图8-64

全局照明卷展栏重要参数介绍

启用全局照明(GI):勾选该选项后,启用"全局照明"功能。

首次引擎:是直接光照射到物体后,第一次反弹计算所使用的引擎,有以下4种,如图8-65所示。

图8-65

发光图:渲染常用引擎,其优点是速度快,缺点是不能较好地表现细节光照。

光子图:已很少使用。

BF算法:渲染时间较长,是效果最好的引擎,但在较低参数时更容易产生噪点,一般很少使用。

灯光缓存:渲染常用引擎,其优点是速度快,还能加速反射/折射模糊的计算,缺点是会占用大量内存,对计算机配置要求较高。

二次引擎:指物体反弹出来的光,再次反弹计算时使用的引擎。

倍增:控制光的倍增值。值越高,光的能量越强,渲染场景越亮,最大值为1,默认情况下也为1。

折射全局照明(GI)焦散:默认为勾选状态。勾选后必须在焦散开启的情况下,渲染折射投射的光斑效果。

反射全局照明(GI)焦散:默认为不勾选状态。勾选后必须在焦散开启的情况下,渲染反射投射的光斑效果。

饱和度：可以用来控制色溢，降低该数值可以降低色溢效果，一般不做修改。

对比度：控制色彩的对比度。数值越高，色彩对比越强；数值越低，色彩对比越弱。

对比度基数：控制"饱和度"和"对比度"的基数。数值越高，"饱和度"和"对比度"效果越明显。

环境阻光：勾选后开启"环境阻光"功能。

知 识 点　首次反弹和二次反弹的区别

在真实世界中，光线的反弹一次比一次减弱。VRay渲染器中的全局照明有"首次反弹"和"二次反弹"，但并不是说光线只反射两次，"首次反弹"可以理解为直接照明的反弹，光线照射到A物体后反射到B物体，B物体所接收到的光就是"首次反弹"，B物体再将光线反射到D物体，D物体再将光线反射到E物体……D物体以后的物体所得到的光的反射就是"二次反弹"，如图8-66所示。

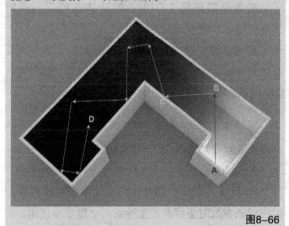

图8-66

2.发光图卷展栏

"发光图"描述了三维空间中的任意一点以及全部可能照射到这点的光线。在几何光学里，这个点可以是无数条不同的光线来照射，但是在渲染器当中，必须对这些不同的光线进行对比、取舍，这样才能优化渲染速度。那么VRay渲染器的"发光图"是怎样对光线进行优化的呢？当光线射到物体表面的时候，VRay会从"发光贴图"里寻找与当前计算过的点类似的点（VRay计算过的点就会放在"发光图"里），然后根据内部参数进行对比，满足内部参数的点就认为和计算过的点相同，不满足

内部参数的点就认为和计算过的点不相同，同时就认为此点是个新点，那么就重新计算它，并且把它也保存在"发光图"里。这就是大家在渲染时看到的"发光图"在计算过程中运算几遍光子的现象。正是因为这样，"发光图"会在物体的边界、交叉、阴影区域计算得更精确（这些区域光的变化很大，所以被计算的新点也很多）；而在平坦区域计算的精度就比较低（平坦区域的光的变化并不大，所以被计算的新点也相对比较少）。这是一种常用的全局光引擎，只存在于"首次反弹"引擎中，其参数设置面板如图8-67所示。

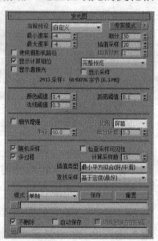

图8-67

发光图卷展栏重要参数介绍

当前预设：设置发光图的预设类型，共有以下8种。

自定义：选择该模式时，可以手动调节参数。

非常低：这是一种非常低的精度模式，主要用于测试阶段。

低：一种比较低的精度模式，不适合用于保存光子贴图。

中：是一种中级品质的预设模式。

中-动画：用于渲染动画效果，可以解决动画闪烁的问题。

高：一种高精度模式，一般用在光子贴图中。

高-动画：比中等品质效果更好的一种动画渲染预设模式。

非常高：是预设模式中精度最高的一种，可以用来渲染高品质的效果图。

技巧与提示

预设设置针对的分辨率是640像素×480像素。

最小速率：控制场景中平坦区域的采样数量。0表示计算区域的每个点都有样本；-1表示计算区域的1/2是样本；-2表示计算区域的1/4是样本，图8-68和图8-69所示是"最小速率"为-4和-8时的对比效果。

图8-68 　　　　　　　　　　图8-69

最大速率： 控制场景中的物体边线、角落、阴影等细节的采样数量。0表示计算区域的每个点都有样本；-1表示计算区域的1/2是样本；-2表示计算区域的1/4是样本，图8-70和图8-71所示是"最大速率"为0和-2时的效果对比。

图8-70 　　　　　　　　　　图8-71

细分： 因为VRay采用的是几何光学，所以它可以模拟光线的条数。这个参数就是用来模拟光线的数量，值越高，表现的光线越多，那么样本精度也就越高，渲染的品质也越好，同时渲染时间也会增加，图8-72和图8-73所示是"细分"为10和50时的效果对比。

图8-72 　　　　　　　　　　图8-73

插值采样： 这个参数是对样本进行模糊处理，较大的值可以得到比较模糊的效果，较小的值可以得到比较锐利的效果，图8-74和图8-75所示是"插值采样"为2和20时的效果对比。

图8-74 　　　　　　　　　　图8-75

颜色阈值： 这个值主要是让渲染器分辨哪些是平坦区域，哪些不是平坦区域，它是按照颜色的灰度来区分的。值越小，对灰度的敏感度越高，区分能力越强。

法线阈值： 这个值主要是让渲染器分辨哪些是交叉区域，哪些不是交叉区域，它是按照法线的方向来区分的。值越小，对法线方向的敏感度越高，区分能力越强。

距离阈值： 这个值主要是让渲染器分辨哪些是弯曲表面区域，哪些不是弯曲表面区域，它是按照表面距离和表面弧度的比较来区分的。值越高，表示弯曲表面的样本越多，区分能力越强。

显示计算相位： 勾选这个选项后，用户可以看到渲染帧里的GI预计算过程，同时会占用一定的内存资源。

显示直接光： 在预计算的时候显示直接照明，以方便用户观察直接光照的位置。

细节增强： 是否开启"细部增强"功能。

模式： 一共有以下8种模式。

单帧： 一般用来渲染静帧图像。

多帧增量： 这个模式用于渲染仅有摄影机移动的动画。当VRay计算完第1帧的光子以后，在后面的帧里根据第1帧里没有的光子信息进行新计算，这样就节约了渲染时间。

从文件： 当渲染完光子以后，可以将其保存起来，这个选项就是调用保存的光子图进行动画计算（静帧同样也可以这样）。

添加到当前贴图： 当渲染完一个角度的时候，可以把摄影机转一个角度再全新计算新角度的光子，最后把这两次的光子叠加起来，这样的光子信息更丰富、更准确，同时也可以进行多次叠加。

增量添加到当前贴图： 这个模式和"添加到当前贴图"相似，只不过它不是全新计算新角度的光子，而是只对没有计算过的区域进行新的计算。这种模式用于渲染动画光子文件。

块模式： 把整个图分成块来计算，渲染完一个块再进行下一个块的计算，但是在低GI的情况下，渲染出来的块会出现错位的情况。它主要用于网络渲染，速度比其他方式快。

动画（预通过）： 适合动画预览，使用这种模式要预先保存好光子贴图。

动画（渲染）：适合最终动画渲染，这种模式要预先保存好光子贴图。

保存 保存 ：将光子图保存到硬盘。

重置 重置 ：将光子图从内存中清除。

文件：设置光子图所保存的路径。

浏览 浏览 ：从硬盘中调用需要的光子图进行渲染。

不删除：当光子渲染完以后，不把光子从内存中删掉。

自动保存：当光子渲染完以后，自动保存在硬盘中，单击"浏览"按钮 浏览 就可以选择保存位置。

切换到保存的贴图：当勾选了"自动保存"选项后，在渲染结束时会自动进入"从文件"模式并调用光子贴图。

3.灯光缓存卷展栏

"灯光缓存"与"发光图"比较相似，都是将最后的光发散到摄影机后得到最终图像，只是"灯光缓存"与"发光图"的光线路径是相反的，"发光贴图"的光线追踪方向是从光源发射到场景的模型中，最后再反弹到摄影机，而"灯光缓存"是从摄影机开始追踪光线到光源，摄影机追踪光线的数量就是"灯光缓存"的最后精度。由于"灯光缓存"是从摄影机方向开始追踪光线的，所以最后的渲染时间与渲染图像的像素没有关系，只与其中的参数有关，一般适用于"二次反弹"，其参数设置面板如图8-76所示。

图8-76

灯光缓存卷展栏重要参数介绍

细分：用来决定"灯光缓存"的样本数量。值越高，样本总量越多，渲染效果越好，渲染时间越慢，图8-77和图8-78所示是"细分"值为200和1000时的渲染效果对比。

采样大小：用来控制"灯光缓存"的样本大小，比较小的样本可以得到更多的细节，但是同时需要更多的样本，图8-79和图8-80所示是"采样大

小"为0.04和0.01时的渲染效果对比。

图8-77　　　　　　　　　图8-78

图8-79　　　　　　　　　图8-80

比例：主要用来确定样本的大小依靠什么单位，这里提供了两种单位。一般在效果图中使用"屏幕"选项，在动画中使用"世界"选项。

存储直接光：勾选该选项以后，"灯光缓存"将保存直接光照信息。当场景中有很多灯光时，使用这个选项会提高渲染速度。因为它已经把直接光照信息保存到"灯光缓存"里，在渲染出图的时候，不需要对直接光照再进行采样计算。

显示计算相位：勾选该选项以后，可以显示"灯光缓存"的计算过程，方便观察。

使用摄影机路径：该参数主要用于渲染动画，用于解决动画渲染中的闪烁问题。

预滤器：当勾选该选项以后，可以对"灯光缓存"样本进行提前过滤，它主要是查找样本边界，然后对其进行模糊处理。后面的值越高，对样本进行模糊处理的程度越深，图8-81和图8-82所示是"预滤器"为10和50时的对比渲染效果。

过滤器：该选项是在渲染最后成图时，对样本进行过滤，其下拉列表中共有以下3个选项。

图8-81　　　　　　　　　图8-82

无：对样本不进行过滤。

最近：当使用这个过滤方式时，过滤器会对样本的边界进行查找，然后对色彩进行均化处理，从而得到一个模糊效果。当选择该选项以后，下面会出现一个"插补采样"参数，其值越高，模糊程度越深。

固定：这个方式和"邻近"方式的不同点在于，它采用距离的判断来对样本进行模糊处理。同时它也附带一个"过滤大小"参数，其值越大，表示模糊的半径越大，图像的模糊程度越深。

插值采样：通过后面的参数控制插值精度，数值越高，采样越精细，耗时也越长。

模式：设置光子图的使用模式，共有以下4种。

单帧：一般用来渲染静帧图像。

穿行：这个模式用在动画方面，它把第1帧到最后1帧的所有样本都融合在一起。

从文件：使用这种模式，VRay要导入一个预先渲染好的光子贴图，该功能只渲染光影追踪。

渐进路径跟踪：这个模式就是常说的PPT，它是一种新的计算方式，和"自适应DMC"一样是一个精确的计算方式。不同的是，它不停地去计算样本，不对任何样本进行优化，直到样本计算完毕为止。

保存到文件…：将保存在内存中的光子贴图再次进行保存。

浏览 浏览 ：从硬盘中浏览保存好的光子图。

不删除：当光子渲染完以后，不把光子从内存中删掉。

自动保存：当光子渲染完以后，自动保存在硬盘中，单击"浏览"按钮 浏览 可以选择保存位置。

切换到被保存的缓存：当勾选"自动保存"选项以后，这个选项才被激活。当勾选该选项以后，系统会自动使用最新渲染的光子图来进行大图渲染。

4.焦散卷展栏

"焦散"是一种特殊的物理现象，是指当光线穿过一个透明物体时，由于对象表面的不平整，使得光线折射并没有平行发生，出现漫折射，投影表面出现光子分散，在VRay渲染器里有专门的焦散功能，其参数面板如图8-83所示。

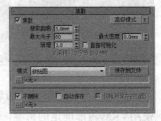

图8-83

焦散卷展栏重要参数介绍

焦散：勾选该选项后，就可以渲染焦散效果。

倍增：焦散的亮度倍增。值越高，焦散效果越亮，图8-84和图8-85所示分别是"倍增器"为4和12时的对比渲染效果。

图8-84   图8-85

搜索距离：当光子追踪撞击在物体表面的时候，会自动搜寻位于周围区域同一平面的其他光子，实际上这个搜寻区域是一个以撞击光子为中心的圆形区域，其半径就是由这个搜寻距离确定的。较小的值容易产生斑点；较大的值会产生模糊焦散效果，图8-86和图8-87所示分别是"搜索距离"为0.1mm和2mm时的对比渲染效果。

图8-86   图8-87

最大光子：定义单位区域内的最大光子数量，然后根据单位区域内的光子数量来均分照明。较小的值不容易得到焦散效果；而较大的值会使焦散效果产生模糊现象，图8-88和图8-89所示分别是"最大光子"为1和200时的对比渲染效果。

图8-88 图8-89

最大密度： 控制光子的最大密度，默认值0表示使用VRay内部确定的密度，较小的值会让焦散效果比较锐利，图8-90和图8-91所示分别是"最大密度"为0.01mm和5mm时的对比渲染效果。

图8-90 图8-91

8.4.3 设置

"设置"选项卡下包含3个卷展栏，分别是"默认置换""系统""纹理选项"卷展栏，如图8-92所示。

公用	V-Ray	GI	设置	Render Elements
		默认置换[无名汉化]		
		系统		
		纹理选项		

图8-92

1.默认置换卷展栏

"默认置换"卷展栏下的参数是用灰度贴图来实现物体表面的凹凸效果，它对材质中的置换起作用，而不作用于物体表面，其参数设置面板如图8-93所示。

图8-93

默认置换卷展栏重要参数介绍

覆盖Max设置： 控制是否用"默认置换"卷展栏下的参数来替代3ds Max中的置换参数。

边长： 设置3D置换中产生的最小的三角面长度。数值越小，精度越高，渲染速度越慢。

依赖于视图： 控制是否将渲染图像中的像素长度设置为"边长度"的单位。若不开启该选项，系统将以3ds Max中的单位为准。

最大细分： 设置物体表面置换后可产生的最大细分值。

数量： 设置置换的强度总量。数值越大，置换效果越明显。

相对于边界框： 控制是否在置换时关联（缝合）边界。若不开启该选项，在物体的转角处可能会产生裂面现象。

紧密边界： 控制是否对置换进行预先计算。

2.系统卷展栏

"系统"卷展栏下的参数不仅对渲染速度有影响，而且还会影响渲染的显示和提示功能，同时还可以完成联机渲染，其参数设置面板如图8-94所示。

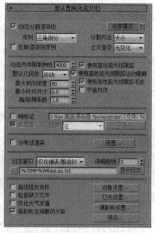

图8-94

系统卷展栏重要参数介绍

最大树向深度： 控制根节点的最大分支数量。较高的值会加快渲染速度，同时会占用较多的内存。

最小叶片尺寸： 控制叶节点的最小尺寸，当达到叶节点尺寸以后，系统停止计算场景。0表示考虑计算所有的叶节点，这个参数对速度的影响不大。

面/级别系数： 控制一个节点中的最大三角面数量，当未超过临近点时计算速度较快；当超过临近点以后，渲染速度会减慢。所以，这个值要根据不同的场景来设定，进而提高渲染速度。

动态内存限制（MB）： 控制动态内存的总量。注意，这里的动态内存被分配给每个线程，如果是双线程，那么每个线程各占一半的动态内存。如果这个值较小，那么系统经常在内存中加载并释放一些信息，这样就减慢了渲染速度。用户应该根据自己的内存情况来确定该值。

默认几何体： 控制内存的使用方式，共有以下3种方式。

自动：VRay会根据使用内存的情况自动调整使用静态或动态的方式。

静态：在渲染过程中采用静态内存会加快渲染速度，同时在复杂场景中，由于需要的内存资源较多，经常会出现3ds Max跳出的情况。这是因为系统需要更多的内存资源，这时应该选择动态内存。

动态：使用内存资源交换技术，当渲染完一个块后就会释放占用的内存资源，同时开始下个块的计算。这样就有效地扩展了内存的使用。注意，动态内存的渲染速度比静态内存慢。

反转渲染块序列：当勾选该选项以后，渲染顺序将和设定的顺序相反。

序列：控制渲染块的渲染顺序，共有以下6种方式，如图8-95所示。

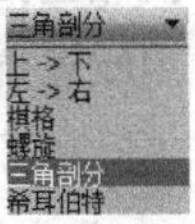

三角剖分 ▼
上->下
左->右
棋格
螺旋
三角剖分
希耳伯特

图8-95

上->下：渲染块将按照从上到下的渲染顺序渲染。

左->右：渲染块将按照从左到右的渲染顺序渲染。

棋格：渲染块将按照棋格方式的渲染顺序渲染。

螺旋：渲染块将按照从里到外的渲染顺序渲染。

三角剖分：这是VRay默认的渲染方式，它将图形分为两个三角形依次进行渲染。

希尔伯特：渲染块将按照"希耳伯特曲线"方式的渲染顺序渲染。

上次渲染：这个参数确定在渲染开始的时候，在3ds Max默认的帧缓存框中以什么样的方式处理先前的渲染图像。这些参数的设置不会影响最终渲染效果，系统提供了以下5种方式。

①**不改变**：与前一次渲染的图像保持一致。

②**交叉**：每隔2个像素图像被设置为黑色。

③**区域**：每隔一条线设置为黑色。

④**暗色**：图像的颜色设置为黑色。

⑤**蓝色**：图像的颜色设置为蓝色。

分布式渲染：当勾选该选项后，可以开启"分布式渲染"功能。

显示日志 显示日志 ：单击该按钮后，可以显示"VRay消息"的窗口。

详细级别：控制"VRay日志"的显示内容，一共分为4个级别。1表示仅显示错误信息；2表示显示错误和警告信息；3表示显示错误、警告和情报信息；4表示显示错误、警告、情报和调试信息。

c:\VRayLog.txt ... ：可以选择保存"VRay日志"文件的位置。

检查缺少文件：当勾选该选项时，VRay会自己寻找场景中丢失的文件，并将它们进行列表，然后保存到C:\VRayLog.txt中。

优化大气求值：当场景中拥有大气效果，并且大气比较稀薄的时候，勾选这个选项可以得到比较优秀的大气效果。

低线程优先权：当勾选该选项时，VRay将使用低线程进行渲染。

对象设置 对象设置... ：单击该按钮会弹出"VRay对象属性"对话框，在该对话框中可以设置场景物体的局部参数。

灯光设置 灯光设置... ：单击该按钮会弹出"VRay光源属性"对话框，在该对话框中可以设置场景灯光的一些参数。

预设 预设 ：单击该按钮会打开"VRay预置"对话框，在该对话框中可以保持当前VRay渲染参数的各种属性，方便以后调用。

🌐 **课堂案例**

图像采样器类型对比

场景位置	场景文件>CH08>02.max
实例位置	实例文件>CH08>课堂实例：图像采样器类型对比.max
视频名称	课堂实例：图像采样器类型对比.mp4
学习目标	掌握图像采样器类型对比

抗锯齿在渲染设置中是一个必须调整的参数，其数值的大小决定了图像的渲染精度和渲染时间，但抗锯齿与全局照明精度的高低没有关系，只作用于场景物体的图像和物体的边缘精度，其参数设置面板如图8-96所示。

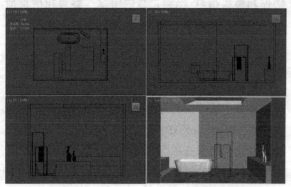

图8-96

① 打开本书学习资源中的"场景文件>CH08>02.max"文件，如图8-97所示。

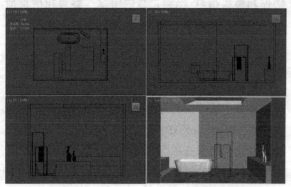

图8-97

② 图像采样器的默认"类型"为"渐进"，然后渲染场景，其效果如图8-98所示。可以观察到在渲染时，画面是逐渐以像素点为单位变清晰的。

图8-98

③ 将图像采样器的"类型"设置为"渲染块"，然后渲染场景，其效果如图8-99所示。可以观察到在渲染时，画面是以方格为单位变清晰的。"渲染块"的渲染速度要明显快于"渐进"，但渲染质量比"渐进"要粗糙。此时展开"渲染块图像采样器"卷展栏，可以看到默认的"最小细分"为1、"最大细分"为4，如图8-100所示。这两个数值，尤其是"最大细分"的数值是用于控制"渲染块"的渲染质量。"最大细分"数值越大，质量越好，但速度也越慢。

图8-99

图8-100

④ 取消勾选"最大细分"选项，只保留"最小细分"数值，进行场景渲染，效果如图8-101所示。可以观察到在此参数下，渲染速度达到最快，但渲染质量也是最差的。这个参数可以用于场景测试渲染。

图8-101

图像过滤器类型对比

场景位置	场景文件>CH08>02.max
实例位置	实例文件>CH08>课堂实例：图像过滤器类型对比.max
视频名称	课堂实例：图像过滤器类型对比.mp4
学习目标	掌握图像过滤器类型对比

当勾选"图像过滤器"选项以后，可以从后面的下拉列表中选择一个抗锯齿过滤器来对场景进行抗锯齿处理；如果不勾选该选项，那么渲染时将使用纹理抗锯齿过滤器，如图8-102所示。

① 继续打开本书学习资源中的"场景文件>CH11>02.max"文件，如图8-103所示。

图8-102

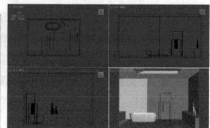

图8-103

② 展开"图像过滤器"卷展栏，然后勾选"图像过滤器"选项，接着设置"图像采样器"为默认参数的"渲染块"、"图像过滤器"为"区域"，最后渲染场景，效果如图8-104所示。可以观察到阴影的边缘有明显的噪点。

图8-104

③ 保持其他参数不变，然后设置"图像过滤器"为Catmull-Rom，渲染效果如图8-105所示。可以观察到阴影边缘的噪点减少，但阴影变得锐利。

④ 保持其他参数不变，然后设置"图像过滤器"为Mitchell-Netravali，渲染效果如图8-106所示。可以观察到阴影边缘的噪点变得轻微模糊。

图8-105　　　　　　　　　图8-106

图8-111　　　　　　　　　图8-112

课堂案例

颜色贴图曝光类型对比

场景位置	场景文件>CH08>02.max
实例位置	实例文件>CH08>课堂实例：颜色贴图曝光类型对比.max
视频名称	课堂实例：颜色贴图曝光类型对比.mp4
学习目标	掌握颜色贴图类型对比

"颜色贴图"卷展栏下的参数主要用来控制整个场景的颜色和曝光方式，如图8-107所示。

图8-107

01 继续打开本书学习资源中的"场景文件>CH11>02.max"文件，如图8-108所示。

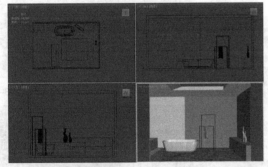

图8-108

02 展开"颜色贴图"卷展栏，然后设置"类型"为"线性倍增"，接着渲染场景，效果如图8-109所示。

03 在"颜色贴图"卷展栏中设置"类型"为"指数"，然后渲染场景，效果如图8-110所示。

图8-109　　　　　　　　　图8-110

04 在"颜色贴图"卷展栏中设置"类型"为"HSV指数"，然后渲染场景，效果如图8-111所示。

05 在"颜色贴图"卷展栏中设置"类型"为"强度指数"，然后渲染场景，效果如图8-112所示。

06 在"颜色贴图"卷展栏中设置"类型"为"伽玛校正"，然后渲染场景，效果如图8-113所示。

07 在"颜色贴图"卷展栏中设置"类型"为"莱因哈德"，然后渲染场景，效果如图8-114所示。

图8-113　　　　　　　　　图8-114

课堂案例

全局光引擎搭配对比

场景位置	场景文件>CH08>03.max
实例位置	实例文件>CH08>课堂实例：全局光引擎搭配对比.max
视频名称	课堂实例：全局光引擎搭配对比.mp4
学习目标	掌握全局光引擎搭配对比

在VRay渲染器中，没有开启全局照明时的效果就是直接照明效果，开启后就可以得到间接照明效果。开启全局照明后，光线会在物体与物体间互相反弹，因此光线计算会更加准确，图像也更加真实。参数面板如图8-115所示。

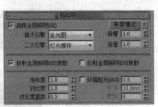

图8-115

01 打开本书学习资源中的"场景文件>CH08>03.max"文件，如图8-116所示。

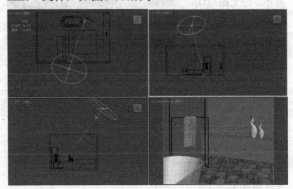

图8-116

02 按F10键打开"渲染设置"面板，然后切换到GI选项卡，勾选"启用全局照明（GI）"选项，接着设置"首次引擎"为"发光图"、"二次引擎"为"灯光缓存"，如图8-117所示，然后渲染场景，效果如图8-118所示。

图8-117

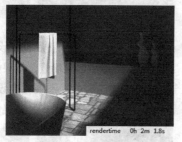

图8-118

03 设置"首次引擎"为"BF算法"、"二次引擎"为"灯光缓存"，如图8-119所示，然后渲染场景，效果如图8-120所示。

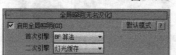

图8-119

图8-120

04 设置"首次引擎"为"BF算法"、"二次引擎"为"BF算法"，如图8-121所示，然后进入摄影机视图，按F9键渲染当前场景，如图8-122所示。与上图对比，渲染时间要长，且渲染图片有杂点。

图8-121

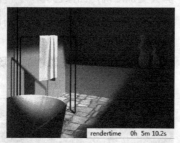

图8-122

05 设置"首次引擎"为"发光图"、"二次引擎"为"BF算法"，如图8-123所示，然后进入摄影机视图，按F9键渲染当前场景，如图8-124所示。与上图对比，渲染时间要短，且渲染图片质量很高。

图8-123

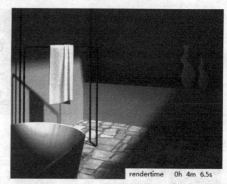

图8-124

06 当设置"首次引擎"为"发光图"时，展开下方的"发光图"卷展栏，默认"当前预设"为"中"，如图8-125所示，渲染效果如图8-126所示。当设置"当前预设"为"非常低"时，进行渲染，效果如图8-127所示。

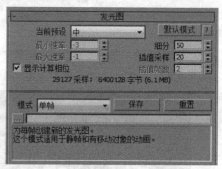

图8-125

图8-126

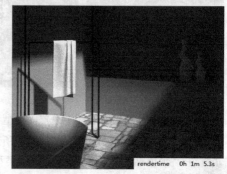

图8-127

07 当设置"细分"为50时,渲染效果如图8-128所示;当设置"细分"为30时,渲染效果如图8-129所示。通过对比可以发现,细分值越高,渲染效果越好。

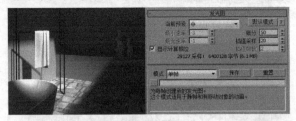

图8-128

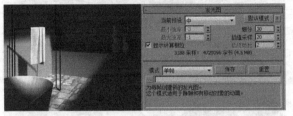

图8-129

08 当设置"插值采样"为50时,渲染效果如图8-130所示;当设置"插值采样"为20时,渲染效果如图8-131所示。通过对比可以发现,"插值采样"值越高,渲染效果越模糊。

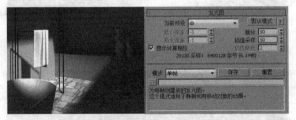

图8-130

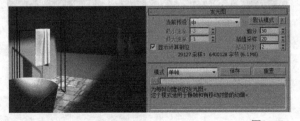

图8-131

09 当设置"二次引擎"为"灯光缓存"时,展开下方的"灯光缓存"卷展栏,默认"细分"为1000,如图8-132所示,渲染效果如图8-133所示。当设置"细分"为100时,进行渲染,效果如图8-134所示。与图8-133相比,渲染速度减慢,但质量有所降低,画面出现杂点。

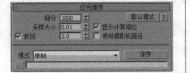

图8-132

rendertime   0h 2m 1.8s

图8-133

rendertime   0h 1m 9.8s

图8-134

8.5 本章小结

本章先是简单介绍了默认扫描线渲染器及mental ray渲染器的使用方法,然后详细讲解了VRay渲染器的各项重要参数的含义以及相关使用技巧。前面两个渲染器大家只需要知道如何使用即可,但是必须完全掌握VRay渲染器的使用方法。

8.6 课后习题

本章安排了两个课后习题。这两个课后习题都是综合性非常强的场景,一个是家装场景,一个是工装场景。每个场景都包含大量的常用材质类型和常见灯光类型,同时这两个场景的渲染参数也是常用的,请读者务必勤加练习。另外,这两个习题就不给出材质设置的参考图了,大家若有疑问,可打开源文件进行参考或观看视频教学。

课后习题1：现代厨房阴天表现

场景位置　场景文件>CH08>04.max

实例位置　实例文件>CH08>课后习题1：现代厨房阴天表现.max

视频名称　课后习题1：现代厨房阴天表现.mp4

练习目标　练习家装场景材质、灯光和渲染参数的设置方法

厨房日光效果如图8-135所示。

图8-135

布光参考如图8-136所示。

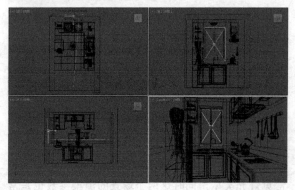

图8-136

课后习题2：休闲室日景表现

场景位置　场景文件>CH08>05.max

实例位置　实例文件>CH08>课后习题2：休闲室日景表现.max

视频名称　课后习题2：休闲室日景表现.mp4

练习目标　练习工装场景材质、灯光和渲染参数的设置方法

休闲室日光效果如图8-137所示。

图8-137

布光参考如图8-138所示。

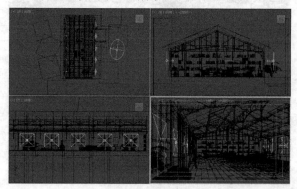

图8-138

第9章

粒子系统与空间扭曲

本章将介绍3ds Max 2016的粒子系统与空间扭曲,其中重点讲解粒子系统。在内容方面,读者需要重点掌握粒子流源、"喷射"粒子、"雪"粒子和"超级喷射"粒子的用法。关于空间扭曲,读者只需要了解其作用即可。

课堂学习目标

掌握粒子系统的使用方法

了解空间扭曲的作用

9.1 粒子系统

3ds Max 2016的粒子系统是一种很强大的动画制作工具，可以通过设置粒子系统来控制密集对象群的运动效果。

粒子系统通常用于制作云、雨、风、火、烟雾、暴风雪以及爆炸等动画效果，如图9-1所示。

图9-1

粒子系统作为单一的实体来管理特定的成组对象，通过将所有粒子对象组合成单一的可控系统，可以很容易地使用一个参数来修改所有对象，而且拥有良好的"可控性"和"随机性"。在创建粒子时会占用很大的内存资源，而且渲染速度相当慢。

3ds Max 2016包含7种粒子，分别是"粒子流源""喷射""雪""超级喷射""暴风雪""粒子阵列""粒子云"，如图9-2所示。这7种粒子在顶视图中的显示效果如图9-3所示。

图9-2

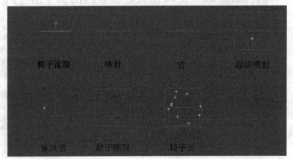

图9-3

本节粒子介绍

粒子名称	粒子作用	重要程度
粒子流源	作为默认的发射器	高
喷射	模拟雨和喷泉等动画效果	中
雪	模拟飘落的雪花或散落的纸屑等动画效果	中
超级喷射	模拟雨和喷泉等动画效果	高
暴风雪	模拟暴风雪等动画效果	低
粒子阵列	模拟对象的爆炸效果	低
粒子云	创建类似体积雾的粒子群	低

9.1.1 粒子流源

粒子流源是每个流的视口图标，同时也可以作为默认的发射器。在默认情况下，它显示为带有中心徽标的矩形，如图9-4所示。

进入"修改"面板，可以观察到粒子流源的参数包括"设置""发射""选择""系统管理""脚本"5个卷展栏，如图9-5所示。

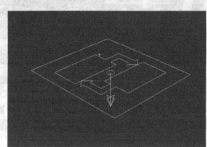

图9-4　　　　　　　　　图9-5

1.设置卷展栏

展开"设置"卷展栏，如图9-6所示。

图9-6

设置卷展栏重要参数介绍

启用粒子发射：控制是否开启粒子系统。

粒子视图 `粒子视图`：单击该按钮可以打开"粒子视图"对话框，如图9-7所示。

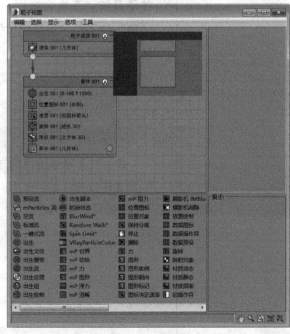

图9-7

技巧与提示

关于"粒子视图"对话框的使用方法，将在下面的实例中进行详细讲解。

2.发射卷展栏

展开"发射"卷展栏，如图9-8所示。

图9-8

发射卷展栏重要参数介绍

徽标大小：主要来设置粒子流中心徽标的尺寸，其大小对粒子的发射没有任何影响。

图标类型：主要用来设置图标在视图中的显示方式，有"长方形""长方体""圆形""球体"4种方式，默认为"长方形"。

长度：当"图标类型"设置为"长方形"或"长方体"时，显示的是"长度"参数；当"图标类型"设置为"圆形"或"球体"时，显示的是"直径"参数。

宽度：用来设置"长方形"和"长方体"徽标的宽度。

高度：用来设置"长方体"徽标的高度。

显示：主要用来控制是否显示标志或徽标。

视口%：主要用来设置视图中显示的粒子数量，该参数的值不会影响最终渲染的粒子数量，其取值范围为0~10000。

渲染%：主要用来设置最终渲染的粒子的数量百分比，该参数的大小会直接影响到最终渲染的粒子数量，其取值范围为0~10000。

3.选择卷展栏

展开"选择"卷展栏，如图9-9所示。

选择卷展栏重要参数介绍

粒子：激活该按钮以后，可以选择粒子。

事件：激活该按钮以后，可以按事件来选择粒子。

图9-9

ID：使用该选项可以设置要选择的粒子的ID号。注意，每次只能设置一个数字。

技巧与提示

每个粒子都有唯一的ID号，从第1个粒子使用1开始，并递增计数。使用这些控件可按粒子ID号选择和取消选择粒子，但只能在"粒子"级别使用。

添加：设置完要选择的粒子的ID号后，单击该按钮可以将其添加到选择中。

移除：设置完要取消选择的粒子的ID号后，单击该按钮可以将其从选择中移除。

清除选定内容：启用该选项以后，单击"添加"按钮选择粒子会取消选择所有其他粒子。

从事件级别获取：单击该按钮可以将"事件"级别选择转换为"粒子"级别。

按事件选择：该列表显示粒子流中的所有事件，并高亮显示选定事件。

4.系统管理卷展栏

展开"系统管理"卷展栏，如图9-10所示。

图9-10

系统管理卷展栏重要参数介绍

上限：用来限制粒子的最大数量，默认值为100000，其取值范围为0~10000000。

视口：设置视图中的动画回放的综合步幅。

渲染：用来设置渲染时的综合步幅。

5.脚本卷展栏

展开"脚本"卷展栏，如图9-11所示。该卷展栏可以将脚本应用于每个积分步长以及查看的每帧的最后一个积分步长处的粒子系统。

图9-11

脚本卷展栏重要参数介绍

每步更新："每步更新"脚本在每个积分步长的末尾，计算完粒子系统中的所有动作和所有粒子后，最终会在各自的事件中进行计算。

启用脚本：启用该选项后，可以引起按每积分步长执行内存中的脚本。

编辑：单击该按钮可以打开具有当前脚本的文本编辑器对话框，如图9-12所示。

图9-12

使用脚本文件：启用该选项以后，可以通过单击下面的"无"按钮 无 来加载脚本文件。

无 无 ：单击该按钮可以打开"打开"对话框，在该对话框中可以指定要从磁盘加载的脚本文件。

最后一步更新：当完成所查看（或渲染）的每帧的最后一个积分步长后，系统会执行"最后一步更新"脚本。

启用脚本：启用该选项以后，可以引起在最后的积分步长后执行内存中的脚本。

编辑 编辑 ：单击该按钮可以打开具有当前脚本的文本编辑器对话框。

使用脚本文件：启用该选项以后，可以通过单击下面的"无"按钮 无 来加载脚本文件。

无 无 ：单击该按钮可以打开"打开"对话框，在该对话框中可以指定要从磁盘加载的脚本文件。

课堂案例

用粒子流源制作影视包装文字动画

场景位置	场景文件>CH09>01.max
实例位置	实例文件>CH09>课堂案例：用粒子流源制作影视包装文字动画.max
视频名称	课堂案例：用粒子流源制作影视包装文字动画.mp4
学习目标	学习粒子流源的用法

影视包装文字动画效果如图9-13所示。

图9-13

① 打开"场景文件>CH09>01.max"文件，如图9-14所示。

图9-14

② 在"创建"面板中单击"几何体"按钮 ，设置几何体类型为"粒子系统"，然后单击"粒子流源"按钮 粒子流源 ，如图9-15所示，接着在前视图中拖曳光标创建一个粒子流源，如图9-16所示。

图9-15

图9-16

③ 进入"修改"面板，在"设置"卷展栏下单击"粒子视图"按钮 粒子视图 ，打开"粒子视图"对话框，然后单击Birth 001操作符，接着在Birth 001卷展栏下设置"发射停止"为50、"数量"为500，如图9-17所示。

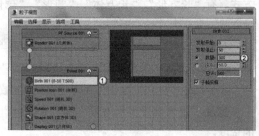

图9-17

④ 单击"速度001"操作符，然后在"速度001"卷展栏下设置"速度"为7620mm，接着设置"方向"为"随机3D"，如图9-18所示。

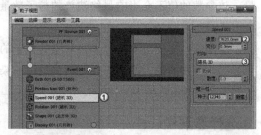

图9-18

⑤ 单击"形状001"操作符，然后在"形状001"卷展栏下设置3D为"立方体"，接着设置"大小"为254mm，如图9-19所示。

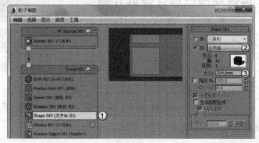

图9-19

06 单击"显示001"操作符，然后在"显示001"卷展栏下设置"类型"为"几何体"，接着设置显示颜色为黄色（红:255，绿:182，蓝:26），如图9-20所示。

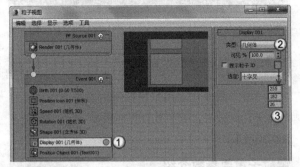

图9-20

07 在下面的操作符列表中选择"位置对象"操作符，然后使用鼠标左键将其拖曳到"显示001"操作符的下面，如图9-21所示。

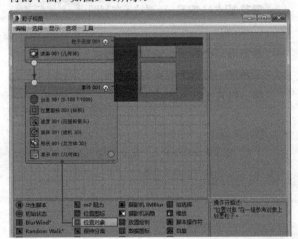

图9-21

08 单击"位置对象001"操作符，然后在"位置对象001"卷展栏下单击"添加"按钮添加，接着在视图中拾取文字模型，最后设置"位置"为"曲面"，如图9-22所示。

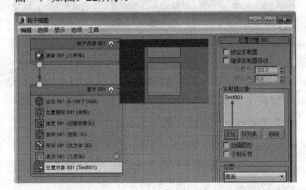

图9-22

09 选择动画效果最明显的一些帧，然后单独渲染出这些单帧动画，最终效果如图9-23所示。

图9-23

9.1.2 喷射

"喷射"粒子常用来模拟雨和喷泉等效果，其参数设置面板如图9-24所示。

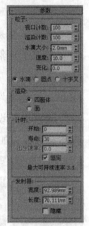

喷射粒子重要参数介绍

① 粒子组

视口计数： 在指定的帧处，设置视图中显示的最大粒子数量。

图9-24

渲染计数： 在渲染某一帧时设置可以显示的最大粒子数量（与"计时"选项组下的参数配合使用）。

水滴大小： 设置水滴粒子的大小。

速度： 设置每个粒子离开发射器时的初始速度。

变化： 设置粒子的初始速度和方向。数值越大，喷射越强，范围越广。

水滴/圆点/十字叉： 设置粒子在视图中的显示方式。

② 渲染组

四面体： 将粒子渲染为四面体。

面： 将粒子渲染为正方形面。

③ 计时组

开始： 设置第1个出现的粒子的帧编号。

寿命： 设置每个粒子的寿命。

出生速率： 设置每一帧产生的新粒子数。

恒定： 启用该选项后，"出生速率"选项将不可用，此时的"出生速率"等于最大可持续速率。

④ 发射器

宽度/长度： 设置发射器的宽度和长度。

隐藏： 启用该选项后，发射器将不会显示在视图中（发射器不会被渲染出来）。

用喷射粒子制作下雨动画

场景位置	场景文件>CH09>02.max
实例位置	实例文件>CH09>课堂案例: 用喷射粒子制作下雨动画.max
视频名称	课堂案例: 用喷射粒子制作下雨动画.mp4
学习目标	学习"喷射"粒子的用法

下雨动画效果如图9-25所示。

图9-25

01 使用"喷射"工具  喷射 在顶视图中创建一个喷射粒子,然后在"参数"卷展栏下设置"视口计数"为600、"渲染计数"为600、"水滴大小"为8mm、"速度"为8、"变化"为0.56,接着在"计时"选项组下设置"开始"为-50、"寿命"为60,具体参数设置如图9-26所示,效果如图9-27所示。

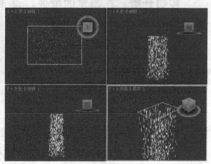

图9-26 　　　　图9-27

02 按大键盘上的8键打开"环境和效果"对话框,然后在"环境贴图"通道中加载一张"实例文件>CH09>课堂案例:用喷射粒子制作下雨动画>背景.jpg"文件,如图9-28所示。

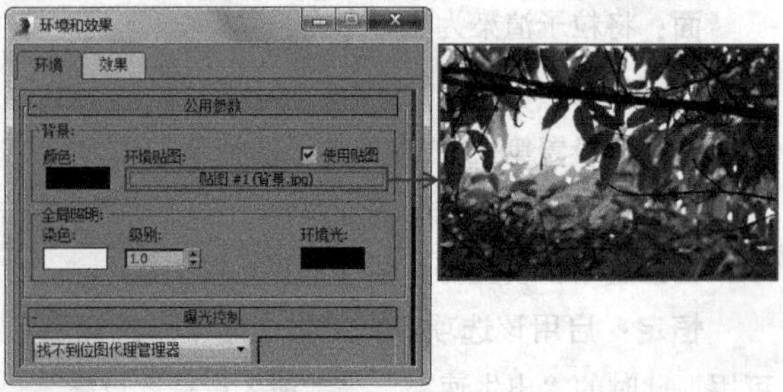

图9-28

03 选择动画效果最明显的一些帧,然后单独渲染出这些单帧动画,最终效果如图9-29所示。

图9-29

9.1.3 雪

"雪"粒子主要用来模拟飘落的雪花或散落的纸屑等动画效果,其参数设置面板如图9-30所示。

雪粒子重要参数介绍

雪花大小:设置粒子的大小。

翻滚:设置雪花粒子的随机旋转量。

翻滚速率:设置雪花的旋转速度。

雪花/圆点/十字叉:设置粒子在视图中的显示方式。

六角形:将粒子渲染为六角形。

三角形:将粒子渲染为三角形。

面:将粒子渲染为正方形面。

图9-30

"雪"粒子的其他参数与"喷射"粒子完全相同,大家可参考"喷射"粒子的相关参数。

用雪粒子制作雪花飘落动画

场景位置	场景文件>CH09>03.max
实例位置	实例文件>CH09>课堂案例: 用雪粒子制作雪花飘落动画.max
视频名称	课堂案例: 用雪粒子制作雪花飘落动画.mp4
学习目标	学习"雪"粒子的用法

雪花飘落动画效果如图9-31所示。

图9-31

01 使用"雪"工具 雪 在顶视图中创建一个雪粒子,然后在"参数"卷展栏下设置"视口计数"为400、"渲染计数"为400、"雪花大小"为0.5mm、"速度"为10、"变化"为10,接着在"计时"选项组下设置"开始"为-30,具体参数设置如图9-32所示,效果如图9-33所示。

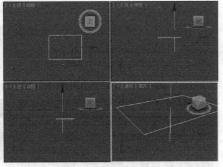

图9-32   图9-33

02 按大键盘上的8键打开"环境和效果"对话框，然后在"环境贴图"通道中加载一张"实例文件>CH09>课堂案例：用雪粒子制作雪花飘落动画>背景.jpg"文件，如图9-34所示。

图9-34

03 选择动画效果最明显的一些帧，然后单独渲染出这些单帧动画，最终效果如图9-35所示。

图9-35

9.1.4 超级喷射

"超级喷射"粒子可以用来制作暴雨和喷泉等效果，若将其绑定到"路径跟随"空间扭曲上，还可以生成瀑布效果，其参数设置面板如图9-36所示。

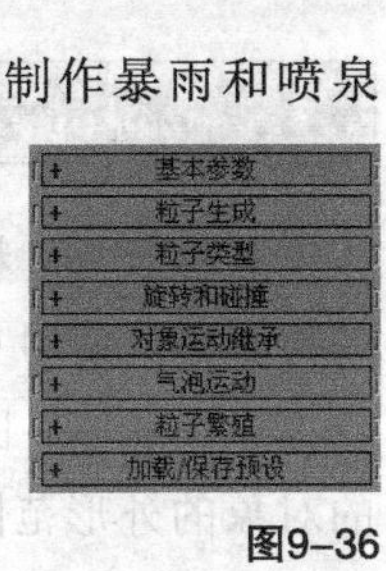

图9-36

技巧与提示

"超级喷射"粒子的参数比较复杂，下面以一个案例来讲解常用参数的设置方法。

课堂案例

用超级喷射粒子制作导弹发射动画

场景位置	场景文件>CH09>04.max
实例位置	实例文件>CH09>课堂案例：用超级喷射粒子制作导弹发射动画.max
视频名称	课堂案例：用超级喷射粒子制作导弹发射动画.mp4
学习目标	学习"超级喷射"粒子的用法

导弹发射动画效果如图9-37所示。

图9-37

01 打开"场景文件>CH09>04.max"文件，如图9-38所示。

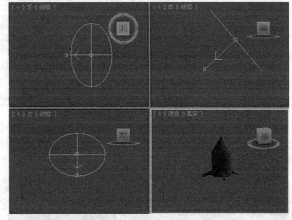

图9-38

技巧与提示

本场景已经设置好了一段飞行动画，用户可以拖曳时间线滑块来观察动画效果。

02 使用"超级喷射"工具 超级喷射 在顶视图中创建一个超级喷射粒子，然后在左视图中将其旋转180°，使发射器的方向朝下，如图9-39所示。

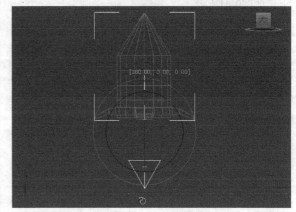

图9-39

03 选择超级喷射粒子，具体参数设置如图9-40所示。

设置步骤

① 展开"基本参数"卷展栏，然后在"粒子分布"选项组下设置"轴偏离"为5°、"扩散"为5°、"平面偏离"为51°、"扩散"为50°，接着在"视口显示"选项组下勾选"网格"选项，并设置"粒子数百分比"为100%。

② 展开"粒子生成"卷展栏，然后在"粒子数量"选项组下设置"使用速率"为600，粒子运动"速度"为10mm、"变化"为20，接着在"粒子计时"选项组下设置"发射停止"为200、"显示时限"为100、"寿命"为20，最后在"粒子大小"选项组下设置"大小"为1.5mm、"变化"为10%。

③ 展开"粒子类型"卷展栏，然后设置"标准粒子"为"面"。

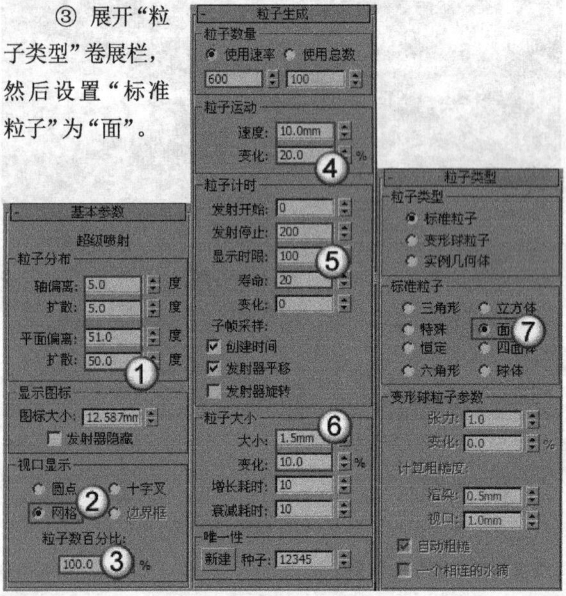

图9-40

04 在"主工具栏"中单击"选择并链接"按钮，然后使用鼠标左键将超级喷射粒子链接到导弹上，如图9-41所示。

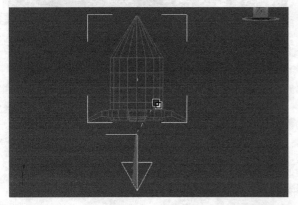

图9-41

技巧与提示

将粒子与导弹链接在一起后，粒子就会跟随导弹一起运动。

05 选择动画效果最明显的一些帧，然后单独渲染出这些单帧动画，最终效果如图9-42所示。

图9-42

9.1.5 暴风雪

"暴风雪"粒子是"雪"粒子的升级版，可以用来制作暴风雪等动画效果，其参数设置面板如图9-43所示。

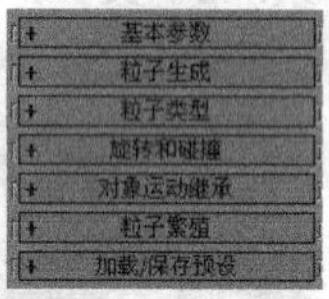

图9-43

技巧与提示

"暴风雪"粒子的参数非常复杂，但在实际工作中并不常用，因此这里不再介绍。同样，下面的"粒子阵列"粒子与"粒子云"粒子也不常用。

9.1.6 粒子阵列

"粒子阵列"粒子可以用来创建复制对象的爆炸效果，其参数设置面板如图9-44所示。

图9-44

9.1.7 粒子云

"粒子云"粒子可以用来创建类似体积雾效果的粒子群。使用"粒子云"能够将粒子限定在一个长方体、球体、圆柱体之内，或限定在场景中拾取的对象的外形范围之内（二维对象不能使用"粒子云"），其参数设置面板如图9-45所示。

图9-45

9.2 空间扭曲

"空间扭曲"从字面意思来看比较难懂，可以将其比喻为一种控制场景对象运动的无形力量，例如重力、风力和推力等。使用"空间扭曲"可以模拟真实世界中存在的"力"效果，当然"空间扭曲"需要与"粒子系统"一起配合使用才能制作出动画效果。

"空间扭曲"包括5种类型，分别是"力""导向器""几何/可变形""基于修改器""粒子和动力学"，如图9-46所示。

图9-46

本节空间扭曲介绍

空间扭曲名称	空间扭曲的作用	重要程度
力	为粒子系统提供外力影响	中
导向器	为粒子系统提供导向功能	中
几何/可变形	变形对象的几何形状	低

9.2.1 力

"力"可以为粒子系统提供外力影响，共有9种类型，分别是"推力""马达""漩涡""阻力""粒子爆炸""路径跟随""重力""风""置换"，如图9-47所示。

图9-47

力的创建工具介绍

推力 推力 ：可以为粒子系统提供正向或负向的均匀单向力。

马达 马达 ：对受影响的粒子或对象应用传统的马达驱动力（不是定向力）。

漩涡 漩涡 ：可以将力应用于粒子，使粒子在急转的漩涡中进行旋转，然后让它们向下移动成一个长而窄的喷流或漩涡井，常用来创建黑洞、涡流和龙卷风。

阻力 阻力 ：这是一种在指定范围内按照指定量来降低粒子速率的粒子运动阻尼器。应用阻尼的方式可以是"线性""球形"或"圆柱形"。

粒子爆炸 粒子爆炸 ：可以创建一种使粒子系统发生爆炸的冲击波。

路径跟随 路径跟随 ：可以强制粒子沿指定的路径进行运动。路径通常为单一的样条线，也可以是具有多条样条线的图形，但粒子只会沿其中一条样条线运动。

重力 重力 ：用来模拟粒子受到的自然重力。重力具有方向性，沿重力箭头方向的粒子为加速运动，沿重力箭头逆向的粒子为减速运动。

风 风 ：用来模拟风吹动粒子所产生的飘动效果。

置换 置换 ：以力场的形式推动和重塑对象的几何外形，对几何体和粒子系统都会产生影响。

9.2.2 导向器

"导向器"可以为粒子系统提供导向功能，共有6种类型，分别是"泛方向导向板""泛方向导向球""全泛方向导向""全导向器""导向球""导向板"，如图9-48所示。

图9-48

导向器的创建工具介绍

泛方向导向板 泛方向导向板 ：这是空间扭曲的一种平面泛方向导向器。它能提供比原始导向器空间扭曲更强大的功能，包括折射和繁殖能力。

泛方向导向球 泛方向导向球 ：这是空间扭曲的一种球形泛方向导向器。它提供的选项比原始的导向球更多。

全泛方向导向 全泛方向导向 ：这个导向器比原始的"全导向器"更强大，可以使用任意几何对象作为粒子导向器。

全导向器 全导向器 ：这是一种可以使用任意对象作为粒子导向器的全导向器。

导向球 导向球 ：这个空间扭曲起着球形粒子导向器的作用。

导向板 导向板 ：这是一种平面装的导向器，是一种特殊类型的空间扭曲，它能让粒子影响动力学状态下的对象。

9.2.3 几何/可变形

"几何/可变形"空间扭曲主要用于变形对象的几何形状，包括7种类型，分别是"FFD（长方体）""FFD（圆柱体）""波浪""涟漪""置换""一致""爆炸"，如图9-49所示。

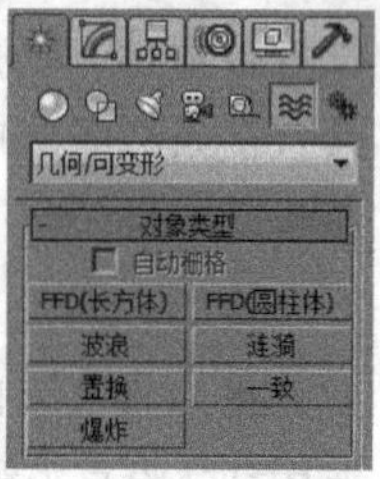

图9-49

几何/可变形的创建工具介绍

FFD（长方体） `FFD(长方体)`：这是一种类似于原始FFD修改器的长方体形状的晶格FFD对象，它既可以作为一种对象修改器，也可以作为一种空间扭曲。

FFD（圆柱体） `FFD(圆柱体)`：该空间扭曲在其晶格中使用柱形控制点阵列，它既可以作为一种对象修改器，也可以作为一种空间扭曲。

波浪 `波浪`：该空间扭曲可以在整个世界空间中创建线性波浪。

涟漪 `涟漪`：该空间扭曲可以在整个世界空间中创建同心波纹。

置换 `置换`：该空间扭曲的工作方式和"置换"修改器类似。

一致 `一致`：该空间扭曲修改绑定对象的方法是按照空间扭曲图标所指示的方向推动其顶点，直至这些顶点碰到指定目标对象，或从原始位置移动到指定距离。

爆炸 `爆炸`：该空间扭曲可以把对象炸成许多单独的面。

9.3 本章小结

本章主要讲解了粒子系统的运用，同时简单介绍了空间扭曲的类型。在技术方面，读者要多对粒子流源、"喷射"粒子、"雪"粒子和"超级喷射"粒子进行练习，因为这几种粒子在制作粒子动画时比较常用。

9.4 课后习题

本章安排了两个课后习题。这两个习题都是针对粒子系统进行练习，一个针对粒子流源，另外一个针对"超级喷射"粒子。

课后习题1：制作烟花爆炸动画

场景位置	场景文件>CH09>05.max
实例位置	实例文件>CH09>课后习题1：制作烟花爆炸动画.max
视频名称	课后习题1：制作烟花爆炸动画.mp4
练习目标	练习粒子流源的用法

烟花爆炸动画效果如图9-50所示。

图9-50

课后习题2：制作小鱼吐泡泡动画

场景位置	场景文件>CH09>06.max
实例位置	实例文件>CH09>课后习题2：制作小鱼吐泡泡动画.max
视频名称	课后习题2：制作小鱼吐泡泡动画.mp4
练习目标	练习粒子流源的用法

小鱼吐泡泡动画效果如图9-51所示。

图9-51

第10章

动力学

本章将介绍3ds Max 2016的动力学技术，包含动力学MassFX和约束两大知识点，其中重点讲解动力学MassFX技术。在内容方面，读者需要重点掌握刚体动画的制作方法。对于约束，读者只需要了解其作用即可。

课堂学习目标

了解约束的作用

掌握刚体动画的制作方法

掌握MassFX工具的使用方法

掌握动力学和运动学动画的制作方法

10.1 动力学MassFX概述

3ds Max 2016中的动力学系统非常强大，远远超越了之前的任何一个版本，可以快速地制作出物体与物体之间真实的物理作用效果，是制作动画必不可少的一部分。动力学可以用于定义物理属性和外力，当对象遵循物理定律进行相互作用时，可以让场景自动生成最终的动画关键帧。

在3ds Max 2016之前的版本中，动画设计师一直使用Reactor来制作动力学效果，但是Reactor动力学存在很多漏洞，如卡机、容易出错等。而在3ds Max 2016版本中，在尘封了多年的动力学Reactor之后，终于加入了新的刚体动力学：MassFX。这套刚体动力学系统，可以配合多线程的Nvidia显示引擎来进行MAX视图里的实时运算，并能得到更为真实的动力学效果。MassFX的主要优势在于操作简单，可以实时运算，并解决了由于模型面数多而无法运算的问题，因此Autodesk公司将3ds Max 2016进行了"减法计划"，将没有多大用处的功能直接去掉，换上更好的工具。但是习惯Reactor的老用户也不必担心，因为MassFX与Reactor在参数、操作等方面还是比较相近的。

动力学支持刚体和软体动力学、布料模拟和流体模拟，并且拥有物理属性，如质量、摩擦力和弹力等，可用来模拟真实的碰撞、绳索、布料、马达和汽车运动等效果，图10-1所示是一些很优秀的动力学作品。

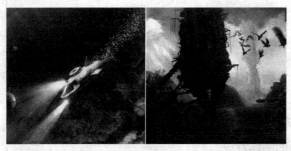

图10-1

在"主工具栏"的空白处单击鼠标右键，然后在弹出的菜单中选择"MassFX工具栏"命令，可以调出"MassFX工具栏"，如图10-2所示，调出的"MassFX工具栏"如图10-3所示。

图10-2

图10-3

技巧与提示

为了方便操作，可以将"MassFX工具栏"拖曳到操作界面的左侧，使其停靠于此，如图10-4所示。另外，在"MassFX工具栏"上单击鼠标右键，在弹出的菜单中选择"停靠"菜单中的子命令可以选择停靠在其他的地方，如图10-5所示。

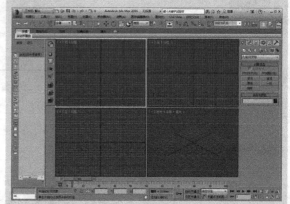

图10-4

图10-5

10.2 创建动力学MassFX

本节将针对"MassFX工具栏"中的"MassFX工具"、刚体创建工具以及模拟工具进行讲解。刚体是物理模拟中的对象,其形状和大小不会更改,它可能会反弹、滚动和四处滑动,但无论施加了多大的力,它都不会弯曲或折断。

本节工具介绍

工具名称	工具的主要作用	重要程度
MassFX工具	设置刚体的所有参数	中
将选定项设置为动力学刚体	将未实例化的MassFX刚体修改器应用到每个选定对象,并将刚体类型设置为"动力学"	高
将选定项设置为运动学刚体	将未实例化的MassFX刚体修改器应用到每个选定对象,并将刚体类型设置为"运动学"	高

10.2.1 MassFX工具

在"MassFX工具栏"中单击"MassFX工具"按钮，打开"MassFX工具"对话框,如图10-6所示。"MassFX工具"对话框分为"世界参数""工具""编辑""显示"4个面板,下面对这4个面板分别进行讲解。

图10-6

1.世界参数面板

"世界参数"面板包含3个卷展栏,分别是"场景设置""高级设置""引擎"卷展栏,如图10-7所示。

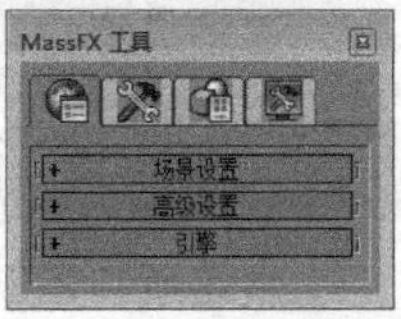

图10-7

<1>场景设置卷展栏

展开"场景设置"卷展栏,如图10-8所示。

场景设置卷展栏重要参数介绍

① 环境选项组

使用地面碰撞: 启用该选项后,MassFX将使用地面高度级别的(不可见)无限、平面、静态刚体,即与主栅格平行或共面。

地面高度: 当启用"使用地面碰撞"时,该选项用于设置地面刚体的高度。

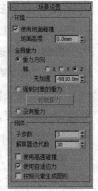

图10-8

重力方向: 启用该选项后,可以通过下面的x、y、z设置MassFX中的内置重力方向。

无加速: 设置重力。使用z轴时,正值使重力将对象向上拉;负值将对象向下拉(标准效果)。

强制对象的重力: 勾选该选项,然后单击下方的"拾取重力"按钮，可以拾取创建的重力以产生作用,此时默认的重力将失效。

拾取重力： 当启用"强制对象重力"选项后,使用该按钮可以拾取场景中的重力。

没有重力: 启用该选项后,场景中不会影响到模拟重力。

② 刚体选项组

子步数: 用于设置每个图形更新之间执行的模拟步数。

解算器迭代数: 全局设置约束解算器强制执行碰撞和约束的次数。

使用高速碰撞: 启用该选项后,可以切换连续的碰撞检测。

使用自适应力: 启用该选项后,MassFX会根据需要收缩组合防穿透力来减少堆叠和紧密聚合刚体中的抖动。

按照元素生成图形: 启用该选项并将MassFX Rigid Body(MassFX刚体)修改器应用于对象后,MassFX会为对象中的每个元素创建一个单独的物理图形。

<2>高级设置卷展栏

展开"高级设置"卷展栏,如图10-9所示。

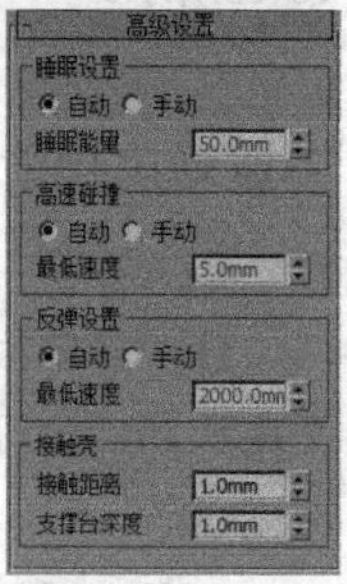

图10-9

高级设置卷展栏重要参数介绍

① 睡眠设置选项组

自动：启用该选项后，MassFX将自动计算合理的线速度和角速度睡眠阈值，高于该阈值即应用睡眠。

手动：如果需要覆盖速度和自旋的启发式值，可以勾选该选项，然后根据需要调整下方的"睡眠能量"参数值进行控制。

睡眠能量：启用"手动"模式后，MassFX将测量对象的移动量（组合平移和旋转），并在其运动低于"睡眠能量"数值时将对象置于睡眠模式。

② 高速碰撞选项组

自动：MassFX使用试探式算法来计算合理的速度阈值，高于该值即应用高速碰撞方法。

手动：勾选该选项后，可以覆盖速度的自动值。

最低速度：模拟中移动速度高于该速度的刚体将自动进入高速碰撞模式。

③ 反弹设置选项组

自动：MassFX使用试探式算法来计算合理的最低速度阈值，高于该值即应用反弹。

手动：勾选该选项后，可以覆盖速度的试探式值。

最低速度：模拟中移动速度高于该速度的刚体将相互反弹。

④ 接触壳选项组

接触距离：该选项后设定的数值为允许移动刚体重叠的距离。如果该值过高，将会导致对象明显地互相穿透；如果该值过低，将导致抖动，因为对象互相穿透一帧之后，在下一帧将强制分离。

支撑台深度：该选项后设定的数值为允许支撑体重叠的距离。

<3>引擎卷展栏

展开"引擎"卷展栏，如图10-10所示。

图10-10

引擎卷展栏重要参数介绍

① 选项组

使用多线程：启用该选项时，如果CPU具有多个内核，CPU可以执行多线程，以加快模拟的计算速度。

硬件加速：启用该选项时，如果系统配备了

Nvidia GPU，即可使用硬件加速来执行某些计算。

② 版本组

关于MassFX 关于 MassFX... ：单击该按钮可以打开"关于MassFX"对话框，该对话框中显示的是 MassFX 的基本信息，如图10-11所示。

图10-11

2.工具面板

"工具"面板包含"模拟""模拟设置""实用程序"3个卷展栏，如图10-12所示。

图10-12

<1>模拟卷展栏

展开"模拟"卷展栏，如图10-13所示。

模拟卷展栏重要参数介绍

① 播放选项组

重置模拟：单击该按钮可以停止模拟，并将时间线滑块移动到第1帧，同时将任意动力学刚体设置为其初始变换。

图10-13

开始模拟：从当前帧运行模拟，时间线滑块为每个模拟步长前进一帧，从而让运动学刚体作为模拟的一部分进行移动。

开始没有动画的模拟：当模拟运行时，时间线滑块不会前进，这样可以使动力学刚体移动到固定点。

逐帧模拟：运行一个帧的模拟，并使时间线滑块前进相同的量。

② 模拟烘焙选项组

烘焙所有 烘焙所有 ：将所有动力学刚体的变换存储为动画关键帧时重置模拟。

烘焙选定项 烘焙选定项 ：与"烘焙所有"类似，只不过烘焙仅应用于选定的动力学刚体。

取消烘焙所有 取消烘焙所有 ：删除烘焙时设置为运动学的所有刚体的关键帧，从而将这些刚体恢复为动力学刚体。

取消烘焙选定项 取消烘焙选定项 ：与"取消烘焙所有"类似，只不过取消烘焙仅应用于选定的适用刚体。

③ 捕获变换选项组

捕获变换 捕获变换 ：将每个选定的动力学刚体的初始变换设置为变换。

<2>模拟设置卷展栏

展开"模拟设置"卷展栏，如图10-14所示。

图10-14

模拟设置卷展栏参数介绍

在最后一帧：选择当动画进行到最后一帧时进行模拟的方式。

继续模拟：即使时间线滑块达到最后一帧也继续运行模拟。

停止模拟：当时间线滑块达到最后一帧时停止模拟。

循环动画并且：在时间线滑块达到最后一帧时重复播放动画。

重置模拟：当时间线滑块达到最后一帧时，重置模拟且动画循环播放到第1帧。

继续模拟：当时间线滑块达到最后一帧时，模拟继续运行，但动画循环播放到第1帧。

<3>实用程序卷展栏

展开"实用程序"卷展栏，如图10-15所示。

图10-15

实用程序卷展栏重要参数介绍

浏览场景 浏览场景 ：单击该按钮可以打开"场景资源管理器-MassFX Explorer"对话框，如图10-16所示。

验证场景 验证场景 ：单击该按钮可以打开"验证Physx场景"对话框，在该对话框中可以验证各种场景元素是否违反模拟要求，如图10-17所示。

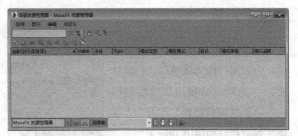

图10-16

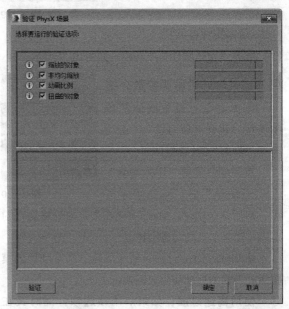

图10-17

导出场景 导出场景 ：单击该按钮可以打开Select File to Export（选择文件导出）对话框，在该对话框中可以导出MassFX，以使模拟用于其他程序，如图10-18所示。

图10-18

3.编辑面板

"编辑"面板包含7个卷展栏，分别是"刚体属性""物理材质""物理材质属性""物理网格""物理网格参数""力""高级"卷展栏，如图10-19所示。

图10-19

<1>刚体属性卷展栏

展开"刚体属性"卷展栏，如图10-20所示。

刚体属性卷展栏重要参数介绍

刚体类型：设置刚体的模拟类型，包含"动力学""运动学""静态"3种类型。

直到帧：设置"刚体类型"为"运动学"时，该选项才可用。启用该选项时，MassFX会在指定帧处将选定的运动学刚体转换为动态刚体。

图10-20

烘焙 ![烘焙]：将未烘焙的选定刚体的模拟运动转换为标准动画关键帧。

使用高速碰撞：如果启用该选项，同时又在"世界参数"面板中启用了"使用高速碰撞"选项，那么"高速碰撞"设置将应用于选定刚体。

在睡眠模式下启动：如果启用该选项，选定刚体将使用全局睡眠设置，同时以睡眠模式开始模拟。

与刚体碰撞：如果启用该选项，选定的刚体将与场景中的其他刚体发生碰撞。

<2>物理材质卷展栏

展开"物理材质"卷展栏，如图10-21所示。

图10-21

物理材质卷展栏重要参数介绍

预设：选择预设的材质类型。使用后面的"吸管" ![吸管]可以吸取场景中的材质。

创建预设 ![创建预设]：基于当前值创建新的物理材质预设。

删除预设 ![删除预设]：从列表中移除当前预设。

<3>物理材质属性卷展栏

展开"物理材质属性"卷展栏，如图10-22所示。

图10-22

物理材质属性卷展栏重要参数介绍

密度：设置刚体的密度。

质量：设置刚体的重量。

静摩擦力：设置两个刚体开始互相滑动的难度系数。

动摩擦力：设置两个刚体保持互相滑动的难度系数。

反弹力：设置对象撞击到其他刚体时反弹的轻松程度和高度。

<4>物理网格卷展栏

展开"物理网格"卷展栏，如图10-23所示。

图10-23

物理网格卷展栏重要参数介绍

网格类型：选择刚体物理网格的类型，包含"球体""长方体""胶囊""凸面""合成""原始""自定义"7种。

<5>物理网格参数卷展栏

展开"物理网格参数"卷展栏（注意，"物理网格"卷展栏中设置不同的网格类型将影响"物理网格参数"卷展栏下的参数，这里选用"凸面"网格类型进行讲解），如图10-24所示。

图10-24

物理网格参数卷展栏参数介绍

图形中有X个顶点：显示生成的凸面物理图形中的实际顶点数（x为一个变量）。

膨胀：用于设置将凸面图形从图形网格的顶点云向外扩展（正值）或向图形网格内部收缩（负值）的量。

生成处：选择创建凸面外壳的方法，共有以下两种。

曲面：创建凸面物理图形，且该图形完全包裹图形网格的外部。

顶点：重用图形网格中现有顶点的子集，这种方法创建的图形更清晰，但只能保证顶点位于图形网格的外部。

顶点：用于调整凸面外壳的顶点数：介于4~256之间。使用的顶点越多，越接近原始图形，但模拟速度会稍稍降低。

从原始重新生成 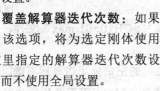：单击该按钮可以使物理图形自适应修改对象。

<6>力卷展栏

展开"力"卷展栏，如图10-25所示。

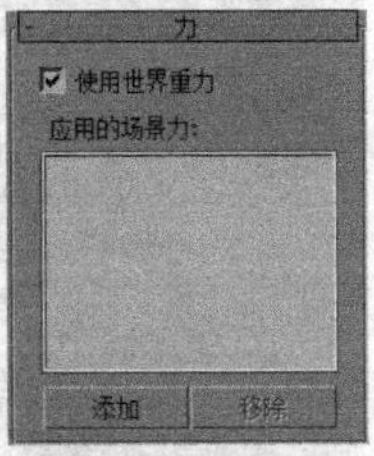

力卷展栏参数介绍

使用世界重力：默认情况下该参数为启用，此时将使用世界面板中设置的全局重力。禁用后，选定的刚体将仅使用在此处添加的场景力，并忽略全局重力设置。再次启用后，刚体将使用全局重力设置。

图10-25

应用的场景力：列出场景中影响模拟中选定刚体的力空间扭曲。

添加 ：单击该按钮可以将场景中的力空间扭曲应用到模拟中选定的刚体。

移除 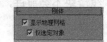：选择添加的空间扭曲，然后单击该按钮可以将其移除。

<7>高级卷展栏

展开"高级"卷展栏，如图10-26所示。

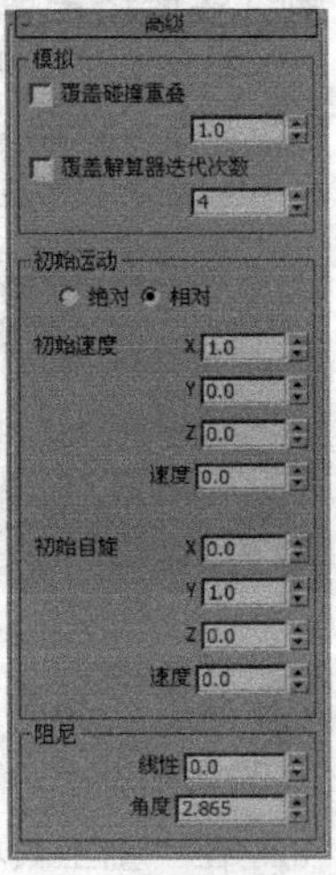

高级卷展栏重要参数介绍

① 模拟组

覆盖碰撞重叠：如果启用该选项，将为选定刚体使用在这里指定的碰撞重叠设置，而不使用全局设置。

覆盖解算器迭代次数：如果启用该选项，将为选定刚体使用在这里指定的解算器迭代次数设置，而不使用全局设置。

② 初始运动组

绝对/相对：这两个选项只适用于刚开始时为

图10-26

"运动学"类型之后在指定帧处切换为动态类型的刚体。

初始速度：设置刚体在变为动态类型时的起始方向和速度。

初始自旋：设置刚体在变为动态类型时旋转的起始轴和速度。

③ 阻尼组

线性：设置为减慢移动对象的速度所施加的力大小。

角度：设置为减慢旋转对象的速度所施加的力大小。

4.显示面板

"显示"面板包含两个卷展栏，分别是"刚体"和"MassFX可视化工具"卷展栏，如图10-27所示。

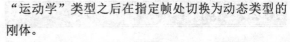

图10-27

<1>刚体卷展栏

展开"刚体"卷展栏，如图10-28所示。

图10-28

刚体卷展栏重要参数介绍

显示物理网格：启用该选项时，物理网格会显示在视口中。

仅选定对象：启用该选项时，仅选定对象的物理网格会显示在视口中。

<2>MassFX可视化工具卷展栏

展开MassFX可视化工具卷展栏，如图10-29所示。

MassFX可视化工具卷展栏重要参数介绍

启用可视化工具：启用该选项时，"MassFX可视化工具"卷展栏中的其余设置才起作用。

缩放：设置基于视口的指示器的相对大小。

图10-29

10.2.2 模拟工具

MassFX工具中的模拟工具分为4种，分别是"将模拟实体重置为其原始状态"工具、"开始模拟"工具、"开始没有动画的模拟"工具和"步长模拟"工具，如图10-30所示。

图10-30

模拟工具介绍

将模拟实体重置为其原始状态：单击该按钮可以停止模拟，并将时间线滑块移动到第1帧，同时将任意动力学刚体设置为其初始变换。

开始模拟：从当前帧运行模拟，时间线滑块为每个模拟步长前进一帧，从而让运动学刚体作为模拟的一部分进行移动。

开始没有动画的模拟：当模拟运行时，时间线滑块不会前进，这样可以使动力学刚体移动到固定点。

步长模拟：运行一个帧的模拟，并使时间线滑块前进相同的量。

10.2.3 创建刚体

MassFX工具中的刚体创建工具分为3种，分别是"将选定项设置为动力学刚体"工具、"将选定项设置为运动学刚体"工具和"将选定项设置为静态刚体"工具，如图10-31所示。

图10-31

技巧与提示

下面重点讲解"将选定项设置为动力学刚体"工具和"将选定项设置为运动学刚体"工具。由于"将选定项设置为静态刚体"工具在实际工作中并不常用，因此不对其进行讲解。

1.将选定项设置为动力学刚体

使用"将选定项设置为动力学刚体"工具可以将未实例化的MassFX刚体修改器应用到每个选定对象，并将刚体类型设置为"动力学"，然后为每个对象创建一个"凸面"物理网格，如图10-32所示。如果选定对象已经具有MassFX刚体修改器，则现有修改器将更改为动力学，而不重新应用。

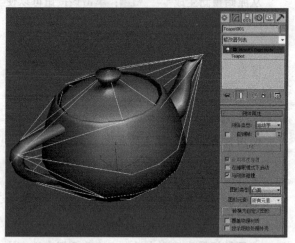

图10-32

技巧与提示

"将选定项设置为动力学刚体"工具的相关参数在前面的"MassFX可视化工具"对话框中已经介绍过，因此这里不再重复讲解。

课堂案例

制作多米诺骨牌动力学刚体动画

场景位置	场景文件>CH10>01.max
实例位置	实例文件>CH10>课堂案例：制作多米诺骨牌动力学刚体动画.max
视频名称	课堂案例：制作多米诺骨牌动力学刚体动画.mp4
学习目标	学习动力学刚体动画的制作方法

多米诺骨牌动力学刚体动画效果如图10-33所示。

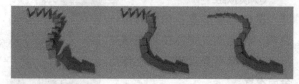

图10-33

01 打开"场景文件>CH10>01.max"文件，如图10-34所示。

02 在"主工具栏"的空白处单击鼠标右键，然后在弹出的菜单中选择"MassFX工具栏"命令调出"MassFX工具栏"，如图10-35所示。

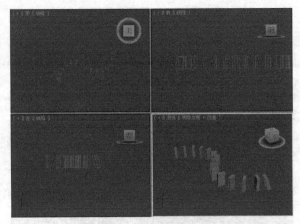

图10-34

图10-35

03 选择如图10-36所示的骨牌，然后在"MassFX工具栏"中单击"将选定项设置为动力学刚体"按钮，这样可以将这个骨牌设置为动力学刚体，如图10-37所示。

图10-36   图10-37

技巧与提示

　　由于本场景中的骨牌是通过"实例"复制方式制作的，因此只需要将其中一个骨牌设置为动力学刚体，其他的骨牌就会自动变成动力学刚体。

04 在"MassFX工具栏"中单击"开始模拟"按钮，可以发现已经产生了骨牌动画，效果如图10-38所示。

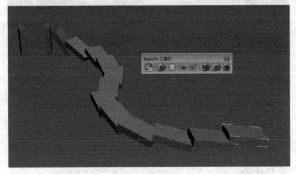

图10-38

05 单击"开始模拟"按钮停止模拟，然后选择第1个骨牌，接着在"刚体属性"卷展栏下单击"烘焙"按钮，此时会在时间尺上自动生成关键帧，如图10-39所示。

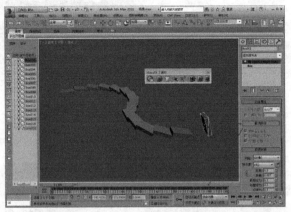

图10-39

06 选择动画效果最明显的一些帧，然后单独渲染出这些单帧动画，最终效果如图10-40所示。

图10-40

2.将选定项设置为运动学刚体

　　使用"将选定项设置为运动学刚体"工具可以将未实例化的MassFX刚体修改器应用到每个选定对象，并将刚体类型设置为"运动学"，然后为每个对象创建一个"凸面"物理网格，如图10-41所示。如果选定对象已经具有MassFX刚体修改器，则现有修改器将更改为运动学，而不重新应用。

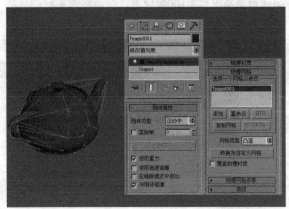

图10-41

课堂案例

制作汽车碰撞运动学刚体动画

场景位置	场景文件>CH10>02.max
实例位置	实例文件>CH10>课堂案例：制作汽车碰撞运动学刚体动画.max
视频名称	课堂案例：制作汽车碰撞运动学刚体动画.mp4
学习目标	学习运动学刚体动画的制作方法

汽车碰撞运动学刚体动画效果如图10-42所示。

图10-42

01 打开"场景文件>CH10>02.max"文件，如图10-43所示。

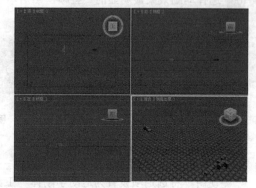

图10-43

02 下面先为汽车设置一个简单的位移动画。使用"选择并移动"工具 ■ 选择汽车模型，然后在界面右下角单击"自动关键点"按钮 自动关键点 ，接着将汽车向前稍微移动一点点距离，如图10-44所示，再将时间线滑块拖曳到第100帧位置，最后将汽车移动到纸箱的前方，如图10-45所示。

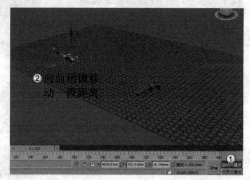

❷ 问面稍微移动一段距离

❶

图10-44

将汽车移动 ❷
到纸箱前面

❶

图10-45

03 拖曳时间线滑块，可以观察到汽车已经生成了一个位移动画，如图10-46所示。

图10-46

04 选择汽车模型，然后在"MassFX工具栏"中单击"将选定项设置为运动学刚体"按钮 ■ ，如图10-47所示。

MassFX 工具栏

将选定项设置为运动学刚体

图10-47

05 选择所有的纸箱模型，然后在"MassFX工具栏"中单击"将选定项设置为动力学刚体"按钮 ■ ，如图10-48所示，接着在"刚体属性"卷展栏下勾选"在睡眠模式下启动"选项，如图10-49所示。

图10-48　　　　　　图10-49

06 选择地面模型,然后在"MassFX工具栏"中单击"将选定项设置为静态刚体"按钮 ,如图10-50所示。

图10-50

图10-53

09 选择动画效果最明显的一些帧,然后单独渲染出这些单帧动画,最终效果如图10-54所示。

07 在"MassFX工具栏"中单击"开始模拟"按钮 ,观察动画效果,如图10-51所示。

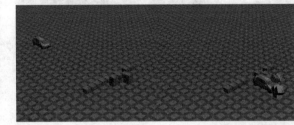

图10-54

10.3 创建约束

图10-51

08 单击"开始模拟"按钮 停止模拟,然后单独选择中间的几个纸箱,接着在"刚体属性"卷展栏下单击"烘焙"按钮 ,如图10-52所示,此时会在时间尺上自动生成关键帧,如图10-53所示。

图10-52

3ds Max中的MassFX约束可以限制刚体在模拟中的移动。所有的预设约束可以创建具有相同设置的同一类型的辅助对象。约束辅助对象可以将两个刚体链接在一起,也可以将单个刚体锚定到全局空间的固定位置。约束组成了一个层次关系,子对象必须是动力学刚体,而父对象可以是动力学刚体、运动学刚体或为空(锚定到全局空间)。

在默认情况下,约束"不可断开",无论对它应用了多强的作用力或使它违反其限制的程度多严重,它将保持效果并尝试将其刚体移回所需的范围。但是可以将约束设置为可使用独立作用力和扭矩限制来将其断开,超过该限制时约束将会禁用且不再应用于模拟。

3ds Max中的约束分为"刚体"约束、"滑块"约束、"转枢"约束、"扭曲"约束、"通用"约束和"球和套管"约束6种,如图10-55所示。下面简单介绍这些约束的作用。

图10-55

各种约束介绍

创建刚体约束 ：将新的MassFX约束辅助对象添加到带有适合于"刚体"约束的设置项目中。"刚体"约束可以锁定平移、摆动和扭曲，并尝试在开始模拟时保持两个刚体在相同的相对变换中。

创建滑块约束 ：将新的MassFX约束辅助对象添加到带有适合于"滑动"约束的设置项目中。"滑动"约束类似于"刚体"约束，但是会启用受限的y变换。

建立转枢约束 ：将新的MassFX约束辅助对象添加到带有适合于"转枢"约束的设置项目中。"转枢"约束类似于"刚体"约束，但是"摆动z"限制为100°。

创建扭曲约束 ：将新的MassFX约束辅助对象添加到带有适合于"扭曲"约束的设置项目中。"扭曲"约束类似于"刚体"约束，但是"扭曲"设置为"自由"。

创建通用约束 ：将新的MassFX约束辅助对象添加到带有适合于"通用"约束的设置项目中。"通用"约束类似于"刚体"约束，但"摆动y"和"摆动z"限制为45°。

建立球和套管约束 ：将新的MassFX约束辅助对象添加到带有适合于"球和套管"约束的设置项目中。"球和套管"约束类似于"刚体"约束，但"摆动y"和"摆动z"限制为80°，且"扭曲"设置为"无限制"。

10.4　本章小结

本章主要讲解了动力学MassFX和约束的运用。在技术方面，读者要多对"将选定项设置为动力学刚体"工具 和"将选定项设置为运动学刚体"工具 进行练习，因为制作刚体动画主要靠这两个工具。

10.5　课后习题

本章安排了两个课后习题。这两个习题都是针对刚体动画的制作方法进行练习，一个针对动力学刚体动画，另外一个针对运动学刚体动画。

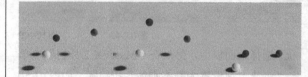

课后习题1：制作弹力球动力学刚体动画

场景位置	场景文件>CH10>03.max
实例位置	实例文件>CH10>课后习题1：制作弹力球动力学刚体动画.max
视频名称	课后习题1：制作弹力球动力学刚体动画.mp4
练习目标	练习动力学刚体动画的制作方法

弹力球动力学刚体动画效果如图10-56所示。

图10-56

课后习题2：制作小球撞墙运动学刚体动画

场景位置	场景文件>CH10>04.max
实例位置	实例文件>CH10>课后习题2：制作小球撞墙运动学刚体动画.max
视频名称	课后习题2：制作小球撞墙运动学刚体动画.mp4
练习目标	练习运动学刚体动画的制作方法

小球撞墙运动学刚体动画效果如图10-57所示。

图10-57

第11章

毛发系统

本章将介绍3ds Max 2016的毛发技术，包含Hair和Fur（WSM）（头发和毛发（WSM））修改器和"VRay毛皮"工具。这两个制作毛发的工具并不难，难点在于模拟真实的毛发效果，因此读者要多对现实生活中的毛发物体进行观察，这样才能制作出真实的毛发作品。

课堂学习目标

掌握Hair和Fur（WSM）修改器的使用方法

掌握"VRay毛皮"的创建方法

11.1 毛发系统概述

毛发在静帧和角色动画制作中非常重要，同时毛发也是动画制作中最难模拟的，图11-1所示是一些比较优秀的毛发作品。

图11-1

在3ds Max中，制作毛发的方法主要有以下3种。

第1种：使用Hair和Fur（WSM）（头发和毛发（WSM））修改器来进行制作。

第2种：使用"VRay毛皮"工具 VR毛皮 来进行制作。

第3种：使用不透明度贴图来进行制作。

11.2 制作毛发

毛发虽然难模拟，但是只要掌握好了制作方法，其实还是比较容易的，这就需要读者对制作毛发的工具的参数有着深刻的理解。下面对制作毛发的两个常用工具分别进行介绍，即Hair和Fur（WSM）（头发和毛发（WSM））修改器与"VRay毛皮"工具。

本节工具介绍

工具名称	工具的主要作用	重要程度
Hair和Fur（WSM）	可以在任何对象上生长毛发	高
VRay毛皮	制作地毯、草地和毛制品等	高

11.2.1 Hair和Fur（WSM）修改器

Hair和Fur（WSM）（头发和毛发（WSM））修改器是毛发系统的核心。该修改器可以应用在要生长毛发的任何对象上（包括网格对象和样条线对象）。如果是网格对象，毛发将从整个曲面上生长出来；如果是样条线对象，毛发将在样条线之间生长出来。

创建一个物体，然后为其加载一个Hair和Fur（WSM）（头发和毛发（WSM））修改器，可以观察到加载修改器之后，物体表面就生长出了毛发，如图11-2所示。

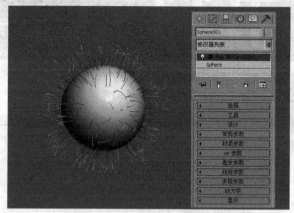

图11-2

Hair和Fur（WSM）（头发和毛发（WSM））修改器的参数非常多，一共有14个卷展栏。下面依次对各卷展栏中的重要参数进行介绍。

1.选择卷展栏

展开"选择"卷展栏，如图11-3所示。

选择卷展栏重要参数介绍

导向：这是一个子对象层级，单击该按钮后，"设计"卷展栏中的"设计发型"工具 设计发型 将自动启用。

图11-3

面：这是一个子对象层级，可以选择三角形面。

多边形：这是一个子对象层级，可以选择多边形。

元素：这是一个子对象层级，可以通过单击一次鼠标左键来选择对象中的所有连续多边形。

按顶点：该选项只在"面""多边形""元素"级别中使用。启用该选项后，只需要选择子对象的顶点就可以选中子对象。

忽略背面：该选项只在"面""多边形""元素"级别中使用。启用该选项后，选择子对象时只影响面对着用户的面。

复制 复制：将命名选择集放置到复制缓冲区。

粘贴 粘贴：从复制缓冲区中粘贴命名的选择集。

更新选择 更新选择：根据当前子对象来选择重新要计算毛发生长的区域，然后更新显示。

2.工具卷展栏

展开"工具"卷展栏，如图11-4所示。

工具卷展栏重要参数介绍

图11-4

从样条线重梳 从样条线重梳：创建样条线以后，使用该工具在视图中拾取样条线，可以从样条线重梳毛发，如图11-5所示。

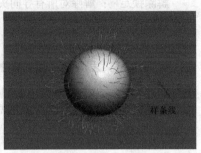

样条线

图11-5

样条线变形：可以用样条线来控制发型与动态效果。这是3ds Max 2012的新增毛发功能。

重置其余 重置其余：在曲面上重新分布头发的数量，以得到较为均匀的结果。

重生毛发 重生毛发：忽略全部样式信息，将毛发复位到默认状态。

加载 加载：单击该按钮可以打开"Hair和Fur预设值"对话框，在该对话框中可以加载预设的毛发样式，如图11-6所示。

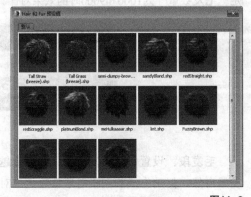

图11-6

保存 保存：调整好毛发以后，单击该按钮可以将当前的毛发保存为预设的毛发样式。

复制 复制：将所有毛发设置和样式信息复制到粘贴缓冲区。

粘贴 粘贴：将所有毛发设置和样式信息粘贴到当前的毛发修改对象中。

无 无：如果要指定毛发对象，可以单击该按钮，然后拾取要应用毛发的对象。

X X：如果要停止使用实例节点，可以单击该按钮。

混合材质：启用该选项后，应用于生长对象的材质以及应用于毛发对象的材质将合并为单一的多子对象材质，并应用于生长对象。

导向 - >样条线 导向->样条线：将所有导向复制为新的单一样条线对象。

毛发 - >样条线 毛发->样条线：将所有毛发复制为新的单一样条线对象。

毛发 - >网格 毛发->网格：将所有毛发复制为新的单一网格对象。

渲染设置 渲染设置...：单击该按钮可以打开"环境和效果"对话框，在该对话框中可以对毛发的渲染效果进行更多的设置。

3.设计卷展栏

展开"设计"卷展栏，如图11-7所示。

图11-7

设计卷展栏重要参数介绍

① 设计发型组

设计发型 设计发型：单击该按钮可以设计毛发的发型，此时该按钮会变成凹陷的"完成设计"按钮 完成设计，单击"完成设计"按钮 完成设计 可以返回到"设计发型"状态。

② 选择组

由头梢选择头发：可以只选择每根导向头发末端的顶点。

选择全部顶点：选择导向头发中的任意顶点时，会选择该导向头发中的所有顶点。

选择导向顶点 ：可以选择导向头发上的任意顶点。

由根选择导向 ：可以只选择每根导向头发根处的顶点，这样会选择相应导向头发上的所有顶点。

顶点显示下拉列表 长方体标记 ▼ ：选择顶点在视图中的显示方式。

反选 ：反转顶点的选择，快捷键为Ctrl+I。

轮流选 ：旋转空间中的选择。

扩展选定对象 ：通过递增的方式增大选择区域。

隐藏选定对象 ：隐藏选定的导向头发。

显示隐藏对象 ：显示任何隐藏的导向头发。

③ 设计组

发梳 ：在该模式下，可以通过拖曳光标来梳理毛发。

剪头发 ：在该模式下可以修剪导向头发。

选择 ：单击该按钮可以进入选择模式。

距离褪光 ：启用该选项时，刷动效果将朝着画刷的边缘产生褪光现象，从而产生柔和的边缘效果（只适用于"发梳"模式）。

忽略背面毛发 ：启用该选项时，背面的头发将不受画刷的影响（适用于"发梳"和"剪头发"模式）。

画刷大小滑块 ：通过拖曳滑块来调整画刷的大小。另外，按住快捷键Shift+Ctrl在视图中拖曳光标也可以更改画刷大小。

平移 ：按照光标的移动方向来移动选定的顶点。

站立 ：在曲面的垂直方向制作站立效果。

蓬松发根 ：在曲面的垂直方向制作蓬松效果。

丛 ：强制选定的导向之间相互更加靠近（向左拖曳光标）或更加分散（向右拖曳光标）。

旋转 ：以光标位置为中心（位于发梳中心）来旋转导向毛发的顶点。

比例 ：放大（向右拖动鼠标）或缩小（向左拖动鼠标）选定的导向。

④ 实用程序组

衰减 ：根据底层多边形的曲面面积来缩放选定的导向。这一工具比较实用，例如将毛发应用到动物模型上时，毛发较短的区域多边形通常也较小。

选定弹出 ：沿曲面的法线方向弹出选定的头发。

弹出大小为零 ：与"选定弹出"类似，但只能对长度为0的头发进行编辑。

重疏 ：使用引导线对毛发进行梳理。

重置剩余 ：在曲面上重新分布毛发的数量，以得到较为均匀的结果。

切换碰撞 ：如果激活该按钮，设计发型时将考虑头发的碰撞。

切换Hair ：切换头发在视图中的显示方式，但是不会影响头发导向的显示。

锁定 ：将选定的顶点相对于最近曲面的方向和距离锁定。锁定的顶点可以选择但不能移动。

解除锁定 ：解除对所有导向头发的锁定。

撤销 ：撤销最近的操作。

⑤ 毛发组组

拆分选定头发组 ：将选定的导向拆分为一个组。

合并选定头发组 ：重新合并选定的导向。

4.常规参数卷展栏

展开"常规参数"卷展栏，如图11-8所示。

图11-8

常规参数卷展栏重要参数介绍

毛发数量：设置生成的毛发总数，图11-9所示是"毛发数量"为1000和9000时的效果对比。

毛发数量=1000

毛发数量=9000

图11-9

毛发段：设置每根毛发的段数。段数越多，毛发越自然，但是生成的网格对象就越大（对于非常

288

直的直发，可将"毛发段"设置为1），图11-10所示是"毛发段"为5和60时的效果对比。

头发段=5　　　　　头发段=60

图11-10

毛发过程数：设置毛发的透明度，取值范围为1~20，图11-11所示是"毛发过程数"为1和4时的效果对比。

毛发过程数=1

毛发过程数=4

图11-11

密度：设置头发的整体密度。

比例：设置头发的整体缩放比例。

剪切长度：设置将整体的头发长度进行缩放的比例。

随机比例：设置在渲染头发时的随机比例。

根厚度：设置发根的厚度。

梢厚度：设置发梢的厚度。

置换：设置头发从根到生长对象曲面的置换量。

插值：开启该选项后，头发生长将插入到导向头发之间。

5.材质参数卷展栏

展开"材质参数"卷展栏，如图11-12所示。

材质参数卷展栏重要参数介绍

阻挡环境光：在照明模型时，控制环境光或漫反射对模型影响的偏差，图11-13和图11-14所示分别是"阻挡环境光"为0和100时的毛发效果。

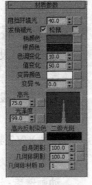

图11-12

图11-13　　　　图11-14

发梢褪光：开启该选项后，毛发将朝向梢部而产生淡出到透明的效果。该选项只适用于mental ray渲染器。

梢/根颜色：设置距离生长对象曲面最远或最近的毛发梢部/根部的颜色，图11-15所示是"梢颜色"为红色、"根颜色"为蓝色时的毛发效果。

梢颜色=红色

根颜色=蓝色

图11-15

色调/值变化：设置头发颜色或亮度的变化量，图11-16所示是不同"色调变化"和"值变化"的毛发效果。

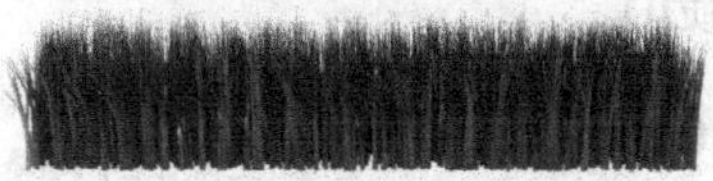

色调变化=值变化=0

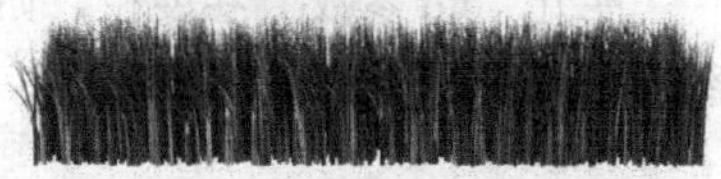

值变化=100

色调变化=100

图11-16

变异颜色：设置变异毛发的颜色。

变异%：设置接受"变异颜色"的毛发的百分比，图11-17所示是"变异%"为30和0时的效果对比。

变异%=30　　　　变异%=0

图11-17

高光: 设置在毛发上高亮显示的亮度。

光泽度: 设置在毛发上高亮显示的相对大小。

高光反射染色: 设置反射高光的颜色。

自身阴影: 设置毛发自身阴影的大小, 图11-18所示是"自身阴影"为0、50和100时的效果对比。

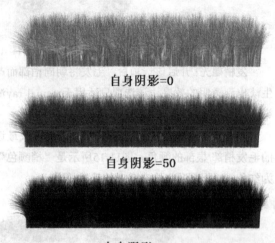

自身阴影=0

自身阴影=50

自身阴影=100

图11-18

几何体阴影: 设置头发从场景中的几何体接收到的阴影的量。

几何体材质ID: 在渲染几何体时设置头发的材质ID。

6.mr参数卷展栏

展开"mr参数"卷展栏, 如图11-19所示。

图11-19

mr参数卷展栏重要参数介绍

应用mr明暗器: 开启该选项后, 可以应用mental ray的明暗器来生成头发。

无 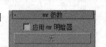 : 单击该按钮可以在弹出的"材质/贴图浏览器"对话框中指定明暗器。

7. 海市蜃楼参数卷展栏

展开"海市蜃楼参数"卷展栏, 如图11-20所示。

图11-20

海市蜃楼参数卷展栏参数介绍

百分比: 设置要应用"强度"和"Mess强度"值的毛发百分比, 范围为0~100。

强度: 指定海市蜃楼毛发伸出的长度, 范围为0~1。

Mess强度: 设置将卷毛应用于海市蜃楼毛发, 范围为0~1。

8.成束参数卷展栏

展开"成束参数"卷展栏, 如图11-21所示。

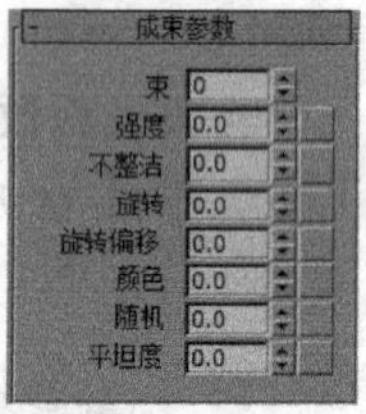

图11-21

成束参数卷展栏参数介绍

束: 用于设置相对于总体毛发数量生成毛发束的数量。

强度: 该参数值越大, 毛发束中各个梢彼此之间的吸引越强, 范围为0~1。

不整洁: 该参数值越大, 毛发束整体形状越凌乱。

旋转: 该参数用于控制扭曲每个毛发束的强度, 范围为0~1。

旋转偏移: 该参数值用于控制根部偏移毛发束的梢, 范围为0~1。

颜色: 如果该参数的值不取为0, 则可以改变毛发束中的颜色, 范围为0~1。

随机: 用于控制所有成束参数随机变化的强度, 范围为0~1。

平坦度: 用于控制在垂直于梳理方向的方向上挤压每个束。

9.卷发参数卷展栏

展开"卷发参数"卷展栏, 如图11-22所示。

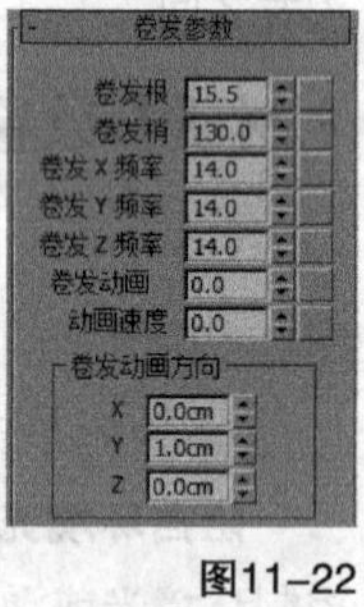

卷发参数卷展栏重要参数介绍

卷发根: 设置头发在其根部的置换量。

卷发梢: 设置头发在其梢部的置换量。

图11-22

卷发X/Y/Z频率: 控制在3个轴中的卷发频率。

卷发动画: 设置波浪运动的幅度。

动画速度: 设置动画噪波场通过空间时的速度。

卷发动画方向: 设置卷发动画的方向向量。

10.纽结参数卷展栏

展开"纽结参数"卷展栏，如图11-23所示。

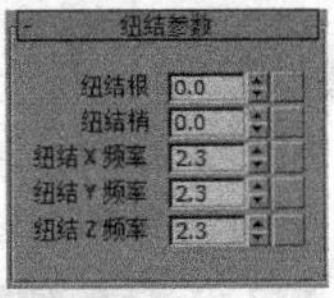

图11-23

纽结参数卷展栏重要参数介绍

纽结根/梢：设置毛发在其根部/梢部的扭结置换量。

纽结X/Y/Z频率：设置在3个轴中的扭结频率。

11.多股参数卷展栏

展开"多股参数"卷展栏，如图11-24所示。

图11-24

多股参数卷展栏重要参数介绍

数量：设置每个聚集块的头发数量。

根展开：设置为根部聚集块中的每根毛发提供的随机补偿量。

梢展开：设置为梢部聚集块中的每根毛发提供的随机补偿量。

随机化：设置随机处理聚集块中的每根毛发的长度。

12.动力学卷展栏

展开"动力学"卷展栏，如图11-25所示。

动力学卷展栏重要参数介绍

模式：选择毛发用于生成动力学效果的方法，有"无""现场""预计算"3个选项可供选择。

起始：设置在计算模拟时要考虑的第1帧。

结束：设置在计算模拟时要考虑的最后1帧。

运行：单击该按钮可以进入模拟状态，并在"起始"和"结束"指定的帧范围内生成起始文件。

重力：设置在全局空间中垂直移动毛发的力。

图11-25

刚度：设置动力学效果的强弱。

根控制：在动力学演算时，该参数只影响头发的根部。

衰减：设置动态头发承载前进到下一帧的速度。

碰撞：选择毛发在动态模拟期间碰撞的对象和计算碰撞的方式，共有"无""球体""多边形"3种方式可供选择。

使用生长对象：开启该选项后，头发和生长对象将发生碰撞。

添加/更换/删除：在列表中添加/更换/删除对象。

13.显示卷展栏

展开"显示"卷展栏，如图11-26所示。

图11-26

显示导向：开启该选项后，头发在视图中会使用颜色样本中的颜色来显示导向。

导向颜色：设置导向所采用的颜色。

显示毛发：开启该选项后，生长毛发的物体在视图中会显示出毛发。

覆盖：关闭该选项后，3ds Max会使用与渲染颜色相近的颜色来显示毛发。

百分比：设置在视图中显示的全部毛发的百分比。

最大毛发数：设置在视图中显示的最大毛发数量。

作为几何体：开启该选项后，毛发在视图中将显示为要渲染的实际几何体，而不是默认的线条。

14.随机化参数卷展栏

展开"随机化参数"卷展栏，如图11-27所示。

图11-27

随机化参数卷展栏参数介绍

种子：设置随机毛发效果的种子值。数值越大，随机毛发出现的频率越高。

用Hair和Fur（WSN）修改器制作油画笔

场景位置	场景文件>CH11>01.max
实例位置	实例文件>CH11>课堂实例：用Hair和Fur（WSN）修改器制作油画笔.max
视频名称	课堂实例：用Hair和Fur（WSN）修改器制作油画笔.mp4
学习目标	用Hair和Fur(WSN)修改器制作油画笔

油画笔效果如图11-28所示。

图11-28

01 打开本书学习资源中的"场景文件>CH11>01.max"文件，如图11-29所示。

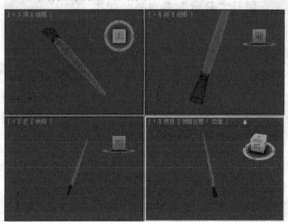

图11-29

02 选择笔尖模型，然后为其加载一个Hair和Fur（WSM）（头发和毛发（WSM））修改器，此时笔尖上会出现很多凌乱的毛发，如图11-30所示。

图11-30

03 在"选择"卷展栏下单击"多边形"按钮■，进入"多边形"级别，然后选择笔尖底部的多边形，如图11-31所示，接着再次单击"多边形"按钮■退出"多边形"级别，此时毛发只生长在这个选定的多边形上，如图11-32所示。

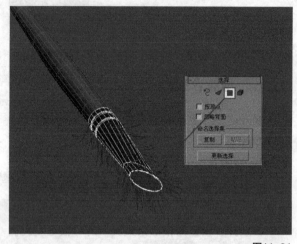

图11-31

图11-32

04 展开"常规参数"卷展栏，然后设置"毛发数量"为1500、"毛发段"为5、"毛发过程数"为2，接着设置"随机比例"为0、"根厚度"为12、"梢厚度"为10，如图11-33所示。

05 展开"卷发参数"卷展栏，然后设置"卷发根"和"卷发梢"为0，如图11-34所示。

图11-33

图11-34

06 展开"多股参数"卷展栏，然后设置"数量"为1、"根展开"和"梢展开"为0.2，如图11-35所示，此时的毛发效果如图11-36所示。

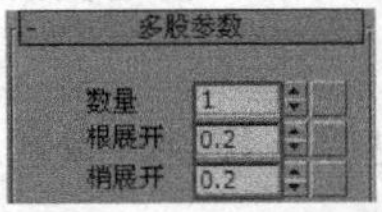

图11-35   图11-36

07 按F9键渲染当前场景，最终效果如图11-37所示。

图11-37

技巧与提示

需要特别注意的是，很多情况下我们使用毛发制作作品并进行渲染时，可能会提示出现错误，这是由于毛发的数量太多造成的，因此假若用户电脑配置较低，可以适当降低毛发的数量进行渲染。

11.2.2 "VRay毛皮"

"VRay毛皮"是VRay渲染器自带的一种毛发制作工具，经常用来制作地毯、草地和毛制品等，如图11-38所示。

图11-38

加载VRay渲染器后，随意创建一个物体，然后设置几何体类型为VRay，接着单击"VRay毛皮"

按钮 [VR毛皮] ，就可以为选中的对象创建"VRay毛皮"，如图11-39所示。

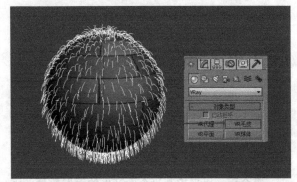

图11-39

"VRay毛皮"的参数只有3个卷展栏，分别是"参数""贴图""视口显示"卷展栏，如图11-40所示。

图11-40

1.参数卷展栏

展开"参数"卷展栏，如图11-41所示。

参数卷展栏重要参数介绍

① 源对象组

源对象： 指定需要添加毛发的物体。

长度： 设置毛发的长度。

厚度： 设置毛发的厚度。

重力： 控制毛发在z轴方向被下拉的力度，也就是通常所说的"重量"。

弯曲： 设置毛发的弯曲程度。

锥度： 用来控制毛发锥化的程度。

材质： 材质的ID通道编号。

② 几何体细节组

边数： 当前这个参数还不可用，在以后的版本中将开发多边形的毛发。

图11-41

结数： 用来控制毛发弯曲时的光滑程度。值越大，表示段数越多，弯曲的毛发越光滑。

平面法线： 这个选项用来控制毛发的呈现方式。当勾选该选项时，毛发将以平面方式呈现；当关闭该选项时，毛发将以圆柱体方式呈现。

③ 变化组

方向参量：控制毛发在方向上的随机变化。值越大，表示变化越强烈；0表示不变化。

长度参量：控制毛发长度的随机变化。1表示变化强烈；0表示不变化。

厚度参量：控制毛发粗细的随机变化。1表示变化强烈；0表示不变化。

重力参量：控制毛发受重力影响的随机变化。1表示变化强烈；0表示不变化。

④ 分布组

每个面：用来控制每个面产生的毛发数量，因为物体的每个面不都是均匀的，所以渲染出来的毛发也不均匀。

每区域：用来控制每单位面积中的毛发数量，这种方式下渲染出来的毛发比较均匀。

参考帧：指定源物体获取到计算面大小的帧，获取的数据将贯穿整个动画过程。

⑤ 放置组

整个对象：启用该选项后，全部的面都将产生毛发。

选定的面：启用该选项后，只有被选择的面才能产生毛发。

材质ID：启用该选项后，只有指定了材质ID的面才能产生毛发。

⑥ 贴图组

生成世界坐标：所有的UVW贴图坐标都是从基础物体中获取，但该选项的w坐标可以修改毛发的偏移量。

通道：指定在w坐标上将被修改的通道。

2.贴图卷展栏

展开"贴图"卷展栏，如图11-42所示。

贴图卷展栏重要参数介绍

基本贴图通道：选择贴图的通道。

弯曲方向贴图（RGB）：用彩色贴图来控制毛发的弯曲方向。

初始方向贴图（RGB）：用彩

图11-42

色贴图来控制毛发根部的生长方向。

长度贴图（单色）：用灰度贴图来控制毛发的长度。

厚度贴图（单色）：用灰度贴图来控制毛发的粗细。

重力贴图（单色）：用灰度贴图来控制毛发受重力的影响。

弯曲贴图（单色）：用灰度贴图来控制毛发的弯曲程度。

密度贴图（单色）：用灰度贴图来控制毛发的生长密度。

3.视口显示卷展栏

展开"视口显示"卷展栏，如图11-43所示。

图11-43

视口显示卷展栏重要参数介绍

视口预览：当勾选该选项时，可以在视图中预览毛发的生长情况。

最大毛发：数值越大，就可以更加清楚地观察毛发的生长情况。

图标文本：勾选该选项后，可以在视图中显示"VRay毛皮"的图标和文字，如图11-44所示。

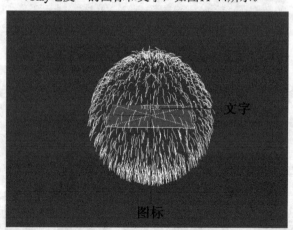

文字

图标

图11-44

自动更新：勾选该选项后，当改变毛发参数时，3ds Max会在视图中自动更新毛发的显示情况。

手动更新 [手动更新]：单击该按钮可以手动更新毛发在视图中的显示情况。

⦅ 课堂案例

用 "VRay毛皮" 制作草地

场景位置　场景文件>CH11>02.max
实例位置　实例文件>CH11>课堂实例: 用 "VRay毛皮" 制作草地.max
视频名称　课堂案例: 用 "VRay毛皮" 制作草地.mp4
学习目标　学习 "VRay毛皮" 的制作方法

草地效果如图11-45所示。

图11-45

01 打开本书学习资源中的 "场景文件>CH11>02.max" 文件，如图11-46所示。

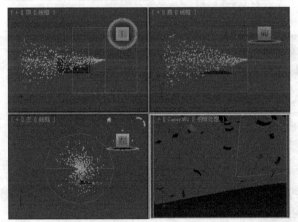

图11-46

02 选择地面模型，然后单击 " VRay毛皮" 按钮 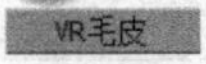 VR毛皮，此时地面上会生长出毛发，如图11-47所示。

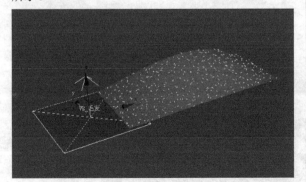

图11-47

技巧与提示

从图11-47中可以观察到地面上的毛发不是很密集，所以要将地面进行细化处理。

03 为地面模型加载一个 "细化" 修改器，然后在 "参数" 卷展栏下设置 "操作于" 为 "多边形" ▫（表示 "迭代次数" 是操作于多边形上），接着设置 "迭代次数" 为4，如图11-48所示。

图11-48

技巧与提示

将多边形细化以后，每个面上可生长的毛发就可以多一些，这样就可以增加毛发的数量。

04 选择 "VRay毛皮"，然后在 "参数" 卷展栏下设置 "长度" 为20mm、"厚度" 为0.2mm、"重力" 为-1mm，接着设置 "结数" 为6、"长度参量" 为1、"每区域" 为0.4，具体参数设置如图11-49所示。

技巧与提示

注意，这里的参数并不是固定的，用户可以根据实际情况来进行调节。

图11-49

05 按F9键渲染当前场景，最终效果如图11-50所示。

图11-50

11.3 本章小结

本章主要讲解了3ds Max的毛发技术。在技术方面，读者要多对Hair和Fur（WSM）（头发和毛发（WSM））修改器和"VRay毛皮"工具进行练习，因为制作毛发主要靠这两个工具。

11.4 课后习题

本章安排了两个课后习题，一个针对Hair和Fur（WSM）（头发和毛发（WSM））修改器的用法进行练习，另外一个针对"VRay毛皮"工具的用法进行练习。

课后习题1：制作牙刷

场景位置	场景文件>CH11>03.max
实例位置	实例文件>CH11>课后习题1：制作牙刷.max
视频名称	课后习题1：制作牙刷.mp4
练习目标	练习Hair和Fur(WSM)[头发和毛发(WSM)]修改器的用法

牙刷效果如图11-51所示。

图11-51

课后习题2：制作地毯

场景位置	场景文件>CH11>04.max
实例位置	实例文件>CH11>课后习题2：制作地毯.max
视频名称	课后习题2：制作地毯.mp4
练习目标	练习"VRay毛皮"工具的用法

地毯效果如图11-52所示。

图11-52

第12章

动画技术

本章将介绍3ds Max 2016的动画技术，包含基础动画和高级动画两大部分。其中重点介绍基础动画中的关键帧动画、约束动画和变形动画。

课堂学习目标

掌握关键帧动画的制作方法

掌握约束动画的制作方法

掌握变形动画的制作方法

了解骨骼与蒙皮的运用

12.1 动画概述

动画是一门综合艺术，是工业社会人类寻求精神解脱的产物，它是集合了绘画、漫画、电影、数字媒体、摄影、音乐、文学等众多艺术门类于一身的艺术表现形式，将多张连续的单帧画面连在一起就形成了动画，如图12-1所示。

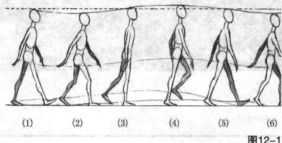

(1)　(2)　(3)　(4)　(5)　(6)

图12-1

3ds Max 2016是一款三维软件，为用户提供了一套非常强大的动画系统，包括基本动画系统和骨骼动画系统。无论采用哪种方法制作动画，都需要动画师对角色或物体的运动有着细致的观察和深刻的体会，抓住运动的"灵魂"才能制作出生动逼真的动画作品，图12-2所示是一些非常优秀的动画作品。

图12-2

12.2 基础动画

本节先介绍制作动画的相关工具，然后系统地介绍"轨迹视图-曲线编辑器"、约束和变形器的用法。掌握好了这些基础工具的用法，可以制作出一些简单动画。

本节工具介绍

工具名称	工具的主要作用	重要程度
曲线编辑器	制作动画时经常使用到的一个编辑器	高
约束	将事物的变化限制在一个特定的范围内	高
变形器	用来改变网格、面片和NURBS模型的形状	高

12.2.1 动画制作工具

1.关键帧设置

3ds Max界面的右下角是一些设置动画关键帧的相关工具，如图12-3所示。

图12-3

关键帧工具介绍

自动关键点 自动关键点：单击该按钮或按N键可以自动记录关键帧。在该状态下，物体的模型、材质、灯光和渲染都将被记录为不同属性的动画。启用"自动关键点"功能后，时间尺会变成红色，拖曳时间线滑块可以控制动画的播放范围和关键帧等，如图12-4所示。

图12-4

设置关键点 设置关键点：激活该按钮后，可以手动设置关键点。

选定对象 选定对象：使用"设置关键点"动画模式时，在这里可以快速访问命名选择集和轨迹集。

设置关键点 ：如果对当前的效果比较满意，可以单击该按钮（快捷键为K键）设置关键点。

关键点过滤器 关键点过滤器...：单击该按钮可以打开"设置关键点过滤器"对话框，在该对话框中可以选择要设置关键点的轨迹，如图12-5所示。

图12-5

2.播放控制器

在关键帧设置工具的旁边是一些控制动画播放

的相关工具，如图12-6所示。

图12-6

播放控制器介绍

转至开头：如果当前时间线滑块没有处于第0帧位置，那么单击该按钮可以跳转到第0帧。

上一帧：将当前时间线滑块向前移动一帧。

播放动画/播放选定对象：单击"播放动画"按钮可以播放整个场景中的所有动画；单击"播放选定对象"按钮可以播放选定对象的动画，而未选定的对象将静止不动。

下一帧：将当前时间线滑块向后移动一帧。

转至结尾：如果当前时间线滑块没有处于结束帧位置，那么单击该按钮可以跳转到最后一帧。

关键点模式切换：单击该按钮可以切换到关键点设置模式。

时间跳转输入框：在这里可以输入数字来跳转时间线滑块，例如输入60，按Enter键就可以将时间线滑块跳转到第60帧。

时间配置：单击该按钮可以打开"时间配置"对话框。该对话框中的参数将在下面的内容中进行讲解。

3.时间配置

单击"时间配置"按钮，打开"时间配置"对话框，如图12-7所示。

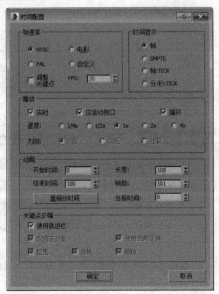

图12-7

时间配置对话框重要参数介绍

① 帧速率选项组

帧速率：共有NTSC（30帧/秒）、PAL（25帧/秒）、电影（24帧/秒）和"自定义"4种方式可供选择，但一般情况都采用PAL（25帧/秒）方式。

FPS（每秒帧数）：采用每秒帧数来设置动画的帧速率。视频使用30FPS的帧速率，电影使用24 FPS的帧速率，而Web和媒体动画则使用更低的帧速率。

② 时间显示选项组

帧/SMPTE/帧:TICK/分:秒:TICK：指定在时间线滑块及整个3ds Max中显示时间的方法。

③ 播放选项组

实时：使视图中播放的动画与当前"帧速率"的设置保持一致。

仅活动视口：使播放操作只在活动视口中进行。

循环：控制动画只播放一次或者循环播放。

速度：选择动画的播放速度。

方向：选择动画的播放方向。

④ 动画选项组

开始时间/结束时间：设置在时间线滑块中显示的活动时间段。

长度：设置显示活动时间段的帧数。

帧数：设置要渲染的帧数。

重缩放时间：拉伸或收缩活动时间段内的动画，以匹配指定的新时间段。

当前时间：指定时间线滑块的当前帧。

⑤ 关键点步幅选项组

使用轨迹栏：启用该选项后，可以使关键点模式遵循轨迹栏中的所有关键点。

仅选定对象：在使用"关键点步幅"模式时，该选项仅考虑选定对象的变换。

使用当前变换：禁用"位置""旋转""缩放"选项时，该选项可以在关键点模式中使用当前变换。

位置/旋转/缩放：指定关键点模式所使用的变换模式。

用自动关键点制作风车旋转动画

场景位置	场景文件>CH12>01.max
实例位置	实例文件>CH12>课堂实例——用自动关键点制作风车旋转动画.max
视频名称	课堂实例——用自动关键点制作风车旋转动画.mp4
学习目标	学习自动关键点动画的制作方法

风车旋转动画效果如图12-8所示。

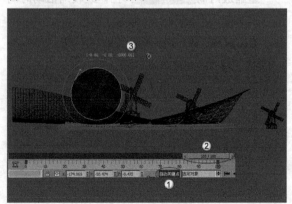

图12-8

01 打开"场景文件>CH12>01.max"文件，如图12-9所示。

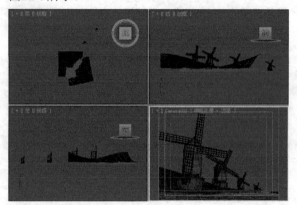

图12-9

02 选择大的风叶模型，然后单击"自动关键点"按钮 自动关键点 ，接着将时间线滑块拖曳到第100帧，最后使用"选择并旋转"工具 沿z轴将风叶旋转-2000°，如图12-10所示。

图12-10

03 采样同样的方法将另外3个风叶也设置一个旋转动画，然后单击"播放动画"按钮 ，效果如图12-11所示。

图12-11

04 选择动画效果最明显的一些帧，然后按F9键渲染当前帧，最终效果如图12-12所示。

图12-12

12.2.2 曲线编辑器

"曲线编辑器"是制作动画时经常使用到的一个编辑器。使用"曲线编辑器"可以快速地调节曲线来控制物体的运动状态。单击"主工具栏"中的"曲线编辑器（打开）"按钮 ，打开"轨迹视图-曲线编辑器"对话框，如图12-13所示。

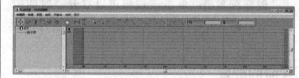

图12-13

为物体设置动画属性以后，在"轨迹视图-曲线编辑器"对话框中就会有与之相对应的曲线，如图12-14所示。

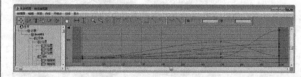

图12-14

知 识 点 不同动画曲线所代表的含义

在"轨迹视图-曲线编辑器"对话框中，x轴默认使用红色曲线来表示，y轴默认使用绿色曲线来表示，z轴默认使用紫色曲线来表示，这3条曲线与坐标轴的3条轴线的颜色相同，图12-15所示的x轴曲线为水平直线，这代表物体在x轴上未发生移动。

图12-16中的y轴曲线为抛物线形状，代表物体在y轴方向上正处于加速运动状态。

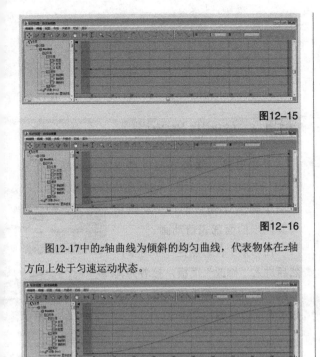

图12-15

图12-16

图12-17中的z轴曲线为倾斜的均匀曲线,代表物体在z轴方向上处于匀速运动状态。

图12-17

12.2.3 约束

所谓"约束",就是将事物的变化限制在一个特定的范围内。将两个或多个对象绑定在一起后,使用"动画>约束"菜单下的子命令可以控制对象的位置、旋转或缩放。执行"动画>约束"菜单命令,可以观察到"约束"命令包含7个子命令,分别是"附着约束""曲面约束""路径约束""位置约束""链接约束""注视约束""方向约束",如图12-18所示。

图12-18

各种约束的作用介绍

附着约束: 将对象的位置附到另一个对象的面上。

曲面约束: 沿着另一个对象的曲面来限制对象的位置。

路径约束: 沿着路径来约束对象的移动效果。

位置约束: 使受约束的对象跟随另一个对象的位置。

链接约束: 将一个对象中的受约束对象链接到另一个对象上。

注视约束: 约束对象的方向,使其始终注视另一个对象。

方向约束: 使受约束的对象旋转跟随另一个对象的旋转效果。

🎬 课堂案例

用路径约束制作金鱼游动动画

场景位置	场景文件>CH12>02.max
实例位置	实例文件>CH12>课堂实例——用路径约束制作金鱼游动动画.max
视频名称	课堂实例——用路径约束制作金鱼游动动画.mp4
学习目标	学习约束的用法

金鱼游动动画效果如图12-19所示。

图12-19

01 打开"场景文件>CH12>02.max"文件,如图12-20所示。

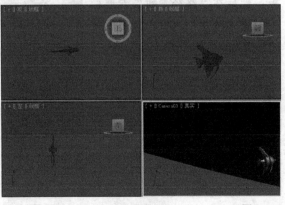

图12-20

02 使用"线"工具 线 在视图中绘制一条金鱼游动的路径样条线,如图12-21所示。

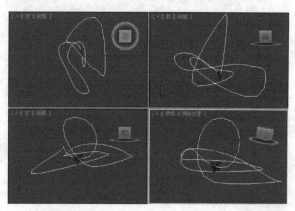

图12-21

⑩3 选择金鱼，然后执行"动画>约束>路径约束"菜单命令，接着在视图中拾取样条线，如图12-22所示。

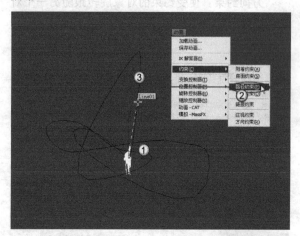

图12-22

⑩4 在"命令"面板中单击"运动"按钮 ⑥，切换到"运动"面板，然后在"路径参数"卷展栏下勾选"跟随"选项，接着设置"轴"为x轴，如图12-23所示。

图12-23

⑩5 选择动画效果最明显的一些帧，然后单独渲染出这些单帧动画，最终效果如图12-24所示。

图12-24

12.2.4 变形器修改器

"变形器"修改器可以用来改变网格、面片和NURBS模型的形状，同时还支持材质变形，一般用于制作3D角色的口型动画和与其同步的面部表情动画。

在场景中任意创建一个对象，然后进入"修改"面板，接着为其加载一个"变形器"修改器，其参数设置面板如图12-25所示。

图12-25

技巧与提示

"变形器"修改器在实际工作中并不常用，因此这里不介绍其参数。

12.3 高级动画

动物的身体是由骨骼、肌肉和皮肤组成的。从功能上看，骨骼主要用来支撑动物的躯体，它本身不产生运动。动物的运动实际上是由肌肉来控制的，在肌肉的带动下，筋腱拉动骨骼沿着各个关节来产生转动或在某个局部发生移动，从而表现出整个形体上的运动效果，如图12-26所示。

图12-26

12.3.1 骨骼

3ds Max 2016提供了一套非常优秀的动画控制系

统——骨骼。利用骨骼，可以控制角色的运动效果。

1.创建骨骼

在3ds Max 2016中，创建骨骼的方法主要有以下两种。

第1种：执行"动画>骨骼工具"菜单命令，打开"骨骼工具"对话框，然后单击"创建骨骼"按钮 `创建骨骼` ，接着在视图中拖曳光标即可创建一段骨骼，再次拖曳光标即可继续创建骨骼，如图12-27所示。

图12-27

第2种：在"创建"面板中单击"系统"按钮，设置系统类型为"标准"，然后单击"骨骼"按钮 `骨骼` ，接着在视图中拖曳光标即可创建一段骨骼，再次拖曳光标即可继续创建骨骼，如图12-28所示。

图12-28

2.线性IK

线性IK使用位置约束控制器将IK链约束到一条曲线上，使其能够在曲线节点的控制下在上、下、左、右进行扭动，以此来模拟软体动物的运动效果。

在创建骨骼时，如果在"IK链指定"卷展栏下勾选了"指定给子对象"选项，那么创建出来的骨骼会出现一条IK链，如图12-29所示。

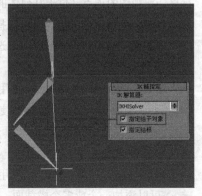

图12-29

3.父子骨骼

创建好多个骨骼节点后，单击"主工具栏"中的"按名称选择"按钮，在弹出的对话框中可以观察到骨骼节点之间的父子关系，其关系是Bone001>Bone002>Bone003>Bone004，如图12-30所示。

图12-30

技巧与提示

选择骨骼Bone003，然后使用"选择并移动"工具拖曳该骨骼节点，可以观察到Bone004会随着Bone03一起移动，而Bone01和Bone02不会跟随Bone03移动，这就很好地体现了骨骼节点之间的父子关系，如图12-31所示。

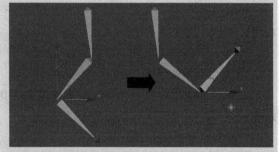

图12-31

4.添加骨骼

在创建完骨骼后，还可以继续添加骨骼节点，将光标放置在骨骼节点的末端，当光标变成十字形时单击并拖曳光标即可继续添加骨骼，如图12-32所示。

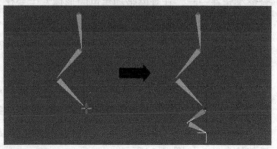

图12-32

5.骨骼参数

选择创建的骨骼，然后进入"修改"面板，其参数设置面板如图12-33所示。

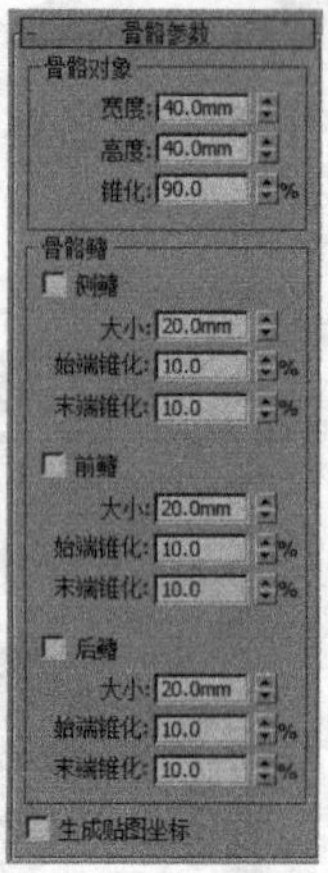

骨骼重要参数介绍

① 骨骼对象选项组

宽度/高度：设置骨骼的宽度和高度。

锥化：调整骨骼形状的锥化程度。如果设置为0，则生成的骨骼形状为长方体形状。

② 骨骼鳍选项组

图12-33

侧鳍：在所创建的骨骼的侧面添加一组鳍。

大小：设置鳍的大小。

始端/末端锥化：设置鳍的始端和末端的锥化程度。

前鳍：在所创建的骨骼的前端添加一组鳍。

大小：设置鳍的大小。

始端/末端锥化：设置鳍的始端和末端的锥化程度。

后鳍：在所创建的骨骼的后端添加一组鳍。

大小：设置鳍的大小。

始端/末端锥化：设置鳍的始端和末端的锥化程度。

③ 生成贴图坐标选项组

生成贴图坐标：由于骨骼是可渲染的，启用该选项后可以对其使用贴图坐标。

12.3.2 蒙皮

为角色创建好骨骼后，就需要将角色的模型和骨骼绑定在一起，让骨骼带动角色的形体发生变化，这个过程就称为"蒙皮"。3ds Max 2016提供了两个蒙皮修改器，分别是"蒙皮"修改器和Physique修改器，这里重点讲解"蒙皮"修改器的使用方法。

创建好角色的模型和骨骼后，选择角色模型，然后为其加载一个"蒙皮"修改器，接着在"参数"卷展栏下单击"编辑封套"按钮 编辑封套 激活其他参数，如图12-34所示。

图12-34

蒙皮重要参数介绍

① 编辑封套组

编辑封套 编辑封套 ：激活该按钮可以进入子对象层级，进入子对象层级后可以编辑封套和顶点的权重。

② 选择组

顶点：启用该选项后可以选择顶点，并且可以使用"收缩"工具 收缩 、"扩大"工具 扩大 、"环"工具 环 和"循环"工具 循环 来选择顶点。

选择元素：启用该选项后，只要至少选择所选元素的一个顶点，就会选择它的所有顶点。

背面消隐顶点：启用该选项后，不能选择指向远离当前视图的顶点（位于几何体的另一侧）。

封套：启用该选项后，可以选择封套。

横截面：启用该选项后，可以选择横截面。

③ 骨骼组

添加 添加 **/移除** 移除 ：使用"添加"工具 添加 可以添加一个或多个骨骼；使用"移除"工具 移除 可以移除选中的骨骼。

④ 横截面组

添加 添加 **/移除** 移除 ：使用"添加"工具 添加 可以添加一个或多个横截面；使用"移除"工

具 移除 可以移除选中的横截面。

⑤ 封套属性组

半径：设置封套横截面的半径大小。

挤压：设置所拉伸骨骼的挤压倍增量。

绝对 A/相对 R：用来切换计算内外封套之间的顶点权重的方式。

**封套可见性 / **：用来控制未选定的封套是否可见。

衰减 / ⌐ ⌐ ⌐：为选定的封套选择衰减曲线。

**复制 /粘贴 **：使用"复制"工具 可以复制选定封套的大小和图形；使用"粘贴"工具 可以将复制的对象粘贴到所选定的封套上。

⑥ 权重属性组

绝对效果：设置选定骨骼相对于选定顶点的绝对权重。

刚性：启用该选项后，可以使选定顶点仅受一个最具影响力的骨骼的影响。

刚性控制柄：启用该选项后，可以使选定面片顶点的控制柄仅受一个最具影响力的骨骼的影响。

规格化：启用该选项后，可以强制每个选定顶点的总权重合计为1。

**排除选定的顶点 /包含选定的顶点 **：将当前选定的顶点排除/添加到当前骨骼的排除列表中。

**选定排除的顶点 **：选择所有从当前骨骼排除的顶点。

**烘焙选定顶点 **：单击该按钮可以烘焙当前的顶点权重。

**权重工具 **：单击该按钮可以打开"权重工具"对话框，如图12-35所示。

图12-35

权重表 权重表：单击该按钮可以打开"蒙皮权重表"对话框，在该对话框中可以查看和更改骨骼结构中所有骨骼的权重，如图12-36所示。

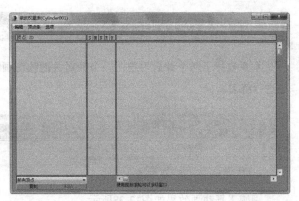

图12-36

绘制权重 绘制权重：使用该工具可以绘制选定骨骼的权重。

**绘制选项 **：单击该按钮可以打开"绘制选项"对话框，在该对话框中可以设置绘制权重的参数，如图12-37所示。

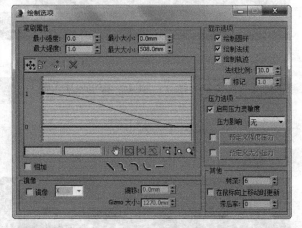

图12-37

绘制混合权重：启用该选项后，通过均分相邻顶点的权重，可以基于笔刷强度来应用平均权重，这样可以缓和绘制的值。

12.4 本章小结

本章主要讲解了3ds Max的动画技术中的关键帧动画、约束动画以及变形动画的运用。这3种动画是最基础的动画，也是运用最广泛的动画，只有掌握好了这3种动画的制作方法，在制作高级动画时才能得心应手。

12.5 课后习题

本章安排了两个课后习题，一个针对关键帧动画的制作方法进行练习，另外一个针对变形动画的制作方法进行练习。

课后习题1：制作蝴蝶飞舞动画

场景位置	场景文件>CH12>03.max
实例位置	实例文件>CH12>课后习题1——制作蝴蝶飞舞动画.max
视频名称	课后习题1——制作蝴蝶飞舞动画.mp4
练习目标	练习自动关键点动画的制作方法

蝴蝶飞舞动画效果如图12-38所示。

图12-38

课后习题2：制作露珠变形动画

场景位置	场景文件>CH12>04.max
实例位置	实例文件>CH12>课后习题2——制作露珠变形动画.max
视频名称	课后习题2——制作露珠变形动画.mp4
练习目标	练习变形动画的制作方法

露珠变形动画效果如图12-39所示。

图12-39

第13章

商业综合实例

本章将通过3个商业综合实例，分别讲解家装场景、工装场景和CG场景的渲染制作过程。本章是对前边学过的知识的综合运用。

课堂学习目标

掌握家装场景的制作步骤

掌握工装场景的制作步骤

掌握CG场景的制作步骤

13.1 课堂案例：家装客厅柔和灯光表现

场景位置	场景文件>CH13>01.max
实例位置	实例文件>CH13>课堂实例：家装客厅柔和灯光表现.max
视频名称	课堂实例：家装客厅柔和灯光表现.mp4
学习目标	学习VRay灯光、VRay材质和VRay渲染参数的设置方法

本例是一个现代风格的家装客厅空间，柔和灯光的表现是本例的学习难点，皮沙发材质、地砖材质、背景墙材质、黑绒布材质和灯材质的制作方法是本例的学习重点，效果如图13-1所示。

图13-1

13.1.1 材质制作

本例的场景对象材质主要包括皮沙发材质、地砖材质、电视背景墙材质、木板材质、黑绒布材质和墙面材质，如图13-2所示。

图13-2

1.制作皮沙发材质

皮沙发材质的模拟效果如图13-3所示。

皮沙发材质的基本属性主要有以下两点。

具有一定的反射效果。

具有一定的凹凸效果。

图13-3

01 打开"场景文件>CH13>01.max"文件，如图13-4所示。

02 选择一个空白材质球，然后设置材质类型为VRayMtl材质，具体参数设置如图13-5所示，制作好的材质球效果如图13-6所示。

设置步骤

① 在"漫反射"贴图通道中加载一张"衰减"程序贴图，然后在"衰减参数"卷展栏下设置"前"通道的颜色为（红:254，绿:245，蓝:228），接着设置"衰减类型"为Fresnel。

② 展开"贴图"卷展栏，然后在"凹凸"贴图通道中加载一张"实例文件>CH13>课堂实例：家装客厅柔和灯光表现>皮沙发凹凸.jpg"文件，接着设置凹凸的强度为10。

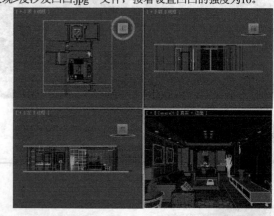

图13-4

图13-5

图13-6

2.制作地砖材质

地砖材质的模拟效果如图13-7所示。

地砖材质的基本属性主要有以下两点。

带有砖材纹理。

具有一定的反射效果。

图13-7

选择一个空白材质球，然后设置材质类型为VRayMtl材质，具体参数设置如图13-8所示，制作好的材质球效果如图13-9所示。

设置步骤

① 在"漫反射"贴图通道中加载一张"实例文件>CH13>课堂实例：家装客厅柔和灯光表现>地砖.jpg"文件。

② 设置"反射"颜色为（红:181，绿:181，蓝:181），然后设置"反射光泽"为0.94。

图13-8

图13-9

3.制作电视背景墙材质

电视背景墙材质的模拟效果如图13-10所示。

电视背景墙材质的基本属性主要有以下两点。

具有一定的反射效果。

具有一定的凹凸效果。

图13-10

选择一个空白材质球，然后设置材质类型为VRayMtl材质，具体参数设置如图13-11所示，制作好的材质球效果如图13-12所示。

设置步骤

① 在"漫反射"贴图通道中加载一张"实例文件>CH08>课堂实例：家装客厅柔和灯光表现>背景墙.jpg"文件。

② 设置"反射"颜色为（红:181，绿:181，蓝:181），然后设置"反射光泽"为0.95。

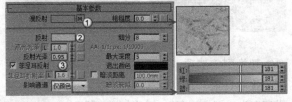

图13-11

图13-12

4.制作木板材质

木板材质的模拟效果如图13-13所示。

木板材质的基本属性主要有以下两点。

具有很强的凹凸效果。

带有木质纹理。

图13-13

选择一个空白材质球，然后设置材质类型为VRayMtl材质，具体参数设置如图13-14所示，制作好的材质球效果如图13-15所示。

设置步骤

① 在"漫反射"贴图通道中加载一张"实例文件>CH13>课堂实例：家装客厅柔和灯光表现>木板.jpg"文件。

② 设置"反射"颜色为（红:116，绿:116，蓝:116），然后设置"高光光泽"为0.85、"反射光泽"为0.86、"细分"为12。

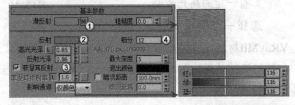

图13-14

图13-15

5.制作黑绒布材质

黑绒布材质的模拟效果如图13-16所示。

黑绒布材质的基本属性主要有以下两点。

具有衰减效果。

带有绒布质感。

图13-16

选择一个空白材质球，设置材质类型为VRayMtl材质，然后在"漫反射"贴图通道中加载一张"衰减"程序贴图，接着在"衰减参数"卷展栏下设置"衰减类型"为Fresnel，如图13-17所示，制作好的材质球效果如图13-18所示。

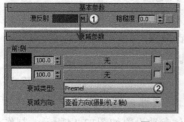

图13-17　　图13-18

6.制作墙面材质

墙面材质的模拟效果如图13-19所示。

墙面材质的基本属性主要有以下两点。

具有一定的反射效果。

具有一定的高光效果。

图13-19

选择一个空白材质球，然后设置材质类型为VRayMtl材质，具体参数设置如图13-20所示，制作好的材质球效果如图13-21所示。

设置步骤

① 设置"漫反射"颜色为（红:72，绿:90，蓝:111）。

② 设置"反射"颜色为（红:10，绿:10，蓝:10），然后设置"高光光泽"为0.74、"反射光泽"为0.95，最后取消勾选"菲涅耳反射"选项。

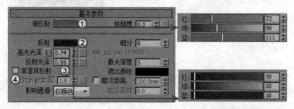

图13-20

图13-21

13.1.2　设置测试渲染参数

01 按F10键打开"渲染设置"对话框，然后设置渲染器为VRay渲染器，接着在"公用参数"卷展栏下设置"宽度"为500、"高度"为375，最后单击"图像纵横比"选项后面的"锁定"按钮，锁定渲染图像的纵横比，如图13-22所示。

02 切换到VRay选项卡，然后展开"图像采样器（抗锯齿）"卷展栏，接着设置"类型"为"渲染块"，如图13-23所示。

图13-22　　　　　　　　　图13-23

03 展开"渲染块图像采样器"卷展栏，然后设置"最小细分"为1，接着取消勾选"最大细分"选项，再设置"渲染块宽度"为32、"渲染块高度"为32，如图13-24所示。

图13-24

技巧与提示

"渲染块宽度"大小默认为64，是渲染时画面上每个小格子的大小。

04 展开"图像过滤器"卷展栏，然后设置"过滤器"为"区域"，如图13-25所示。

05 展开"全局确定性蒙特卡洛"卷展栏，然后设置"最小采样"为8、"自适应数量"为0.85、"噪波阈值"为0.1，如图13-26所示。

图13-25　　　　　　　　　图13-26

06 切换到GI选项卡，然后展开"全局照明"卷展栏，接着设置"首次引擎"为"发光图"、"二次引擎"为"灯光缓存"，如图13-27所示。

07 展开"发光图"卷展栏，然后设置"当前预设"为"自定义"，接着设置"最小速率"和"最大速率"为-4，再设置"细分"为50，最后设置"插值采样"为20，如图13-28所示。

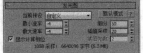

图13-27　　　　　　图13-28

08 展开"灯光缓存"卷展栏，然后设置"细分"为200，如图13-29所示。

09 按大键盘上的8键打开"环境和效果"对话框，然后在"环境贴图"通道中加载一张"VRay天空"环境贴图，如图13-30所示。

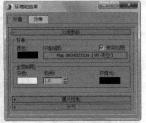

图13-29　　　　　　图13-30

13.1.3　灯光设置

本场景的灯光比较多，先要用目标灯光创建主光源，然后用VRay灯光创建辅助光源、台灯、吊灯以及灯带。

1.创建主灯光

01 设置灯光类型为"光度学"，然后在场景中创建25盏目标灯光作为主灯光，其位置如图13-31所示。

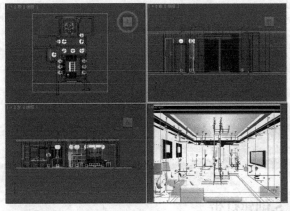

图13-31

技巧与提示

在创建主灯光时，可以先创建一盏目标灯光，然后用

"实例"复制法复制出其他灯光，这样就只需要修改其中一盏灯光的参数，其他灯光的参数就会跟着一起发生改变。

02 选择上一步创建的目标灯光，然后进入"修改"面板，具体参数设置如图13-32所示。

设置步骤

① 展开"常规参数"卷展栏，然后在"阴影"选项组下勾选"启用"选项，接着设置阴影类型为"VRay阴影"，最后设置"灯光分布（类型）"为"光度学Web"。

② 展开"分布（光度学Web）"卷展栏，然后在其通道中加载一个"实例文件>CH13>课堂实例：家装客厅柔和灯光表现>0.ies"文件。

③ 展开"强度/颜色/衰减"卷展栏，然后设置"过滤颜色"为（红:253，绿:208，蓝:136），接着设置"强度"为3000。

03 按F9键测试渲染当前场景，效果如图13-33所示。

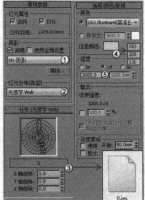

图13-32　　　　　　图13-33

2.创建辅助灯光

01 设置灯光类型为VRay，然后在场景中创建两盏VRay灯光作为辅助灯光，其位置如图13-34所示。

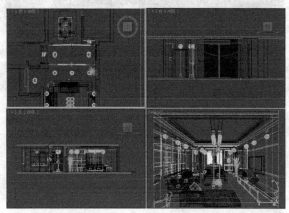

图13-34

311

02 选择上一步创建的VRay灯光,然后展开"参数"卷展栏,具体参数设置如图13-35所示。

设置步骤

① 在"常规"卷展栏下设置"类型"为"平面",然后设置"1/2长"为1869.886mm、"1/2宽"为62.49mm,接着设置"倍增"为10,最后设置"颜色"为(红:230,绿:160,蓝:84)。

② 在"选项"卷展栏下勾选"不可见"选项。

03 按F9键测试渲染当前场景,效果如图13-36所示。

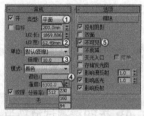

图13-35

图13-36

3.创建台灯

01 分别在两盏台灯的灯罩内各创建一个VRay灯光作为台灯,其位置如图13-37所示。

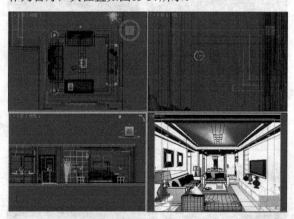

图13-37

02 选择上一步创建的VRay灯光,然后展开"参数"卷展栏,具体参数设置如图13-38所示。

设置步骤

① 在"常规"卷展栏下设置"类型"为"球体",然后设置"半径"为15mm,接着设置"倍增"为1500,最后设置"颜色"为(红:247,绿:218,蓝:180)。

② 在"选项"卷展栏下勾选"不可见"选项。

03 按F9键测试渲染当前场景,效果如图13-39所示。

图13-38

图13-39

4.创建吊灯

01 在内室的吊灯上创建一盏VRay灯光作为吊灯,其位置如图13-40所示。

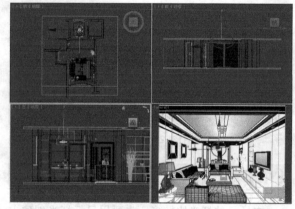

图13-40

02 选择上一步创建的VRay灯光,然后展开"参数"卷展栏,具体参数设置如图13-41所示。

设置步骤

① 在"常规"卷展栏下设置"类型"为"球体",然后设置"半径"为25.492mm,接着设置"倍增"为300,最后设置"颜色"为(红:255,绿:216,蓝:166)。

② 在"选项"卷展栏下勾选"不可见"选项。

03 按F9键测试渲染当前场景,效果如图13-42所示。

图13-41

图13-42

5.创建灯带

01 在两个天花的吊顶上各创建4盏VRay灯光作为灯带,其位置如图13-43所示。

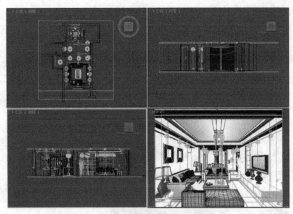

图13-43

02 选择上一步创建的VRay灯光，然后展开"参数"卷展栏，具体参数设置如图13-44所示。

设置步骤

① 在"常规"卷展栏下设置"类型"为"平面"，然后设置"1/2长"为17.285mm、"1/2宽"为858.465mm，接着设置"倍增"为20，最后设置"颜色"为（红:232，绿:156，蓝:75）。

② 在"选项"卷展栏下勾选"不可见"选项。

03 按F9键测试渲染当前场景，效果如图13-45所示。

图13-44   图13-45

13.1.4 设置最终渲染参数

01 按F10键打开"渲染设置"对话框，然后在"公用参数"卷展栏下设置"宽度"为1600、"高度"为1200，如图13-46所示。

02 单击VRay选项卡，然后展开"渲染块图像采样器"卷展栏，设置"最小细分"为1，接着勾选"最大细分"选项，并设置为4，再设置"噪波阈值"为0.005，具体参数设置如图13-47所示。

图13-46   图13-47

03 展开"图像过滤器"卷展栏，然后设置"过滤器"为Catmull-Rom，如图13-48所示。

04 展开"全局确定性蒙特卡洛"卷展栏，然后设置"最小采样"为16、"自适应数量"为0.8、"噪波阈值"为0.005，具体参数设置如图13-49所示。

图13-48   图13-49

05 切换到"GI选项卡"，然后展开"发光图"卷展栏，接着设置"当前预设"为"中"，再设置"细分"为60，最后设置"插值采样"为30，如图13-50所示。

06 展开"灯光缓存"卷展栏，然后设置"细分"为1000，如图13-51所示。

图13-50   图13-51

07 按F9键渲染当前场景，最终效果如图13-52所示。

图13-52

13.2 课堂案例：工装餐厅室内灯光表现

场景位置	场景文件>CH13>02.max
实例位置	实例文件>CH13>课堂实例：工装餐厅室内灯光表现.max
视频名称	课堂实例：工装餐厅室内灯光表现.mp4
学习目标	学习VRay灯光、材质和渲染参数的设置方法

本例是一个餐厅场景，过道吊顶上的灯带和包房灯带设置是本例的制作难点，地板材质、墙面

材质、沙发材质和水晶材质是本例的制作重点，图13-53所示是两个不同角度的渲染效果及线框图。

图13-53

13.2.1 材质制作

本例的场景对象材质主要包括地板材质、壁纸

材质、墙面材质、沙发材质、桌布材质和水晶材质，如图13-54所示。

图13-54

1.制作地板材质

地板材质的模拟效果如图13-55所示。

地板材质的基本属性主要有以下两点。

带有木板纹理。

带有较强的模糊反射。

01 打开"场景文件>CH13>02.max"文件，如图13-56所示。

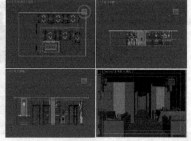

图13-55　　　　图13-56

02 选择一个空白材质球，然后设置材质类型为VRayMtl材质，并将其命名为"地板"，具体参数设置和制作好的材质球效果如图13-57所示。

设置步骤

① 在"漫反射"贴图通道中加载一张"实例文件>CH13>课堂实例：工装餐厅室内灯光表现>木板.jpg"文件。

② 设置"反射"颜色为（红：144，绿：144，蓝：144），然后设置"高光光泽"为0.77、"反射光泽"为0.92、"细分"为20。

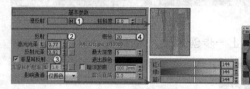

图13-57

2.制作壁纸材质

壁纸材质的模拟效果如图13-58所示。

壁纸材质的基本属性主要有以下两点。

带有壁纸纹理。

无高光反射效果。

图13-58

选择一个空白材质球，然后设置材质类型为VRayMtl材质，并将其命名为"壁纸"，接着在"漫反射"贴图通道中加载一张"实例文件>CH13>课堂实例：工装餐厅室内灯光表现>壁纸.jpg"文件，如图13-59所示，制作好的材质球效果如图13-60所示。

图13-59　　　　图13-60

3.制作墙面材质

墙面材质的模拟效果如图13-61所示。

墙面材质的基本属性主要有以下两点。

带有木质纹理。

带有较强的模糊反射。

图13-61

选择一个空白材质球，然后设置材质类型为VRayMtl材质，并将其命名为"墙面"，具体参数设置如图13-62所示，制作好的材质球效果如图13-63所示。

设置步骤

① 在"漫反射"贴图通道中加载一张"实例文件>CH13>课堂实例：工装餐厅室内灯光表现>墙面木板.jpg"文件。

② 设置"反射"颜色为（红:180，绿:180，蓝:180），接着设置"高光光泽"为0.77、"反射光泽"为0.92。

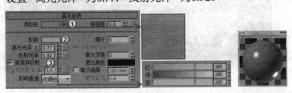

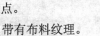

图13-62　　图13-63

4.制作沙发材质

沙发材质的模拟效果如图13-64所示。

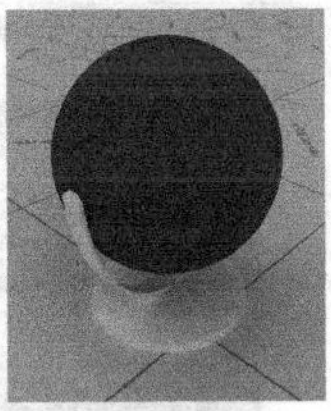

沙发材质的基本属性主要有以下两点。

带有布料纹理。

带有一定的凹凸质感。

图13-64

选择一个空白材质球，然后设置材质类型为VRayMtl材质，并将其命名为"沙发"，接着展开"贴图"卷展栏，具体参数设置如图13-65所示，制作好的材质球效果如图13-66所示。

设置步骤

① 在"漫反射"贴图通道中加载一张"实例文件>CH13>课堂实例：工装餐厅室内灯光表现>沙发布.jpg"文件。

② 将"漫反射"通道中的贴图拖曳到"凹凸"贴图通道上，然后在弹出的对话框中设置"方法"为"复制"，接着设置凹凸的强度为5。

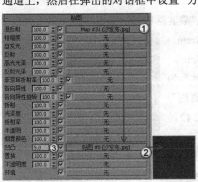

图13-65 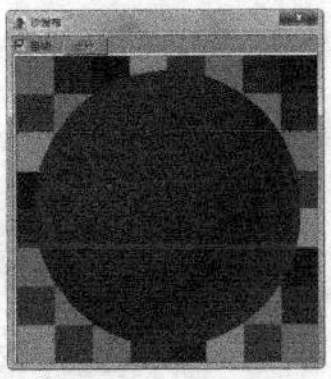　　图13-66

5.制作桌布材质

桌布材质的模拟效果如图13-67所示。

桌布材质的基本属性主要有以下两点。

颜色为白色。

无高光反射效果。

图13-67

选择一个空白材质球，然后设置材质类型为VRayMtl材质，并将其命名为"桌布"，接着设置"漫反射"颜色为白色，如图13-68所示，制作好的材质球效果如图13-69所示。

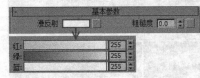

图13-68 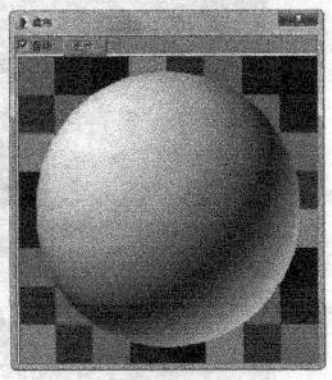　　图13-69

6.制作水晶材质

水晶材质的模拟效果如图13-70所示。

水晶材质的基本属性主要有以下两点。

带有很强烈的反射效果。

带有很强烈的折射效果。

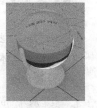

图13-70

选择一个空白材质球，然后设置材质类型为VRayMtl材质，并将其命名为"水晶"，具体参数设置如图13-71所示，制作好的材质球效果如图13-72所示。

设置步骤

① 设置"漫反射"颜色为（红:233，绿:254，蓝:245）。

② 设置"反射"颜色为（红:48，绿:48，蓝:48）。

③ 设置"折射"颜色为（红:240，绿:240，蓝:240），然后设置"折射率"为2。

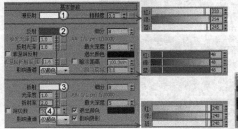

图13-71 　　图13-72

13.2.2 灯光设置

本例的灯光分为3个部分，先要用目标灯光创建天花上的筒灯，然后用VRay灯光创建过道上的灯带以及包房内的灯带。

1.创建筒灯

01 设置灯光类型为"光度学"，然后在场景中天花的筒灯孔处创建一盏目标灯光，其位置如图13-73所示。

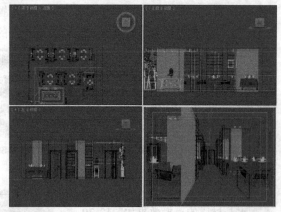

图13-73

02 选择上一步创建的目标灯光，然后进入"修改"面板，具体参数设置如图13-74所示。

设置步骤

① 展开"常规参数"卷展栏，然后在"阴影"选项组下勾选"启用"选项，接着设置阴影类型为"VRay阴影"，最后设置"灯光分布（类型）"为"光度学Web"。

② 展开"分布（光度学Web）"卷展栏，然后在其通道中加载一个"实例文件>CH13>课堂实例：工装餐厅室内灯光表现>0.ies"文件。

③ 展开"强度/颜色/衰减"卷展栏，然后设置"过滤颜色"为（红:255，绿:240，蓝:213），接着设置"强度"为1516。

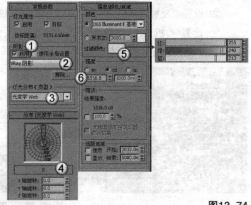

图13-74

03 选择目标灯光，然后复制39盏目标灯光到其他筒灯处，如图13-75所示。

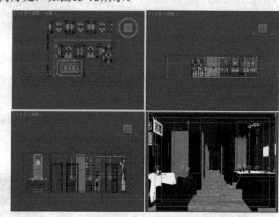

图13-75

2.创建过道灯带

01 设置"灯光类型"为VRay，然后在过道吊顶上创建3盏VRay灯光作为灯带，其位置如图13-76所示。

图13-76

02 选择上一步创建的VRay灯光，然后进入"修改"面板，接着展开"参数"卷展栏，具体参数设置如图13-77所示。

设置步骤

① 在"常规"卷展栏下设置"类型"为"平面"，然后设置"1/2长"为3503.2mm、"1/2宽"为63.365mm，接着设置"倍增"为50，最后设置"颜色"为（红:228，绿:242，蓝:254）。

② 在"选项"卷展栏下勾选"不可见"选项。

图13-77

3.创建包房灯带

01 在包房内的吊顶上创建8盏VRay灯光作为灯带，其位置如图13-78所示。

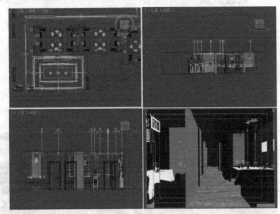

图13-78

02 选择上一步创建的VRay灯光，然后进入"修改"面板，接着展开"参数"卷展栏，具体参数设置如图13-79所示。

设置步骤

① 在"常规"卷展栏下设置"类型"为"平面"，然后设置"1/2长"为3503mm、"1/2宽"为63.365mm，接着设置"倍增"为20，最后设置"颜色"为（红:254，绿:238，蓝:210）。

② 在"选项"卷展栏下勾选"不可见"选项。

图13-79

13.2.3 渲染设置

01 按F10键打开"渲染设置"对话框，然后设置渲染器为VRay渲染器，接着单击"公用"选项卡，最后在"公用参数"卷展栏下设置渲染尺寸为1600×1200，并锁定图像的纵横比，如图13-80所示。

02 单击VRay选项卡，然后展开"渲染块图像采样器"卷展栏，设置"最小细分"为1，接着勾选"最大细分"选项，并设置为4，再设置"噪波阈值"为0.005，如图13-81所示。

图13-80

图13-81

03 展开"图像过滤器"卷展栏，然后设置"过滤器"为Catmull-Rom，如图13-82所示。

04 展开"全局确定性蒙特卡洛"卷展栏，然后设置"最小采样"为16、"自适应数量"为0.8、"噪波阈值"为0.005，如图13-83所示。

图13-82   图13-83

05 切换到"GI选项卡"，然后展开"发光图"卷展栏，接着设置"当前预设"为"中"，再设置"细分"为60，最后设置"插值采样"为30，如图13-84所示。

06 展开"灯光缓存"选项卡，然后设置"细分"为1000，如图13-85所示。

图13-84   图13-85

07 按F9键渲染当前场景，最终效果如图13-86所示。

图13-86

13.3 课堂案例：恐龙CG表现

场景位置	场景文件>CH13>03.max
实例位置	实例文件>CH13>课堂实例：恐龙CG表现.max
视频名称	课堂实例：恐龙CG表现.mp4
学习目标	学习CG场景的灯光、材质和渲染参数的设置方法

本例是一个大型的CG场景，要表现的是一个远古时代的恐龙所处的自然环境。要想完美地表现出这类场景的气氛，首先需要对自然环境有着细致的观察，这样才能制作出具有很强视觉冲击力的CG作品。在灯光方面，除了采用了天光环境以外，还用到了体积光（后期添加体积光）；在材质方面，本

例用到很常见的CG材质，如兽类材质、树干材质、树叶材质、蔓藤材质等；在渲染方面，本例用到了CG中常用的景深特效，图13-87所示是本例的渲染效果，图13-88~图13-90所示是镜头特写。

图13-87　　　　　　　　　　　图13-88

图13-89　　　　　　　　　　　图13-90

13.3.1 灯光设置

本例的灯光分为两个部分，先用VRay灯光模拟天光，然后用VRay灯光创建辅助灯光。

1.创建天光

01 打开"场景文件>CH13>03.max"文件，如图13-91所示。

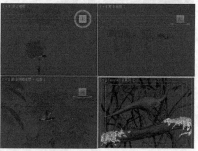

图13-91

02 设置灯光类型为VRay，然后在天空中创建一盏VRay灯光，其位置如图13-92所示。

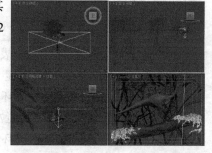

图13-92

03 选择上一步创建的VRay灯光，然后进入"修改"面板，接着展开"参数"卷展栏，具体参数设置如图13-93所示。

设置步骤

① 在"常规"卷展栏下设置"类型"为"平面"，然后设置"1/2长"为16471.57mm、"1/2宽"为5408.577mm，接着设置"倍增"为2。

② 在"选项"卷展栏下勾选"不可见"选项。

04 按F9键测试渲染当前场景，效果如图13-94所示。

图13-93　　　　　　　　　　　图13-94

技巧与提示

从图13-94中可以看出场景的远处没有被照亮，因此还需要在场景中创建辅助灯光来增强照明效果。

2.创建辅助灯光

01 在场景中创建一盏VRay灯光，使其朝向背景方向照明，其位置如图13-95所示。

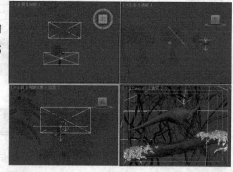

图13-95

02 选择上一步创建的VRay灯光，然后进入"修改"面板，接着展开"参数"卷展栏，具体参数设置如图13-96所示。

设置步骤

① 在"常规"卷展栏下设置"类型"为"平面"，然后设置"1/2长"为85800mm、"1/2宽"为59040mm，接着设置"倍增"为3。

② 在"选项"卷展栏下勾选"不可见"选项。

03 按F9键测试渲染当前场景，效果如图13-97所示。

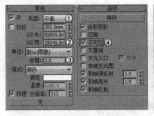

图13-96　　　　　　　图13-97

13.3.2 设置测试渲染参数

01 按F10键打开"渲染设置"对话框,设置渲染器为VRay渲染器,然后单击VRay选项卡,接着展开"全局开关"卷展栏,最后设置"默认灯光"为"关",如图13-98所示。

02 单击"间接照明"选项卡,然后在"全局照明"卷展栏下设置"首次引擎"为"发光图"、"二次引擎"为"灯光缓存",如图13-99所示。

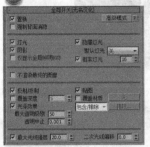

图13-98　　　　　　　图13-99

13.3.3 材质制作

本例的场景对象材质主要包括恐龙材质、树干材质、树枝材质、树叶材质、藤蔓材质、蚊子材质和水滴材质,如图13-100所示。

图13-100

1.制作恐龙材质

恐龙材质的模拟效果如图13-101所示。

恐龙材质的基本属性主要有以下两点。

具有兽皮纹理。

具有一定的凹凸效果。

图13-101

01 按M键打开"材质编辑器"对话框,选择一个空白材质球,然后设置材质类型为"标准"材质,接着将其命名为"恐龙",最后展开"贴图"卷展栏,具体参数设置如图13-102所示,制作好的材质球效果如图13-103所示。

设置步骤

① 在"漫反射颜色"贴图通道中加载一张"实例文件>CH13>课堂实例:恐龙CG表现>tietu.jpg"文件。

② 使用鼠标左键将"漫反射颜色"通道中的贴图拖曳到"凹凸"通道上,接着设置凹凸的强度为50。

图13-102　　　　　　　图13-103

02 将设置好的材质指定给恐龙模型,然后按快捷键Alt+Q进入孤立选择模式,如图13-104所示,接着按F9键测试渲染当前场景,效果如图13-105所示。

图13-104　　　　　　　图13-105

2.制作树干材质

树干材质的模拟效果如图13-106所示。

树干材质的基本属性主要有以下两点。

具有树皮纹理。

具有很强的凹凸效果。

图13-106

01 选择一个空白材质球,然后设置材质类型为VRayMtl材质,并将其命名为"树干",接着展开"贴图"卷展栏,具体参数设置如图13-107所示,制作好的材质球效果如图13-108所示。

设置步骤

① 在"漫反射"贴图通道中加载一张"衰减"程

序贴图，然后在"前""侧"两个贴图通道中各加载一张"实例文件>CH13>课堂实例：恐龙CG表现>树干贴图.jpg"文件。

② 在"凹凸"贴图通道中加载一张"实例文件>CH13>课堂实例：恐龙CG表现>树干贴图.jpg"文件，然后设置凹凸的强度为300。

02 将制作好的材质指定给树干模型，然后测试渲染当前场景，效果如图13-109所示。

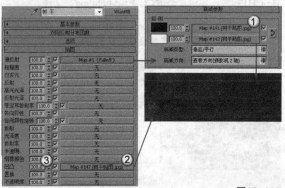

图13-107

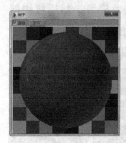

图13-108　　　　　　　图13-109

技巧与提示

注意，在测试渲染时，同样要切换到孤立选择模式，这样可以节约一些渲染时间。

3.制作树枝材质

树枝材质的模拟效果如图13-110所示。

树枝材质的基本属性主要有以下两点。

具有树皮纹理。

具有很强的凹凸效果。

图13-110

01 选择一个空白材质球，然后设置材质类型为VRayMtl材质，并将其命名为"树枝"，接着展开"贴图"卷展栏，具体参数设置如图13-111所示，制作好的材质球效果如图13-112所示。

设置步骤

① 在"漫反射"贴图通道中加载一张"衰减"程序贴图，然后在"前""侧"两个贴图通道中各加载一张"实例文件>CH13>课堂实例：恐龙CG表现>树枝.jpg"文件，接着在"坐标"卷展栏下设置"瓷砖"的U和V为2和3。

② 在"凹凸"贴图通道中加载一张"实例文件>CH13>课堂实例：恐龙CG表现>树枝.jpg"文件（同样要设置"瓷砖"的U和V为2和3），然后设置凹凸的强度为400。

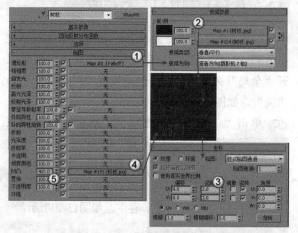

图13-111

图13-112

知 识 点　复制与粘贴贴图

这里在"衰减"程序贴图的"前""侧"贴图通道和"凹凸"贴图通道中都加载了相同的"树枝.jpg"贴图，对于这种步骤，可以采用复制方法来制作，具体操作方法如下。

第1步：先设置好一个通道的贴图，然后在贴图通道上单击鼠标右键，接着在弹出的菜单中选择"复制"命令，如图13-113所示。

第2步：在需要粘贴的贴图通道上单击鼠标右键，接着在弹出的菜单中选择"粘贴（复制）"命令或"粘贴（实例）"命令，如图13-114所示。

图13-113　　　　　　　图13-114

320

02 将制作好的材质指定给树枝模型，然后测试渲染当前场景，效果如图13-115所示。

图13-115

4.制作树叶材质

树叶材质的模拟效果如图13-116所示。

树叶材质的基本属性主要有以下3点。

具有叶脉纹理。

具有一定高光反射的效果。

具有一定折射的效果。

图13-116

01 选择一个空白材质球，然后设置材质类型为VRayMtl材质，并将其命名为"树叶"，具体参数设置如图13-117所示，制作好的材质球效果如图13-118所示。

设置步骤

① 在"漫反射"贴图通道中加载一张"实例文件>CH13>课堂实例：恐龙CG表现>树叶.jpg"文件。

② 设置"反射"颜色为（红:25，绿:25，蓝:25），然后设置"反射光泽"为0.7。

③ 设置"折射"颜色为（红:20，绿:20，蓝:20），然后设置"光泽度"为0.2。

02 将制作好的材质指定给树叶模型，然后测试渲染当前场景，效果如图13-119所示。

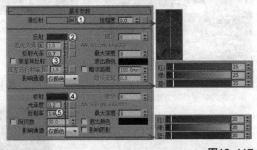

图13-117

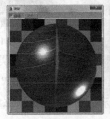

图13-118

图13-119

5.制作藤蔓材质

藤蔓材质分为3种，分别是两种不同的叶片材质和藤蔓材质，其模拟效果如图13-120~图13-122所示。

图13-120

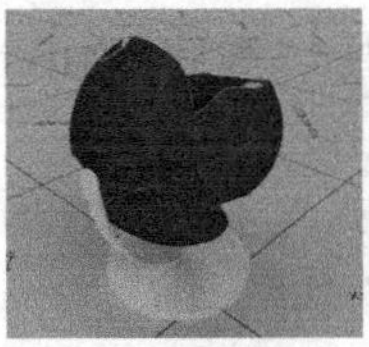

图13-121

图13-122

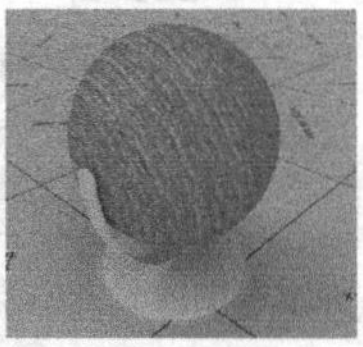

叶片材质的基本属性主要有以下两点。

具有叶脉纹理。

具有一定光泽度效果。

01 选择一个空白材质球，然后设置材质类型为"多维/子对象"材质，并将其命名为"藤蔓"，接着单击"设置数量"按钮 设置数量 ，最后在弹出的对话框中设置"材质数量"为3，如图13-123所示。

图13-123

02 在ID 1材质通道中加载一个"标准"材质，然后设置材质名称为"叶片02"，具体参数设置如图13-124所示，制作好的材质球效果如图13-125所示。

设置步骤

① 在"漫反射"贴图通道中加载一张"实例文件>CH13>课堂实例：恐龙CG表现>yezi02.png"文件。

② 在"不透明度"贴图通道中加载一张"实例文件>CH13>课堂实例：恐龙CG表现>yezi02zhihuan.jpg"文件。

③ 设置"光泽度"为100。

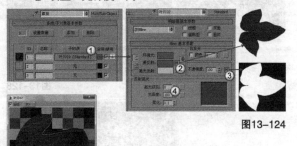

图13-124

图13-125

03 在ID 2材质通道中加载一个"标准"材质，然后设置材质名称为"叶片01"，具体参数设置如图13-126所示，制作好的材质球效果如图13-127所示。

设置步骤

① 在"漫反射"贴图通道中加载一张"实例文件>CH13>课堂实例：恐龙CG表现>yezi01.png"文件。

② 在"不透明度"贴图通道中加载一张"实例文件>CH13>课堂实例：恐龙CG表现>yezi01zhihuan.jpg"文件。

③ 设置"光泽度"为100。

图13-126

图13-127

04 在ID 3材质通道中加载一个"标准"材质，然后设置材质名称为"藤蔓枝"，具体参数设置如图13-128所示，制作好的材质球效果如图13-129所示，3个材质的材质球效果如图13-130所示。

设置步骤

① 在"漫反射"贴图通道中加载一张"实例文件>CH13>课堂实例：恐龙CG表现>shuzhi.png"文件。

② 设置"光泽度"为100。

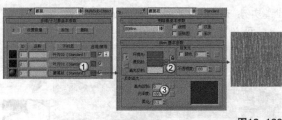

图13-128

图13-129　　　　图13-130

05 将制作好的"藤蔓"材质指定给藤蔓模型，然后测试渲染当前场景，效果如图13-131所示。

图13-131

6.制作蚊子材质

蚊子材质分为两个部分，分别是蚊子的身体材质和蚊子的翅膀材质，其模拟效果如图13-132和图13-133所示。

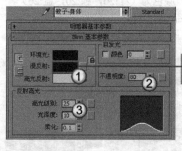

图13-132　　　图13-133

01 选择一个空白材质球，然后设置材质类型为"标准"材质，接着将其命名为"蚊子-身体"，具体参数设置如图13-134所示，制作好的材质球效果如图13-135所示。

设置步骤

① 设置"漫反射"颜色为（红:58，绿:40，蓝:37），然后设置"不透明度"为80。

② 设置"高光级别"为25。

图13-134

图13-135

02 选择一个空白材质球，然后设置材质类型为"标准"材质，接着将其命名为"蚊子-翅膀"，具体参数设置如图13-136所示，制作好的材质球效果如图13-137所示。

设置步骤

① 设置"漫反射"颜色为（红:44，绿:44，蓝:44），然后设置"不透明度"为80。

② 设置"高光级别"为25。

03 将制作好的材质指定给蚊子模型，然后测试渲染当前场景，效果如图13-138所示。

图13-136

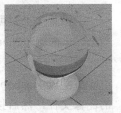

图13-137　　　　　　　　　　　图13-138

7.制作水滴材质

水滴材质的模拟效果如图13-139所示。

水滴材质的基本属性主要有以下两点。

具有较强的反射效果。

具有很强的折射效果。

图13-139

01 选择一个空白材质球，然后设置材质类型为VRayMtl材质，并将其命名为"水滴"，具体参数设置如图13-140所示，制作好的材质球效果如图13-141所示。

设置步骤

① 设置"漫反射"颜色为（红:210，绿:210，蓝:210）。

② 设置"反射"颜色为（红:166，绿:166，蓝:166）。

③ 设置"折射"颜色为（红:238，绿:238，蓝:238）。

02 将制作好的材质指定给水滴模型，然后测试渲染当前场景，效果如图13-142所示。

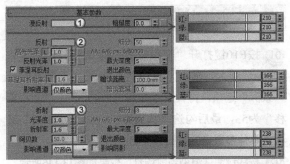

图13-140

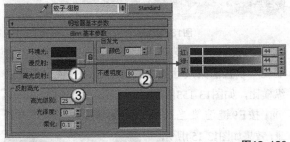

图13-141　　　　　　　　　　　图13-142

> **技巧与提示**
>
> 由于水材质在黑色背景下的显示效果不是很明显，因此这里加载了一张环境贴图来辅助渲染。

13.3.4 添加背景

01 按大键盘上的8键打开"环境和效果"对话框，然后在"环境贴图"通道中加载一张"实例文件>CH13>课堂实例：恐龙CG表现>beijing.jpg"文件，如图13-143所示。

图13-143

02 按F9键测试渲染当前场景，效果如图13-144所示。

图13-144

13.3.5 添加景深特效

01 按F10键打开"渲染设置"对话框，然后单击VRay选项卡，展开"摄影机"卷展栏，接着勾选"景深"选项，再设置"光圈"为40mm、"中心偏移"为53，最后勾选"从摄影机获得焦点距离"选项，具体参数设置如图13-145所示。

02 按F9键测试渲染当前场景，效果如图13-146所示。

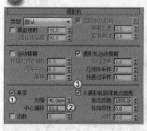 

图13-145　　　　　　　　图13-146

技巧与提示

从图13-146中可以看出场景后面的物体已经被虚化了，但前景物体依然很清晰，这就是景深的神奇之处。

13.3.6 设置最终渲染参数

01 按F10键打开"渲染设置"对话框，单击VRay选项卡，然后展开"图像采样器（抗锯齿）"卷展栏，接着设置"类型"为"渲染块"，如图13-147所示。

02 展开"图像过滤器"卷展栏，然后设置"过滤器"为Catmull-Rom，如图13-148所示。

图13-147　　　　　　　　图13-148

03 展开"渲染块图像采样器"卷展栏，然后设置"最小细分"为1，接着勾选"最大细分"选项，并设置为4，再设置"噪波阈值"为0.005，如图13-149所示。

04 展开"全局确定性蒙特卡洛"卷展栏，然后设置"最小采样"为16、"自适应数量"为0.8、"噪波阈值"为0.005，如图13-150所示。

 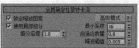

图13-149　　　　　　　　图13-150

05 单击GI选项卡，然后展开"发光图"卷展栏，

接着设置"当前预设"为"中"，再设置"细分"为60，最后设置"插值采样"为30，如图13-151所示。

06 展开"灯光缓存"卷展栏，然后设置"细分"为1000，如图13-152所示。

图13-151　　　　　　　　图13-152

07 单击"公用"选项卡，然后在"公用参数"卷展栏下设置渲染尺寸为2672×2000，并锁定图像的纵横比，如图13-153所示。

08 按F9键渲染当前场景，效果如图13-154所示。

图13-153　　　　　　　　图13-154

技巧与提示

由于本例的模型面数较多，并且渲染尺寸也很大，因此要花费较多的渲染时间。

13.3.7 用Photoshop制作体积光

从渲染效果中可以发现画面还缺少良好的光照效果，下面就在Photoshop中制作体积光来增强场景的光感。

01 启动Photoshop，按快捷键Ctrl+O打开渲染好的图像文件，然后按快捷键Ctrl+Shift+N新建一个图层，接着使用"多边形套索工具"勾勒出图13-155所示的选区。

02 设置前景色为白色，然后按快捷键Alt+Delete用前景色填充选区，接着按快捷键Ctrl+D取消选区，效果如图13-156所示。

图13-155　　　　　　　　图13-156

03 执行"滤镜>模糊>高斯模糊"菜单命令，然后

在弹出的对话框中设置"半径"为3像素,如图13-157所示,效果如图13-158所示。

图13-157　　　　图13-158

04 在"图层"面板中设置"图层1"的"不透明度"为22%,如图13-159所示,效果如图13-160所示。

图13-159　　　　图13-160

05 采用相同的方法继续制作出其他的体积光,最终效果如图13-161所示。

图13-161

13.4 本章小结

本章通过3个综合实例,讲解了3种常见类型效果图的制作过程。全章融合了前面一些章节的知识点,操作步骤相对复杂。也是对效果图制作思路和步骤的一个全面梳理。

13.5 课后习题

本章安排了3个课后习题。这3个课后习题都是综合性非常强的场景,一个是家装场景,一个是工装场景,一个是CG场景。每个场景都包含大量的常用材质类型和常见灯光类型,同时这3个场景的渲染

参数也是常用的,请读者务必勤加练习。另外,这3个习题就不给出材质设置的参考图了,大家若有疑问,可打开源文件进行参考或观看视频教学。

课后习题1:家装书房日光表现

场景位置　场景文件>CH13>04.max
实例位置　实例文件>课后习题1:家装书房日光表现.max
视频名称　课后习题1:家装书房日光表现.mp4
练习目标　练习家装场景材质、灯光和渲染参数的设置方法

家装书房日光效果如图13-162所示。

图13-162

布光参考如图13-163所示。

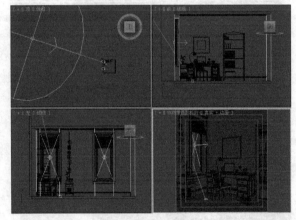

图13-163

本习题的场景材质包含地毯材质、窗帘材质、写字台材质、金属台灯材质、绒布包材质、玻璃材质和木橱柜材质,各种材质的模拟效果如图13-164所示。

图13-164

325

课后习题2：工装商店日光表现

场景位置　场景文件>CH13>05.max
实例位置　实例文件>CH13>课后习题2：工装商店日光表现.max
视频名称　课后习题2：工装商店日光表现.mp4
练习目标　练习工装场景材质、灯光和渲染参数的设置方法

工装商店日光效果如图13-165所示。

图13-165

布光参考如图13-166所示。

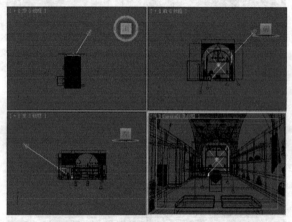

图13-166

本习题的场景材质包含天花乳胶漆材质、釉面砖材质、墙面材质、木材材质、环境材质、布料材质和窗户玻璃材质，各种材质的模拟效果如图13-167所示。

图13-167

课后习题3：窗前蝴蝶CG表现

场景位置　场景文件>CH13>06.max
实例位置　实例文件>CH13>课后习题3：窗前蝴蝶CG表现.max
视频名称　课后习题3：窗前蝴蝶CG表现.mp4
练习目标　练习CG场景材质、灯光和渲染参数的设置方法

窗前蝴蝶效果如图13-168所示，特写镜头如图13-169~图13-171所示。

图13-168　　　　　　　　　图13-169

图13-170　　　　　　　　　图13-171

布光参考如图13-172所示。

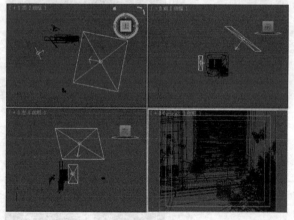

图13-172

本习题的场景材质包含木条窗户材质、窗口框材质、白窗户材质、玻璃材质、墙面材质、窗台材质，各种材质的模拟效果如图13-173所示。

图13-173

附录A 3ds Max常用快捷键一览表

1.主界面快捷键

操作	快捷键
显示降级适配（开关）	O
适应透视图格点	Shift+Ctrl+A
排列	Alt+A
角度捕捉（开关）	A
动画模式（开关）	N
改变到后视图	K
背景锁定（开关）	Alt+Ctrl+B
前一时间单位	.
下一时间单位	,
改变到顶视图	T
改变到底视图	B
改变到摄影机视图	C
改变到前视图	F
改变到等用户视图	U
改变到右视图	R
改变到透视图	P
循环改变选择方式	Ctrl+F
默认灯光（开关）	Ctrl+L
删除物体	Delete
当前视图暂时失效	D
是否显示几何体内框（开关）	Ctrl+E
显示第一个工具条	Alt+1
专家模式,全屏（开关）	Ctrl+X
暂存场景	Alt+Ctrl+H
取回场景	Alt+Ctrl+F
冻结所选物体	6
跳到最后一帧	End
跳到第一帧	Home
显示/隐藏摄影机	Shift+C
显示/隐藏几何体	Shift+O
显示/隐藏网格	G
显示/隐藏帮助物体	Shift+H
显示/隐藏光源	Shift+L
显示/隐藏粒子系统	Shift+P
显示/隐藏空间扭曲物体	Shift+W
锁定用户界面（开关）	Alt+0
匹配到摄影机视图	Ctrl+C
材质编辑器	M
最大化当前视图（开关）	W
脚本编辑器	F11
新建场景	Ctrl+N
法线对齐	Alt+N
向下轻推网格	小键盘-
向上轻推网格	小键盘+
NURBS表面显示方式	Alt+L或Ctrl+4
NURBS调整方格1	Ctrl+1
NURBS调整方格2	Ctrl+2
NURBS调整方格3	Ctrl+3
偏移捕捉	Alt+Ctrl+Space（Space键即空格键）
打开一个max文件	Ctrl+O
平移视图	Ctrl+P
交互式平移视图	I
放置高光	Ctrl+H
播放/停止动画	/
快速渲染	Shift+Q
回到上一场景操作	Ctrl+A
回到上一视图操作	Shift+A
撤消场景操作	Ctrl+Z
撤消视图操作	Shift+Z
刷新所有视图	1
用前一次的参数进行渲染	Shift+E或F9
渲染配置	Shift+R或F10
在XY/YZ/ZX锁定中循环改变	F8

操作	快捷键
约束到x轴	F5
约束到y轴	F6
约束到z轴	F7
旋转视图模式	Ctrl+R或V
保存文件	Ctrl+S
透明显示所选物体（开关）	Alt+X
选择父物体	PageUp
选择子物体	PageDown
根据名称选择物体	H
选择锁定（开关）	Space（Space键即空格键）
减淡所选物体的面（开关）	F2
显示所有视图网格（开关）	Shift+G
显示/隐藏命令面板	3
显示/隐藏浮动工具条	4
显示最后一次渲染的图像	Ctrl+I
显示/隐藏主工具栏	Alt+6
显示/隐藏安全框	Shift+F
显示/隐藏所选物体的支架	J
百分比捕捉（开关）	Shift+Ctrl+P
打开/关闭捕捉	S
循环通过捕捉点	Alt+Space（Space键即空格键）
间隔放置物体	Shift+I
改变到光线视图	Shift+4
循环改变子物体层级	Ins
子物体选择（开关）	Ctrl+B
贴图材质修正	Ctrl+T
加大动态坐标	+
减小动态坐标	-
激活动态坐标（开关）	X
精确输入转变量	F12
全部解冻	7
根据名字显示隐藏的物体	5
刷新背景图像	Alt+Shift+Ctrl+B
显示几何体外框（开关）	F4
视图背景	Alt+B
用方框快显几何体（开关）	Shift+B
打开虚拟现实	数字键盘1
虚拟视图向下移动	数字键盘2
虚拟视图向左移动	数字键盘4
虚拟视图向右移动	数字键盘6
虚拟视图向中移动	数字键盘8
虚拟视图放大	数字键盘7
虚拟视图缩小	数字键盘9
实色显示场景中的几何体（开关）	F3
全部视图显示所有物体	Shift+Ctrl+Z
视窗缩放到选择物体范围	E
缩放范围	Alt+Ctrl+Z
视窗放大两倍	Shift++（数字键盘）
放大镜工具	Z
视窗缩小两倍	Shift+-（数字键盘）
根据框选进行放大	Ctrl+W
视窗交互式放大	[
视窗交互式缩小	]

2.轨迹视图快捷键

操作	快捷键
加入关键帧	A
前一时间单位	<
下一时间单位	>
编辑关键帧模式	E
编辑区域模式	F3
编辑时间模式	F2
展开对象切换	O
展开轨迹切换	T
函数曲线模式	F5或F
锁定所选物体	Space（Space键即空格键）
向上移动高亮显示	↓
向下移动高亮显示	↑
向左轻移关键帧	←

（续表）

操作	快捷键
向右轻移关键帧	→
位置区域模式	F4
回到上一场景操作	Ctrl+A
向下收拢	Ctrl+↓
向上收拢	Ctrl+↑

3.渲染器设置快捷键

操作	快捷键
用前一次的配置进行渲染	F9
渲染配置	F10

4.示意视图快捷键

操作	快捷键
下一时间单位	>
前一时间单位	<
回到上一场景操作	Ctrl+A

5.Active Shade快捷键

操作	快捷键
绘制区域	D
渲染	R
锁定工具栏	Space（Space键即空格键）

6.视频编辑快捷键

操作	快捷键
加入过滤器项目	Ctrl+F
加入输入项目	Ctrl+I
加入图层项目	Ctrl+L
加入输出项目	Ctrl+O
加入新的项目	Ctrl+A
加入场景事件	Ctrl+S
编辑当前事件	Ctrl+E
执行序列	Ctrl+R
新建序列	Ctrl+N

7.NURBS编辑快捷键

操作	快捷键
CV约束法线移动	Alt+N
CV约束到U向移动	Alt+U
CV约束到V向移动	Alt+V
显示曲线	Shift+Ctrl+C
显示控制点	Ctrl+D
显示格子	Ctrl+L
NURBS面显示方式切换	Alt+L
显示表面	Shift+Ctrl+S
显示工具箱	Ctrl+T
显示表面整齐	Shift+Ctrl+T
根据名字选择本物体的子层级	Ctrl+H
锁定2D所选物体	Space（Space键即空格键）
选择U向的下一点	Ctrl+→
选择V向的下一点	Ctrl+↑
选择U向的前一点	Ctrl+←
选择V向的前一点	Ctrl+↓
根据名字选择子物体	H
柔软所选物体	Ctrl+S
转换到CV曲线层级	Alt+Shift+Z
转换到曲线层级	Alt+Shift+C
转换到点层级	Alt+Shift+P

操作	快捷键
转换到CV曲面层级	Alt+Shift+V
转换到曲面层级	Alt+Shift+S
转换到上一层级	Alt+Shift+T
转换降级	Ctrl+X

8.FFD快捷键

操作	快捷键
转换到控制点层级	Alt+Shift+C

附录B 材质物理属性表

一、常见物体折射率

1.材质折射率

物体	折射率	物体	折射率	物体	折射率
空气	1.0003	液体二氧化碳	1.200	冰	1.309
水（20℃）	1.333	丙酮	1.360	30%的糖溶液	1.380
普通酒精	1.360	酒精	1.329	面粉	1.434
溶化的石英	1.460	Calspar2	1.486	80%的糖溶液	1.490
玻璃	1.500	氯化钠	1.530	聚苯乙烯	1.550
翡翠	1.570	天青石	1.610	黄晶	1.610
二硫化碳	1.630	石英	1.540	二碘甲烷	1.740
红宝石	1.770	蓝宝石	1.770	水晶	2.000
钻石	2.417	氧化铬	2.705	氧化铜	2.705
非晶硒	2.920	碘晶体	3.340		

2.液体折射率

物体	分子式	密度/（g/cm³）	温度/（℃）	折射率
甲醇	CH_3OH	0.794	20	1.3290
乙醇	C_2H_5OH	0.800	20	1.3618
丙酮	CH_3COCH_3	0.791	20	1.3593
苯	C_6H_6	1.880	20	1.5012
二硫化碳	CS_2	1.263	20	1.6276
四氯化碳	CCl_4	1.591	20	1.4607
三氯甲烷	$CHCl_3$	1.489	20	1.4467
乙醚	$C_2H_5 \cdot O \cdot C_2H_5$	0.715	20	1.3538
甘油	$C_3H_8O_3$	1.260	20	1.4730
松节油		0.87	20.7	1.4721
橄榄油		0.92	0	1.4763
水	H_2O	1.00	20	1.3330

3.晶体折射率

物体	分子式	最小折射率	最大折射率
冰	H_2O	1.309	1.313
氟化镁	MgF_2	1.378	1.390
石英	SiO_2	1.544	1.553
氢氧化镁	$Mg(OH)_2$	1.559	1.580
锆石	$ZrSiO_4$	1.923	1.968
硫化锌	ZnS	2.356	2.378
方解石	$CaCO_3$	1.486	1.740
钙黄长石	$2CaO\ Al_2O_3\ SiO_2$	1.658	1.669
碳酸锌（菱锌矿）	$ZnCO_3$	1.618	1.818
氧化铝（金刚砂）	Al_2O_3	1.760	1.768
淡红银矿	$3Ag_2S\ As_2S_3$	2.711	2.979

二、常用家具尺寸

单位：mm

家具	长度	宽度	高度	深度	直径
衣橱		700（推拉门）	400~650（衣橱门）	600~650	
推拉门		750~1500	1900~2400		
矮柜		300~600（柜门）		350~450	
电视柜			600~700	450~600	
单人床	1800、1806、2000、2100	900、1050、1200			
双人床	1800、1806、2000、2100	1350、1500、1800			
圆床					>1800
室内门		800~950、1200（医院）	1900、2000、2100、2200、2400		
卫生间、厨房门		800、900	1900、2000、2100		
窗帘盒			120~180	120（单层布）、160~180（双层布）	
单人式沙发	800~950		350~420（坐垫）、700~900（背高）	850~900	
双人式沙发	1260~1500			800~900	
三人式沙发	1750~1960			800~900	
四人式沙发	2320~2520			800~900	
小型长方形茶几	600~750	450~600	380~500（380最佳）		
中型长方形茶几	1200~1350	380~500或600~750			
正方形茶几	750~900	430~500			
大型长方形茶几	1500~1800	600~800	330~420（330最佳）		
圆形茶几			330~420		750、900、1050、1200
方形茶几		900、1050、1200、1350、1500	330~420		
固定式书桌			750	450~700（600最佳）	
活动式书桌			750~780	650~800	
餐桌		1200、900、750（方桌）	750~780（中式）、680~720（西式）		
长方桌	1500、1650、1800、2100、2400	800、900，1050、1200			
圆桌					900、1200、1350、1500、1800
书架	600~1200	800~900		250~400（每格）	

三、室内物体常用尺寸

1.墙面尺寸

单位：mm

物体	高度
踢脚板	60~200
墙裙	800~1500
挂镜线	1600~1800
飘窗台	400~450

2.餐厅

单位：mm

物体	高度	宽度	直径	间距
餐桌	750~790			>500（其中座椅占500）
餐椅	450~500			
二人圆桌			500或800	
四人圆桌			900	
五人圆桌			1100	
六人圆桌			1100~1250	
八人圆桌			1300	
十人圆桌			1500	
十二人圆桌			1800	
二人方餐桌		700×850		
四人方餐桌		1350×850		
八人方餐桌		2250×850		
餐桌转盘			700~800	
主通道		1200~1300		
内部工作道宽		600~900		
酒吧台	900~1050	500		
酒吧凳	600~750			

3.商场营业厅

物体	长度	宽度	高度	厚度	直径
单边双人走道		1600			
双边双人走道		2000			
双边三人走道		2300			
双边四人走道		3000			
营业员柜台走道		800			
营业员货柜台			800~1000	600	
单靠背立货架			1800~2300	300~500	
双靠背立货架			1800~2300	600~800	
小商品橱窗			400~1200	500~800	
陈列地台			400~800		
敞开式货架			400~600		
放射式售货架					2000
收款台	1600	600			

4.饭店客房

物体	长度/mm	宽度/mm	高度/mm	面积/m²	深度/mm
标准间				25（大）、16~18（中）、16（小）	
床			400~450、850~950（床靠）		
床头柜		500~800	500~700		
写字台	1100~1500	450~600	700~750		
行李台	910~1070	500	400		
衣柜		800~1200	1600~2000		500
沙发		600~800	350~400、1000（靠背）		
衣架			1700~1900		

5.卫生间

物体	长度/mm	宽度/mm	高度/mm	面积/m²
卫生间				3~5
浴缸	1220、1520、1680	720	450	
坐便器	750	350		
冲洗器	690	350		
盥洗盆	550	410		
淋浴器		2100		
化妆台	1350	450		

6.交通空间

物体	宽度	高度
楼梯间休息平台	≥2100	
楼梯跑道	≥2300	
客房走廊		≥2400
两侧设座的综合式走廊	≥2500	
楼梯扶手		850~1100
门	850~1000	≥1900
窗	400~1800	
窗台		800~1200

7.灯具

物体	高度	直径
大吊灯	≥2400	
壁灯	1500~1800	
反光灯槽		≥2倍灯管直径
壁式床头灯	1200~1400	
照明开关	1000	

8.办公用具

物体	长度	宽度	高度	深度
办公桌	1200~1600	500~650	700~800	
办公椅	450	450	400~450	
沙发		600~800	350~450	
前置型茶几	900	400	400	
中心型茶几	900	900	400	
左右型茶几	600	400	400	
书柜		1200~1500	1800	450~500
书架		1000~1300	1800	350~450

附录C 常见材质参数设置表

一、玻璃材质

材质名称	示例图	贴图	参数设置		用途
普通玻璃材质			漫反射	漫反射颜色=红:129,绿:187,蓝:188	家具装饰
			反射	反射颜色=红:20,绿:20,蓝:20 高光光泽度=0.9 反射光泽度=0.95 细分=10 菲涅耳反射=勾选	
			折射	折射颜色=红:240,绿:240,蓝:240 细分=20 影响阴影=勾选 烟雾颜色=红:242,绿:255,蓝:253 烟雾倍增=0.2	
			其他		
窗玻璃材质			漫反射	漫反射颜色=红:193,绿:193,蓝:193	窗户装饰
			反射	反射通道=衰减贴图、侧=红:134,绿:134,蓝:134、衰减类型=Fresnel 反射光泽度=0.99; 细分=20	
			折射	折射颜色=白色 光泽度=0.99 细分=20 影响阴影=勾选 烟雾颜色=红:242,绿:243,蓝:247 烟雾倍增=0.001	
			其他		
彩色玻璃材质			漫反射	漫反射颜色=黑色	家具装饰
			反射	反射颜色=白色 细分=15 菲涅耳反射=勾选	
			折射	折射颜色=白色 细分=15 影响阴影=勾选 烟雾颜色=自定义 烟雾倍增=0.04	
			其他		
磨砂玻璃材质			漫反射	漫反射颜色=红:180,绿:189,蓝:214	家具装饰
			反射	反射颜色=红:57,绿:57,蓝:57 菲涅耳反射=勾选 反射光泽度=0.95	
			折射	折射颜色=红:180,绿:180,蓝:180 光泽度=0.95 影响阴影=勾选 折射率=1.2 退出颜色=勾选、退出颜色=红:3,绿:30,蓝:55	
			其他		
龟裂缝玻璃材质			漫反射	漫反射颜色=红:213,绿:234,蓝:222	家具装饰
			反射	反射颜色=红:119,绿:119,蓝:119 高光光泽度=0.8 反射光泽度=0.9 细分=15	
			折射	折射颜色=红:217,绿:217,蓝:217 细分=15 影响阴影=勾选 烟雾颜色=红:247,绿:255,蓝:255 烟雾倍增=0.3	
			其他	凹凸通道=贴图、凹凸强度=-20	
镜子材质			漫反射	漫反射颜色=红:24,绿:24,蓝:24	家具装饰
			反射	反射颜色=红:239,绿:239,蓝:239	
			折射		
			其他		

材质名称	示例图	贴图	参数设置		用途
水晶材质			漫反射	漫反射颜色=红:248，绿:248，蓝:248	家具装饰
			反射	反射颜色=红:250，绿:250，蓝:250 菲涅耳反射=勾选	
			折射	折射颜色=红:130，绿:130，蓝:130 折射率=2 影响阴影=勾选	
			其他		

二、金属材质

材质名称	示例图	贴图	参数设置		用途
亮面不锈钢材质			漫反射	漫反射颜色=红:49，绿:49，蓝:49	家具及陈设品装饰
			反射	反射颜色=红:210，绿:210，蓝:210 高光光泽度=0.8 细分=16	
			折射		
			其他	双向反射=沃德	
亚光不锈钢材质			漫反射	漫反射颜色=红:40，绿:40，蓝:40	家具及陈设品装饰
			反射	反射颜色=红:180，绿:180，蓝:180 高光光泽度=0.8 反射光泽度=0.8 细分=20	
			折射		
			其他	双向反射=沃德	
拉丝不锈钢材质			漫反射	漫反射颜色=红:58，绿:58，蓝:58	家具及陈设品装饰
			反射	反射颜色=红:152，绿:152，蓝:152、反射通道=贴图 高光光泽度=0.9、高光光泽度通道=贴图、反射光泽度 =0.9 细分=20	
			折射		
			其他	双向反射=沃德、各向异性（-1..1）=0.6、旋转=-15 反射与贴图的混合量=14、高光光泽与贴图的混合量=3 凹凸通道=贴图、凹凸强度=3	
银材质			漫反射	漫反射颜色=红:186，绿:186，蓝:186	家具及陈设品装饰
			反射	反射颜色=红:98，绿:98，蓝:98 反射光泽度=0.8 细分=20	
			折射		
			其他	双向反射=沃德	
黄金材质			漫反射	漫反射颜色=红:139，绿:39，蓝:0	家具及陈设品装饰
			反射	反射颜色=红:240，绿:194，蓝:54 反射光泽度=0.9 细分=15	
			折射		
			其他	双向反射=沃德	
亮铜材质			漫反射	漫反射颜色=红:40，绿:40，蓝:40	家具及陈设品装饰
			反射	反射颜色=红:240，绿:190，蓝:126 高光光泽度=0.65 反射光泽度=0.9 细分=20	
			折射		
			其他		

三、布料材质

材质名称	示例图	贴图	参数设置		用途
绒布材质（注意，材质类型为标准材质）			明暗器	（O）Oren-Nayar-Blin	家具装饰
			漫反射	漫反射通道=贴图	
			自发光	自发光=勾选、自发光通道=遮罩贴图、贴图通道=衰减贴图（衰减类型=Fresnel）、遮罩通道=衰减贴图（衰减类型=阴影/灯光）	
			反射高光	高光级别=10	
			其他	凹凸强度=10、凹凸通道=噪波贴图、噪波大小=2（注意，这组参数需要根据实际情况进行设置）	
单色花纹绒布材质（注意，材质类型为标准材质）			明暗器	（O）Oren-Nayar-Blin	家具装饰
			自发光	自发光=勾选、自发光通道=遮罩贴图、贴图通道=衰减贴图（衰减类型=Fresnel）、遮罩通道=衰减贴图（衰减类型=阴影/灯光）	
			反射高光	高光级别=10	
			其他	漫反射颜色+凹凸通道=贴图、凹凸强度=-180（注意，这组参数需要根据实际情况进行设置）	
麻布材质			漫反射	通道=贴图	
			反射		
			折射		
			其他	凹凸通道=贴图、凹凸强度=20	
抱枕材质			漫反射	漫反射通道=抱枕贴图、模糊=0.05	家具装饰
			反射	反射颜色=红:34，绿:34，蓝:34 反射光泽度=0.7 细分=20	
			折射		
			其他	凹凸通道=凹凸贴图	
毛巾材质			漫反射	漫反射颜色=红:252，绿:247，蓝:227	家具装饰
			反射		
			折射		
			其他	置换通道=贴图、置换强度=8	
半透明窗纱材质			漫反射	漫反射颜色=红:240，绿:250，蓝:255	家具装饰
			反射		
			折射	折射通道=衰减贴图、前=红:180，绿:180，蓝:180、侧=黑色 光泽度=0.88 折射率=1.001 影响阴影=勾选	
			其他		
花纹窗纱材质（注意，材质类型为混合材质）			材质1	材质1通道=VRayMtl材质 漫反射颜色=红:98，绿:64，蓝:42	家具装饰
			材质2	材质2通道=VRayMtl材质 漫反射颜色=红:164，绿:102，蓝:35 反射颜色=红:162，绿:170，蓝:75 高光光泽度=0.82 反射光泽度=0.82 细分=15	
			遮罩	遮罩通道=贴图	
			其他		
软包材质			漫反射	漫反射通道=衰减贴图 前通道=软包贴图、模糊=0.1 侧=红:248，绿:220，蓝:233	家具装饰
			反射		
			折射		
			其他	凹凸通道=软包凹凸贴图、凹凸强度=45	

材质名称	示例图	贴图	参数设置		用途
普通地毯			漫反射	漫反射通道=衰减贴图 前通道=地毯贴图、衰减类型=菲涅耳	家具装饰
			反射		
			折射		
			其他	凹凸通道=地毯凹凸贴图、凹凸强度=60 置换通道=地毯凹凸贴图、置换强度=8	
普通花纹地毯			漫反射	漫反射通道=贴图	家具装饰
			反射		
			折射		
			其他		

四、木纹材质

材质名称	示例图	贴图	参数设置		用途
亮光木纹材质			漫反射	漫反射通道=贴图	家具及地面装饰
			反射	反射颜色=红:40，绿:40，蓝:40 高光光泽度=0.75 反射光泽度=0.7 细分=15	
			折射		
			其他	凹凸通道=贴图、环境通道=输出贴图	
亚光木纹材质			漫反射	漫反射通道=贴图、模糊=0.2	家具及地面装饰
			反射	反射颜色=红:213，绿:213，蓝:213 反射光泽度=0.6 菲涅耳反射=勾选	
			折射		
			其他	凹凸通道=贴图、凹凸强度=60	
木地板材质			漫反射	漫反射通道=贴图、瓷砖（平铺）U/V=6	地面装饰
			反射	反射颜色=红:55，绿:55，蓝:55 反射光泽度=0.8 细分=15	
			折射		
			其他		

五、石材材质

材质名称	示例图	贴图	参数设置		用途
大理石地面材质			漫反射	漫反射通道=贴图	地面装饰
			反射	反射颜色=红:228，绿:228，蓝:228 细分=15 菲涅耳反射=勾选	
			折射		
			其他		
人造石台面材质			漫反射	漫反射通道=贴图	台面装饰
			反射	反射通道=衰减贴图、衰减类型=菲涅耳 高光光泽度=0.65 反射光泽度=0.9 细分=20	
			折射		
			其他		

(续表)

材质名称	示例图	贴图	参数设置		用途
拼花石材材质			漫反射	漫反射通道=贴图	地面装饰
			反射	反射颜色=红:228，绿:228，蓝:228 细分=15 菲涅耳反射=勾选	
			折射		
			其他		
仿旧石材材质			漫反射	漫反射通道=混合贴图 颜色#1通道=旧墙贴图 颜色#2通道=破旧纹理贴图 混合量=50	墙面装饰
			反射		
			折射		
			其他	凹凸通道=破旧纹理贴图、凹凸强度=10 置换通道=破旧纹理贴图、置换强度=10	
文化石材材质			漫反射	漫反射通道=贴图	墙面装饰
			反射	反射颜色=红:30，绿:30，蓝:30 高光光泽度=0.5	
			折射		
			其他	凹凸通道=贴图、凹凸强度=50	
砖墙材质			漫反射	漫反射通道=贴图	墙面装饰
			反射	反射通道=衰减贴图、侧=红:18，绿:18，蓝:18、衰减类型=菲涅耳 高光光泽度=0.5 反射光泽度=0.8	
			折射		
			其他	凹凸通道=灰度贴图、凹凸强度=120	
玉石材质			漫反射	漫反射颜色=红:88，绿:146，蓝:70	陈设品装饰
			反射	反射颜色=红:111，绿:111，蓝:111 菲涅耳反射=勾选	
			折射	折射颜色=白色 光泽度=0.32 细分=20 烟雾颜色=红:88，绿:146，蓝:70 烟雾倍增=0.2	
			其他	半透明类型=硬（蜡）模型、背面颜色=红:182，绿:207，蓝:174、散布系数=0.4、正/背面系数=0.44	

六、陶瓷材质

材质名称	示例图	贴图	参数设置		用途
白陶瓷材质			漫反射	漫反射颜色=白色	陈设品装饰
			反射	反射颜色=红:131，绿:131，蓝:131 细分=15 菲涅耳反射=勾选	
			折射	折射颜色=红:30，绿:30，蓝:30 光泽度=0.95	
			其他	半透明类型=硬（蜡）模型、厚度=0.05mm（该参数要根据实际情况而定）	
青花瓷材质			漫反射	漫反射通道=贴图、模糊=0.01	陈设品装饰
			反射	反射颜色=白色 菲涅耳反射=勾选	
			折射		
			其他		
马赛克材质			漫反射	漫反射通道=马赛克贴图	墙面装饰
			反射	反射颜色=红:10，绿:10，蓝:10 反射光泽度=0.95	
			折射		
			其他	凹凸通道=灰度贴图	

七、漆类材质

材质名称	示例图	贴图	参数设置		用途
白色乳胶漆材质			漫反射	漫反射颜色=红:250,绿:250,蓝:250	墙面装饰
			反射	反射通道=衰减贴图、衰减类型=菲涅耳 高光光泽度=0.8 反射光泽度=0.85 细分=20	
			折射		
			其他	环境通道=输出贴图、输出量=1.2 跟踪反射=关闭	
彩色乳胶漆材质			漫反射	漫反射颜色=自定义	墙面装饰
			反射	反射颜色=红:18,绿:18,蓝:18 高光光泽度=0.25 细分=15	
			其他	跟踪反射=关闭	
烤漆材质			漫反射	漫反射颜色=黑色	电器及乐器装饰
			反射	反射颜色=红:233,绿:233,蓝:233 反射光泽度=0.9 细分=20 菲涅耳反射=勾选	
			折射		
			其他		

八、皮革材质

材质名称	示例图	贴图	参数设置		用途
亮光皮革材质			漫反射	漫反射颜色=贴图	家具装饰
			反射	反射颜色=红:79,绿:79,蓝:79 高光光泽度=0.65 反射光泽度=0.7 细分=20	
			折射		
			其他	凹凸通道=凹凸贴图	
亚光皮革材质			漫反射	漫反射颜色=红:250,绿:246,蓝:232	家具装饰
			反射	反射颜色=红:45,绿:45,蓝:45 高光光泽度=0.65 反射光泽度=0.7 细分=20 菲涅耳反射=勾选、菲涅耳反射率=2.6	
			折射		
			其他	凹凸通道=贴图	

九、壁纸材质

材质名称	示例图	贴图	参数设置		用途
壁纸材质			漫反射	通道=贴图	墙面装饰
			反射		
			折射		
			其他		

十、塑料材质

材质名称	示例图	贴图	参数设置		用途
普通塑料材质			漫反射	漫反射颜色=自定义	陈设品装饰
			反射	反射通道=衰减贴图、前=红:22，绿:22，蓝:22、侧=红:200，绿:200，蓝:200、衰减类型=菲涅耳 高光光泽度=0.8 反射光泽度=0.7 细分=15	
			折射		
			其他		
半透明塑料材质			漫反射	漫反射颜色=自定义	陈设品装饰
			反射	反射颜色=红:51，绿:51，蓝:51 高光光泽度=0.4 反射光泽度=0.6 细分=10 菲涅耳反射=勾选	
			折射	折射颜色=红:221，绿:221，蓝:221 光泽度=0.9 细分=10 折射率=1.01 影响阴影=勾选 烟雾颜色=漫反射颜色 烟雾倍增=0.05	
			其他		
塑钢材质			漫反射	漫反射颜色=白色	家具装饰
			反射	反射颜色=红:233，绿:233，蓝:233 反射光泽度=0.9 细分=20 菲涅耳反射=勾选	
			折射		
			其他		

十一、液体材质

材质名称	示例图	贴图	参数设置		用途
清水材质			漫反射	漫反射颜色=红:123，绿:123，蓝:123	室内装饰
			反射	反射颜色=白色 菲涅耳反射=勾选 细分=15	
			折射	折射颜色=红:241，绿:241，蓝:241 细分=20 折射率=1.333 影响阴影=勾选	
			其他	凹凸通道=噪波贴图、噪波大小=0.3（该参数要根据实际情况而定）	
游泳池水材质			漫反射	漫反射颜色=红:15，绿:162，蓝:169	公用设施装饰
			反射	反射颜色=红:132，绿:132，蓝:132 反射光泽度=0.97 菲涅耳反射=勾选	
			折射	折射颜色=红:241，绿:241，蓝:241 折射率=1.333 影响阴影=勾选 烟雾颜色=漫反射颜色 烟雾倍增=0.01	
			其他	凹凸通道=噪波贴图、噪波大小=1.5（该参数要根据实际情况而定）	
红酒材质			漫反射	漫反射颜色=红:146，绿:17，蓝:60	陈设品装饰
			反射	反射颜色=红:57，绿:57，蓝:57 细分=20 菲涅耳反射=勾选	
			折射	折射颜色=红:222，绿:157，蓝:191 细分=30 折射率=1.333 影响阴影=勾选 烟雾颜色=红:169，绿:67，蓝:74	
			其他		

十二、自发光材质

材质名称	示例图	贴图	参数设置		用途
灯管材质（注意，材质类型为VRay灯光材质）			颜色	颜色=白色、强度=25（该参数要根据实际情况而定）	电器装饰
电脑屏幕材质（注意，材质类型为VRay灯光材质）			颜色	颜色=白色、强度=25（该参数要根据实际情况而定）、通道=贴图	电器装饰
灯带材质（注意，材质类型为VRay灯光材质）			颜色	颜色=自定义、强度=25（该参数要根据实际情况而定）	陈设品装饰
环境材质（注意，材质类型为VRay灯光材质）			颜色	颜色=白色、强度=25（该参数要根据实际情况而定）、通道=贴图	室外环境装饰

十三、其他材质

材质名称	示例图	贴图	参数设置		用途
叶片材质（注意，材质类型为标准材质）			漫反射	漫反射通道=叶片贴图	室内/外装饰
			不透明度	不透明度通道=黑白遮罩贴图	
			反射高光	高光级别=40 光泽度=50	
			其他		
水果材质			漫反射	漫反射通道=贴图、模糊=15（根据实际情况来定）	室内/外装饰
			反射	反射颜色=红:15、绿:15、蓝:15 高光光泽度=0.7 反射光泽度=0.65 细分=16	
			折射		
			其他	半透明类型=硬（蜡）模型、背面颜色=红:251，绿:48，蓝:21 凹凸通道=贴图、凹凸强度=15	
草地材质			漫反射	漫反射通道=草地贴图	室外装饰
			反射	反射颜色=红:28、绿:43、蓝:25 反射光泽度=0.85	
			折射		
			其他	跟踪反射=关闭 草地模型=加载VRay置换模式修改器、类型=2D贴图（景观）、纹理贴图=草地贴图、数量=15mm（该参数要根据实际情况而定）	
镂空藤条材质（注意，材质类型为标准材质）			漫反射	漫反射通道=藤条贴图	家具装饰
			不透明度	不透明度通道=黑白遮罩贴图	
			反射高光	高光级别=60	
			其他		

(续表)

材质名称	示例图	贴图	参数设置		用途
沙盘楼体材质			漫反射	漫反射颜色=红:237，绿:237，蓝:237	陈设品装饰
			反射		
			折射		
			其他	不透明度通道=VRay边纹理贴图、颜色=白色、像素=0.3	
书本材质			漫反射	漫反射通道=贴图	陈设品装饰
			反射	反射颜色=红:80，绿:80，蓝:80 细分=20 菲涅耳反射=勾选	
			折射		
			其他		
画材质			漫反射	漫反射通道=贴图	陈设品装饰
			反射		
			折射		
			其他		
毛发地毯材质（注意，该材质用VRay毛皮工具进行制作）			根据实际情况，对VRay毛皮的参数进行设定，如长度、厚度、重力、弯曲、结数、方向变量和长度变化。另外，毛发颜色可以直接在"修改"面板中进行选择。		地面装饰

附录D 3ds Max 2016优化与常见问题解答

一、软件的安装环境

　　3ds Max 2016必须在Windows 7或以上的64位系统中才能正确安装。要正确使用3ds Max 2016，首先要将计算机的系统换成Windows 7或更高版本的64位系统，如下图所示。

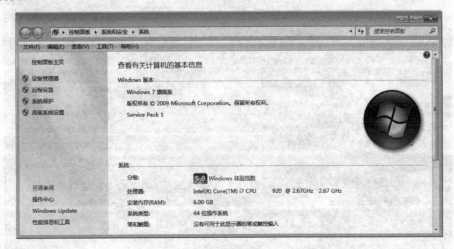

二、软件的流畅性优化

　　3ds Max 2016对计算机的配置要求比较高，如果用户的计算机配置比较低，运行起来可能会比较困难，但是可以通过一些优化来提高软件的流畅性。

更改显示驱动程序: 3ds Max 2016默认的显示驱动程序是Nitrous Direct3D 9,该驱动程序对显卡的要求比较高,我们可以将其换成对显卡要求比较低的驱动程序。执行"自定义>首选项"菜单命令,打开"首选项设置"对话框,然后单击"视口"选项卡,接着在"显示驱动程序"选项组下单击"选择驱动程序"按钮 <u>选择驱动程序...</u>,在弹出的对话框中选择"旧版OpenGL"驱动程序,如下图所示。旧版OpenGL驱动程序不仅对显卡的要求比较低,同时也不会影响用户的正常操作。

优化软件界面: 3ds Max 2016默认的软件界面中有很多的工具栏,其中最常用的是"主工具栏"和"命令"面板,其他工具栏可以将其隐藏起来,在需要用到的时候再将其调出来,整个界面只需要保留"主工具栏"和"命令"面板即可。隐藏掉暂时用不到的工具栏不仅可以提高软件的运行速度,还可以让操作界面更加整洁,如下图所示。

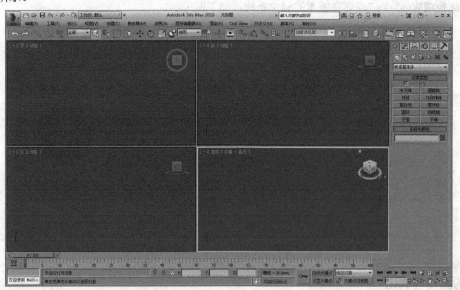

注意: 如果用户修改了显示驱动程序并优化了软件界面,3ds Max 2016的运行速度依然很慢的话,建议重新配置一台性能更好的计算机,以提高制作效率。

三、打开文件时的问题

在打开场景文件时，如果提示文件的单位不匹配，请选择"采用文件单位比例"选项（如果选择另外一个选项，则场景的缩放比例会出现问题），如下图所示。

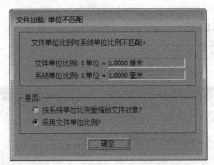

如果打开场景文件时提示缺少DLL文件，一般情况下是没有影响的，如下图所示。

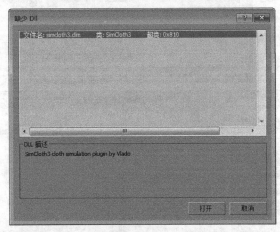

但是如果提示缺少VRay的相关文件，则是没有安装VRay渲染器的原因，这种情况就必须安装VRay渲染器，本书所使用的VRay渲染器是VRay 3.4版本，如下图所示。

四、自动备份文件

在很多时候，由于我们的一些失误操作，很可能导致3ds Max崩溃，但不要紧，3ds Max会自动将当前文件保存到C:\Users\Administrator\Documents\3dsmax\autoback路径下，待重启3ds Max后，在该路径下可以找到自动保存的备份文件，但是自动备份文件会出现贴图缺失的情况，就算打开了也需要重新链接贴图文件，因此我们还要养成及时保存文件的良好习惯。

五、贴图重新链接的问题

在打开场景文件时，经常会出现贴图缺失的情况，这就需要我们手动链接缺失的贴图。本书所有的场景文件都将贴图整理归类在一个文件夹中，如果在打开场景文件时提示缺失贴图，需要重新加载贴图路径。

六、在渲染时让软件不满负荷运行

一般情况下，3ds Max在渲染时都是满负荷运行，此时要用计算机做一些其他事情则会非常卡。如果要在渲染时做一些其他事情，可以关掉一两个CPU，如下图所示。

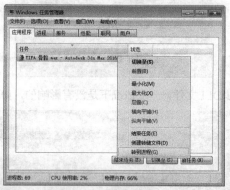

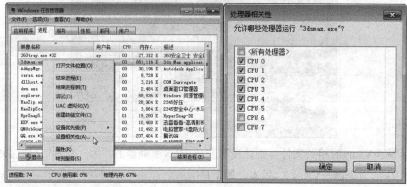

另外，也可以通过勾选VRay渲染器的"低线程优先权"选项来实现低线程渲染，这样可以让计算机不满负荷运行，如下图所示。

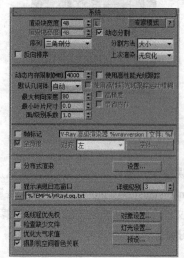